住房和城乡建设部"十四五"规划教材

"十三五"江苏省高等学校重点教材（编号：2019-1-085）

高等学校土木工程专业应用型人才培养系列教材

土木工程材料

（第二版）

余丽武　朱平华　张志军　主　编

蒋林华　主　审

中国建筑工业出版社

第二版前言

近年来，我国建设行业的迅猛发展，促使土木工程专业教育教学改革不断推进。为顺应材料科学的日新月异和土木工程专业的技术进步以及适应新的专业教育教学改革要求，迫切需要对《土木工程材料》教材进行更新完善。教育部高教司吴岩司长在 2019 年 8 月北京大学的"第一届新结构经济学教学研究师资培训班暨招待会"上致辞中提出："教学改革改到深处是课程，改到痛处是教师，改到实处是教材"，可见完善教材之于教学改革的重要性。

本书第一版完成于 2016 年底，并于 2017 年 3 月正式出版发行，自出版以来得到许多一线教师的好评以及同行专家的肯定。由于近四年来土建行业又陆续出台或更新了较多相关规范，教材内容同样需要及时跟进；虽然制作了配套的电子课件，但是教材内容的表现形式还是相对传统和单一，立体、可视性不足。因此，我们在第一版的基础上，对本教材进行了修订。

第二版在保持第一版的原则和特色的基础上，跟踪土建领域的最新进展，教材中所涉及的有关技术规范和技术标准均根据国家和行业的最新版本进行了修订，使教材内容与国家和行业最新颁布的标准规范同步。在教材中采用插入工程案例和创新思考题等灵活多样的方式，先引入工程背景再引入知识，理论联系实际，培养学生分析解决实际问题的能力。通过设置二维码等多媒体技术手段，制作可视化的视频信息，运用现代信息技术，延伸扩展教材知识，使教材内容更加生活化、情景化、动态化、形象化，以充分展示出本教材的时代性和先进性。

本教材由南京工程学院余丽武教授、常州大学朱平华教授以及徐州工程学院张志军教授共同主编，全书由余丽武教授负责统稿。各章节的修订及图文、视频信息制作完成人分别为：第 4 章和第 5 章为南京工程学院余丽武，第 1 章及第 6 章为常州大学朱平华，第 8 章及第 12 章为徐州工程学院张志军，第 3 章及第 7 章为南京理工大学泰州科技学院孟玮，第 10 章及第 11 章为徐州工程学院杨捷，第 2 章及第 9 章为中国矿业大学徐海学院郑玉莹，附录部分为淮阴工学院曹茂柏。

感谢中国建筑工业出版社对本教材的完成给予的大力支持，以及各方同仁在视频、动画制作过程中给予的协助。由于编者经验和水平有限，书中难免有疏漏或不妥之处，敬请广大读者批评指正。

编　者

2020.12

第一版前言

近年来，随着我国建设行业的大发展、大繁荣以及土木工程专业教育教学改革的不断推进，全国高等学校土木工程专业教育形势也取得迅猛发展。目前全国土木工程专业本科生主干课程教材已不能反映当代土木工程在建筑材料、结构理论和建造技术等方面的新发展以及新的专业教育教学改革要求，部分教材迫切需要更新完善。

本教材作为"高等学校土木工程专业应用型人才培养规划教材"系列，是由中国土木工程学会教育委员会江苏分会和中国建筑工业出版社共同策划完成。本教材依照高等学校土木工程学科专业指导委员会制定的大纲，并参考 2011 年颁布的《高等学校土木工程本科指导性专业规范》中知识点要求的掌握、熟悉、了解的程度来编写教材。结合社会和行业发展需求，教材体现了土木领域最新科技发展趋势，反映了最新土木发展成果和学校特色。

在教材编写内容上反映了本学科国内外的新成就和我国相关的新标准、新规范、新技术、新方法以及新材料，并紧密结合应用型人才培养模式的需求特点，突出实用性，力求达到教材内容系统性、完整性、先进性和实用性的统一。

在教材中有以下几点特色：

（1）教材的内容由浅入深、循序渐进、通俗易懂，尽可能地增加当今土木工程行业中的新型土木工程材料的种类及其性能方面的介绍，体现绿色、节能、环保的理念。

（2）为适应土木工程行业材料日新月异的发展，编写的内容中对于部分传统的材料进行了更新，并补充了反映当今国内外的新兴材料的内容介绍，让学生能适当了解土木工程材料的最新动态，掌握最新知识。

（3）为了适应当代大学生的特点，本教材的编写采用条文式写法，并尽量多用图、表进行说明。

（4）每章开始设有"本章要点及学习目标"，每章最后增设了"本章小结"及"思考与练习题"，以便学生能更好地掌握本章的核心内容。

（5）为了教材的立体化建设的需要，制作了教材相配套的电子课件。

本教材承蒙河海大学蒋林华教授悉心审定，并提出宝贵的修改意见。全书由南京工程学院余丽武教授进行统稿，由余丽武、朱平华、张志军担任主编，其中前言、第4章和第5章由南京工程学院余丽武编写，第1章及第6章由常州大学朱平华编写，第2章及第9章由中国矿业大学徐海学院郑玉莹编写，第3章及第7章由南京理工大学泰州科技学院孟玮编写，第8章及第12章由徐州工程学院张志军编写，第10章及第11章由徐州工程学院杨捷编写，附录由淮阴工学院曹茂柏编写。

本书由多所高校的教师共同编写完成，在编写过程中得到了河海大学和徐州工程学院的大力协助，在此一并表示感谢。由于编写时间仓促以及编者水平有限，加之土木工程材料的种类繁多，新材料发展迅速，故本书中难免有疏漏或不妥之处，敬请广大师生、读者批评指正。

编　者
2016 年 11 月

目　　录

第1章 绪 论

本章要点及学习目标

本章要点：

本章通过给出土木工程材料的定义，简单介绍了土木工程材料的分类、土木工程材料与土木工程的关系、土木工程材料的发展、土木工程材料的技术标准，以及本课程的性质、内容和要求。

学习目标：

了解土木工程材料与土木工程的关系以及土木工程材料的发展；掌握土木工程材料的分类和土木工程材料的技术标准；了解本课程的性质、内容和要求。

1.1 土木工程材料的定义

土木工程材料指土木工程中使用的各种材料及其制品，是一切土木工程的物质基础，也是构成建筑物的最基本元素。土木工程材料可以从广义与狭义两个方面来定义。广义上，土木工程材料是指用于土木工程中的所有材料，既包括构成建筑物、构筑物本身的材料，如水泥、石灰、混凝土、钢材、墙体与屋面材料、防水材料、装饰材料等；又包括施工过程中所需要的辅助材料，如脚手架、模板等；还包括各种建筑器材，如给水排水、暖通、消防、电气、网络通信设备等。狭义上，土木工程材料仅指在基础、楼地面、围护结构、主体结构（框架、剪力墙、筒体等）、屋面、道路、桥梁、水坝等结构物中直接构成土木工程实体的材料。本课程只涉及狭义的土木工程材料。

1.2 土木工程材料的分类

土木工程材料的分类方法较多，简述如下：按照材料来源划分，可分为天然材料和人工材料；按照使用功能划分，可分为结构材料（如混凝土、预应力混凝土、沥青混凝土、水泥混凝土、砌筑砂浆、路面基层及基底层材料等）、墙体材料（如砌墙砖、加气混凝土砌块等）和功能材料（如装饰材料、防水材料、保温隔热材料等）三大类；按照工程性质划分，可分为建筑工程材料、道路桥梁工程材料和岩土工程材料等。通常，按照材料组成物质的种类及化学成分，将土木工程材料划分为无机材料、有机材料和复合材料三大类，各大类又进行细分，见表1-1。

土木工程材料分类　　　　　　　　　　　　　表 1-1

材料分类			材料实例
土木工程材料	无机材料	金属材料	黑色金属：钢、铁、不锈钢等
			有色金属：铝、钢等及其合金
		非金属材料	石材料：砂、石及各种石料制品
			烧土制品：砖、瓦、陶瓷、玻璃等
			胶凝材料：石膏、石灰、水泥、水玻璃等
			混凝土及硅酸盐制品：混凝土、砂浆及硅酸盐制品
			无机纤维材料：玻璃纤维、矿物棉等
	有机材料	沥青材料	石油沥青、煤沥青、沥青制品
		高分子材料	塑料、涂料、胶粘剂、合成橡胶等
		植物材料	木材、竹材等
	复合材料	无机非金属与有机材料复合	聚合物混凝土、沥青混合料、玻璃钢等
		金属材料与无机非金属材料复合	钢筋混凝土、钢纤维混凝土、钢管混凝土等
		金属材料与有机材料复合	PVC钢板、有机涂层铝合金板、轻质金属夹心板等

1.3　土木工程材料与土木工程的关系

土木工程材料是土木工程的物质基础，土木工程材料的性能、质量和价格，直接关系到土木工程产品的适用性、安全性、耐久性、经济性和美观性。

土木工程材料的发展离不开土木工程技术的进步，而土木工程技术的进步又依赖于土木工程材料的发展。新型土木工程材料的诞生推动了土木工程设计理论和施工技术的更新，而新的设计理论和施工技术又对土木工程材料提出了更高的要求，从而促进新材料的诞生和发展。

土木工程包含建筑工程、道路工程、桥梁工程、隧道工程、港口工程、水利工程及市政工程等多种类别，每一类别的工程从实施到行动都离不开土木工程材料的使用。因此，土木工程材料的生产及其科学技术的发展，对构建和谐社会和建设节约型、环境友好型国家具有非常重要的意义。

1.3.1　土木工程材料质量决定着土木工程建设的质量

从材料角度讲，土木工程的建造过程即通过工程师的智慧，将土木工程材料进行有机"集合"的过程。在土木工程建设中，材料的生产、检验评定、选择使用、贮藏保管等任何环节的失误都可能造成工程的质量缺陷，甚至导致重大质量事故。优秀的设计师总是把精美的空间环境艺术与科学合理地选用工程材料融合在一起；结构工程师也只有在很好地了解工程材料的技术性能之后，才能根据工程力学原理准确计算并确定工程构件的形状与尺寸，从而创造先进的工程结构形式。因此，土木工程技术人员必须熟练地掌握土木工程材料的有关知识、理论与技能。

1.3.2　土木工程材料造价左右着土木工程建设的经济性

在影响土木工程造价的诸多因素中，土木工程材料居于主导地位，一般情况下材料费用占到了工程总造价的 50%～60%。作为发展中国家，我国在当前及今后相当长一段时间内，社会需求持续旺盛，土木建设量大面广，任务繁重。因此，为了降低工程造价，节省投资，应在材料生产、选用、运输、贮存以及管理过程中，统筹考虑土木工程材料的技术性和经济性，以最大限度地发挥其综合效能。

1.3.3 土木工程材料的发展促进着土木工程技术的进步

土木工程材料的发展与土木工程技术的进步密切相关，它们之间相互依存、相互促进。如钢材、水泥的大量应用和性能改进，取代了传统的土、木、石材，使高耸、大跨度、大体量的土木工程成为可能。高性能、多功能、复合型土木工程材料的不断涌现，使现代化的装配式工程施工技术成为主导。同时，节能舒适、生态环保、安全高效的土木工程可持续发展要求，对土木工程材料的研发与应用提出了许多崭新命题。

目前，具有自感知、自调节、自修复能力的土木工程材料研发以及各种机敏或智能材料在土木工程中的应用研究正蓬勃发展。碳纤维机敏混凝土、水泥基压电机敏复合材料对结构内部的应力状态进行自觉检测并消除有害应力，仿生自愈合混凝土对结构中出现的损伤进行自觉修复等研究已经得到证实。光纤材料、压电材料、形状记忆合金和电磁流变体等机敏或智能材料，已被尝试作为传感器或驱动器应用于土木工程领域。

基于有限的地球物质资源和人类的持续发展需求，未来的土木工程必将在更加苛刻的环境条件下实现多功能化、智能化和生态化，土木工程材料也将在原材料提供、生产技术与工艺、产品形式与性能等诸方面，面临可持续发展和科学技术不断进步的严峻挑战。可以预见，土木工程材料与土木工程的关系将更加密切，对土木工程技术的支持与促进作用将会更加显著，发展空间会更加广阔。

1.4 土木工程材料的发展

土木工程材料是随着社会生产力和科学技术水平的发展而发展的，是见证人类文明的里程碑。可以说，材料的发展史正是人类文明史的写照。不同历史时期的材料，都烙上该时期文明的印记。根据建筑物所用的结构材料类别，可将土木工程材料的发展历程分为三个阶段。

1.4.1 天然材料阶段

这个阶段的土木工程材料取之于自然界，仅进行简单的物理加工，如天然石材、木材、黏土、茅草等。早在原始社会时期，人们为抵御雨雪和防止野兽侵袭，居于天然山洞或树巢中，即所谓"穴居巢处"。进入石器、铁器时代，人们开始利用简单的工具砍伐树木和茅草，搭建简单的房屋，开凿石材建造房屋及纪念性构筑物。到了青铜器时代，出现了木结构建筑及"版筑建筑"（指墙体用木板或木棍作为边框，然后在框内浇筑黏土，用木杆夯实之后将木板拆除的建筑物），由此建造出了舒适性较好的建筑物。

1.4.2 人工材料阶段

这个阶段的土木工程材料，以黏土烧制的砖、瓦和用石灰岩烧制的石灰等人工材料为典型代表。虽然我国古代建筑有"秦砖汉瓦"、描金漆绘装饰艺术、造型优美的石塔和石拱桥的辉煌，但实际上这一时期，生产力发展停滞不前，使用的结构材料不过砖、石和木材而已。

1.4.3 复合材料阶段

18世纪以来，随着工业化生产的兴起，由于大跨度厂房、高层建筑和桥梁等土木工程建设的需要，旧有材料在性能上已满足不了新的建设要求，土木工程材料在其他有关科学技术的配合下，进入了一个新的发展阶段，相继出现了钢材、水泥、混凝土、钢筋混凝土和预应力混凝土及其他材料。近几十年来，随着科学技术的进步和土木工程发展的需要，一大批新型土木工程材料应运而生，出现了塑料、涂料、新型建筑陶瓷与玻璃、新型复合材料（如纤维增强材料、夹层材料等），但当代主要结构材料仍为钢筋混凝土。

1.4.4 当前与今后的发展

当前与今后，土木工程材料将向轻质、高强、节能、高性能、绿色等几个方向发展。

1. 轻质高强

钢筋混凝土结构材料的主要缺陷之一在于自重大（每立方米约重2500kg），制约了其在高层、大跨度结构中的应用。通过减轻材料自重以减轻结构自重，可显著提高经济效益。目前，世界各国均在大力发展高强混凝土、高性能混凝土、加筋混凝土、轻骨料混凝土、空心砖、石膏板等材料，以适应土木工程发展的需要。

2. 低能耗

土木工程材料的生产能耗和建筑使用能耗，在国民经济总能耗中一般占20%～35%，研制和生产低能耗的新型节能土木工程材料，是构建节约型社会的需要。

3. 固体废弃物资源化

将工业废渣、生活废渣、建筑垃圾（主要是废弃混凝土与废砖）等固体废弃物资源化高效利用，再生为土木工程材料，以保护环境、节省自然资源，使人类社会可持续发展。

4. 智能化

所谓材料智能化，是指材料本身具有自我诊断、预告破坏、自我修复的功能，以及可重复利用性。土木工程材料向智能化方向发展，是人类社会向智能化社会迈进的必然要求。

5. 多功能化

采用复合技术生产多功能材料、特殊性能材料及高性能材料，对大幅提升土木工程结构的使用功能、降低结构全寿命周期费用及加快施工速度等有着十分重要的作用。

6. 绿色化

所谓材料的绿色化，指的是材料生产过程采用清洁生产技术，不用或少用天然资源和能源，大量使用工业、农业或建筑固体废弃物，材料本身无毒害、无污染、无放射性，达到使用周期后可回收利用，有利于环境保护和人体健康。绿色材料的设计是以改善生产环境，提高生活质量为宗旨，材料具有多功能，不仅无损而且有益于人的健康；材料可循环或回收再利用，或者形成无污染的废弃物，材料配制和生产过程中，不使用对人体和环境有害的污染物质。

1.5 土木工程材料的技术标准

土木工程材料的生产、销售、采购、验收和质量检验，均应以产品质量标准为依据。我国材料的产品标准分为国家标准、行业标准、地方标准以及企业标准四类。这些标准均以标准代号、标准号、颁布年份的次序表达，如"GB 175—2010"表示国家标准第 175 号，是在 2010 年颁布的。标准更新时，颁布年份随之被更新，一般应参考使用最新版本的标准和规范。

1.5.1 国家标准

国家标准是指在全国范围内统一的标准，分为强制性标准（代号 GB）和推荐性标准（代号 GB/T）。国家标准通常由国家标准主管部门委托有关单位起草，由有关部委提出报批，经国家市场监督管理总局会同有关部委审批，并由国家市场监督管理总局发布。

1.5.2 行业标准

行业标准是指全国性的某行业范围的技术标准，由中央部委标准机构制定，有关研究院所、大专院校、工厂、企业等单位提出或联合提出，报请中央部委主管部门审批后发布，因此又被称为部颁标准，最后报国家市场监督管理总局备案。例如建工行业标准（代号 JG）、建材行业标准（代号 JC）、交通行业标准（代号 JT）等。

1.5.3 地方标准

地方标准是指只能在某地区内使用的标准。凡国家、部委未能颁布的产品与工程的技术标准，可由相应的工厂、公司、院所等单位根据生产厂家能保证的产品质量水平所制定的技术标准，经报请本地区有关主管部门审批后，在该地区中执行。

地方性标准编号由五部分组成："DB（地方标准代号）"＋"省、自治区、直辖市行政区代码前两位"＋"/"＋"序列号"＋"年号"。如：北京市地方性标准——《干拌砂浆应用技术规程（试行）》DBJ/T 01-73—2003；浙江省地方性标准——《大体积混凝土工程施工技术规程》DB33/T 1024—2005。

1.5.4 企业标准

企业标准是指只能在某类企业内使用的标准。凡国家、部委未能颁布的产品与工程的技术标准，可由相应的工厂、公司、院所等单位根据生产厂家能保证的产品质量水平所制定的技术标准，经报请本行业有关主管部门审批后，在行业中执行。凡没有制定国家标准、行业标准的产品，均应制定企业标准。

企业内部的标准常用"QB"表示。企业标准也可以"Q"作为企业标准的开头。如：Q/×××J 2.1—2007，其中×××为企业代号，可以是企业简称的汉语拼音大写字母；J 为技术标准代号，G 为管理标准，Z 为工作标准。

1.5.5 国际标准

我国加入 WTO 以来，为了使我国建筑材料工业的发展赶上世界步伐，促进建材工业的科技进步，提高产品质量和标准化水平，扩大建筑材料的对外贸易，借鉴了国际通用标准和先进标准。常用的国际标准有以下几类：美国材料与实验协会标准（ASTM），属于国际团体和公司标准；联邦德国工业标准（DIN），欧洲标准（EN），属于区域性国家标准；国际标准组织标准（ISO），属于国际性标准化组织的标准。

目前，土木工程材料标准内容主要包括材料质量要求和检验两大方面。有的标准将两者合在一起，有的则分开订立。在现场配置的一些材料，如混凝土，其原材料水泥、石子、砂应符合相应的材料标准要求，而其制成品的检验及使用方法，常包含于施工验收规范及有关的规程中。土木工程材料检验常涉及多个标准、规范，在之后的章节中会提及。

1.6　本课程的性质、内容和要求

1.6.1　课程的性质

土木工程材料是土木工程类专业学生的一门必修专业基础课程。通过该课程内容的学习，力图使学生掌握相关材料的基本理论和基础知识，为后续专业课程的学习以及将来在从事土木工程建设工作中正确选择与使用材料奠定一定的理论基础。根据该课程的特点与要求，在学习中应重视对土木工程材料的掌握与应用；了解当前土木工程中常见材料的组成、结构及其形成机理；熟悉这些材料的主要性能与正确使用方法，以及这些材料技术性能指标的实验检测和质量评定方法；通过对常用材料基本特点和正确使用实例的分析，引导学生学会利用相关理论和知识来分析与评定材料的方法，掌握解决工程实际中相关材料问题的一般方法。为学生毕业后从事工程技术工作，就材料的选择与应用、材料验收、质量鉴定、材料试验、储存运输、防腐处理及实验研究等方面，打下必要的基础。

1.6.2　课程的内容

本教材重点介绍了土木工程材料的一些基本性质，在此基础上本书重点介绍了当前土木工程中常用的材料，如砖、砌块、石材、石灰、石膏、水玻璃、各种水泥、混凝土、建筑砂浆、钢材、沥青、塑料、绝热材料、吸声材料及装饰材料等。

1.6.3　课程的要求

本课程是土木工程类专业的专业基础课，其目的是通过该课程的学习，使学生获得有关土木工程材料的技术性质及应用的基础知识和必要的基础理论，并获得主要土木工程材料性能检测和实验方法的基本技能训练，以便在今后的工作实践中能正确选择与合理使用土木工程材料，也为进一步学习其他有关的专业课打下基础。

本课程内容庞杂，各章之间的联系较少，且以描述为主，名词、概念和专业术语众多，公式的推导或定律的论证与分析较少。本课程与工程实际联系十分紧密，有许多定性的描述或经验规律的总结。为了学好土木工程材料这门课，学习时应从材料科学的观点和方法及实践的观点出发，从以下几个方面来进行：

1. 凝气静心，反复阅读

这门课的特点与力学、数学等完全不同，初次学习难免产生枯燥无味之感，但必须克服这一心理状态，静下心来反复阅读，适当背记，背记后再回想和理解。

2. 及时总结，发现规律

这门课虽然各章节之间自成体系，但材料的组成、结构、性质和应用之间有内在的联系，通过分析对比，掌握它们的共性。每一章学习结束后，及时总结，使读书"由厚到薄"。

3. 观察工程，认真实验

土木工程材料是一门实践性很强的课程，学习时应注意理论联系实际。为了及时理解课堂讲授的知识，应利用一切机会观察周围已经建成的或正在施工的土木工程，在实践中理解和验证所学内容。实验课是本课程的重要教学环节，通过实验可验证所学的基本理论。学会检验常用的建筑材料的实验方法，掌握一定的实验技能，并能对实验结果进行正确的分析和判断，这对培养学习与工作能力以及严谨的科学态度十分有利。

本章小结

1. 土木工程材料指土木工程中使用的各种材料及其制品，是一切土木工程的物质基础，也是构成建筑物的最基本元素。可按材料组成物质的种类及化学成分，将土木工程材料划分为无机材料、有机材料和复合材料三大类。

2. 土木工程材料是土木工程的物质基础，其质量决定着土木工程建设的质量，其造价左右着土木工程建设的经济性，其发展促进着土木工程技术的进步。

3. 土木工程材料的发展经历天然材料、人工材料和复合材料三个阶段，今后将向轻质、高强、节能、高性能、绿色等几个方向发展。

4. 我国材料的产品标准分为国家标准、行业标准、地方标准以及企业标准四类。这些标准均以标准代号、标准号、颁布年份的次序表达。

【思考与练习题】

1-1 何谓土木工程材料？主要分为哪几大类？

1-2 简述土木工程材料与土木工程之间的关系。

1-3 简述土木工程材料未来的发展方向。

第 2 章　土木工程材料的基本性质

本章要点及学习目标

本章要点：

本章介绍土木工程材料的组成、结构与性质的关系以及材料的物理性质和材料的力学性质。材料的物理性质包括材料的密度、材料与水有关的性质以及材料的热性质。材料的力学性质包括材料的强度、比强度、脆性、硬度等。最后介绍了材料的耐久性。

学习目标：

本章是全书的基础，通过对本章内容的学习，了解在不同使用环境下工程材料的组成、构造和基本性质；熟练掌握工程材料的基本力学性质；掌握工程材料的基本物理性质；熟悉工程材料的耐久性。通过材料基本性质的学习，掌握材料各种性质的含义，了解影响这些性质的因素，并能联系工程中的实际应用掌握研究和改进材料性质的方法，为后面的学习作一个很好的铺垫。

土木工程中使用的各种材料及制品，是一切建筑的物质基础。建造楼房、道路、桥梁等土木工程结构所需要的功能都由各种材料完成。主要承重结构需要具有足够强度的材料；屋面材料应具有隔热、防水的性能；地面材料应有耐磨性能；此外，建筑材料应有一定的抗冻性、耐热性和耐腐蚀性。因此应该掌握土木工程材料的性质，结合使用部位和环境合理选用。

2.1　材料的组成、结构与构造

2.1.1　材料的组成

材料的组成包括化学组成、矿物组成和相组成。它不仅影响着材料的化学性质，而且是决定材料物理力学性质的重要因素。

1. 化学组成

化学成分是指材料中各物相所含元素或单质与化合物的种类和总含量。根据化学组成可大致地判断材料的化学稳定性，如氧化，燃烧，受酸、碱、盐类的侵蚀等。

2. 矿物组成

金属元素与非金属元素按一定化学组成构成具有一定的分子结构和性质的物质，称为矿物。无机非金属材料是由不同的矿物构成的，因此其性质主要取决于其矿物组成。有些材料由单一矿物组成，如石灰、石膏等。有些材料由多种矿物组成，这样的材料其性质取决于每种矿物的性质及含量。如硅酸盐水泥中含有硅酸三钙这种矿物,若提高其含量,则水泥硬化速度和强度都将提高。

3. 相组成

材料中具有相同的物理、化学性质的均匀部分称为相。自然界中的物质可分为气相、液相、固相。土木工程材料大多数是多相固体,可看作复合材料,例如混凝土。

2.1.2　材料的结构和构造

材料的结构和构造是决定材料性质的重要因素。材料的结构可分为宏观结构、细观结构和微观结构。

1. 宏观结构

宏观结构是指用肉眼或放大镜就可分辨的结构层次,其尺寸范围在 10^{-3} m 级以上,分类及特点如下:

1) 致密结构

具有致密结构的材料可以看作无孔隙的材料,如钢材、玻璃、塑料、致密天然石材等,这类材料强度和硬度高、吸水性小、抗冻性和抗渗性好。

2) 多孔材料

多孔材料内部分布着较均匀的孔隙,孔隙率高。例如,加气混凝土、泡沫塑料等。这类材料质量轻、保温隔热、吸声隔声性能好。

3) 纤维结构

材料内部质点排列具有方向性,其平行纤维方向、垂直纤维方向的强度和导热性等性质具有明显的方向性,即各向异性,如木材、玻璃纤维等。

4) 层状结构

层状结构是指通过天然形成或人工黏结等方法将材料叠合而成层状的材料结构,如胶合板、纸面石膏板、蜂窝夹芯板、各种节能复合墙等。这类结构能提高材料的强度、硬度、保温及装饰等性能。

2. 细观结构

细观结构也称亚微观结构,是指光学显微镜观测到的微米组织,其尺寸范围为 $10^{-3} \sim 10^{-6}$ m,如分析金属材料的金相组织,观测木材的木纤维、导管,以及观察混凝土内的微裂缝等。材料内部各种组织的性质各不相同,这些组织的特征、数量、分布及界面之间的结合情况等,都对材料性质有重要影响。

3. 微观结构

微观结构是指用电子显微镜和 X 射线衍射分析等手段来研究材料的原子、分子级的结构,其尺寸范围 $10^{-10} \sim 10^{-6}$ m。材料的许多物理性质,如硬度、熔点、塑性等都是由其微观结构决定的。材料在微观结构层次上可分为晶体、玻璃体、胶体。

1) 晶体

相同质点在空间中做周期性重复排列的固体称为晶体。按质点及质点间的作用力不同,晶体分为:原子晶体、离子晶体、分子晶体和金属晶体。

晶体具有特定的几何外形,各向异性,固定的熔点和化学稳定性等特点。

2）玻璃体

玻璃体是一种不具有明显晶体结构的结构状态，又称为无定形状或非晶体，如玻璃。玻璃体的结合键为共价键和离子键，其结构特征为构成玻璃体的质点在空间上呈非周期性排列。

玻璃体的特点：无一定的几何外形，无熔点而只有软化现象，各向同性，化学性质不稳定。如粒化高炉矿渣、火山灰、粉煤灰等均属玻璃体，在一定条件下，具有较大的化学潜能，大量用作硅酸盐水泥的掺合料。

3）胶体

以结构粒径为 $10^{-9}\sim10^{-7}$ m 的固体颗粒作为分散相，分散在连续相介质中形成分散体系的物质称为胶体。胶体的总表面积很大，因而表面能很大，有很强的吸附力，所以具有较强的黏结力。

胶体由脱水作用或质点的凝聚而形成凝胶。凝胶具有固体的性质，在长期应力下，又具有黏性液体流动的性质，如水泥水化物中的凝胶体。

4. 构造

材料的构造是指特定性质的材料结构单元间的相互组合搭配情况。构造这一概念与结构相比，更强调了相同材料的搭配组合关系。例如节能墙板就是具有不同性质的材料经特定组合搭配而成的一种复合材料，具有良好的保温隔热、吸声隔声、防火抗震等性能。

2.2　土木工程材料的物理性质

2.2.1　材料的密度、表观密度和堆积密度

二维码 2-1
密度的测定

1. 密度

绝对密实状态下单位体积的质量称为材料的密度，按下式计算：

$$\rho=\frac{m}{V} \tag{2-1}$$

式中　ρ——密度（g/cm^3）；

　　　m——材料在干燥状态的质量（g）；

　　　V——干燥材料在绝对密实状态下的体积（cm^3）。

材料绝对密实体积是指不包括材料内部孔隙的固体物质的体积，见图 2-1。土木工程材料中除钢材、玻璃等外，绝大多数材料均含有一定的孔隙。测定有孔隙的材料密度时，需将材料磨成细粉，干燥后，用李氏瓶测得其真实体积，材料磨得越细，测得的密度值越精确。砖、石等块状材料的密度即用此法测得。而某些致密材料（如卵石、碎石等）的密度，以干燥的颗粒状材料，直接用排水法测定，材料中部分与外部不连通的封闭的孔隙无法排除，这时所求得的密度为近似密度。

2. 表观密度

自然状态下单位体积的质量称为材料的表观密度，按下式计算：

$$\rho_0=\frac{m}{V_0} \tag{2-2}$$

式中　ρ_0——表观密度（g/cm^3）；

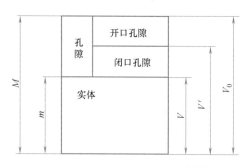 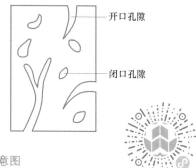

图 2-1 材料体积构成示意图

二维码 2-2
排液法

m ——材料在干燥状态的质量（kg）；

V_0 ——材料在自然状态下的体积（m^3）。

测定：材料形状规则，直接测量尺寸；不规则，采用排液置换，但材料表面应涂蜡，以防止水分渗入材料内部。

材料表观密度与材料含水情况有关。故测表观密度时，应注明含水情况，通常指材料在气干状态（长期在空气中状态）下的表观密度。材料在烘干状态下的表观密度称为干表观密度。

3. 堆积密度

散粒材料在自然堆积状态下单位体积的质量称为材料的堆积密度，按下式计算：

$$\rho'_0 = \frac{m}{V'_0}$$ （2-3）

式中 ρ'_0 ——散粒材料的堆积密度（g/cm^3）；

m ——散粒材料的质量（kg）；

V'_0 ——散粒材料在自然堆积状态下的体积（m^3）。

散粒材料的体积可用已标定容积的容器测得。砂子、石子的堆积密度即用此法求得。若捣实体积，计算所得则称紧密堆积密度。常用材料的密度、表观密度和堆积密度见表 2-1。

常用材料的密度、表观密度和堆积密度   表 2-1

材料名称	密 度(g/cm^3)	表观密度(kg/m^3)	堆积密度(kg/m^3)
钢材	7.85	7850	—
石灰岩	2.60	1800～2600	—
花岗岩	2.60～2.90	2500～2800	—
碎石	2.60～2.80	2650～2750	1400～1700
砂	2.60～2.70	2650～2700	1450～1600
硅酸盐水泥	3.10	—	1200～1250
普通水泥	3.15	—	1200～1250
粉煤灰砖	—	1800～1900	—
烧结空心砖	2.70	800～1480	—
红松木	1.55	400～800	—

材料名称	密　度(g/cm³)	表观密度(kg/m³)	堆积密度(kg/m³)
玻璃	2.55	2560	—
普通混凝土	—	2100～2600	—
钢筋混凝土	—	2500	—
水泥砂浆	—	1800	—
混合砂浆	—	1700	—
石灰砂浆	—	1700	—

4. 孔隙率、空隙率与密实度、填充率

1）孔隙率

孔隙率是指材料内部孔隙体积占总体积的百分率，按下式计算：

$$P = \frac{V_0 - V}{V_0} = 1 - \frac{V}{V_0} = \left(1 - \frac{\rho_0}{\rho}\right) \times 100\% \qquad (2-4)$$

材料的孔隙率的大小直接反映材料的密实程度。按孔隙的特征，材料的孔隙可分为连通孔和封闭孔两种。材料中所吸水分是通过开口孔隙吸入的，故开口孔隙率越大，则材料的吸水量越多。孔隙率以及孔隙特征与材料的强度、吸水性、抗渗性、抗冻性和导热性等都有密切关系。通常孔隙率较小，且连通孔较少的材料，其吸水性较小，强度较高，抗渗性和抗冻性较好。

2）空隙率

空隙率是指散粒材料堆积体积中，颗粒间空隙体积占总体积的百分率，按下式计算：

$$P' = \frac{V'_0 - V_0}{V'_0} = 1 - \frac{V_0}{V'_0} = \left(1 - \frac{\rho'_0}{\rho_0}\right) \times 100\% \qquad (2-5)$$

空隙率的大小反映了散粒材料的颗粒之间相互填充的密实程度。在配制混凝土时，空隙率可作为控制混凝土集料级配及计算砂率时的依据。

3）密实度

密实度是指固体物质的体积占总体积的百分率。它反映材料体积内被固体物质所充实的程度，按下式计算：

$$D = \frac{V}{V_0} = \frac{\rho_0}{\rho} \times 100\% \qquad (2-6)$$

$$P + D = 1 \qquad (2-7)$$

式中　P——孔隙率；

　　　　D——密实度。

4）填充率

填充率是指在某堆积体积中，被散粒材料的颗粒所填充的程度，按下式计算：

$$D' = \frac{V}{V'_0} = \frac{\rho'_0}{\rho} \times 100\% \qquad (2-8)$$

$$P' + D' = 1 \qquad (2-9)$$

式中　P'——空隙率；

　　　　D'——填充率。

2.2.2 材料与水有关的性质

二维码 2-3
亲水性与憎水性

1. 材料的亲水性与憎水性

当材料与水接触时，有些材料能被水润湿，有些材料则不能被水润湿，前者称材料具有亲水性，后者称具有憎水性。

如图 2-2 所示，材料被水湿润的情况可用润湿边角 θ 表示。当材料与水接触时，在材料、水以及空气三相的交点处，作沿水滴表面的切线，此切线与材料和水接触面的夹角 θ，称为润湿边角。

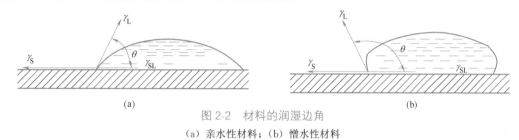

图 2-2 材料的润湿边角
(a) 亲水性材料；(b) 憎水性材料

当 $0° < \theta \leqslant 90°$ 时，材料表面吸附水，材料易被水润湿而表现出亲水性，这种材料称为亲水性材料；例如砖、木、混凝土等。当 $90° < \theta \leqslant 180°$ 时，材料表面不吸附水，这种材料称为憎水材料；例如沥青、石蜡等。当 $\theta = 0°$ 时，表明材料完全被水润湿，称为铺展。

亲水性材料的含水状态可分为四种基本状态（图 2-3）。干燥状态：材料的孔隙中不含水或含水极微；气干状态：材料的孔隙中所含水与大气湿度相平衡；饱和面干状态：材料表面干燥，而孔隙中充满水达到饱和；含水湿润状态：材料不仅孔隙中含水饱和，而且表面上为水润湿附有一层水膜。

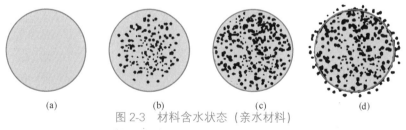

图 2-3 材料含水状态（亲水材料）
(a) 干燥；(b) 气干；(c) 饱和面干；(d) 含水湿润

材料的亲水性与憎水性主要取决于材料的组成与结构，有机材料一般是憎水性材料，无机材料都是亲水性材料。亲水材料表面常要求进行憎水处理用以防水，而憎水性材料常用作防水材料。

2. 吸水性

亲水性材料与水接触吸收水分的性质称为吸水性。吸水性的大小用吸水率表示，吸水率分为质量吸水率和体积吸水率两种表示方法。

1) 质量吸水率

材料吸水饱和时，吸收的水分质量占材料干燥时质量的百分率，按下式计算：

$$W_m = \frac{m_b - m_g}{m_g} \times 100\% \tag{2-10}$$

式中　W_m——材料的质量吸水率（%）；

　　　m_b——材料在吸水饱和状态下的质量（g）；

　　　m_g——材料在干燥状态下的质量（g）。

2）体积吸水率

材料吸水饱和时，吸收的水分的体积占干燥材料体积的百分率，按下式计算：

$$W_V = \frac{m_b - m_g}{V_0} \times \frac{1}{\rho_w} \times 100\%$$ （2-11）

式中　W_V——材料的体积吸水率（%）；

　　　V_0——干燥材料在自然状态下的体积（cm^3）；

　　　ρ_w——水的密度，常温下取 1.0g/cm^3。

土木工程材料一般采用质量吸水率。质量吸水率与体积吸水率有下列关系：

$$W_m = W_V \rho_0$$ （2-12）

材料的吸水性与材料的孔隙率和孔隙特征有关。对于细微连通孔隙，孔隙率越大，则吸水率越大。闭口孔隙水分不能进去，而开口大孔虽然水分易进入，但不能存留，只能润湿孔壁，所以吸水率仍然较小。

工程实例：某施工队原使用普通烧结黏土砖，后改为加气混凝土砌块。在抹灰前采用同样的方式往墙上浇水，发现原使用的普通烧结黏土砖易吸足水量，但加气混凝土砌块虽表面看来浇水不少，实际吸水不多。原因分析：加气混凝土砌块虽多孔，但其气孔大多数为"墨水瓶"结构，肚大口小，毛细管作用差，只有少数孔是水分蒸发形成的毛细孔，因此吸水缓慢。材料的吸水性不仅要看孔数量多少，而且需看孔的结构。

3. 吸湿性

材料在空气中吸收水分的性质称为吸湿性，吸湿性用含水率表示。含水率是指材料含水的质量占材料在干燥状态下的质量的百分率，按下式计算：

$$W_h = \frac{m_s - m_g}{m_g} \times 100\%$$ （2-13）

式中　W_h——材料的含水率（%）；

　　　m_s——材料在含水状态下的质量（g）；

　　　m_g——材料在干燥状态下的质量（g）。

材料吸湿和吸水都会引起其形状和尺寸的改变，更会影响材料的强度、保温、隔热等性能。对于现在房屋底层的墙体和地面返潮现象，可以采用吸湿性好的材料如木炭等材料解决。木炭是一种吸湿能力很好的材料，将木炭放在墙角并关闭门窗，可以取得较好的防潮效果。

4. 耐水性

材料长期在水作用下不被破坏，强度等原有功能基本不变的能力，称为耐水性，通常用软化系数表示，按下式计算：

$$K_R = \frac{f_b}{f_g}$$ （2-14）

式中　K_R——材料的软化系数，其值取 0~1；

　　　f_b——材料在饱和状态下的抗压强度（MPa）；

　　　f_g——材料在干燥状态下的抗压强度（MPa）。

K_R 值取 $0 \sim 1$，其值越大，表明材料的耐水性越好。一般材料吸水后，强度会有所降低，强度降低越多，软化系数越小，说明材料的耐水性就越差。例如，可溶性物质石膏长期处于水环境内，$K_R = 0$。要求用于长期处于水中或潮湿环境中的重要结构的材料，K_R 必须大于 0.85。选用受潮较轻或次要结构的材料，要求 K_R 不宜小于 0.75。

例题 **2-1** 取某干燥状态的材料 50g，磨成细粉，用李氏瓶测得体积为 $20cm^3$，将该材料浸水饱和后测得体积吸水率为 25%，$1cm^3$ 重 1900kg，求该材料的表观密度和孔隙率。

解：1）该材料的密度

$$\rho = \frac{m}{v} = \frac{50}{20} = 2.5 g/cm^3$$

2）该材料的表观密度

由于材料的体积吸水率为 25%，即 $1m^3$ 材料浸水饱和后吸入 $0.25m^3$ 的水，或者说吸入 250kg 的水。

$$\rho_0 = 1900 - 250 = 1650 kg/cm^3$$

3）材料的孔隙率

$$P = \left(1 - \frac{\rho_0}{\rho}\right) \times 100\% = \left(1 - \frac{1650}{2500}\right) \times 100\% = 34\%$$

2.2.3 材料的热性质

土木工程材料还需考虑热工性能，以使建筑物保持室内温度的稳定性。

1. 导热性

材料传导热量的性质称为导热性，常用导热系数表示，按下式计算：

$$\lambda = \frac{Qa}{At(T_2 - T_1)} \tag{2-15}$$

式中 λ——导热系数 [W/(m·K)]；

   Q——总传热量 (J)；

   a——试件的厚度 (m)；

   A——热传导面积 (m^2)；

   t——热传导时间 (h)；

  $T_2 - T_1$——材料两面温差 (K)。

材料的导热系数越小，表示其绝热性能越好。各种材料的导热系数差别很大，工程中通常把 $\lambda < 0.23$ W/(m·K) 的材料称为绝热材料。

2. 热容量和比热容

热容量是指材料受热时吸收热量或冷却时放出热量的性质，按下式计算：

$$Q = cm(T_2 - T_1) \tag{2-16}$$

式中 Q——材料的热容量 (J)；

   c——材料的比热容 [J/(g·K)]；

   m——材料的质量 (g)；

  $T_2 - T_1$——材料两面温差 (K)。

比热容 c 表示 1g 材料温度升高或降低 1K 时所吸收或放出的热量，比热容与材料质量 m 的乘积为材料的热容量。

热容量值大的材料，本身能吸入或储存较多的热量，对于保持室内温度有良好的作用，并减少能耗。因此选择有热保温要求的维护结构时，应尽可能选用导热系数小、比热容大即热容量值大的材料，以使室内温度稳定。

3. 耐燃性

耐燃性是指材料在火焰和高温作用下是否燃烧的性质。建筑物是由建筑构件组成的，如基础、柱、梁、板等，而建筑构件的燃烧性能取决于所使用建筑材料的燃烧性能，我国《建筑材料及制品燃烧性能分级》GB 8624—2012 将建筑构件的燃烧性能分为四个燃烧性能等级：A、B_1、B_2、B_3。

1）A 不燃材料（制品）

金属、砖、石混凝土等不燃性材料制成的构件，称为不燃材料。这种构件在空气中遇明火或高温作用下不起火、不微燃、不碳化。如砖墙、钢屋架、钢筋混凝土梁等构件都属于不燃烧体，常被用作承重构件。

2）B_1 难燃材料（制品）

用难燃性材料制成的构件或用可燃材料制成而用不燃性材料作保护层制成的构件，称为难燃烧材料。其在空气中遇明火或高温作用下难起火、难微燃、难碳化，且当火源移开后燃烧和微燃立即停止。

3）B_2 可燃材料（制品）

用可燃性材料制成的构件，称为可燃材料。这种构件在空气中遇明火或在高温作用下会立即起火或发生微燃，而当火源移开后，仍继续保持燃烧或微燃。如木梁、纤维板吊顶等构件都属可燃烧材料。

4）B_3 易燃材料（制品）

在大气中易被点燃并产生持续有焰燃烧的材料，称为易燃材料。如建筑材料中常用的竹、木、油毡、沥青、油漆及棉、麻、纸、天然橡胶、ABS 树脂、环氧树脂等。

4. 耐火性

耐火性是指材料在火焰和高温作用下，保持其不破坏、性能不明显下降的性质。材料的耐火性是通过耐火极限即耐受时间表示的。要注意耐燃性和耐火性概念的区别，耐燃的材料不一定耐火，耐火的材料一般都耐燃。如钢材是非燃烧材料，但其耐火极限仅有 0.25h，故钢材虽为重要的建筑结构材料，但其耐火性却较差，使用时须进行特殊的耐火处理。

影响耐火极限的因素：

（1）材料的燃烧性能。材料的燃烧性能越好，构件的耐火极限就越低。

（2）构件的截面尺寸。构件的截面尺寸越大，构件的耐火极限就越高。如加气混凝土砌块墙（非承重墙）厚度为 75mm、100mm、200mm，耐火极限为 2.5h、6.0h、8.0h。

（3）保护层的厚度。构件的保护层厚度越大，构件的耐火极限就越高。

2.3　土木工程材料的力学性质

2.3.1　材料的强度

1. 强度

强度是指外力作用下材料抵抗破坏时所能承受的最大应力。当材料受外力作用时，其内部产生应力，外力增加，应力相应增大，直至材料内部质点间结合力不足以抵抗所受到的外力时，材料即发生破坏。材料破坏时，应力达到极限值，这个极限应力值就是材料的强度。材料受外力作用示意图见图 2-4。

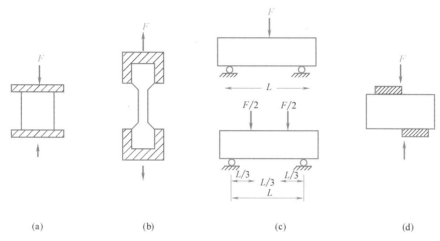

图 2-4　材料受外力作用示意图

（a）抗压；（b）抗拉；（c）抗折；（d）抗剪

材料的抗压、抗拉、抗剪强度计算公式：

$$f = \frac{P}{A} \tag{2-17}$$

式中　f ——材料的抗压、抗拉、抗剪强度（MPa）；

　　　P ——材料破坏时的最大荷载（N）；

　　　A ——材料受力截面积（mm^2）。

对于材料抗弯强度，一种试验方法是将条形试件放在两支点上，中点作用一集中荷载，对矩形截面试件，则抗弯强度按下式计算：

$$f = \frac{3PL}{2bh^2} \tag{2-18}$$

另一种试验方法是在跨度的三分点上作用两个相等的集中荷载，则抗弯强度按下式计算：

$$f = \frac{PL}{bh^2} \tag{2-19}$$

式中　f ——材料的抗弯极限强度（MPa）；

　　　P ——材料破坏时的最大荷载（N）；

　　　L ——试件两支点间的距离（mm）；

　　　b、h ——试件截面的宽度和高度（mm）。

材料的强度与组成、结构和构造有关。不同组成的材料具有不同的抵抗外力的特点。相同组成的材料也因结构及构造的不同，而强度有较大的差异。例如，石材、混凝土等非匀质材料的抗压强度较高，而抗拉及抗折强度却很低。常用材料的强度见表 2-2。

二维码 2-4
抗压强度

二维码 2-5
抗折强度

常用材料的强度（MPa）   表 2-2

材料名称	抗压	抗拉	抗弯
花岗石	100～250	5～8	10～14
普通黏土砖	7.5～20	—	1.8～4.0
普通混凝土	7.5～60	1～4	—
松木(顺纹)	30～50	80～120	66～100
建筑钢材	235～1600	235～1600	—

大部分土木工程材料会根据强度的大小，将材料划分为若干不同的等级，按强度等级及性质合理选用材料，正确进行设计、施工和控制工程质量等。

2. 比强度

承重的结构材料除了承受外荷载外，还要承受自重。比强度是反映材料轻质高强的力学参数，其含义是单位体积质量的材料强度，数值上等于材料的强度与自身表观密度之比。

2.3.2　弹性与塑性

材料在外力作用下产生变形，当取消外力后，变形能完全消失的性质称为弹性。这种可恢复的变形称为弹性变形，如图 2-5 （a）。

材料在外力作用下产生变形，当取消外力后，仍保持变形后的形状，并不产生裂缝的性质称为塑性。这种不可恢复的变形称为塑性变形，如图 2-5 （b）。

真实材料中，完全的弹性材料或完全的塑性材料不存在。一般材料都是弹塑性材料，材料在外力作用下变形，卸载后弹性变形恢复，塑性变形保留，如图 2-5 （c）。

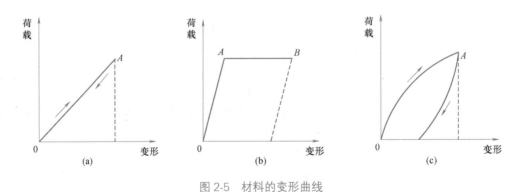

图 2-5　材料的变形曲线
（a）弹性变形曲线；（b）塑性变形曲线；（c）弹塑性变形曲线

2.3.3　脆性与韧性

当外力达到一定值时，材料突然破坏，且无明显塑性变形的性质称为脆性。具有这种性质的材料称为脆性材料。脆性材料的抗压强度远远高于其抗拉强度，这对承受振动和冲击作用是极为不利的，如砖、玻璃、陶瓷等。

材料在冲击或振动荷载作用下，能吸收较大能量，同时产生较大变形而不突然破坏的性质称为冲击韧性。如建筑钢材、木材、沥青混凝土等。

2.3.4 硬性和耐磨性

二维码 2-6
刻划法

二维码 2-7
压入法

1. 硬度

硬度是指材料表面抵抗较硬物质压入或刻划的能力。常用刻划法和压入法测定材料硬度。刻划法常用于测定天然矿物的硬度。压入法是以一定的压力将一定规格的钢球或金刚石压入试样表面，根据压痕的面积或深度来计算材料硬度的方法。钢材、木材及混凝土等材料的硬度常用压入法测定。

2. 耐磨性

耐磨性是材料抵抗磨损的能力，用磨损率表示，按下式计算：

$$N = \frac{m_1 - m_2}{A} \tag{2-20}$$

式中　　N——材料的磨损率（g/cm²）；

m_1、m_2——材料磨损前、后的质量（g）；

A——试件受磨面积（cm²）。

一般来说，强度高且密实的材料，其硬度较大，耐磨性也较好。

2.4 土木工程材料的耐久性

材料在长期使用过程中，抵抗各种自然因素及有害介质，保持其原有性能不变质和不被破坏的能力称为材料的耐久性。自然界中各种破坏因素包括物理作用、化学作用以及生物作用等。

1. 物理作用

物理作用包括材料的干湿变化、温度变化及冻融变化等。这些变化可引起材料的收缩和膨胀，长期或反复作用会使材料逐渐破坏，如水泥混凝土的热胀冷缩。

2. 化学作用

化学作用包括酸、碱、盐等物质的水溶液及气体对材料产生的侵蚀作用，使材料产生质的变化而破坏，如钢筋的锈蚀、沥青与沥青混合料的老化等。

3. 生物作用

生物作用是昆虫、菌类等对材料所产生的蛀蚀、腐蚀等破坏作用，如木材及植物纤维材料的腐烂等。

影响材料耐久性的原因是多方面的，即耐久性是一种综合性质。它包括抗渗性、抗冻性、耐蚀性、耐老化性、耐风化性、耐热性、耐磨性等多方面内容。

2.4.1 抗渗性

材料在压力水作用下，抵抗渗透的性质称为抗渗性。材料的抗渗性主要取决于材料的孔隙率及孔隙特征。密实的材料，具有闭口孔或极微细孔的材料，实际上是不会发生透水现象的；具有较大孔隙率，且为较大孔径、开口连通孔的亲水性材料往往抗渗性较差。

抗渗性是决定材料耐久性的重要因素。在设计地下结构、压力管道、压力容器等结构时，均要求其所用材料具有一定抗渗性。抗渗性也是检验防水材料质量的重要指标。

抗渗性通常用渗透系数表示，即一定厚度的材料，在单位水压力下，在单位时间内透过单位面积的水量。渗透系数，按式计算：

$$K = \frac{Qd}{AtH_g} \tag{2-21}$$

式中　K ——材料的渗透系数（cm/h）；

Q ——渗透水量（cm^3）；

d ——试件的厚度（cm）；

A ——渗水面积（cm^2）；

t ——渗水时间（h）；

H ——净水压力水头（cm）。

二维码 2-8　渗透系数的测定

渗透系数越小，则表示材料的抗渗性能越好。对于防潮、防水材料（如沥青、油毡、沥青混凝土等），常用渗透系数表示其抗渗性。对于砂浆、混凝土等材料，常用抗渗等级表示，即：

$$P = 10H - 1 \tag{2-22}$$

式中　P ——抗渗等级；

H ——试件开始渗水时的水压力（MPa）。

抗渗等级越高，则表示材料的抗渗性能越好。

材料抗渗性的好坏与材料孔隙率和孔隙特征有密切关系。孔隙率很低而且是封闭孔隙的材料具有较高的抗渗性能。对于地下建筑及水工构筑物，因常受到压力水的作用，所以对材料的抗渗性有较高的要求。对于防水材料，则要求有更高的抗渗性。材料抵抗其他液体渗透的性质，也属于抗渗性。例如，储油罐要求材料具有良好的不渗油性。

2.4.2　抗冻性

材料在吸水饱和状态下，经受多次冻融循环作用而质量损失不大，强度也无明显降低的性质称为材料的抗冻性。冰冻的破坏作用是由于材料中含水，水在结冰时体积膨胀约9%，从而对孔隙产生压力而使孔壁开裂。冻融循环的次数越多，对材料的破坏作用越严重。

对处于冬季外界温度低于−10℃的寒冷地区，建筑物的外墙及露天工程中使用的材料必须进行抗冻性检测。

抗冻性是指材料在吸水饱和状态下能经受多次冻融循环作用而不破坏，强度不明显降低的性质。材料吸水后，在负温度下，水在毛细管内结冰，体积膨胀，冰的动胀压力造成材料的内应力，使材料遭到局部破坏，随着冰冻、融化的循环作用，对材料的破坏加剧，这种破坏即为冻融破坏。冻融循环次数越多，对材料的破坏作用越大。

2.4.3　抗侵蚀性

金属类的材料在使用环境中主要是遭受氧化腐蚀，尤其是在一定湿度的情况下，水会使金属类的氧化锈蚀作用更为显著，而且这种侵蚀作用常伴有电化学腐蚀，使腐蚀作用加剧。防止金属材料侵蚀的主要措施是在金属表面进行处理，加设镀层或涂敷涂料。

无机非金属材料在环境中受到的侵蚀作用主要是溶解、溶出、碳化及酸碱盐类的化学作用。如水泥及混凝土构筑物受到流动的软水作用，其内部成分会被溶解和溶出，使结构变得疏松，当遇到酸、碱或盐类时，还可能发生化学反应使结构遭受破坏。

为了提高抗侵蚀能力，应针对侵蚀环境的条件选取适当的材料，在侵蚀作用剧烈条件下，也应采用保护层的做法。

2.4.4 耐老化性

高分子材料在光、热及大气的作用下，其组成及结构发生变化，致使其性质变化，失去弹性，变硬、变脆或降低机械性能变软、变黏，失去原有功能的现象叫老化。

高分子材料的老化使高分子材料在工程中的利用受到了限制。目前防止高分子老化的措施主要有改变聚合物的结构、加入防老化剂的化学方法以及表面涂防护层的物理方法。

为了提高材料的耐久性，延长建筑的使用寿命和减少维修费用，可根据使用情况和材料特点采取相应的措施。

【工程实例分析】

测试强度与加荷速度

概况：在测试水泥、混凝土等材料强度时，可观察到，同一试件，加载速度过快，所测值偏高。

原因分析：材料的强度除了和组成结构有关，还与测试条件有关，包括加载速度、温度、试件大小和形状等。当加载速度过快时，荷载的增长速度大于材料裂缝扩展速度，测出的数值就会偏高。

防治措施：在材料强度测试中，一般都会规定其加荷速度范围。

本章小结

1. 材料的组成包括化学组成、矿物组成和相组成，不仅影响着材料的化学性质，而且也是决定材料物理力学性质的重要因素。

2. 根据材料所处状态不同，可分为密度、表观密度和堆积密度，可以通过密实度、孔隙率和填充率、空隙率反映。

3. 材料与水有关的性质包括亲水性与憎水性、吸湿性与吸水性、耐水性，可以通过材料润湿边角、含水率、吸水率、软化系数反映。

4. 材料的力学性质包括材料的强度，脆性和韧性，硬度和耐磨性。

5. 材料的耐久性是一种综合性质，包括抗渗性、抗冻性、耐蚀性、耐老化性、耐风化性等多方面内容。

【思考与练习题】

2-1 当某一建筑材料的孔隙率增大时，表 2-3 内的其他性质将如何变化（用符号填写：↑增大，↓下降，一不变，? 不定）

题 2-1 用表 表 2-3

孔隙率	密 度	表观密度	强 度	吸水率	抗冻性	导热性
↑						

2-2 烧结普通砖进行抗压试验，测得浸水饱和后的破坏荷载为 185kN，干燥状态的破坏荷载为 207kN（受压面积为 115mm×120mm），问此砖的饱水抗压强度和干燥抗压强度各为多少？是否适宜用于常与水接触的工程结构物？

2-3 亲水材料与憎水材料是如何区分的？举例说明怎样改变材料的亲水性和憎水性。

2-4 什么叫材料的耐久性？在工程结构设计时应如何考虑材料的耐久性？

2-5 建筑物的屋面、外墙、基础所使用的材料各应具备哪些性质？

【创新思考题】

现在越来越注重建材对人体健康和环保所造成的影响。现在的绿色建材，有的生产所用原料尽可能少用天然资源、大量采用废弃物；有的采用低能耗制造工艺和无污染环境的生产技术；有的具有消磁、消声、调光、调温、隔热、防火、抗静电等特种新型功能建筑材料。你能查阅相关资料，从材料基本性质说一说这些新功能是怎么实现的么？

第3章 金属材料

本章要点及学习目标

本章要点：

本章主要介绍了建筑钢材的主要技术性能（包括力学性能和工艺性能）、钢材的组织和化学成分及其对钢材性能的影响，对土木工程常用钢材的技术性质及应用展开了阐述，提及了其他常见金属材料的性质。

学习目标：

熟练掌握常用钢材的主要力学性能（包括抗拉性能、冲击韧性、耐疲劳性和硬度）以及工艺性能（冷弯和焊接），了解钢材的组织、化学成分及其对钢材性能的影响，熟练掌握土木工程中常用建筑钢材的分类及选用原则，会根据工程实际恰当地选择材料，了解金属材料防火的常用方法，了解其他常见金属材料（如铝合金及铜制品）的性能。

金属材料包括黑色金属和有色金属两大类。黑色金属以铁、锰、铬元素为主要成分，约占地壳元素总量的 5.5%，有色金属是指黑色金属以外的金属，见表 3-1。土木工程中应用的金属材料主要是建筑钢材、铝合金及铜合金等。

金属材料分类   表 3-1

金属材料	有色金属	轻有色金属	密度 4.5g/cm³ 以下的有色金属，包括铝、镁、钠、钾、钙、锶、钡等；特点：相对密度小、化学活跃性大，与氧、硫、碳、卤素的化合物都相当稳定
		重有色金属	密度 4.5g/cm³ 以上的有色金属，如铜、镍、铅、锌、锡等，根据其特性都有特殊的应用范围和用途
		贵有色金属	包括金、银、铂族元素，在地壳中含量少，开采和提取比较困难；共同特点：相对密度大，熔点高，化学性质稳定，能抵抗酸碱腐蚀（银和铂除外）
		半金属	一般指硅、硒、碲、砷、硼等，此类金属的物理性能介于金属与非金属之间
		稀有金属	通常指在自然界中含量少，分布稀散或难从原料中提取的金属，如钨、钛等
	黑色金属		包括铁、锰、铬，铁元素大约占地壳元素总量的 5.5%，全世界金属总产量中钢铁占 99.5%

钢材有一系列优良的技术性能，如强度高、品质均匀，良好的塑性和韧性，具有一定的弹性和塑性变形能力，能承受冲击、振动荷载；钢材的可加工性好，可以进行各种机械加工，还可以通过焊接、铆接和切割等多种方式连接，装配施工方便。因此，钢材是最重要的建筑结构材料之一，广泛应用于各种土木工程中。钢材的缺点是易锈蚀、维护费用大、耐火性差。

铝合金近年来广泛应用于建筑装修领域中，是一种重要的轻质结构和装饰材料，有优良的建筑功能及独特的装饰效果。铜、铝及其合金由于质量轻、可装配化生产等特点，在现代土木工程中也得到了广泛应用。

3.1 钢材的冶炼与分类

3.1.1 钢材的冶炼

钢与铁的成分都是铁和碳，两者区别在于含碳量不同。含碳量大于2%的为生铁，小于2%的为钢。钢是由生铁冶炼而成；生铁是由铁矿石、焦炭和少量石灰石等在高温的作用下进行还原反应和其他的化学反应，铁矿石中的氧化铁形成金属铁，然后再吸收碳而形成。原料中的杂质则和石灰石等化合成熔渣。

生铁含有较多的碳和硫、磷、硅、锰等杂质，性质硬而脆，塑性很差，抗拉强度很低，使用受到很大的限制，大部分作为炼钢原料及制造铸件。

炼钢的目的是通过冶炼工艺降低生铁中的碳、去除和降低有害杂质含量，再根据对钢性能的要求加入适量的合金元素，以显著改善其技术性能，使其成为具有高强度、高韧性或其他特殊性能的钢。

将生铁在炼钢炉中冶炼，使碳的含量降低到预定的范围，其他杂质含量降低到允许的范围，经浇铸即得到钢锭，再经过加工处理后得到各种钢材。根据所用炼钢炉不同主要有三种冶炼方法。

1. 氧气转炉法

此法用纯氧吹入铁液中使碳和杂质氧化，得到所需要的钢。氧气转炉钢具有原材料适应性强、生产率高、成本低、可炼品种多、钢质量好等优点，因而应用广泛。氧气转炉钢又分为氧气顶吹转炉炼钢、氧气底吹转炉炼钢、顶底复合氧气转炉炼钢。

氧气顶吹转炉法是以高压氧气从炼钢炉上方向炉内强制供氧进行的。氧气底吹转炉法是在空气底吹转炉基础上发展起来的，氧气底吹转炉的炉体结构与氧气顶吹转炉相似，只是在底吹转炉冶炼中，氧气由分散在炉底上的数支喷嘴由下而上吹入炉内的。顶底复合氧气转炉法是综合了氧气顶吹转炉与氧气底吹转炉炼钢方法的冶金特点之后，改进发展起来的，就是在顶吹的同时从底部吹入少量气体，克服了顶吹、底吹转炉的缺点，同时又保留了优点，具有比顶吹和底吹更好的技术经济指标。图3-1为氧气顶吹转炉示意图。

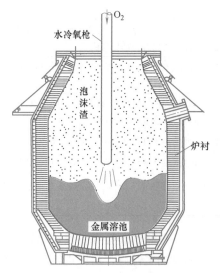

图 3-1 氧气顶吹转炉示意图

2. 电炉法

此法主要用废钢冶炼各种有特殊性能要求的钢，是目前生产特殊钢的主要方法。电炉是一种以电为主要能源的熔化炉，根据电-热转化方式，可分为电弧炉、电阻炉和感应炉。大多数电炉钢是电弧炉生产的，还有少量电炉钢是由感应炉、电阻炉等生产的。电弧炉主要是利用电极与炉料间放电产生电弧发出的热量来炼钢。电炉钢的产量低、质量好，但耗电量大、成本高。

3. 平炉法

此法用平炉以煤气或重油作燃料，原料为铁液、废钢铁和适量的铁矿石，利用空气或氧气和铁矿石中的氧使碳和杂质氧化得到所需钢。平炉炉体结构庞大、热损失大、热效率低。近年来，随着氧气顶吹转炉的迅速发展和大型超高功率电炉的投产，平炉已基本被取代。

在铸锭冷却过程中，由于钢内某些元素在铁的液相中的溶解度大于固相，这些元素便会向凝固较迟的钢锭中心集中，导致这些化学成分在钢中分布不均匀，这种现象称为化学偏析，其中以磷、硫的偏析最为严重。偏析会严重降低钢的质量。

3.1.2 钢的分类

1. 按化学成分分类

1）碳素钢

碳素钢是指碳的质量分数在 0.02%～2.06% 的铁碳合金。根据含碳量不同，可分为：

低碳钢：碳的质量分数小于 0.25% 的钢；

中碳钢：碳的质量分数在 0.25%～0.60% 的钢；

高碳钢：碳的质量分数大于 0.6% 和小于 2.06% 的钢。

工程中大量应用的是碳素结构钢。

2）合金钢

在碳素钢中加入一定量的合金元素以提高钢材性能的钢，称为合金钢。根据钢中合金元素含量，分为：

（1）低合金钢：合金元素的总质量分数小于 5% 的钢；

（2）中合金钢：合金元素的总质量分数在 5%～10% 之间的钢；

（3）高合金钢：合金元素的总质量分数大于 10% 的钢。

2. 按钢的品质分类

按照钢的品质（即钢中有害成分含量的大小），可以将钢材分为普通钢、优质钢、高级优质钢、特级优质钢。磷的含量不大于 0.045%，硫含量不大于 0.050% 为普通钢；磷的含量不大于 0.035%，硫含量不大于 0.035% 为优质钢；磷的含量不大于 0.025%，硫含量不大于 0.025% 为高级优质钢；磷的含量不大于 0.025%，硫含量不大于 0.015% 为特级优质钢。

3. 按脱氧方法分类

1）沸腾钢：炼钢时仅加入锰铁进行脱氧，脱氧不完全，钢液凝固时有大量的 CO 气体冒出，在液面出现"沸腾"现象，代号为"F"。这种钢组织不够致密，杂质多，硫、磷等杂质偏析较严重，冲击韧性和可焊性差。由于其成本低，产量高，可以用于一般的建筑结构。

2）镇静钢：炼钢时采用锰铁、硅铁和铝锭等作为脱氧剂，脱氧充分，铸锭时钢液平静地充满锭模并冷却凝固，代号为"Z"。其质量均匀，结构致密，可焊性好，抗蚀性强，但钢锭的收缩孔大，成品率低，成本高，常适用于预应力混凝土、承受冲击荷载等重要结构工程。

3）特殊镇静钢：比镇静钢脱氧程度更充分彻底的钢，其质量最好，代号为"TZ"，适用于特别重要的结构。

4. 按用途分类

按用途分为结构钢、工具钢和特殊钢。结构钢是主要用于工程结构构件及机械零件的钢，一般为低碳钢和中碳钢。工具钢是主要用于各种工具、量具及模具的钢，一般为高碳钢。特殊钢是具有特殊物理、化学及力学性能的钢，如不锈钢、耐热钢、磁性钢等，一般为合金钢。建筑上常用的是普通碳素结构钢和普通低合金结构钢。

5. 钢材的分类

1）型钢类

型钢是指具有一定截面形状和尺寸的实心长条钢材；可分为简单断面类，包括圆钢、方钢、扁钢、六角钢、角钢；复杂断面类，包括钢轨、工字钢、槽钢、窗框钢、异形钢等。

2）钢板类

钢板是指一种宽厚比和表面积都很大的扁平钢材；按厚度不同分为薄板（厚度小于4mm）、中板（厚度 4～25mm）和厚板（厚度大于 25mm）三种。

3）钢管类

钢管是指一种中空截面的长条钢材；按其截面形状不同可分为圆管、方形管、六角形管、各种异形截面钢管；按加工工艺又可分为无缝钢管和焊管钢管。

4）钢丝类

钢丝是线材的再一次冷加工产品；按形状不同可分为圆钢丝、扁形钢丝和三角形钢丝等。

3.2　钢材的技术性质

钢材的主要技术性能包括力学性能和工艺性能，其技术性能对结构的安全使用及经济性起着决定性作用。

二维码 3-1
钢筋拉伸试验

3.2.1　建筑钢材的主要力学性能

1. 抗拉性能

在外力作用下，材料抵抗变形和断裂的能力称为强度。抗拉性能是钢材最重要的技术性质，建筑钢材的抗拉性能可以通过低碳钢（软钢）的拉伸试验进行测定，如图 3-2 所示，将低碳钢加工成规定的标准试件，在试验机上进行拉伸，钢材受拉时，在产生应力的同时相应地产生应变。应力和应变的关系反映出低碳钢的主要力学特征。通过拉伸试验可以揭示出低碳钢在静载作用下常见的力学行为，即弹性变形、塑性变形、断裂；还可以确定材料的基本力学指标，如屈服强度、抗拉强度、断后伸长率、断面收缩率等。

低碳钢的应力-应变关系如图 3-3 所示，低碳钢从受拉到拉断，分为四个阶段：弹性阶段、屈服阶段、强化阶段和颈缩阶段。

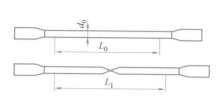

图 3-2 低碳钢拉伸试验试样示意图

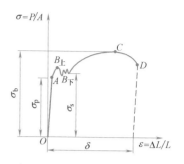

图 3-3 低碳钢受拉应力-应变图

1）弹性阶段（OA 段）

在 OA 阶段，应力与应变成比例地增长，如卸去荷载，试件将恢复原状，材料表现为弹性，弹性阶段所产生的变形为弹性变形。在此阶段中，应力与应变之比为常数，称为弹性模量，即 $E=\sigma/\varepsilon$。弹性模量反映了材料受力时抵抗弹性变形的能力，即材料的刚度。弹性模量是钢材在静荷载作用下计算结构变形的一个重要指标。弹性阶段最大应力称为弹性极限 σ_p。土木工程常用的低碳钢弹性模量一般在 $200\sim210$GPa，σ_p 在 $180\sim218$MPa。

2）屈服阶段（AB 段）

当应力超过弹性极限后，即应力达到 B 点后继续加载，应变急剧增加，应力先是下降，然后作微小的波动，在应力-应变曲线上出现一个小的波动平台，这种应力基本保持不变，而应变显著增加的现象称为屈服。这一阶段的最大、最小应力分别称为屈服上限和屈服下限。由于屈服下限的数值较为稳定，因此以它作为材料抗力的指标，定义为屈服点或屈服强度，用 σ_s 表示。σ_s 是衡量材料强度的重要指标。常用低碳钢的屈服极限 σ_s 为 $195\sim300$MPa。

钢材受力达屈服点后，变形即迅速发展，尽管尚未破坏但已不能满足使用要求，故工程设计中一般以屈服点作为钢材强度取值依据。

有些钢材如高碳钢无明显的屈服现象，通常以发生微量的塑性变形（0.2%）时的应力作为该钢材的屈服强度，称为条件屈服强度（$\sigma_{0.2}$）。高碳钢拉伸时的应力-应变曲线如图 3-4 所示。

3）强化阶段（BC 段）

当荷载超过屈服点以后，由于试件内部组织结构发生变化，抵抗变形能力又重新提高，应力-应变曲线又开始上升，要使它继续变形必须增加拉力，这一阶段称为强化阶段。对应于最高点 C 的应力值称为强度极限或抗拉强度 σ_b，是材料所能承受的最大应力，是衡量材料强度的重要指标。常用低碳钢的 σ_b 一般为 $370\sim500$MPa。

抗拉强度不能直接利用，但屈服强度与抗拉

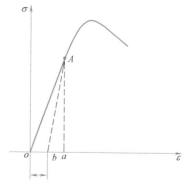

图 3-4 高碳钢拉伸时的应力-应变曲线

oa-总变形；ba-弹性变形

99.8%；ob-塑性变形 0.2%

强的比值（即屈强比 σ_s/σ_b）在设计中有着重要意义。工程上使用的钢材，不仅希望具有高的屈服强度，还希望具有一定的屈强比。屈强比越小，钢材在受力超过屈服点工作时的可靠性越大，安全储备越大，材料越安全。但如果屈强比过小，则钢材有效利用率太低，造成浪费。既要保证安全又要经济，因此工程上常用碳素钢的屈强比为 0.58～0.63，合金钢的屈强比为 0.65～0.75。

4）颈缩阶段（CD 段）

当钢材继续受力达到最高点后，应力超过 σ_b，钢材内部遭到严重破坏，试件的截面开始在薄弱处显著缩小，此现象为"颈缩现象"。由于试件断面急剧缩小，塑性变形迅速增加，钢材承载力也就随着下降，最后试件断裂。

塑性是钢材的一个重要的性能指标。钢材的塑性通常用拉伸试验时的伸长率或断面收缩率来表示。把拉断的试件在断口处拼合起来，可测得拉断后的试件长度 L_1 和断口处的最小截面积 A_1。L_1 减去原标距长 L_0 就是塑性变形值，此值与原长 L_0 的比率称为伸长率 δ。伸长率按下式计算：

$$\delta = \frac{L_1 - L_0}{L_0} \times 100\% \tag{3-1}$$

式中 δ——伸长率；

L_0——试件原始长度（mm）；

L_1——试件拉断后长度（mm）。

伸长率 δ 是衡量钢材塑性的指标，它的数值越大，表示钢材塑性越好。良好的塑性，可将结构上的应力重新进行分布，从而避免结构过早破坏。δ_5 和 δ_{10} 分别表示 $L_0 = 5d_0$ 和 $L_0 = 10d_0$ 时的伸长率。对同一种钢材 $\delta_5 > \delta_{10}$，这是因为钢材中各段在拉伸的过程中伸长量是不均匀的，颈缩处的伸长率较大，因此当原始标距 L_0 与直径 d_0 之比越大，则颈缩处伸长值在整个伸长值中的比重越小，因而计算得的伸长率就越小。某些钢材的伸长率是采用定标距试件测定的，如标距 $L_0 = 100$mm 或 200mm，则伸长率用 δ_{100} 或 δ_{200} 表示。

普通碳素钢 Q235A 的伸长率 δ_5 可达 26% 以上，在钢材中是塑性相当好的材料。工程中常把常温下静载伸长率大于 5% 的材料称为塑性材料，金属材料中低碳钢是典型的塑性材料。

伸长率反映钢材塑性的大小，在工程中具有重要意义，是评定钢材质量的重要指标。伸长率较大的钢材，钢质较软，强度较低，但塑性好，加工性能好，应力重分布能力强，结构安全性大，但塑性过大对实际使用有影响。塑性过小，钢材质硬脆，受到突然超荷载作用时，构件易断裂。

断面收缩率按下式计算：

$$\varphi = \frac{A_0 - A_1}{A_0} \times 100\% \tag{3-2}$$

式中 φ——断面收缩率；

A_0——试件原始截面积（mm²）；

A_1——试件拉断后颈缩处的最小截面积（mm²）。

伸长率和断面收缩率都表示钢材断裂前经受塑性变形的能力。伸长率越大或断面收缩率越大，说明钢材塑性越大。钢材塑性大，不仅便于进行各种加工，而且能保证钢材在建筑上的安全使用。

2. 冲击韧性

冲击韧性是指钢材抵抗冲击荷载的能力。钢材的冲击韧性通过标准试件的弯曲冲击韧性试验确定的。如图 3-5 所示，将有缺口的标准试件放在冲击试验机的支座上，用摆锤打断试件，测得试件单位面积上所消耗的功，以试件单位面积上所消耗的功，作为冲击韧性指标，用冲击韧性值 α_k 表示，α_k 按下式计算：

$$\alpha_k = \frac{mg(H-h)}{A} \tag{3-3}$$

式中　α_k——冲击韧性（J/cm^2）；

　　　m——摆锤质量（kg）；

　　　g——重力加速度，数值为 $9.81m/s^2$；

　H、h——摆锤冲击前后的高度（m）；

　　　A——试件槽口处最小横截面积（cm^2）。

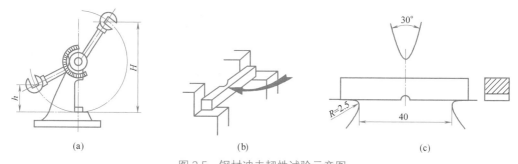

(a)　　　　　　　　　　(b)　　　　　　　　　　(c)

图 3-5　钢材冲击韧性试验示意图

(a) 试验机；(b) 试件放置及重锤冲击试件示意图；(c) 试件缺口示意图

α_k 值越大，表明钢材在断裂时所吸收的能量越多，则冲击韧性越好。影响钢材 α_k 的主要因素有化学成分及轧制质量、环境温度、钢材的时效等。

当钢中碳、氧、硫、磷含量高以及存在非金属夹杂物和焊接微裂纹时都会使冲击韧性降低。

钢材的冲击韧性随着环境温度的降低而下降，其规律是开始下降缓慢，当达到一定温度范围时，突然下降而呈脆性，这种由韧性状态过渡到脆性状态的性能称为冷脆性。与之对应的温度称为脆性临界（转变）温度，如图 3-6 所示。因此，在负温下使用的结构，应当选用脆性转变温度低于使用温度的钢材。

冷加工时效处理也会使钢材的冲击韧性下降。随时间的延长，钢材表现出强度和硬度提高而塑性

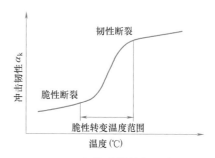

图 3-6　钢的脆性转变温度

和韧性降低的现象称为时效。完成时效的过程可达数十年，但钢材如经过冷加工或使用中受振动和反复荷载作用，时效可迅速发展。因时效作用导致钢材性能改变程度的大小叫作

时效敏感性。时效敏感性大的钢材，经过时效后，其冲击韧性的降低越显著。为了保证结构安全，对于承受动荷载的重要结构，应当选用时效敏感性小的钢材。

3. 耐疲劳性

钢材在受交变荷载反复作用时，在应力远小于抗拉强度时突然发生脆性断裂破坏的现象，称为疲劳破坏。所谓交变荷载即荷载随时间作周期变化，引起材料应力随时间作周期性变化。

钢材疲劳破坏的原因主要是钢材中存在疲劳裂缝源，如构件表面粗糙、有加工的损伤或刻痕、构件内部存在夹杂物或焊接裂缝等缺陷。当应力作用方式、大小或方向等交替变更时，裂缝两面的材料时而紧压或张开，形成了断口光滑的疲劳裂缝扩展区。随着裂缝向深处发展，在疲劳破坏的最后阶段，裂纹尖端由于应力集中而引起剩余截面的脆性断裂，形成在低应力状态下突然发生脆性破坏，危害极大，往往造成灾难性的事故。从断口可明显分辨出疲劳裂纹扩展区和残留部分的瞬时断裂区。

在一定条件下，钢材疲劳破坏的应力值随应力循环次数的增加而降低。钢材在无穷次交变荷载作用下而不至引起断裂的最大循环应力值，称为疲劳强度极限。钢材的疲劳强度与很多因素有关，如组织结构、表面状态、合金成分、夹杂物、应力集中、受腐蚀程度等几种情况。一般来说，钢材的抗拉强度高，其疲劳极限也较高。对于承受交变应力作用的钢构件，应根据钢材质量及使用条件合理设计，以保证构件足够的安全度及寿命。在设计承受反复荷载且须进行疲劳验算的结构时，应当了解所用钢材的疲劳强度。

4. 硬度

硬度是衡量材料抵抗另一硬物压入，表面产生局部变形的能力。硬度可以用来判断钢材的软硬程度，同时间接反映钢材的强度和耐磨性能。我国现行标准测定金属硬度的方法有布氏硬度法、洛氏硬度法和维氏硬度法三种。测定钢材硬度的现行标准方法是布氏硬度和洛氏硬度，铝合金采用维氏硬度。

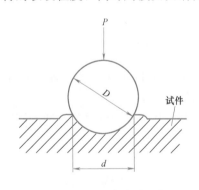

图 3-7　布氏硬度试验示意图

1）布氏硬度（HBW）

布氏硬度试验如图 3-7 所示，按规定选择一个直径为 D（mm）的淬过火的钢球或合金球，以一定荷载 P（N）将其压入试件表面，持续至规定时间 $10\sim15s$ 后卸去荷载，测定试件表面压痕的直径 d（mm），根据计算或查表确定单位面积上所承受的平均应力值，其值作为硬度指标，称为布氏硬度，其符号为 HBW。其试验范围上限为 650HBW，试验力的选择应保证压痕直径在 $0.24D\sim0.6D$ 之间。布氏硬度法比较准确，但压痕较大，不宜用于成品检验。布氏硬度值越大表示钢材越硬，可用式（3-4）表示：

$$布氏硬度 = 常数 \times \frac{试验力}{压痕表面积} = 0.102 \times \frac{2P}{\pi D(D - \sqrt{D^2 - d^2})} \tag{3-4}$$

2）洛氏硬度（HR）

洛氏硬度试验是用标准型压头在一定试验荷载下压入试件表面，保持（4 ± 2）s 后，卸除主试验力，测量在初始试验力下的残余压痕深度 h。根据 h 值及常数 N 及 S，用下式来计算洛氏硬度：

$$洛氏硬度＝N－h/S \qquad (3-5)$$

式中　S——给定标尺的单位；

　　　N——给定标尺的硬度数；

　　　h——卸除主试验力后，在初试验力下压痕残留的深度（残余压痕深度）。

洛氏硬度的符号以 HR 表示，为适应各种不同材料的应用，根据所用的压头及试验力的不同组合区分为洛氏硬度标尺（A、B、C、D、E、F、G、H、K……）。洛氏硬度法的压痕小，常用于判断工件的热处理效果。

3）维氏硬度（HV）

将顶部两相对面夹角 136° 的正四面棱锥体金刚石压头用试验力压入试样表面，保持规定时间 10～15s 后，卸除试验力，测量试样表面压痕对角线长度。

维氏硬度值是试验力除以压痕表面积所得的商，压痕被视为具有正方形基面并与压头角度相同的理想形状。

$$维氏硬度＝常数×试验力/压痕表面积$$

维氏硬度用 HV 表示。

钢材的强度与硬度的关系：材料的硬度是材料的弹性、塑性及强度等性能的综合反映。实验证明，碳素钢的 HBW 值与其抗拉强度 σ_b 之间存在较好的相关关系，当 HBW<175 时，$\sigma_b \approx 3.6HBW$；当 HBW>175 时，$\sigma_b \approx 3.5HBW$。根据这些关系，可以在钢结构原位上测出钢材的 HBW 值，来估算钢材的抗拉强度。

3.2.2 建筑钢材的工艺性能

钢材的工艺性能指钢材承受各种冷热加工的能力，包括铸造性、切削加工性、焊接性、冲压性、顶锻性、冷弯性、热处理工艺性等。对土木工程用钢材而言，其中仅涉及焊接和冷弯性能。

1. 冷弯性能

冷弯性能是指钢材在常温下承受弯曲变形的能力，是反映钢材缺陷和塑性的一种重要工艺性能。建筑工程中常须对钢材进行冷弯加工，冷弯试验就是模拟钢材弯曲加工而确定的。

钢材的冷弯性能通过冷弯试验以试验时的弯曲角度和弯心直径为指标表示。冷弯试验是通过直径（或厚度）为 a 的试件，采用标准规定的弯心直径 d（$d = na$，n 为整数），弯曲到规定的角度（180°或 90°）时，检查弯曲处有无裂纹、断裂及起层等现象，若无则认为冷弯性能合格。冷弯试验如图 3-8 所示，钢材冷弯时的弯曲角度越大，弯心直径越小，则表示其冷弯性能越好。

冷弯试验能反映试件弯曲处的塑性变形，有助于暴露钢材的某些缺陷，如是否存在内部组织不均匀、内应力和夹杂物等缺陷；而在拉伸试验中，这些缺陷常由于均匀的塑性变形导致应力重新分布而被掩饰，故在工程中，冷弯试验还被用作对钢材焊接质量进行严格检验的一种手段。

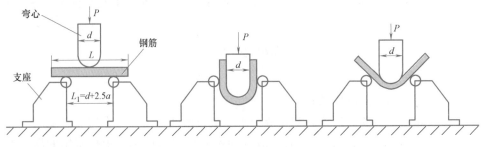

图3-8 冷弯试验示意图

2. 焊接性能

土木工程结构中的钢筋连接、钢结构构件的连接以及预埋件与构件的连接方式一般包括螺栓、绑扎、套筒、焊接、铆接、粘接等方式。其中螺栓、绑扎、套筒连接可拆卸；焊接、铆接、粘接不可拆卸。约45%的钢材使用焊接连接方式。随着工程结构的发展及所处环境的要求，对钢材焊接使用性也提出了高压、高温、低温和耐蚀以及能承受动荷载等要求。

焊接是指在高温或高压条件下，使材料接缝部分迅速呈熔融或半熔融状态，将两块或两块以上的被焊接材料连接成一个整体的操作方法，是钢材的主要连接形式。钢材的焊接性能是指在一定的焊接工艺条件下，在焊缝及其附近过热区不产生裂纹及硬脆倾向，焊接后钢材的力学性能，特别是强度不低于原有钢材的强度。钢材的主要焊接方法见表3-2。

钢材的主要焊接方法   表3-2

焊接方法	主要原理	备注
电弧焊	原理是利用电弧放电所产生的热量将焊条与钢材互相熔化的一种焊接方法	电弧焊可分为手工电弧焊、半自动电弧焊、自动电弧焊
闪光对焊	闪光对焊的原理是利用对焊机使两端钢筋接触，通过低电压的强电流，待钢筋被加热到一定温度变软后，进行轴向加压顶锻，形成对焊接头	闪光对焊是广泛用于钢筋纵向连接及预应力钢筋与螺栓端杆的焊接
电渣压力焊	钢筋电渣压力焊是将两钢筋安放成竖向对接形式，利用焊接电流通过两钢筋间隙，在焊剂层下形成电弧过程和电渣过程，产生电弧热和电阻热，熔化钢筋，加压完成的一种压焊方法	与电弧焊相比，电渣压力焊工效高、成本低，在一些高层建筑施工中应用较多
埋弧焊	埋弧焊是一种电弧在焊剂层下燃烧进行焊接的方法。其具有焊接质量稳定、焊接生产率高、无弧光及烟尘很少等优点	在箱型梁柱等重要钢结构制作，尤其在钢板焊接中的应用较多
气压焊	采用氧乙炔火焰或其他火焰对两钢材对接处加热，使其达到塑性状态或熔化状态后，加压完成的一种压焊方法	钢筋气压焊适合于现场焊接梁、板、柱的钢筋

影响钢材焊接质量的主要因素是钢材的化学成分、冶炼质量、冷加工、焊接工艺及焊条材料等。其中化学成分对钢材的焊接影响很大。随着钢材的碳、硫、磷和气体杂质元素含量的增大以及加入过多的合金元素，钢材的可焊性降低。钢材的含碳量超过0.25%时，可焊性明显降低；硫含量较多时，会使焊口处产生热裂纹，严重降低焊接质量。由于焊接件在使用过程中的主要力学性能是强度、塑性、韧性和耐疲劳性，因此，对焊接件质量影响最大的焊接缺陷是裂纹、缺口和由于硬化而引起的塑性和冲击韧性的降低。

钢材的焊接须执行有关规定，钢材焊接后必须取样进行焊接质量检验，一般包括拉伸试验和冷弯试验，要求试验时试件的断裂不能发生在焊接处。

3.3 钢材的组织、化学成分及其对钢材性能的影响

3.3.1 钢的组织对钢材性能的影响

钢材是晶体材料，由无数微细晶粒所构成，碳与铁结合的方式不同，可形成不同的晶体组织，使钢材的性能产生显著差异。

铁从液态冷却变为固态时，其晶体结构要发生两次转变，即在 1390℃ 以上形成体心立方晶体（称 δ-Fe）；温度由 1390℃ 降至 910℃ 时，则转变为面心立方晶体（称 γ-Fe）；继续降至 910℃ 以下时，又转变成体心立方晶体（称 α-Fe）。钢是以铁为主的 Fe-C 合金，在钢水冷却过程中，其 Fe 和 C 有以下三种结合形式：

（1）固溶体：铁（Fe）中固溶着微量的碳（C）；

（2）化合物：铁和碳结合成化合物 FeC；

（3）机械混合物：固溶体和化合物的混合物。

以上三种形式的 Fe-C 合金，在一定条件下能形成具有一定形态的聚合体，称为钢的组织，在显微镜下能观察到它们的微观形貌图像，故也称显微组织。钢的基本晶体组织及其性能见表 3-3。

钢的基本晶体组织及其性能

表 3-3

组织名称	含碳量	结构特征	性能
铁素体	$\leqslant 0.02$	C 溶于 α-Fe 中的固溶体	强度、硬度低；塑性、韧性好
奥氏体	0.8	C 溶于 γ-Fe 中的固溶体	强度、硬度不高；塑性大
渗碳体	6.67	化合物 FeC	抗拉强度低，塑性差，性硬脆，耐磨
珠光体	0.8	铁素体和渗碳体的机械混合物	强度和硬度较高；塑性和韧性较好

建筑钢材的含碳量均小于 0.8%，其基本组织是由铁素体和珠光体组成，因此既有较高的强度，同时塑性、韧性也较好，从而能满足工程所需的技术性能。

3.3.2 钢的化学成分对钢材性能的影响

钢材中除了主要的化学成分铁（Fe）、碳（C）以外，还含有少量的硅（Si）、锰（Mn）、磷（P）、硫（S）、氧（O）、氮（N）、钛（Ti）、钒（V）等元素，它们含量虽少，但是对钢材的性能有很大的影响。

这些成分可分为两类：一类是能改善优化钢材性能的元素，称为有益元素，主要有硅、锰、钛、钒、铌等；另一类能劣化钢材的性能，属钢材中的有害元素，主要有氧、硫、氮、磷等。

（1）碳：是决定钢材性能的主要元素。当含碳量在 0.8% 以下时，随着含碳量的增加，钢的强度和硬度提高，塑性和韧性下降；但当含碳量大于 1.0% 时，由于钢材变脆，强度反而下降，如图 3-9 所示。

另外，随着含碳量的增加，钢材的可焊性、耐大气锈蚀性下降，冷脆性和时效敏感性增大。

建筑钢材的含碳量不可过高，一般工程所用的碳素钢为低碳钢，即含碳量小于0.20%；在用途允许时，可用碳的质量分数较高的钢，最高可达0.6%。工程所用的低合金钢，其含碳量小于0.50%。

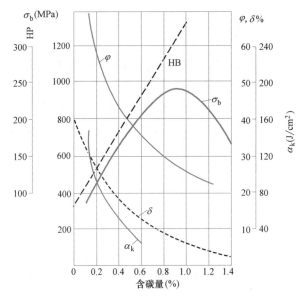

图 3-9　含碳量对热轧碳素钢性质的影响

σ_b-抗拉强度；α_k-冲击韧性；

HB-硬度；δ-伸长率；φ-面积缩减率

（2）其他各化学成分对钢性能的影响见表3-4。

各化学成分对钢性能的影响　　　　　　　　　　　表 3-4

对钢性能影响利弊	元素	对钢性能的影响	含量范围
有益元素	硅(Si)	硅是作为脱氧剂而存在于钢中，是钢中有益的主要合金元素。硅含量较低(小于1.0%)时，随着硅含量的增加，能提高钢材的强度、抗疲劳性、耐腐蚀性及抗氧化性，而对塑性和韧性无明显影响，但对可焊性和冷加工性能有所影响	碳素钢的硅含量小于0.3%；低合金钢的硅含量小于1.8%
	锰(Mn)	锰是炼钢时用来脱氧去硫而存在于钢中的，是钢中有益的主要合金元素。锰具有很强的脱氧去硫能力，能消除或减轻氧、硫所引起的热脆性。随着锰含量的增加，大大改善钢材的热加工性能，同时能提高钢材的强度、硬度及耐磨性。当锰含量小于1.0%时，对钢材的塑性和韧性无明显影响	一般低合金钢的锰含量为1.0%～2.0%
	钛(Ti)	钛是常用的微量合金元素，是强脱氧剂。随着钛含量的增加，能显著提高强度，改善韧性、可焊性，但稍降低塑性	—
	钒(V)	钒是常用的微量合金元素，是弱脱氧剂。钒加入钢中可减弱碳和氮的不利影响。随着钒含量的增加，有效地提高强度，但有时也会增加焊接淬硬倾向	—

续表

对钢性能影响利弊	元素	对钢性能的影响	含量范围
有害元素	磷（P）	磷是钢中很有害的元素。随着磷含量的增加，钢材的强度、屈强比、硬度提高，而塑性和韧性显著降低。特别是温度越低，对塑性和韧性的影响越大，显著加大钢材的冷脆性。磷也使钢材的可焊性显著降低，但磷可提高钢材的耐磨性和耐蚀性，故在低合金钢中可配合其他元素作为合金元素使用	一般磷含量要小于 0.045%
	硫（S）	硫是钢中很有害的元素。随着硫含量的增加，加大钢材的热脆性，降低钢材的各种机械性能，也使钢材的可焊性、冲击韧性、耐疲劳性和抗腐蚀性等均降低	一般硫含量要小于 0.045%
	氧（O）	氧是钢中的有害元素。随着氧含量的增加，钢材的强度有所降低，塑性特别是韧性显著降低，可焊性变差。氧的存在会造成钢材的热脆性	一般氧含量要小于 0.03%
	氮（N）	氮对钢材性能的影响与碳、磷相似。随着氮含量的增加，可使钢材的强度提高，但塑性特别是韧性显著降低，可焊性变差，冷脆性加剧。氮在铝、铌、钒等元素的配合下可以减少其不利影响，改善钢材性能，可作为低合金钢的合金元素使用	一般氮含量要小于 0.008%

3.4 钢材的加工

3.4.1 冷加工时效及其应用

将钢材于常温下进行冷拉、冷拔、冷轧等处理，使之产生一定的塑性变形，强度和硬度明显提高，塑性和韧性有所降低，这个过程称为钢材的冷加工强化。通过冷加工产生塑性变形，不但改变钢材的形状和尺寸，而且还能改变钢的晶体结构，从而改变钢的性能。图 3-10 为钢材加工及冷拉强化 $\sigma\text{-}\varepsilon$ 图。

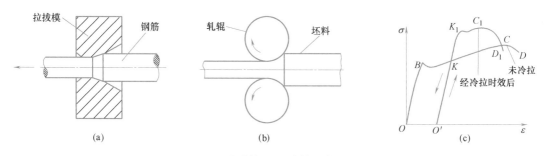

图 3-10 钢材加工及冷拉强化 $\sigma\text{-}\varepsilon$ 图

（a）钢筋冷拔示意图；（b）钢材冷轧示意图；（c）热轧钢冷拉前后 $\sigma\text{-}\varepsilon$ 图

1. 冷拉

将热轧钢筋用拉伸设备在常温下将其拉至应力超过屈服点，但远小于抗拉强度时即卸荷，使之产生一定的塑性变形称为冷拉。钢筋冷拉前后应力、应变变化如图 3-10（c）所示。图中 $OBCD$ 为未经过冷拉的钢筋的 $\sigma\text{-}\varepsilon$ 曲线，若将钢筋冷拉至应力-应变曲线的强化阶段内任一点 K 处，然后缓慢卸去荷载，钢筋的应力-应变曲线则沿 KO' 恢复部分变形（弹性变形部分），保留 OO' 残余变形。立即再拉伸至钢筋拉断，其应力-应变曲线为 $O'KCD$，屈服点将升高至 K 点，说明钢筋经过冷拉，其屈服点提高而抗拉强度基本不变，塑性和韧性相应降低。

若钢筋冷拉后经过时效处理再将钢筋拉断，则钢筋的 ε 曲线为 $O'K_1C_1D_1$，屈服点将升高至 K_1 点，以后的应力-应变曲线 $K_1C_1D_1$ 比原来曲线 KCD 短。这表明钢筋经冷拉时效后，屈服强度进一步提高，抗拉强度也明显提高，塑性和韧性则进一步降低。

钢筋经冷拉后，一般屈服点可提高 20%～30%，钢筋长度增加 4%～10%，因此冷拉也是节约钢材的一种措施（一般为 10%～20%）。冷拉还兼有调直和除锈的作用。钢筋混凝土施工中常利用这一原理，对钢筋或低碳钢盘条按一定制度进行冷拉加工，以提高屈服强度而节省钢材。

2. 冷拔

冷拔是将直径为 6～8mm 的光圆钢筋通过硬质合金拔丝模孔强行拉拔，使其径向挤压缩小而纵向伸长。钢筋在冷拔过程中，不仅受拉，同时还受到挤压作用。一般而言经过一次或多次冷拔后，钢筋的屈服强度可提高 40%～60%，但塑性大大降低，已失去软钢的塑性和韧性，具有硬钢的性质。

3. 冷轧

冷轧是将圆钢在轧钢机上轧成断面形状规则的钢筋，可以提高其强度及与混凝土的握裹力。钢筋在冷轧时，纵向与横向同时产生变形，因而能较好地保持其塑性和内部结构的均匀性。

4. 钢材的时效处理

将经过冷加工后的钢材，在常温下存放 15～20d，或加热至 100～200℃并保持 2h 左右，其屈服强度、抗拉强度及硬度进一步提高，塑性和韧性继续有所降低，这个过程称为时效处理。前者称为自然时效，后者称为人工时效。通常对强度较低的钢筋可采用自然时效，强度较高的钢筋则需采用人工时效。由于时效过程中内应力的消减，故弹性模量可基本恢复。

建筑工程中对大量使用的钢筋，往往是冷加工和时效同时采用，以提高钢材强度，节省钢材，但应注意钢材塑性、韧性等性质的变化。

产生冷加工强化的原因是：钢材经冷加工产生塑性变形后，塑性变形区域内的晶粒产生相对滑移，导致滑移面下的晶粒破碎，品格歪扭畸变，滑移面变得凹凸不平，对晶粒进一步滑移起阻碍作用，亦即提高了抵抗外力的能力，故屈服强度得以提高。同时，冷加工强化后的钢材，由于塑性变形后滑移面减少，从而使其塑性降低，脆性增大，且变形中产生的内应力，使钢的弹性模量降低。

时效硬化原理是：由于溶于铁素体中的过饱和的氮和氧原子，随着时间的增长慢慢地以 Fe_4N 和 FeO 从铁素体中析出，形成渗碳体分布于晶体的滑移面或晶界面上，阻碍晶粒的滑移，增加抵抗塑性变形的能力，从而使钢材的强度和硬度增加，塑性和冲击韧性降低。

3.4.2　钢材的热处理

热处理是将钢材在固态范围内按一定的温度条件，进行加热、保温和冷却处理，以改变其组织，得到所需要的性能的一种工艺。热处理包括淬火、回火、退火和正火。土木工程所用钢材一般只是生产厂进行热处理并以热处理状态供应，施工现场有时须对焊接件进行热处理。

1. 淬火和回火

淬火和回火是两道相连的处理过程。

淬火是指将钢材加热至基本组织改变温度以上（一般为 900℃以上），保温使基本组织转变为奥氏体，然后投入水或矿物油中急冷，使晶粒细化，碳的固溶量增加，强度和硬度增加，塑性和韧性明显下降。淬火的目的是得到高强度、高硬度的组织，但钢材的塑性和韧性显著降低。

淬火结束后，随后进行回火，是指将比较硬脆、存在内应力的钢，再加热至基本组织改变温度以下（150～650℃），保温后按一定制度冷却至室温的热处理方法。其目的是：促进不稳定组织转变为需要的组织；消除淬火产生的内应力，降低脆性，改善机械性能等。回火后的钢材，内应力消除，硬度降低，塑性和韧性得到改善。

2. 退火和正火

退火是指将钢材加热至基本组织转变温度以下或以上，适当保温后缓慢冷却，以消除内应力，减少缺陷和晶格畸变，使钢的塑性和韧性得到改善的处理。基本组织转变温度以下为低温退火，基本组织转变温度以上为完全退火（800～850℃）。通过退火可以减少加工中产生的缺陷、减轻晶格畸变、消除内应力，从而达到改变组织并改善性能的目的。

正火是退火的一种特例，两者仅冷却速度不同，正火是指将钢件加热至基本组织改变温度以上，然后在空气中冷却，使晶格细化，钢的强度提高而塑性有所降低。其主要目的是细化晶粒，消除组织缺陷等。与退火相比，正火后钢的硬度、强度提高，而塑性减小。

对于含碳量高的高强度钢筋和焊接时形成硬脆组织的焊件，适合以退火方式来消除内应力和降低脆性，保证焊接质量。

3.5　常用钢材的技术性质和应用

3.5.1　土木工程常用钢材品种

土木工程中所用钢筋、型钢的钢种主要为碳素结构钢、低合金高强度结构钢、优质碳素结构钢、合金结构钢。

1. 碳素结构钢

1）碳素结构钢的牌号及其表示方法

国家标准《碳素结构钢》GB/T 700—2006 规定，碳素结构钢的牌号由代表屈服强度的字母、屈服强度值、质量等级符号、脱氧程度符号四个部分按顺序组成，如图 3-11

所示。

图 3-11　碳素结构钢的牌号

汉语拼音 Q——代表屈服强度；

屈服强度值——195、215、235 和 275（MPa）；

质量等级——按硫、磷杂质含量由多到少，划分为 A、B、C、D 四级；A 级不要求冲击韧性；B 级要求 20℃冲击韧性；C 级要求 0℃冲击韧性；D 级要求−20℃冲击韧性；

脱氧程度——F（沸腾钢），Z（镇静钢），TZ（特殊镇静钢）；Z 和 TZ 在钢的牌号中可省略。

例如：Q235AF 表示屈服强度为 235MPa 的 A 级沸腾钢；Q235B 表示屈服强度为 235MPa 的 B 级镇静钢。

碳素结构钢的牌号划分及化学成分见表 3-5。

碳素结构钢的牌号及化学成分（GB/T 700—2006）　　　　表 3-5

牌号	等级	厚度（或直径）(mm)	脱氧方法	化学成分(质量分数)(%)，不大于				
				C	Si	Mn	P	S
Q195	—	—	F、Z	0.12	0.3	0.5	0.035	0.04
Q215	A	—	F、Z	0.15	0.35	1.2	0.045	0.05
	B							0.045
Q235	A		F、Z	0.22	0.35	1.4	0.045	0.05
	B							0.045
	C		Z	0.2			0.04	0.04
	D		TZ	0.17			0.035	0.035
Q275	A	—	F、Z	0.24	0.35	1.5	0.045	0.05
	B	≤40	Z	0.21			0.04	0.045
		>40	Z	0.22				
	C	—	Z	0.2			0.04	0.04
	D		TZ				0.035	0.035

注：经需方同意，Q235B 的碳含量可不大于 0.22%。

2）碳素结构钢的主要技术性能

国家标准《碳素结构钢》GB/T 700—2006 规定了碳素结构钢的牌号、尺寸、外形、重量及允许偏差、技术要求、试验方法、检验规则、包装、标志和质量证明书。碳素结构钢的强度、冲击韧性等指标应符合表 3-6 的规定，冷弯性能应符合表 3-7 的要求。

从表 3-5、表 3-6 和表 3-7 可以看出，碳素结构钢随着牌号的增大，其含碳量和含锰量增加，强度和硬度提高，而塑性和韧性降低，冷弯性能逐渐变差。

3）碳素结构钢的特性与应用

建筑工程中主要应用 Q235 号钢，由于其具有较高的强度，良好的塑性、韧性及可焊性，综合性能好，故能较好地满足一般钢结构和钢筋混凝土结构的用钢要求，且冶炼方便，成本较低，因此在土木工程中应用广泛。Q235 可用于轧制各种型钢、钢板、钢管与钢筋。

碳素结构钢的力学性能要求（GB/T 700—2006） 表 3-6

牌号	等级	屈服强度$^a R_{eH}$(N/mm²)，不小于						抗拉强度$^b R_m$(N/mm²)	断后伸长率 A(%) 不小于					冲击试验（V 形缺口）	
		厚度（或直径）(mm)							厚度（或直径）(mm)					温度（℃）	冲击吸收功（纵向）/不小于
		≤16	>6~40	>40~60	>60~100	>100~150	>150~200		≤40	>40~60	>60~100	>100~150	>150~200		
Q195	—	195	185	—	—	—	—	315~450	33	—	—	—	—	—	—
Q215	A	215	205	195	185	175	165	335~450	31	30	29	27	26	—	—
	B													20	27
Q235	A	235	225	215	215	195	185	370~500	26	25	24	22	21	—	—
	B													20	27^c
	C													0	
	D													−20	
Q275	A	275	265	255	245	225	215	410~540	22	21	20	18	17	—	—
	B													20	27
	C													0	
	D													−20	

注：a. Q195 的屈服强度值仅供参考，不作交货条件。

b. 厚度大于 100mm 的钢材，抗拉强度下限允许降低 20N/mm²。宽带钢（包括剪切钢板）抗拉强度上限不作交货条件。

c. 厚度小于 25mm 的 Q235B 级钢材，如供方能保证冲击吸收功值合格，经需方同意，可不作检验。

碳素结构钢的冷弯性能（GB/T 700—2006） 表 3-7

牌号	试样方向	冷弯试验 180° B=2a²	
		钢材厚度（或直径）(mm)	
		≤60	>60~100
		弯心直径 d	
Q195	纵	0	—
	横	0.5a	
Q215	纵	0.5a	1.5a
	横	a	2a
Q235	纵	a	2a
	横	1.5a	2.5a
Q275	纵	1.5a	2.5a
	横	2a	3a

注：1. B 为试样宽度，a 为试样厚度（或直径）。

2. 钢材厚度（或直径）大于 100mm 时，弯曲试验由双方协商确定。

Q195、Q215：强度低，但塑性、韧性、冷弯性与可焊性好，易于冷加工，常用作轧制薄板、盘条、管坯及螺栓等。

Q235：既有较高的强度，又有良好的塑性韧性与可焊性，综合性能好，能满足一般钢结构和钢筋混凝土结构的要求，最常用。

Q235A：适用于只承受静荷载作用的结构。

Q235B：适用于承受动荷载的普通焊接结构。

Q235C：适用于承受动荷载的重要焊接结构。

Q235D：适用于低温下承受动荷载的重要焊接结构。

Q275：强度、硬度高，但塑性、韧性与可焊性差，不易冷加工，不宜用于建筑结构，主要用于制造机械零件和工具等。

受动荷载作用的结构、焊接结构及低温下工作的结构，不能选用 A、B 质量等级钢及沸腾钢。

土木工程结构选用碳素结构钢，应综合考虑结构的工作环境条件、承受荷载类型、承受荷载方式、连接方式等。

2. 优质碳素结构钢

优质碳素结构钢共有 28 个牌号，其牌号由两位数字和字母组成。《优质碳素结构钢》GB/T 699—2015 规定其表示方法为：平均含碳量的万分数-含锰量标注-脱氧程度。普通锰含量的不写"Mn"，较高锰含量的，在两位数字后加注"Mn"；沸腾钢加注"F"，例如"15F"表示平均碳含量为 0.15% 的普通含锰量沸腾钢；"45Mn"表示平均碳含量为 0.45% 的较高含锰量镇静钢。

优质碳素结构钢有害杂质硫、磷的含量控制严格，质量稳定，综合性能好，但成本较高。其力学性能主要取决于含碳量，含碳量高则强度高，但塑性和韧性降低。在土木工程中，30～45 号钢主要用于重要结构的钢铸件及高强度螺栓；45 号钢用于预应力混凝土锚具；65～80 号钢用于生产预应力混凝土用钢丝和钢绞线。

3. 低合金高强度结构钢

低合金高强度结构钢是在碳素结构钢的基础上，加入总量小于 5% 的合金元素制成。所加合金元素主要有锰（Mn）、硅（Si）、钒（V）、钛（Ti）、铌（Nb）、铬（Cr）、镍（Ni）及稀土元素等。与碳素结构钢相比，由于合金元素的细晶强化和固溶强化等作用，使其既具有较高的强度，又有良好的塑性、低温冲击韧性、耐锈蚀性及可焊性等，具有较好的综合技术性能。低合金高强度结构钢的类型有热轧钢材、正火钢材、正火轧制钢材、热机械轧制钢材。

1）牌号及其表示方法

《低合金高强度结构钢》GB/T 1591—2018 规定，低合金高强度结构钢牌号是由屈服强度字母 Q、规定的最小上屈服强度值、交货状态代号（交货状态为热轧时，交货状态代号 AR 或 WAR 可省略；交货状态为正火或正火轧制状态时，交货状态代号均用 N 表示）、质量等级符号（B、C、D、E、F）四个部分组成。例如，Q355ND 表示屈服点为 355MPa、交货状态为正火或正火轧制的 D 级低合金高强度结构钢。

2）技术性能及应用

热轧钢及正火轧制钢材的化学成分、拉伸性能如表 3-8～表 3-11 所示。

热轧钢的化学成分及牌号   表 3-8

牌号		化学成分(质量分数)(%)														
钢级	质量等级	C^a 以下公称厚度或直径(mm) ≤40^b 不大于	C^a >40 不大于	Si	Mn	P^c	S^c	Nb^d	V^e	Ti^e	Cr	Ni	Cu	Mo	N^f	B
						不大于										
Q355	B	0.24		0.55	1.60	0.035	0.035	—	—	—	0.30	0.30	0.4	—	0.012	
	C	0.20	0.22			0.030	0.030									
	D	0.20	0.22			0.025	0.025								—	
Q390	B	0.20		0.55	1.70	0.035	0.035	0.05	0.13	0.05	0.30	0.50	0.40	0.10	0.015	—
	C					0.030	0.030									
	D					0.025	0.025									
$Q420^g$	B	0.20		0.55	1.70	0.035	0.035	0.05	0.13	0.05	0.30	0.80	0.40	0.20	0.015	—
	C					0.030	0.030									
$Q460^g$	C	0.20		0.55	1.80	0.030	0.030	0.05	0.13	0.05	0.30	0.80	0.40	0.20	0.015	0.004

注:a. 公称厚度大于 100mm 的型钢,碳含量可由供需双方协商确定。

b. 公称厚度大于 30mm 的钢材,碳含量不大于 0.22%。

c. 对于型钢和棒材,其磷和硫含量上限值 0.005%。

d. Q390、Q420 最高可到 0.07%,Q460 最高可到 0.11%。

e. 最高可到 0.20%。

f. 如果钢中酸溶铝 Als 含量不小于 0.015% 或全铝 Alt 含量不小于 0.020%,或添加了其他固氧含金元素,氮元素含量不作限制,固氮元素应在质量证明书中注明。

g. 仅适用于型钢和棒材。

热轧钢材的拉伸性能   表 3-9

牌号		上屈服强度 R_{eH}^a(MPa) 不小于									抗拉强度 R_m(MPa)			
钢级	质量等级	公称厚度或直径(mm)												
		≤16	>16~40	>40~63	>63~80	>80~100	>100~150	>150~200	>200~250	>250~400	≤100	>100~150	>150~250	>250~400
Q355	B、C	355	345	335	325	315	295	285	275	—	470~630	450~600	450~600	450~600^b
	D	355	345	335	325	315	295	285	275	265^b	470~630	450~600	450~600	450~600^b
Q390	B、C、D	390	380	360	340	340	320				490~650	470~620	—	—
$Q420^c$	B、C	420	410	390	370	370	350				520~680	500~650	—	—
$Q460^c$	C	460	450	430	410	410	390				550~720	530~700	—	—

注:a. 当屈服不明显时,可用规定塑性延伸强度 R_p 代替上屈服强度。

b. 只适用于质量等级为 D 的钢板。

c. 只适用于型钢和棒材。

    低合金高强度结构钢常用牌号是 Q345、Q390 等。与碳素结构钢相比,低合金高强度结构钢的强度更高,在相同使用条件下,可省用钢 20%～30%,对减轻结构自重有利。同时低合金高强度结构钢还具有良好的塑性、韧性、可焊性、耐磨性、耐蚀性、耐低温性等性能,有利于提高钢材的服役性能,延长结构的使用寿命。

正火、正火轧制钢材的化学成分及牌号　　　　　　　　　表 3-10

牌号		化学成分(质量分数)(%)													
钢级	质量等级	C	Si	Mn	S^a	P^a	Nb	V	Ti^c	Cr	Ni	Cu	Mo	N	Als^d
		不大于	不大于		不大于					不大于					不小于
Q355N	B	0.20	0.50	0.90~1.65	0.035	0.035	0.005~0.05	0.01~0.12	0.006~0.05	0.30	0.50	0.40	0.10	0.015	0.015
	C	0.20	0.50	0.90~1.65	0.030	0.030	0.005~0.05	0.01~0.12	0.006~0.05	0.30	0.50	0.40	0.10	0.015	0.015
	D	0.20	0.50	0.90~1.65	0.030	0.025	0.005~0.05	0.01~0.12	0.006~0.05	0.30	0.50	0.40	0.10	0.015	0.015
	E	0.18	0.50	0.90~1.65	0.025	0.020	0.005~0.05	0.01~0.12	0.006~0.05	0.30	0.50	0.40	0.10	0.015	0.015
	F	0.16	0.50	0.90~1.65	0.020	0.010	0.005~0.05	0.01~0.12	0.006~0.05	0.30	0.50	0.40	0.10	0.015	0.015
Q390N	B	0.20	0.50	0.90~1.70	0.035	0.035	0.01~0.05	0.01~0.20	0.006~0.05	0.30	0.50	0.40	0.1	0.015	0.015
	C	0.20	0.50	0.90~1.70	0.030	0.030	0.01~0.05	0.01~0.20	0.006~0.05	0.30	0.50	0.40	0.1	0.015	0.015
	D	0.20	0.50	0.90~1.70	0.030	0.025	0.01~0.05	0.01~0.20	0.006~0.05	0.30	0.50	0.40	0.1	0.015	0.015
	E	0.20	0.50	0.90~1.70	0.025	0.020	0.01~0.05	0.01~0.20	0.006~0.05	0.30	0.50	0.40	0.1	0.015	0.015
Q420N	B	0.20	0.60	1.00~1.70	0.035	0.035	0.01~0.05	0.01~0.20	0.006~0.05	0.30	0.80	0.40	0.10	0.015	0.015
	C	0.20	0.60	1.00~1.70	0.030	0.030	0.01~0.05	0.01~0.20	0.006~0.05	0.30	0.80	0.40	0.10	0.015	0.015
	D	0.20	0.60	1.00~1.70	0.030	0.025	0.01~0.05	0.01~0.20	0.006~0.05	0.30	0.80	0.40	0.10	0.025	0.015
	E	0.20	0.60	1.00~1.70	0.025	0.020	0.01~0.05	0.01~0.20	0.006~0.05	0.30	0.80	0.40	0.10	0.025	0.015
$Q460N^b$	C	0.20	0.60	1.00~1.70	0.030	0.030	0.01~0.05	0.01~0.20	0.006~0.06	0.30	0.80	0.40	0.10	0.015	0.015
	D	0.20	0.60	1.00~1.70	0.030	0.025	0.01~0.05	0.01~0.20	0.006~0.06	0.30	0.80	0.40	0.10	0.025	0.015
	E	0.20	0.60	1.00~1.70	0.025	0.020	0.01~0.05	0.01~0.20	0.006~0.06	0.30	0.80	0.40	0.10	0.025	0.015

注：钢中应至少含有铝、铌、钒、钛等细化晶粒元素中一种，单独成组合加入时，应保证其中至少一种合金元素含量不小于表中规定含量的下限。

a. 对于型钢和棒材，磷和硫含量上限值可提高 0.005%。

b. V+Nb+Ti≤0.22%，Mo+Cr≤0.30%。

c. 最高可到 0.20%。

d. 可用全铝 Alt 替代，此时全铝最小含量为 0.020%。当钢中添加铌、钒、钛等细化晶粒元素且含量不小于表中规定含量的下限时，铝含量下限值不限。

正火、正火轧制钢材的拉伸性能　　　　　　　　　表 3-11

牌号		上屈服强度 R_{eH}(MPa)，不小于								抗拉强度 R_m (MPa)			断后伸长率 A(%)，不小于					
钢级	质量等级	公称厚度或直径(mm)																
		≤16	>16~40	>40~63	>63~80	>80~100	>100~150	>150~200	>200~250	≤100	>100~200	>200~250	<16	>16~40	>40~63	>63~80	>80~200	>200~250
Q355N	B、C、D、E、F	355	345	335	325	315	295	285	275	470~630	450~600	450~600	22	22	22	21	21	21
Q390N	B、C、D、E	390	380	360	340	340	320	310	300	490~650	470~620	470~620	20	20	20	19	19	19
Q420N	B、C、D、E	420	400	390	370	360	340	330	320	520~680	500~650	500~650	19	19	19	18	18	18
Q460N	C、D、E	460	440	430	410	400	380	370	370	540~720	530~710	510~690	17	17	17	17	17	16

注：1. 正火状态包含正火加回火状态。

2. 当屈服不明显时，可用规定塑性延伸强度 S 代替上屈服强度 R_{eH}。

低合金高强度结构钢主要用于轧制各种型钢、钢板、钢管及钢筋，广泛用于钢结构和钢筋混凝土结构中，特别适用于各种重型结构、高层结构、大跨度结构及桥梁工程等。

4. 合金结构钢

1）合金结构钢的牌号及其表示方法

根据国家标准《合金结构钢》GB/T 3077—2015 规定，合金结构钢共有 86 个牌号。

合金结构钢的牌号是由两位数字、合金元素、合金元素平均含量、质量等级符号等四部分组成。两位数字表示平均含碳量的万分数；当含硅量的上限≤0.45％或含锰量的上限≤0.9％时，不加注 Si 或 Mn，其他合金元素无论含量多少均加注合金元素符号；合金元素平均含量小于 1.5％时不加注，合金元素平均含量为 1.50％～2.49％或 2.50％～3.49％或 3.50％～4.49％时，在合金元素符号后面加注 2 或 3 或 4；优质钢不加注，高级优质钢加注"A"，特级优质钢加注"E"。例如 20Mn2 钢，表示平均含碳量为 0.20％、含硅量上限≤0.45％、平均含锰量为 1.50％～2.49％的优质合金结构钢。

2）合金结构钢的性能及应用

合金结构钢的分类与优质碳素结构钢的分类相同。合金结构钢的特点是均含有 Si 和 Mn，生产过程中对硫、磷等有害杂质控制严格，并且均为镇静钢，因此质量稳定。

合金结构钢与碳素结构钢相比，具有较高的强度和较好的综合性能，即具有良好的塑性、韧性、可焊性、耐低温性、耐锈蚀性、耐磨性、耐疲劳性等性能，有利于节省用钢，有利于提高钢材的服役性能，延长结构的使用寿命。

合金结构钢主要用于轧制各种型钢（角钢、槽钢、工字钢）、钢板、钢管、铆钉、螺栓、螺帽及钢筋，特别是用于各种重型结构、大跨度结构、高层结构等，其技术经济效果更为显著。

3.5.2 钢筋混凝土结构用钢

钢筋混凝土结构用钢，主要由碳素结构钢和低合金结构钢轧制而成，主要品种有热轧钢筋、冷加工钢筋、热处理钢筋、预应力混凝土用钢丝和钢绞线等。

1. 热轧钢筋

钢筋混凝土用热轧钢筋，根据其表面形状分为光圆钢筋和带肋钢筋两类。带肋钢筋有月牙肋钢筋和等高肋钢筋等，见图 3-12。

1）热轧钢筋的牌号与技术要求

热轧光圆钢筋的牌号为 HPB300；热轧带肋钢筋分为普通热轧钢筋和细晶粒热轧钢筋两个类别。热轧钢筋的牌号及其含义见表 3-12。

2）热轧钢筋的应用

热轧光圆钢筋是由碳素结构钢轧制而成，其强度较低，但塑性及焊接性能好，伸长率高，便于弯折成形和进行各种冷加工，广泛用于普通钢筋混凝土构件中，作为中、小型钢筋混凝土结构的主要受力钢筋和各种钢筋混凝土结构的箍筋等。

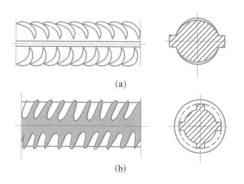

图 3-12 带肋钢筋

（a）月牙肋钢筋；（b）等高肋钢筋

热轧钢筋牌号及其含义　　　　　　　　　　　　　　　　表 3-12

类别	牌号	牌号构成	英文字母含义
热轧光圆钢筋	HPB300	由 HPB＋屈服强度特征值构成	HPB——热轧光圆钢筋的英文（Hot rolled Plain Bars）缩写
普通热轧钢筋	HRB400	由 HRB＋屈服强度特征值构成	HRB——热轧带肋钢筋的英文（Hot rolled Rib-bed Bars）缩写
	HRB500		
	HRB600		
	HRB400E	由 HRB＋屈服强度特征值＋E 构成	E——"地震"的英文（Earthquake）首字母
	HRB500E		
细晶粒热轧钢筋	HRBF400	由 HRBF＋屈服强度特征值构成	HRBF——在热轧带肋钢筋的英文缩写后加"细"的英文（Fine）首位字母
	HRBF500		
	HRBF400E	由 HRBF＋屈服强度特征值＋E 构成	E——"地震"的英文（Earthquake）首位字母
	HRBF500E		

热轧带肋钢筋采用低合金钢热轧而成，因表面带肋，加强了钢筋与混凝土之间的握裹力，其中 HRB335、HRBF335、HRB400 和 HRBF400 钢筋的强度较高，塑性和焊接性能较好，广泛用于大、中型钢筋混凝土结构的受力钢筋，经过冷拉后可用作预应力钢筋；HRB500 和 HRBF500 钢筋强度高，但塑性和焊接性能较差，适宜作预应力钢筋。

2. 冷轧带肋钢筋

冷轧带肋钢筋是由热轧光圆钢筋为母材，经冷轧成的表面带有沿着长度方向均匀分布的两面或三面月牙肋的钢筋。

冷轧带肋钢筋的牌号由 CRB 和钢筋的抗拉强度最小值组成，分为 CRB550、CRB650、CRB800、CRB970 四个牌号，其中 C、R、B 分别表示冷轧（Cold rolled）、带肋（Ribbed）、钢筋（Bars）的英文首位字母。CRB550 为普通混凝土用钢筋，其他牌号为预应力混凝土用钢筋。CRB550 的公称直径范围为 4～12mm，其他牌号钢筋为 4mm、5mm、6mm。

冷轧带肋钢筋的力学性能和工艺性能要求见表 3-13。

冷轧带肋钢筋的力学性能和工艺性能　　　　　　　　　　表 3-13

牌号	屈服强度 $\sigma_{0.2}$(MPa)，不小于	抗拉强度 σ_b(MPa)，不小于	伸长率(%)，不小于		冷弯(180°)弯心直径(D)（d 为钢筋公称直径）	反复弯曲次数	初始应力松弛（$\sigma_{com}=0.7\sigma_b$）	
			δ_{10}	δ_{100}			1000h，不大于(%)	10h，不大于(%)
CRB550	500	550	8.0	—	$D=3d$	—	—	—
CRB650	585	650	—	4.0	—	3	8	5
CRB800	720	800	—	4.0	—	3	8	5
CRB970	875	970	—	4.0	—	3	8	5

冷轧带肋钢筋是采用冷加工方法强化的典型产品，冷轧后钢筋的握裹力提高，与冷拉、冷拔钢筋相比，强度相近，但克服了它们握裹力小的缺点。因此，可广泛用于中、小

预应力混凝土结构构件和普通钢筋混凝土结构构件，也可用于焊接钢筋网。CRB550 为普通钢筋混凝土用钢筋，其他牌号为预应力混凝土用钢筋。

3. 预应力混凝土用钢棒

预应力混凝土用钢棒是由盘条经加工后加热到奥氏体化温度后快速冷却，然后在相变温度以下加热进行回火所得钢棒，代号为 PCB，按外形可分为光圆钢棒、螺旋槽钢棒、螺旋肋钢棒、带肋钢棒四种。

预应力混凝土用热处理钢筋具有高强度、高韧性和高握裹力等优点，主要用于预应力混凝土轨枕，用以代替高强度钢丝，其配筋根数少，制作方便，锚固性能好，建立的预应力稳定；还用于预应力梁、板结构及吊车梁等，使用效果好。

4. 预应力混凝土用钢丝和钢绞线

1）预应力混凝土用钢丝

预应力混凝土用钢丝是高碳钢盘条经淬火、酸洗、冷拔等工艺加工而成的高强度钢丝。

钢丝按加工状态分为冷拉钢丝（代号为 WCD）和消除应力钢丝（代号为 WLR）两类；钢丝按外形分为光圆钢丝（代号为 P）、螺旋肋钢丝（代号为 H）和刻痕钢丝（代号为 I）三类。

钢丝的产品标记是由预应力钢丝、公称直径、抗拉强度等级、加工状态代号、外形代号、标准编号六部分组成，例如直径为 4.0mm、抗拉强度为 1670MPa 的冷拉光圆钢丝，其标记为：预应力钢丝 4.00-1670-WCD-P-GB/T 5223—2014；直径为 7.00mm、抗拉强度为 1570MPa 的低松弛螺旋肋钢丝，其标记为：预应力钢丝 7.00-1570-WLR-H-GB/T 5223—2014。

冷拉钢丝、消除应力光圆及螺旋肋钢丝、消除应力刻痕钢丝的力学性能应符合规定。

预应力混凝土用钢丝具有强度高、柔性好、松弛率低、抗腐蚀性强、质量稳定、安全可靠等特点，可适用于大型构件等，节省钢材，施工方便，安全可靠，但成本较高，主要用于大跨度屋架及薄腹梁、大跨度吊车梁、桥梁等的预应力结构。

2）预应力混凝土用钢绞线

预应力混凝土用钢绞线是由若干根一定直径的冷拉光圆钢丝或刻痕钢丝捻制，再进行连续的稳定化处理而制成。根据捻制结构（钢丝的股数），将预应力混凝土用钢绞线分为五类，其代号为：1×2（用两根钢丝捻制）、1×3（用三根钢丝捻制）、1×3I（用三根刻痕钢丝捻制）、1×7（用七根钢丝捻制的标准型）、1×7C（用七根钢丝捻制又经模拔）。图 3-13 为几类钢绞线外形示意图。

预应力混凝土用钢绞线的产品标记是由预应力钢绞线、结构代号、公称直径、强度级别、标准号五部分组成，例如，公称直径为 15.20mm、强度级别为 1860MPa 的七根钢丝捻制的标准型钢绞线其标记为：预应力钢绞线 1 X 7-15.20-1860-GB/T 5224—2003；公称直径为 12.70mm、强度级别为 1860MPa 的七根钢丝捻制又经模拔的钢绞线其标记为：预应力钢绞线（1×7）C-12.70-1860-GB/T 5224—2003。

预应力钢绞线具有强度高、柔韧性好、无接头、质量稳定和施工方便等特点，使用时按要求的长度切割，多使用于大跨度、重荷载的预应力混凝土结构。

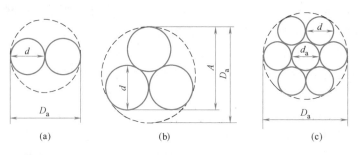

图 3-13　钢绞线外形示意图

（a）1×2 结构钢绞线外形示意图；（b）1×3 结构钢绞线外形示意图；（c）1×7 结构钢绞线外形示意图

3.5.3　钢结构用钢

钢结构用钢主要是热轧成型的钢板和型钢等；薄壁轻型钢结构中主要采用薄壁型钢、圆钢和小角钢；钢材所用的母材主要是普通碳素结构钢和低合金高强度结构钢。

1. 热轧型钢

热轧型钢主要采用碳素结构钢 Q235-A，低合金高强度结构钢 Q345 和 Q390 热轧成型。常用的热轧型钢有角钢、工字钢、槽钢、T 形钢、H 形钢、Z 形钢等。碳素结构钢 Q235-A 制成的热轧型钢，强度适中，塑性和可焊性较好，冶炼容易，成本低，适用于土木工程中的各种钢结构。低合金高强度结构钢 Q345 和 Q390 制成的热轧型钢，性能较前者好，适用于大跨度、承受动荷载的钢结构。图 3-14 所示各种规格的热轧型钢截面示意图。

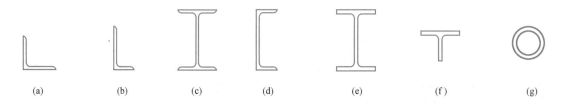

图 3-14　热轧型钢截面示意图

（a）等边角钢；（b）不等边角钢；（c）工字钢；（d）槽形钢；（e）H 形钢；（f）T 形钢；（g）钢管

型钢的标记方法如下所示，主要由型钢名称、型钢规格、原材料牌号组成。

$$型钢名称\frac{型钢规格\text{-}型钢标准号}{原材牌号\text{-}原材标准号}$$

如，热轧等边角钢$\frac{160\times160\times16\text{-GB 9798—88}}{\text{Q235A-GB/T 700—2006}}$。

2. 冷弯薄壁型钢

冷弯薄壁型钢是用薄钢板经模压或弯曲而制成，如图 3-15 所示，主要有角钢、槽钢、方形、矩形等截面形式，壁厚一般为 1.5～5mm，用作轻型屋面及墙面等构件。冷弯薄壁型钢的表示方法与热轧型钢相同。

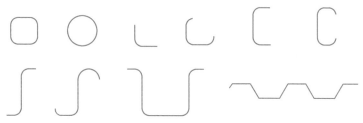

图 3-15 薄壁型钢截面示意图

3. 钢板

用光面轧辊轧制而成的扁平钢材称为钢板。钢板按轧制温度不同，可分为热轧和冷轧两类。土木工程用钢板主要是碳素结构钢，某些重型结构、大跨度桥梁等也采用低合金钢。

按厚度热轧钢板又可分为厚板（厚度大于 4mm）和薄板（厚度为 0.35～4mm）两种；冷轧钢板只有薄板（厚度为 0.2～4mm）。一般厚板可用于型钢的连接，组成钢结构承力构件；薄板可用作屋面或墙面等的维护结构，或作为涂层钢板及薄壁型钢的原材料。

薄钢板经冷压或冷轧成波形、V 形、梯形或类似形状的波纹，称为压型钢板。压型钢板具有单位质量轻、强度高、抗震性能好、施工速度快、造型美观等特点。其用途广泛，主要用作屋面板、楼板、墙板及各种装饰板，还可将其与保温材料复合制成复合墙板等。

4. 钢管

钢管按有无缝分为两大类。一类是无缝钢管，为中空截面、周边没有接缝的长条钢材。另一类是焊缝钢管，是用钢板或钢带经过卷曲成型后焊接制成的钢管。按照钢管的形状可以分为方形管、矩形管、八角形、六角形、五角形等异形钢管。钢管主要用在网架结构、脚手架、机械支架中。

土木工程中钢筋混凝土用钢材和钢结构用钢材，主要根据结构的重要性、承受荷载类型（动荷载或静荷载）、承受荷载方式（直接或间接等）、连接方法（焊接或铆接）、温度条件（正温或负温）等，综合考虑钢种或钢牌号、质量等级和脱氧程度等进行选用，以保证结构的安全。

3.6 钢材的腐蚀与防护

3.6.1 钢材的防锈

钢材在使用过程中由于环境原因往往存在腐蚀现象，由于环境介质的作用，其中的铁与介质产生化学反应，逐步被破坏，导致钢材腐蚀，又称为锈蚀。钢材的腐蚀不仅使钢材有效截面积减小，还会产生局部锈坑，引起应力集中；腐蚀会显著降低钢材的强度、塑性、韧性等力学性能。尤其在冲击荷载、循环交变荷载作用下，将产生锈蚀疲劳现象，使钢材的疲劳强度大为降低，甚至出现脆性断裂。

1. 钢材腐蚀的主要原因

1) 化学腐蚀

化学腐蚀指钢材与周围的介质（如 O_2、CO_2、SO_2 和水等）直接发生化学作用，生成疏松的氧化物而引起的腐蚀。一般情况下是钢材表面 FeO 保护膜被氧化成黑色的 Fe_3O_4 所致。在常温干燥时，钢材表面形成 FeO 保护膜，可防止钢材进一步锈蚀。因此，在干燥环境中化学腐蚀的速度缓慢，但在温度高和湿度较大时腐蚀速度大大加快。

2) 电化学腐蚀

钢材由不同的晶体组织构成，并含有杂质，由于这些成分的电极电位不同，当有电解质溶液（如水）存在时，就会在钢材表面形成许多微小的局部原电池。

电化学腐蚀的特点在于，腐蚀历程可分为两个相对独立的并可同时进行的阳极（发生氧化反应）和阴极（发生还原反应）过程。特征为受蚀区域是金属表面的阳极，腐蚀产物常常产生在阳极与阴极之间，不能覆盖被蚀区域，通常起不到保护作用。

电化学腐蚀和化学腐蚀的显著区别是电化学腐蚀过程中有电流产生。钢材在酸碱盐溶液及海水中发生的腐蚀、地下管线的土壤腐蚀、在大气中的腐蚀、与其他金属接触处的腐蚀，均属于电化学腐蚀，电化学腐蚀是钢材腐蚀的主要形式。

3) 应力腐蚀

钢材在应力状态下腐蚀加快的现象，称为应力腐蚀。钢筋冷弯处、预应力钢筋等都会因应力存在而加速腐蚀。

2. 防止钢材锈蚀的措施

钢材的腐蚀既有材料本身的原因（内因），又有环境作用的因素（外因），因此要防止或减少钢材的腐蚀可以从改变钢材本身的易腐蚀性，隔离环境中的侵蚀性介质或改变钢材表面的电化学过程三方面入手。

1) 采用耐候钢

耐候钢即耐大气腐蚀钢。耐候钢是在碳素钢和低合金钢中加入少量铜、铬、镍、钼等合金元素而制成。这种钢在大气作用下，能在表面形成一种致密的防腐保护层，起到耐腐蚀作用，同时保持钢材良好的焊接性能，可以显著提高钢材本身的耐腐蚀能力。

2) 金属涂层

用耐腐蚀性好的金属，以电镀或喷镀的方法覆盖在钢材表面，提高钢材的耐腐蚀能力。常用的方法有：镀锌（如白铁皮）、镀锡（如马口铁）、镀铜和镀铬等。根据防腐的作用原理可分为阴极覆盖和阳极覆盖。阴极覆盖采用电位比钢材高的金属覆盖，如镀锡。所盖金属膜仅为机械地保护钢材，当保护膜破裂后，反而会加速钢材在电解质中的腐蚀。阳极覆盖采用电位比钢材低的金属覆盖，如镀锌，所覆金属膜因电化学作用而保护钢材。

3) 非金属涂层

在钢材表面用非金属材料作为保护膜，与环境介质隔离，以避免或减缓腐蚀，如喷涂涂料、搪瓷和塑料等。

涂料通常分为底漆、中间漆和面漆。底漆要求有比较好的附着力和防锈能力，中间漆为防锈漆，面漆要求有较好的牢度和耐候性以保护底漆不受损伤或风化。一般应用为两道底漆（或一道底漆和一道中间漆）与两道面漆，要求高时可增加一道中间漆或面漆。使用防锈涂料时，应注意钢构件表面的除锈以及底漆、中间漆和面漆的匹配。

常用底漆有：红丹底漆、环氧富锌漆、铁红环氧低漆等。中间漆有：红丹防锈漆、铁红防锈漆等。面漆有：灰铅漆、醇酸磁漆和酚醛磁漆等。薄壁型钢及薄钢板制品可采用热浸镀锌或镀锌后加涂塑料复合层。

3. 建筑结构控制钢材腐蚀的方法

控制建筑结构中钢材腐蚀，可通过合理的结构设计、正确选材、采用合理的表面工程技术、改善环境和合理使用缓蚀剂、电化学保护等方法实现。

4. 混凝土用钢筋的防锈

正常的混凝土为碱性环境，其 pH 值约为 12，这时在钢材表面能形成碱性氧化膜，我们称之为钝化膜，对钢筋起一定的保护作用。若混凝土碳化后，由于碱度降低会失去对钢筋的保护作用。此外，混凝土中氯离子达到一定浓度，也会严重破坏表面的钝化膜。

为防止钢筋锈蚀，应保证混凝土的密实度以及钢筋外侧混凝土保护层的厚度，在二氧化碳浓度高的工业区采用硅酸盐水泥或普通硅酸盐水泥，限制含氯盐外加剂掺量并使用混凝土用钢筋防锈剂。预应力混凝土应禁止使用含氯盐的骨料和外加剂。钢筋涂覆环氧树脂或镀锌也是一种有效的防锈措施。

《混凝土结构耐久性设计标准》GB/T 50476—2019 中根据建筑所处环境作用等级、不同混凝土强度等级、最大水胶比等因素，规定了钢筋混凝土结构的保护层最小厚度。

实际工程中应根据具体情况采用上述一种或几种方法进行综合保护，这样可获得更好的钢材防腐效果。

3.6.2 钢材的防火

钢材是不燃性材料，但并不说明钢材能抵抗火灾。在一般建筑结构中，钢材均在常温条件下工作，但对于长期处于高温条件下的结构物，或遇到火灾等特殊情况时，则必须考虑温度对钢材性能的影响。

在钢结构或钢筋混凝土结构遇到火灾时，应考虑高温透过保护层后对钢筋或型钢金相组织及力学性能的影响。尤其在预应力结构中，还必须考虑钢筋在高温条件下的预应力损失造成的整个结构物应力体系的变化。

钢材防火的防护措施主要有涂敷防火涂料、采用不燃性板材和实心包裹法等。

1. 防火涂料

防火涂料按受热时的变化分为膨胀型（薄型）和非膨胀型（厚型）两种。

膨胀型防火涂料的涂层厚度一般为 2～7mm，附着力较强，有一定的装饰效果。由于其内含膨胀组分，遇火后会膨胀增厚 5～10 倍，形成多孔结构，从而起到良好的隔热防火作用，根据准备层厚度可使构件的耐火极限达到 0.5～1.5h。

非膨胀型防火涂料的涂层厚度一般为 8～50mm，呈粒状面，密度小、强度低，喷涂后需再用装饰面层隔护，耐火极限可达 0.5～3.0h。为使防火涂料牢固地包裹钢构件，可在涂层内埋设钢丝网，并使钢丝网与钢构件表面的净距离保持在 6mm 左右。

2. 采用不燃性板材

常用的不燃性板材有石膏板、硅酸钙板、蛭石板、珍珠岩板、矿棉板、岩棉板等，可通过胶粘剂或钢钉、钢箍等固定在钢构件上。

3. 实心包裹法

一般将钢结构浇筑在混凝土中。

3.7　其他金属材料

金属材料按颜色主要分为黑色金属和有色金属。与钢铁等黑色金属材料相比，有色金属具有许多优良的特性，是现代工业中不可缺少的材料。随着新型建筑结构及技术的发展，有色金属及其合金的地位将会越来越重要。

有色金属没有统一的分类原则，一般按其密度和稀缺性分为重金属、轻金属、贵金属、稀有金属四大类。其中重金属一般密度在 $4500kg/m^3$ 以上，如铜、铅、锌等；轻金属密度小，在 $530\sim4500kg/m^3$ 之间，化学性质活泼，如铝、镁等；贵金属指地壳中含量少、提取困难、价格较高、密度较大的金属材料，贵金属一般化学性质稳定，如金、银、铂等；稀有金属指地壳中含量非常稀少的金属，如钨、钼、锗、锂、镧、铀等。

3.7.1　铝及铝合金

1. 铝合金的分类

根据铝合金的成分、组织和工艺特点，可以将其分为铸造铝合金与变形铝合金两大类。变形铝合金是将铝合金铸锭通过压力加工（轧制、挤压、模锻等）制成半成品或模锻件，所以要求有良好的塑性变形能力。铸造铝合金则是将熔融的合金直接浇铸成形状复杂的甚至是薄壁的成型件，所以要求合金具有良好的铸造流动性。

1）防锈铝合金

防锈铝合金中主要合金元素是锰和镁，锰的主要作用是提高铝合金的抗蚀能力，并起到固溶强化作用。镁也可起到强化作用，并使合金的比重降低。防锈铝合金锻造退火后是单相固溶体，抗腐蚀能力高，塑性好。这类铝合金不能进行时效硬化，属于不能热处理强化的铝合金，但可冷变形加工，利用加工硬化，提高合金的强度。

2）硬铝合金

硬铝合金是铝和铜或再加入镁、锰等组合的合金，建筑工程上主要为含铜（3.8%～4.8%）、镁（0.4%～0.8%）、锰（0.4%～0.8%）、硅（不大于0.8%）的铝合金，称为硬铝。经热处理强化后，可获得较高的强度和硬度，耐腐蚀性好。建筑上可用于承重结构或其他装饰制件，其强度极限可达 330～490MPa，伸长率可达 12%～20%，布氏硬度值 *HB* 可达 1000MPa，是发展轻型结构的好材料。

3）超硬铝合金

超硬铝合金是铝和锌、镁、铜等的合金。经热处理强化后，其强度和硬度比普通硬铝更高，塑性及耐蚀性中等，切削加工性和点焊性能良好，但在负荷状态下易受腐蚀，常用包铝方法保护，可用于承重构件和高荷载零件。

2. 铝的应用

铝在建筑上，早在80多年前就已被作为装饰材料，逐渐发展应用到窗框、幕墙，以及结构构件。1970年美国建筑上用铝量为100多万吨，20年中，增长了4倍，占其全国铝消耗量的1/4以上。1973年日本在建筑上使用铝占其全国总耗铝量的1/3，在房屋建筑中使用 60 万吨以上。

1）铝合金门窗

铝合金门窗用已表面处理过的型材和配件组合装配而成，主要有推拉窗、平开窗、悬挂窗等，具有质量轻，气密性、水密性和隔声性能好，色泽美观，不锈蚀，不褪色，经久耐用，有利于工业化生产等优点。

2）铝合金装饰板

铝合金花纹板采用铝合金经花纹轧辊制成，有针状、扁豆状、方格等花纹。其特点是花纹美观、防滑、防锈蚀，不易磨损，便于安装等，可用于现在建筑的墙面装饰、楼梯踏步等。

铝合金波纹板边面轧制成波浪形或梯形。其特点是防火、防潮、防腐蚀，可用于商场、宾馆、饭店等建筑物的墙面和屋面装饰。

3.7.2 铜及铜合金

1. 纯铜

铜是由黄铜矿、辉铜矿等精炼而成的铜锭、铜锭线和电解铜三种，经加工变成各种形状的纯铜材，纯铜经脱氧为无氧铜。铜是有色金属中的紫色重金属，其特点为具有很高的导电、导热、耐蚀性和易加工性，延展性好。

2. 铜合金

在铜中掺入锌、锡、铝等可制成铜合金，其强度、硬度等性能得到提高，使用性能更好。

3. 黄铜

在铜中掺入锌的合金为普通黄铜，在铜中掺入锌和其他元素组成锡、铅等。

土木工程中常用普通黄铜或普通黄铜粉，呈黄色或金黄色，装饰性好。普通黄铜主要用于建筑五金、水暖电器、土木工程装饰、门窗、栏杆等。普通黄铜粉用于调制装饰涂料、代替金粉使用。

4. 青铜

在铜中掺入锡的合金为锡青铜。在铜中掺入铝、铁等的合金为铝青铜，呈青灰色或灰黄色，强度较高，硬度大，耐磨性、耐蚀性好，主要用于板材、管材、机械零件等。

3.7.3 铸铁

黑色金属中含碳大于 2.06％的铁碳合金称为铸铁（也称为生铁）。铸铁是历史上使用较早的材料，也是最便宜的金属材料之一。

由于铸铁性脆、无塑性，抗压强度较高，抗拉和抗弯强度不高，不适合用于结构材料，常用于排水沟、地沟等的盖板、铸铁水管、暖气片及零部件、门、窗、栏杆等。

【工程实例分析】

港珠澳大桥钢管复合桩系列防腐蚀方案

概况：2018 年 10 月 23 日，连通珠海、香港、澳门三地的全球最长跨海大桥"港珠澳大桥"正式开通。港珠澳大桥全长近50km,主体工程"海中桥隧"长度约为30km,其中包括近7km的海底隧道。除去隧道部分的海中桥梁长度约为23km,由将近1500根钢管复合桩支撑起来,钢管桩几个为一组,深埋于海泥中,之后再在其上浇筑混凝土桥墩,继而铺设桥面。由于大桥本身体量庞大,又需要满足120年的设计寿命,钢管桩的尺寸也达到了世界顶级水平——每根钢管桩外径在2~2.5m,最长达到75m,单根自重可达110t。

原因分析:钢管桩作为深埋在水面下数十米的桥梁根基,在120年的全寿命周期中在恶劣的条件下长期服役,钢管桩易于腐蚀,影响其使用寿命。为了保证钢管桩的抗腐蚀寿命,中科院金属所提出了联合运用牺牲阳极法和涂层防护法,再辅以原位腐蚀监测的综合解决方案。

所谓"牺牲阳极法"就是以比被保护金属更容易失去电子的活泼金属作为阳极,而被保护金属作为阴极的方法。理想情况下,在活泼金属被完全腐蚀之前,被保护的阴极构件不会发生腐蚀。在海水、土壤等环境中,比钢铁材料更容易失去电子的金属有很多,铝、锌、镁等都可以作为牺牲阳极。

涂层防护法与牺牲阳极法的思路完全不同,既然海泥中存在各种易产生腐蚀的因素,只要用涂层将它们与钢管桩本身隔离开来,就可以极大地避免腐蚀的发生。然而,港珠澳大桥钢管桩极端苛刻的服役环境,对于任何防腐涂料而言都是巨大的挑战。

防治措施:港珠澳大桥最终采用高性能防腐涂层+阴极保护的联合防护方法来确保钢管桩的服役可靠性。在钢管桩120年的设计寿命中,前70年将采用高性能涂层防护为主、牺牲阳极式阴极保护为辅的联合防护进行腐蚀抑制。后50年则以牺牲阳极保护+钢管预留腐蚀余量为主、高性能涂层防护为辅的联合防护方式保证耐久性。中科院金属所的科研人员利用在"SEBF/SLF高性能防腐涂层"方面积累的先进经验,为港珠澳大桥钢管桩提供了世界顶级的防腐涂层。

本章小结

1. 金属材料包括黑色金属和有色金属两大类。钢与铁的成分都是铁和碳,含碳量大于2%的为生铁,小于2%的为钢。钢是由生铁冶炼而成的。

2. 常见有三种冶炼钢铁的方法:氧气转炉法、电炉法、平炉法。

3. 钢材的主要技术性能包括力学性能(主要包括抗拉性能、冷弯性能、冲击性能、耐疲劳性能和硬度等)和工艺性能(主要包括焊接和冷弯性能)。

4. 钢材的组织和化学成分对钢材的性能会产生重要影响。钢材的加工分冷加工和热处理,经过冷加工的钢材会产生时效过程,建筑工程中对大量使用的钢筋,往往是冷加工和时效同时采用,以提高钢材强度,节省钢材。热处理包括淬火、回火、退火和正火。

5. 土木工程中常用钢种主要为碳素结构钢、低合金高强度结构钢、优质碳素结构钢、合金结构钢。钢筋混凝土结构用钢,主要品种有热轧钢筋、冷加工钢筋、热处理钢筋、预应力混凝土用钢丝和钢绞线等。

6. 钢材在使用过程中由于环境原因往往会产生锈蚀现象,应根据具体情况采用恰当的防腐蚀手段。钢材是不燃性材料,在使用过程中还应考虑对其采取防火措施,主要有涂敷防火涂料、采用不燃性板材和实心包裹法等。

7. 金属材料按颜色主要分为黑色金属和有色金属。有色金属一般按其密度和稀缺性分为重金属、轻金属、贵金属、稀有金属四大类。

【思考与练习题】

3-1　为何说屈服点 σ_s、抗拉强度 σ_b 和伸长率 δ 是建筑用钢材的重要技术性能指标？

3-2　钢材的冷加工强化有何作用意义？

3-3　工地上为何常对强度偏低而塑性偏大的低碳盘条钢筋进行冷拉？

3-4　建筑钢材的主要检验项目有哪些？反映钢材的什么性质？

3-5　为什么 Q235 号碳素结构钢被广泛应用于建筑工程？

3-6　一钢材试件，直径为 25mm，原标距为 125mm，做拉伸试验，屈服点荷载为 201.0kN，最大荷载为 250.3kN，拉断后测的标距长为 138mm，求该钢筋的屈服点、抗拉强度及拉断后的伸长率。

【创新思考题】

钢结构与钢筋混凝土结构相比，有良好的抗震、防腐、耐久、环保和节能效果，可以实现构架的轻量化和构件的工业化、大型化。相比较传统的现浇钢筋混凝土结构，钢结构建筑安装速度更快，施工效率更高，适应当前装配式结构的推广趋势。但由于钢结构材料本身同时存在不少缺点，其中较突出的是防火问题。美国纽约的世贸大厦为钢结构建筑，2001 年 9 月 11 日被恐怖分子袭击而倒塌，超高层建筑的安全性在人们心里留下了阴影。请查阅资料了解世界各地使用钢结构的超高层建筑、大跨建筑等，是如何采取措施以进行防火、防恐处理的？

第4章 气硬性胶凝材料

本章要点及学习目标

本章要点：

在建筑工程中，无机胶凝材料是用量最大，也是最重要的胶结料。本章仅限于讨论常用的几种主要气硬性胶凝材料，如石灰、石膏、水玻璃和菱苦土等的来源、水化硬化原理、技术性质及在土建工程中的储存和应用等方面的基本知识。

学习目标：

本章要求了解几种常用气硬性胶凝材料（尤其是石灰和石膏）的制备方法、硬化机理、基本性质和各自的使用条件，以及它们在配制、存储和使用中应注意的问题。

在土木工程中，凡是经过一系列物理、化学作用能逐渐凝结、硬化，并能将块状材料黏结成具有强度要求的整体的材料统称为胶凝材料。

根据胶凝材料的化学成分和结构，分为无机和有机两大类，有机胶凝材料是以天然或合成的有机高分子化合物为基本组分的胶凝材料，常用的有沥青及各种合成树脂等。无机胶凝材料则以无机化合物为基本组分，根据其硬化环境的不同，又可分气硬性和水硬性两大类。只能在空气中硬化，并保持强度或继续提高强度，称为气硬性胶凝材料，常用的有石灰、石膏、水玻璃等。既能在空气中硬化，又能在水中硬化，并保持强度或继续提高强度的胶凝材料，称为水硬性胶凝材料，如各种水泥。显然，气硬性胶凝材料一般只宜用于地上，不宜用于过分潮湿处和水下。而水硬性胶凝材料，则既能用于地上较干燥的地方，又能用于水下、地下、地上潮湿之处。

4.1 石灰

4.1.1 生产原理

石灰是以碳酸钙（$CaCO_3$）为主要成分的原料（如石灰石），经过适当温度的煅烧，使其分解和排出二氧化碳（CO_2）后所得到的白色或灰色成品。生产石灰的反应式如下：

$$CaCO_3 \xrightarrow{90\sim1000℃} CaO + CO_2 \uparrow$$

这样煅烧的石灰，又称生石灰。其主要矿物是 CaO，它的活性随煅烧温度的不同而不同。正常煅烧的石灰即正火石灰，颜色洁白，质地松软，重量轻，易于熟化，产生的灰膏多，堆积密度一般为 $800\sim1000kg/m^3$，其 CaO 活性正常。煅烧温度过高的石灰即过火石灰，其 CaO 活性很低，在水中水化缓慢。在实际工程中，如果正火石灰浆中混有较多的过火石灰，则这部分过火石灰，将在石灰浆硬化后，继续吸潮水化，并且水化时体积膨胀，从而造成石灰浆硬化层的隆起和开裂，影响工程质量。煅烧温度低的石灰即欠火石灰，由于煅烧温度低，仍有一部分原料未分解，这部分原料显然没有石灰的活性，从而降低了石灰的质量。

4.1.2　石灰的种类

1. 根据成品加工方法来分

（1）块状生石灰：由原料煅烧而得的原产品，主要成分是 CaO；

（2）磨细生石灰：由块状生石灰磨细而得的细粉；

（3）消（熟）石灰：将生石灰用适量的水消化而得的粉末，主要成分为 $Ca(OH)_2$；

（4）石灰浆：将生石灰用多量水（约为生石灰体积的三至四倍）消化而得的可塑浆体，也称石灰膏，主要成分为 $Ca(OH)_2$ 和水；如果水分加得更多，所得到的白色悬浊液，称为石灰乳；在 15℃时溶有 $0.3\%Ca(OH)_2$ 的透明液体，称为石灰水。

2. 根据 MgO 含量的多少来分

（1）钙质石灰：MgO 含量不大于 5%；

（2）镁质石灰：MgO 含量在 5%～20% 之间；

（3）白云质石灰（高镁石灰）：MgO 含量在 20%～40% 之间。

3. 根据石灰消化速度不同来分

（1）快熟石灰：消化速度在 10min 以内；

（2）中熟石灰：消化速度在 10～30min 以内；

（3）慢熟石灰：消化速度在 30min 以上。

4.1.3　石灰的熟化和硬化

1. 石灰的熟化

生石灰（CaO）加水后水化为熟石灰 $[Ca(OH)_2]$ 的过程称为熟化。其反应式如下：

$$CaO + H_2O \Longrightarrow Ca(OH)_2 + 64.9kJ$$

二维码 4-1　生石灰的熟化过程演示

其熟化特点如下：

（1）放热量大，放热速度快。生石灰水化时放出的热量可达 64.8kJ/mol，其 1h 放出的热量是普通硅酸盐水泥一天放热量的 9 倍。

（2）体积剧烈膨胀。质量为 1 份的生石灰可生成 1.31 份质量的熟石灰，其体积也大 1～2.5 倍。

煅烧良好，氧化钙含量高，杂质含量少的生石灰（块灰），其熟化速度快，放热量大，体积膨胀也大，容重轻。

石灰的熟化方法有两种：

（1）用于拌制石灰土、三合土时，一般将生石灰熟化成熟石灰粉或消石灰粉，生石灰熟化成消石灰粉的理论需水量为 31.2%。在生石灰中均匀加入约为其重量 70% 的水，便得到颗粒细小、分散的熟石灰粉。工地调制熟石灰粉时，常用淋灰方法。即每堆放半米高的生石灰块，淋 $60\%\sim80\%$ 的水，再堆放再淋，使之成粉不结团为止。

（2）用于拌制石灰砌筑砂浆或抹面砂浆时，需将生石灰熟化成石灰膏。调制石灰膏是在化灰池和储灰坑中进行的，方法是将块灰和水加入化灰池中，熟化后的浆体和尚未熟化的小块颗粒通过 5mm 的筛网流入储灰坑中，而大块的欠火和过火石灰块则予以清除。为了消除过火石灰在使用中造成的危害，应在储灰坑中存放不少于半个月才能使用，这一过程称为"陈伏"。一般用于砌筑的石灰膏陈伏时间不少于 7d，用于抹灰的石灰膏不少于 14d。陈伏期间，石灰浆表面应敷盖一层水，使其与空气隔绝，以防止石灰浆与空气中二氧化碳发生碳化反应。

2. 石灰的硬化

通常石灰浆体的硬化是在空气中逐渐进行的，主要有以下两个过程：

（1）结晶作用：石灰浆体在干燥过程中，游离水分蒸发，形成网状孔隙。这些滞留于孔隙中的自由水由于表面张力的作用而产生毛细管压力，使石灰粒子更紧密。并且，由于水分的蒸发，使 $Ca(OH)_2$ 从饱和溶液中逐渐结晶析出。

（2）碳化作用：$Ca(OH)_2$ 与空气中的 CO_2 化合生成不溶于水的碳酸钙晶体，并释放出水分，其反应式如下：

$$Ca(OH)_2 + CO_2 + nH_2O = CaCO_3 + (n+1)H_2O$$

结晶作用主要在内部发生，碳化作用是从表面开始缓慢进行的，生成的碳酸钙晶体膜层较致密，阻碍了空气中 CO_2 的渗入，也阻碍了内部水分向外蒸发，因此碳化过程比较缓慢。所以，石灰浆体硬化后，是由表面和内部两种不同的晶体交错组成的。

4.1.4 石灰的性质与技术要求

1. 石灰的特性

1）保水性和可塑性好

生石灰熟化为石灰浆时，能自动形成颗粒极细的呈胶体分散状态的 $Ca(OH)_2$。由于石灰消解后的 $Ca(OH)_2$ 粒子极小，呈胶体状态，比表面积很大，颗粒表面能吸附一层较厚的水膜。因此，用石灰调制的石灰砂浆，其突出的优点是具有良好的保水性和可塑性。在水泥砂浆中掺入石灰膏，可使砂浆的可塑性显著提高。

2）凝结硬化慢、强度低

石灰浆体的凝结硬化包括了干燥、结晶和碳化过程。因碳化作用生成的碳酸钙晶体，虽然有较好的强度和耐久性，但在自然条件下，这个过程却大多只发生在浆体表层，会阻碍 CO_2 向浆体内渗入，也阻止水分向外蒸发，再加上空气中的 CO_2 浓度很低，因此碳化作用十分缓慢。干燥后的氢氧化钙浆体和结晶虽然可增加强度，但结晶量少，一经遇水，强度就会降低，所以石灰浆体的强度不高。1:3 的石灰砂浆，28d 抗压强度仅有 $0.2\sim0.5MPa$，多用于砌筑和抹灰。

3）硬化时体积收缩大

石灰浆体硬化过程中，蒸发出大量的水分，毛细管由于失水而萎缩，引起制品体积收缩，还会造成开裂。所以工程除了石灰乳粉刷外，一般不单独使用。工程中通常在石灰中掺入砂或纤维材料（如纸筋、麻刀）等，以防止或抵抗收缩变形。

4) 耐水性差

若石灰浆体尚未硬化前，就处于潮湿环境中，由于石灰中水分不能蒸发出去，则其硬化停止；若是已硬化的石灰，长期受潮或受水浸泡，则由于 $Ca(OH)_2$ 易溶于水而导致已硬化的石灰溃散。因此，石灰耐水性差，不宜用于潮湿环境及易遭受水侵蚀的部位。

2. 石灰的技术要求

生石灰是由石灰石焙烧而成，呈块状、粒状或粉状，化学成分主要为氧化钙，可和水发生放热反应生成消石灰。生石灰按其化学成分分为钙质石灰（MgO≤5%）和镁质石灰（MgO＞5%），按其加工情况分为建筑生石灰（代号 CL）和建筑生石灰粉（代号 ML）。根据化学成分的含量每类分成各个等级，见表 4-1。

建筑生石灰的主要技术指标 表 4-1

类别	钙质生石灰						镁质生石灰			
名称	钙质石灰 90		钙质石灰 85		钙质石灰 75		镁质石灰 85		镁质石灰 80	
代号	CL90-Q	CL90-QP	CL85-Q	CL85-QP	CL75-Q	CL75-QP	ML85-Q	ML85-QP	ML80-Q	ML80-QP
CaO+MgO 含量(%)	≥90		≥85		≥75		≥85		≥80	
MgO%	≤5		≤5		≤5		＞5		＞5	
SO₃(%)	≤2		≤2		≤2		≤2		≤2	
CO₂(%)	≤4		≤7		≤12		≤7		≤7	
产浆量(dm/10kg)	≥26	—	≥26	—	≥26	—	—	—	—	—
细度 0.2mm 筛余量(%)	—	≤2	—	≤2	—	≤2	—	≤2	—	≤7
细度 90μm 筛余量(%)	—	≤7	—	≤7	—	≤7	—	≤7	—	≤2

说明：生石灰块在代号后加 Q，生石灰粉在代号后加 QP。

4.1.5 石灰的应用

1. 各种石灰品种的用途

1）石灰膏的用途

用熟化并陈伏好的石灰膏，稀释成石灰乳，可用作内、外墙及天棚粉刷的涂料，一般多用于内墙。石灰乳中还可以掺入碱性矿质颜料，使粉刷的墙面具有需要的颜色。

用熟化并陈伏好的石灰膏与砂或纤维材料及水拌合，可制得拌灰石灰砂浆或砌筑砂浆。

2）熟石灰粉的用途

建筑消石灰粉的优等品、一等品适用于饰面层和中间涂层，合格品用于砌筑。将石灰粉掺入黏土或掺入黏土及砂中，即可制得灰土或三合土，应用于一些建造物的基础和地面的垫层及公路路面。

3）磨细生石灰粉的用途

磨细生石灰粉用于配制无熟料水泥、硅酸盐制品和碳化石灰板等。

2. 石灰的保管

(1) 磨细生石灰及质量要求严格的块灰，最好存放在地基干燥的仓库内。仓库门窗应密闭，屋面不得漏水，灰堆必须与墙壁距离 70cm。

（2）生石灰露天存放时，存放期不宜过长，地基必须干燥不积水，石灰应尽量堆高。为防止水分及空气渗入灰堆内部，可在灰堆表面洒水拍实，使表面结成硬壳，以防碳化。

（3）直接运到现场使用的生石灰，最好立即进行熟化，过淋处理后，存放在淋灰池内，并用湿砂等遮盖，冬天应注意防冻。

（4）生石灰应与可燃物及有机物隔离保管，以免腐蚀有机物或引起火灾。

4.2　石膏

石膏是以硫酸钙为主要成分的气硬性胶凝材料。因其制品具有质轻、隔热、防火、吸声、装饰美观、易加工等优良特性，在建筑中被广泛用于内墙、天花吊顶及室内装饰。我国石膏资源极其丰富，储量大、分布广，已成为现代极具发展前景的新型建筑材料之一。

4.2.1　石膏的生产

石膏是由生石膏（$CaSO_4 \cdot 2H_2O$，又称二水石膏）或硬石膏（$CaSO_4$，又称无水石膏），在一定工艺制度下煅烧磨细所得的成品。

根据不同的煅烧条件，能生产出不同性质的石膏产品（表 4-2）。当加热温度为 65～75℃时，$CaSO_4 \cdot 2H_2O$ 开始脱水，至 107～170℃时，二水石膏变成 β 型半水石膏（又称熟石膏）；当温度升至 200～250℃时，半水石膏继续脱水，成为可溶性硬石膏。这种石膏凝结快，但强度较低；当加热温度高于 400℃，石膏完全失去水分，成为不溶性硬石膏，失去凝结硬化能力，也称为死烧石膏；当煅烧温度在 800℃以上时，由于部分石膏分解出氧化钙（CaO）起催化作用，其产品又重新具有水化硬化性能，而且水化后强度较高，耐磨性较好，称为地板石膏；当温度高于 1600℃时，$CaSO_4$ 全部分解成 CaO。若将二水石膏在 1.3 个大气压和 125℃的条件下用蒸压锅蒸炼脱水，就能得到 α 型半水石膏，也称为高强度石膏。

不同煅烧条件下的石膏品种　　　　　　　　　　表 4-2

石膏品种	普通建筑石膏	高强建筑石膏	不溶性硬石膏	地板石膏
主要矿物	$\beta\text{-}CaSO_4 \cdot \frac{1}{2}H_2O$	$\alpha\text{-}CaSO_4 \cdot \frac{1}{2}H_2O$	$CaSO_4 \cdot I$	$CaSO_4 \cdot I + CaO$

建筑石膏就是将熟石膏或化工石膏加热至 107～170℃，由二水石膏（$CaSO_4 \cdot 2H_2O$）转变成半水石膏，在经磨细而制成。其反应式如下：

$$CaSO_4 \cdot 2H_2O \xrightarrow{107\sim170℃} CaSO_4 \cdot \frac{1}{2}H_2O + 1\frac{1}{2}H_2O$$

除天然原料外，也可用一些含有 $CaSO_4 \cdot 2H_2O$ 或含有 $CaSO_4 \cdot 2H_2O$ 与 $CaSO_4$ 的混合物的化工副产品及废渣（称为化工石膏）作为生产石膏的原料，例如磷石膏是制造磷酸时的废渣，氟石膏是制造氟化氢时的废渣，此外还有盐石膏、硼石膏、黄石膏、钛石膏等。废渣中有酸性成分，要用水洗涤或用石灰中和使之变成中性后才能使用。

4.2.2　石膏的水化、凝结和硬化

石膏与适量的水混合，最初成为可塑的浆体，但很快失去塑性，这个过程称为凝结；

以后迅速产生强度，并发展成为坚硬的固体，这个过程称为硬化。石膏的凝结硬化是一个连续的溶解、水化、胶化、结晶的过程。以β型半水石膏（即建筑石膏）为例，其水化、凝结硬化示意图见图 4-1。

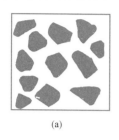   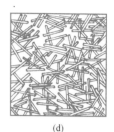

$$(a)\qquad\qquad (b)\qquad\qquad (c)\qquad\qquad (d)$$

图 4-1　建筑石膏硬化图

（a）溶解；（b）水化；（c）胶化；（d）结晶

图 4-1（a）、（b）表示 β 型半水石膏在布朗运动作用下，石膏颗粒分散在水中，并发生水化反应。常温下 β 型半水石膏的最大溶解度为 8.16g/L，而同温度下石膏的平衡溶解度为 2.05g/L，使得水化产物二水石膏在半水石膏的溶液里逐渐达到过饱和状态，使得水化产物不断地析晶，石膏浆体逐渐变稠，形成胶体微粒。其水化反应式如下：

$$\frac{1}{2}CaSO_4 + 1\frac{1}{2}H_2O =\!\!= CaSO_4 \cdot 2H_2O$$

图 4-1（c）表示随着析出晶粒的增多，在局部区域开始有结晶结构网形成。从图中可见，浆体开始具有一定的剪切强度，其值随时间增长速度很快。所谓浆体的剪切强度，就是浆体发生剪切变形时所能承受的最大剪应力。说明这段时期，浆体由水化阶段进入了凝结期。结晶结构大区域的联网，浆体完全失去塑性，即转变为固体，开始进入硬化期。

图 4-1（d）表示石膏的硬化过程。随着水化反应的不断进行，使得二水石膏晶体不断生长，相互接触并连生，形成结晶网络结构，石膏浆体逐渐硬化并产生强度。

在实际工程中，石膏浆体的水化和凝结时间是可以调整的。常用的缓凝剂有：硼砂、草果酸及柠檬酸、亚硫酸酒精废液、石灰活化的骨胶、皮胶和蛋白质等。常用的促凝剂有：硅氟酸钠、氯化钠、硫酸钠等盐类。

石膏硬化体的强度不高，除与其本身活性矿物及细度有关外，主要与配制石膏浆体时的用水量有关。实际参与石膏水化的用水量并不大，但为了使石膏浆体具有一定的可塑性，往往要增加大量的水。这一部分水从石膏硬化体中蒸发后，将留下大量的孔隙，因而石膏制品的密实度和强度不高。例如，建筑石膏水化需水量为其自身重量的 18.6%，而实际的加水量却为 60%～80%。当然，在石膏浆体中掺入外加剂，也可以降低其实际用水量。常用的外加剂有：糖蜜、糊精（均与石灰混合使用）、亚硫酸酒精废液、水解血等。

4.2.3　建筑石膏的特点

1. 凝结硬化快

建筑石膏在加水拌合后，浆体在几分钟内开始凝结，施工成型困难，故在使用时需加入缓凝剂（如硼砂、柠檬酸等），以延缓其初凝时间。一般规定，建筑石膏的初凝不小于 6min，终凝不大于 30min，一周左右完全硬化。

2. 凝结硬化时体积微膨胀

石膏浆体在凝结硬化初期会产生微膨胀（膨胀率为 0.5%～1.0%），具有良好的成型性能，石膏制品成型过程中，石膏浆体能挤密模具的每一个空间，成型的制品光滑、细腻、图案清晰准确，特别适合制作装饰制品。

3. 硬化结构多孔

为使石膏浆体具有可塑性，成型石膏制品时需加大量的水（占石膏质量的 60%～80%），而实际石膏的只需石膏质量 18% 左右的水，故有大量的水在石膏浆体硬化后蒸发出来，留下大量的开口细小的毛细孔。

4. 轻质、保温、吸声

石膏为白色粉末，密度 2.60～2.75g/cm^3，堆积密度 800～1000kg/m^3，属于轻质材料。其导热系数小，一般为 0.12～0.20W/(m·K)，是较好的保温材料。由于其孔隙特征是细小开口的毛细孔，对声波的吸收能力强，也是一种良好的吸声材料。

5. 具有一定的调湿性

石膏制品的细小开口的毛细孔对空气中的水汽有一定的吸附能力，当室内空气湿度高于它的湿度时，能吸潮，而当室内空气湿度低于它的湿度时，石膏又能排湿，因此石膏具有调节室内湿度的作用。

6. 防火性能较好

建筑石膏制品的导热系数小，传热慢，且二水石膏受热脱水产生的水蒸气能阻碍火势的蔓延，起到防火作用。

7. 强度低

建筑石膏的强度较低，但强度发展快，2h 的抗压强度可达 3～6MPa，但 7d 的抗压强度仅为 8～12MPa，接近其最终强度。

8. 装饰性和可加工性能好

石膏表面饱满洁白，质感细腻，对光线的反映柔和，制品外观造型线条分明，花色图案丰富、逼真，有很好的装饰性。建筑石膏制品可锯、刨、钉、钻，能用螺栓紧固，也可直接粘贴，安装方便，施工快捷，可做成各种各样的立体装饰图案及艺术造型，如各种石膏装饰板和浮雕艺术石膏线角、花角、花饰、灯座、灯圈、立柱、壁炉等。

9. 耐水性差

建筑石膏制品孔隙率大，且二水石膏微溶于水，遇水后强度大大降低，其软化系数只有 0.2～0.3，是不耐水的材料。因此，石膏制品长期受潮，石膏在自重作用下会产生弯曲变形。为了提高石膏制品的耐水性，可以在石膏中掺入适当的防水剂。常用有机硅防水剂，或掺入适量的水泥、粉煤灰、磨细粒化高炉矿渣等。

4.2.4　建筑石膏的技术指标及应用

建筑石膏按强度、细度、凝结时间指标分为优等品、一等品和合格品三个等级（表 4-3）。其中，抗折强度和抗压强度为试样与水接触 2h 后测得的。

建筑石膏加水调成浆体，可用作室内高级粉刷。其粉刷后的表面光滑、细腻、洁白，而且还具有绝热、防火、吸声的功能。另外，它还有施工方便、凝结硬化快、黏结牢固等优点。

建筑石膏的技术指标 表 4-3

等级	细度(0.2mm 方孔筛，筛余量)(%)	凝结时间(min)		2h 强度(MPa)	
		初凝	终凝	抗折强度	抗压强度
3.0 2.0 1.6	≤10	≥3	≤30	≥3.0 ≥2.0 ≥1.6	≥6.0 ≥4.0 ≥3.0

把建筑石膏磨得更细一些，可制得模型石膏。以模型石膏为主要胶结料，掺加少量纤维增强材料和胶结料，搅拌成石膏浆体，将浆体注入各种各样的金属（或玻璃）模具中，就获得了花样、形状不同的石膏装饰制品，如平板、多孔板、花纹板、浮雕板等。它们主要用于建筑物的墙面和顶棚。

建筑石膏还用于生产轻质并具有隔热、保温、吸声、防火、施工简便的石膏板，例如有纸面石膏板、纤维石膏板、空心石膏板等。它们主要为墙板和地面基层板。

4.2.5 其他石膏

1. 高强石膏

建筑石膏是在常压下生产的，称为 β 型半水石膏。将二水石膏放在 1.3 个大气压（125℃）的压蒸锅内蒸炼，则生成 α 型半水石膏，即为高强石膏。由于高强度石膏晶体较粗，调成可塑的浆体的需水量为 35%～40% 的半水石膏质量，比建筑石膏需水量（60%～80%）小得多，因此硬化后具有较高的密实度和强度，硬化 7d 后的抗压强度可达 15～40MPa。

高强度石膏用于要求较高的装饰装修工程，与纤维材料一起可生产高质量的石膏板材。掺入防水剂，其制品能大大提高耐水性，用于湿度较高的环境。加入有机类的水溶性胶液和乳液，能配制成无收缩的黏结剂。

根据高强石膏结晶良好、坚实、晶体较粗、强度高的特点，掺入砂或纤维材料制成砂浆，用于建筑装饰抹灰，制成石膏制品（如石膏吸声板、石膏装饰板、纤维石膏板、石膏蜂窝板及微孔石膏、泡沫石膏、加气石膏等多孔石膏制品），也可用来制作模型等。

2. 硬石膏水泥和地板石膏

在不溶性硬石膏（$CaSO_4 \cdot I$ 型）中掺入适量激发剂，混合磨细后，便可制得硬石膏水泥。硬石膏水泥主要用于室内或用于制作石膏板，也可用于制成具有较高的耐火性与抵抗酸碱侵蚀能力的制品，还可用于原子反应堆及热核试验的围护墙。

将二水石膏或无水石膏在 800～1100℃ 的温度下煅烧，部分 $CaSO_4$ 会分解出 CaO，将其磨细后就制成高温煅烧石膏（或称地板石膏）。地板石膏的凝结硬化一般较慢，CaO 的碱性激发作用使地板石膏硬化后有较高的强度、耐磨性和抗水性。

3. 脱硫石膏

水泥工业需要石膏作为原料，但是天然石膏的含量有限，而且开采成本较高，随着脱硫石膏产出量的日益增加，目前已成为最为关注的工业副产品石膏。脱硫石膏是燃煤火电厂为了控制 SO_2 排放量，以石灰石作为吸收剂而产生的工业副产品。大多数脱硫石膏颜色呈白色或灰色，有的也会因为烟气中含有杂质导致颜色呈黄白色或灰褐色等颜色，比天然石膏的颜色深。脱硫石膏的颗粒较细，粒径范围 1～250μm，平均粒径 50μm 左右。脱硫石膏的主要成分为 $CaSO_4 \cdot 2H_2O$（与天然石膏一样），含量一般在 90% 以上，含有 10%～20% 的游离水，含水率较高、黏性较大，一般还含有少量的有机酸、碳酸钙、亚硫酸钙、飞灰以及由钠、锂、镁的硫酸盐或氯化物组成的可溶性盐等杂质，主要用于生产熟石膏粉、石膏制品、α 石膏粉、石膏砂浆、水泥添加剂等各种建筑材料。在国内，脱硫石膏主要运用于石膏砌块制造、生产粉刷石膏及腻子石膏、水泥缓凝剂、石膏板制作、土壤改良剂以及制备混凝土。

利用脱硫石膏替代天然石膏制备水泥既降低了成本，又实现了变废为宝，是固体废弃物资源综合利用的重要研究方向，是实现节约资源的重要途径，对我国的可持续发展战略具有重大意义，符合国家提出的循环发展经济、坚持可持续发展和节约资源的政策，具有良好的发展前景和社会效益。

4.3   其他气硬性胶凝材料

4.3.1   水玻璃

水玻璃又称泡花碱，常用的水玻璃为无色、青绿色或棕色的黏稠液体，是由碱金属氧化物和二氧化硅结合而成的能溶解于水的一种硅酸盐材料，其化学通式为 $R_2O \cdot nSiO_2$，式中 R_2O 为碱金属氧化物，n 为 SiO_2 和 R_2O 的摩尔比值，称为水玻璃模数。水玻璃的模数越大，越难溶于水，但容易分解硬化，黏结力强。建筑上常用的模数 n 为 2.5～3.5。根据碱金属氧化物不同，其品种有硅酸钠水玻璃（$Na_2O \cdot nSiO_2$）、硅酸钾水玻璃（$K_2O \cdot nSiO_2$）、硅酸锂水玻璃（$Li_2O \cdot nSiO_2$）、钠钾水玻璃（$K_2O \cdot Na_2O \cdot nSiO_2$）及硅酸季胺水玻璃（$NR_4 \cdot nSiO_2$）等。

建筑中常用的液体水玻璃的密度为 $1.3～1.4g/cm^3$。一般情况下，密度大，表明溶液中水玻璃含量高，其黏度大，水玻璃的模数也大。

1. 生产原理

建筑上通常使用的是硅酸钠水玻璃（$Na_2O \cdot nSiO_2$）。它是由石英砂粉或石英岩粉与 Na_2CO_3 或 Na_2SO_4 混合，在玻璃熔炉内 1300～1400℃ 下熔化，冷却后形成的固态水玻璃，其反应式如下：

$$Na_2CO_3 + nSiO_2 \longrightarrow Na_2O \cdot nSiO_2 + CO_2\uparrow$$

将固态水玻璃在 3～8 个大气压的蒸汽锅内，将其溶解成无色、淡黄或青灰色透明或半透明的黏稠液体，即成液态水玻璃。

2. 水玻璃的硬化

液态水玻璃在空气中二氧化碳的作用下，由于干燥和析出无定形二氧化硅而硬化：

$$Na_2O \cdot nSiO_2 + CO_2 + mH_2O \Longrightarrow Na_2CO_3 + nSiO_2 \cdot mH_2O$$

但上述反应进行很慢，可延长数月之久。为促进其分解硬化，常掺入适量的氧化钠或氟硅酸钠（Na_2SiF_6），氟硅酸钠的适宜掺量为 12%～15%。氟硅酸钠是一种白色结晶粉粒，有腐蚀性，使用时应予以注意。

水玻璃和氟硅酸钠互相作用，反应后生成硅酸凝胶和可溶性的氟化钠，硅酸凝胶 $Si(OH)_4$ 再脱水生成二氧化硅而具有强度和耐腐蚀性能。其化学反应如下：

第一步是水玻璃同氟硅酸钠反应：

$$2Na_2SiO_3+Na_2SiF_6+6H_2O\longrightarrow 6NaF+3Si(OH)_4$$

第二步是凝胶脱水：

$$Si(OH)_4\longrightarrow SiO_2+2H_2O$$

3. 水玻璃的应用

1）涂刷材料表面，浸渍多孔性材料，加固土壤

以密度 $1.35g/cm^3$ 的水玻璃浸渍或多次涂刷黏土砖、水泥混凝土等多孔性材料，可以提高材料的密实度和抗风化性。

以模数为 2.5～3.0 的水玻璃和氯化钙溶液一起灌入土壤中，在潮湿环境下，生成的冻结状硅酸凝胶，包裹土粒并填充其中的空隙，因吸收土壤中水分而处于膨胀状态，达到使地基固化的目的。

2）配制防水剂

以水玻璃为基料，加入两种或四种矾的水溶液，称为二矾或四矾防水剂。这种防水剂可以掺入硅酸盐水泥砂浆或混凝土中，以提高砂浆或混凝土的密度和凝结硬化速度。

3）水玻璃混凝土

以水玻璃为胶结材料，以氟硅酸钠为固化剂，掺入铸石粉等粉状填料和砂、石骨料，经混合搅拌、振捣成型、干燥养护及酸化处理等加工而成的复合材料叫水玻璃混凝土。若采用耐酸、耐热骨料，则分别可制得水玻璃耐酸、耐热混凝土。

4.3.2 菱苦土

菱苦土是一种白色或浅黄色的粉末状镁质胶凝材料，其主要成分是氧化镁，生产菱苦土的原料有菱镁矿、天然白云石、蛇纹石等矿物质，也可用冶炼轻质镁合金的熔渣、海水等为原料提制菱苦土。

碳酸镁的分解温度为 600～650℃，略低于碳酸钙，以菱镁矿为原料生产菱苦土时，通常将实际煅烧温度控制在 750～850℃ 的范围，煅烧反应方程式如下：

$$MgCO_3\xrightarrow{750\sim850℃}MgO+CO_2\uparrow$$

煅烧适当的菱苦土密度为 $3.1\sim3.4g/cm^3$，堆积密度为 $800\sim900kg/cm^3$。在实际使用中，菱苦土与其他胶凝材料不同，必须用一定浓度的氯化镁溶液或其他盐类溶液来调和。如果氧化镁单独与水拌合，水化生成氢氧化镁很快以胶体状态析出，包裹在菱苦土表面，形成胶体膜层，阻碍水分子继续向颗粒内部渗入，从而使水化过程延缓，硬化后强度也很低。同时，氧化镁水化时还会产生大量水化热使水变成水蒸气，导致结构出现裂缝。所以氧化镁不适合单独与水拌合。在实际使用中，通常采用氯化镁、硫酸镁、氯化铁或硫酸亚铁等盐类的水溶液来调制，最常用的是采用氯化镁溶液与菱苦土拌合成浆体，主要水化产物是氧氯化镁和氢氧化镁，化学方程式如下：

$$xMgO+yMgCl_2\cdot 6H_2O\longrightarrow xMgO\cdot yMgCl_2\cdot zH_2O$$
$$MgO+H_2O\longrightarrow Mg(OH)_2$$

水化产物从溶液中析出、凝聚和结晶，使浆体凝结硬化，产生强度，1d 的抗拉强度即可达到 1.5MPa。但其水化产物具有很强的吸湿性和较高的溶解度，所以菱苦土硬化体

耐水性差，容易返潮和翘曲变形，仅适用于干燥部位使用。

菱苦土与植物纤维具有很好的黏结性，与硅酸盐类水泥、石灰等胶凝材料相比，本身碱性较弱，所以对有机材料的纤维没有腐蚀作用，建筑上常用来制造木屑地板、木屑板和木丝板等人造板材。但盐类溶液对钢材有强烈的腐蚀作用，因此在菱苦土制品中不能配制钢筋，可配制竹、苇、玻璃纤维等有机纤维。菱苦土在空气中的水汽作用下会失去活性，在储存和运输过程中应注意防潮。

4.3.3　苛性白云石

将白云石（$MgCO_3 \cdot CaCO_3$）在 $650 \sim 750℃$ 温度下煅烧，产生 MgO 与 CaO 的混合物，称为苛性白云石。

苛性白云石为白色粉末，与菱苦土性质相近，但因凝结较慢，强度较低，故土建工程中较少使用。

【工程实例分析】

石灰砂浆墙面出现裂缝和起鼓现象

概况：某地农村建养鸡场，因赶工期，墙体采用当地石灰窑烧制的块状生石灰拌制砂浆进行抹面。完工数周后，墙面出现众多裂缝，并有几处起鼓现象。

原因分析：该墙面抹灰砂浆所用的胶凝材料为生石灰，其中含有过火石灰，加水拌制砂浆时因陈伏时间不够，造成过火石灰在已硬化的石灰砂浆中熟化、体积膨胀，致使墙面产生膨胀性裂纹。起鼓现象是因为基层墙体砂浆中的多余水分蒸气需通过砂浆中的孔隙溢出，若墙面的砂浆已较为致密，气体不易溢出，就会导致墙面出现鼓包。

防治措施：应将块灰在化灰池中加水充分消解成石灰膏，再拌制砂浆；如果工期紧张的话，也可选用消石灰粉，因消石灰粉再磨细过程中，过火石灰磨得较细，易于克服过火石灰在熟化时造成的体积安定性不良的危害。墙面起鼓的解决办法是在砂浆中掺适量的膨胀剂或引气剂，能改善墙面的鼓包现象。

本章小结

1. 建筑工程中常用的气硬性胶凝材料有石灰、石膏、水玻璃、菱苦土和苛性白云石。

2. 用于制备石灰的原料有石灰石，经高温煅烧得到块状生石灰。石灰生产过程中因煅烧问题会生成品质不好的欠火石灰和过火石灰，生石灰在使用前需经过"陈伏"以消除过火石灰的危害，即将熟化的石灰浆放在储灰坑中两周以上。

3. 石灰浆体在空气中的硬化，包括表面的碳化作用和内部的结晶作用共同完成。

4. 石灰的主要性质表现为：良好的塑性和保水性、硬化慢、强度低、耐水性差且硬化时提及收缩大。

5. 石灰在建筑上的主要用途有：制作石灰乳、配制砂浆、拌制三合土以及生产硅酸盐制品。

6. 石膏是一种以硫酸钙为主要成分的气硬性胶凝材料，凝结硬化很快，有着良好的隔热性、吸声性和防火性，而且装饰性和加工性能也好，并具有一定的吸湿性能，尤其适合作为室内装饰材料，也是一种具有节能意义的新型轻质墙体材料。

7. 建筑上常用的水玻璃为硅酸钠（$Na_2O \cdot nSiO_2$）的水溶液。SiO_2 和 R_2O 的摩尔比值 n，称为水玻璃模数。建筑上常用的模数 n 为 2.5～3.5。水玻璃的特性有耐酸性好、耐热性好、黏结力大等，可用作耐酸耐热材料，或作为粘接材料涂刷材料表面、浸渍多孔性材料、加固土壤等。

8. 菱苦土是一种以氧化镁为主要成分的白色或淡黄色粉末，通常由含碳酸镁为主的菱镁矿经煅烧而成。常以菱苦土作为胶凝材料，以木屑、木丝或刨花为原料来生产各种板材，如木屑地板、木丝板和刨花板。

9. 苛性白云石为白色粉末，与菱苦土性质相近，但因凝结较慢，强度较低，故土建工程中较少使用。

【思考与练习题】

4-1 什么是胶凝材料？什么是气硬性胶凝材料？

4-2 试述生石灰、熟石灰的主要分类。

4-3 建筑上使用石灰为什么一定要预先进行陈伏熟化？

4-4 根据石灰浆体的凝结硬化过程，试分析硬化石灰浆体有哪些特性？

4-5 建筑石膏及其制品为什么适用于室内，而不是室外？

4-6 用于墙面抹灰时，建筑石膏与石灰比较，具有哪些优点？为什么？

4-7 什么是水玻璃？采购水玻璃，为何要考虑水玻璃的模数？

4-8 使用水玻璃为什么要加固化剂？常用哪种固化剂？

4-9 生产菱苦土制品时常出现如下问题：①硬化太慢；②硬化过快，并容易返潮。你认为各是什么原因？如何改善？

【创新思考题】

静力破碎是近年来发展起来的一种新的破碎或切割岩石和混凝土的方法，即采用一种不使用炸药就能使岩石或混凝土破碎的、粉状的新型静态无声的化学破碎剂，我国长江三峡工程中就采用了这种破碎技术。静态破碎剂，又名无声破碎剂、静力爆破剂，它的主要成分是生石灰，还含有一些按一定比例掺入的化合物催化剂，将其装在介质钻孔中加水，经过一段时间后能够缓慢地、静静地将介质破碎。静力破碎剂解决了爆破工程施工中遇到不允许使用炸药爆破而又必须将混凝土或岩石破碎的难题，是现今国际上流行的新型、环保非爆破施工材料。试问：采用生石灰制作静力破碎剂的破碎原理是什么？它利用了生石灰的什么特性？

第 5 章　水硬性胶凝材料

本章要点及学习目标

本章要点：

本章通过介绍水泥的生产、分析水泥水化硬化的机理，阐述了水泥的组成、性质、技术要求与检验方法，并进一步介绍了水泥的储存与应用等方面的基本知识。

学习目标：

本章是全书的重点章节之一，将着重介绍硅酸盐系列的水泥，要求重点掌握水泥的矿物组成及特性，理解水泥的水化过程、水泥石的侵蚀及防止，以及硅酸盐系列各种水泥的性能差异，对其他品种的水泥只作一般了解。

水硬性胶凝材料通称为水泥。水泥是一种固体粉末，与水混合后经过一系列物理化学过程，既能在空气中硬化，又能在水中凝结硬化，逐渐由可塑性浆体变成坚硬的石状体，并可将砂石等散粒材料胶结成整体。

水泥是土木工程建设中最重要的建筑材料之一，具有悠久的历史，被广泛应用于工业与民用建筑、道路与桥梁、水利与水电、海洋与港口、矿山与国防等工程中，作为胶凝材料用于制作各种混凝土、钢筋混凝土的构筑物和建筑物，也可以配制成各种砂浆或其他各种胶结材料等。

据不完全统计，目前水泥的品种有上百余种，按照其主要化学成分可分为硅酸盐系水泥、铝酸盐系水泥、硫铝酸盐系水泥、铁铝酸盐系水泥等不同系列，按照其性质和用途可分为通用水泥、专用水泥和特性水泥三大类别。通用硅酸盐水泥在目前建筑工程中应用最广泛，是以硅酸盐水泥熟料和适量的石膏及规定的混合材料制成的水硬性胶凝材料，包括硅酸盐水泥、普通硅酸盐水泥、矿渣硅酸盐水泥、火山灰硅酸盐水泥、粉煤灰硅酸盐水泥及复合硅酸盐水泥六大品种。专用水泥是用于专门用途的水泥，如道路水泥、大坝水泥、砌筑水泥、油井水泥、型砂水泥等。特性水泥是指具有某种比较突出的特殊性能的水泥，如快硬水泥、膨胀水泥、抗硫酸盐水泥、低热水泥、白色硅酸盐水泥和彩色硅酸盐水泥等。

5.1　硅酸盐水泥

5.1.1　硅酸盐水泥的生产和组成

1. 硅酸盐水泥生产

生产硅酸盐水泥的原料主要有石灰质原料和黏土质原料两类。石灰

二维码 5-1
水泥生产过程

质原料主要提供 CaO，可以采用石灰石、白垩、石灰质凝灰岩等。黏土质原料主要提供 SiO_2、Al_2O_3 及少量 Fe_2O_3，可以采用黏土质岩、铁矿石和硅藻土等。如果所选用的石灰质原料和黏土质原料按一定比例配合后不能满足化学组成要求时，则要掺加相应的校正原料，如铁矿粉（主要补充 Fe_2O_3）、砂岩（主要补充 SiO_2）、煤渣（主要补充 Al_2O_3）等。此外，为了改善煅烧条件，常加入少量的矿化剂（如铜矿渣、重晶石等），以降低烧成温度。

硅酸盐水泥的生产工艺过程，主要概括为"两磨一烧"，即把含有以上四种化学成分的材料按适当比例配合后，在磨机中磨细制成水泥生料，然后将制得的生料入窑进行煅烧，在高温下反应生成以硅酸钙为主要成分的水泥熟料，再与适量石膏及一些矿质混合材料在磨机中磨成细粉，即制成硅酸盐水泥（图 5-1）。

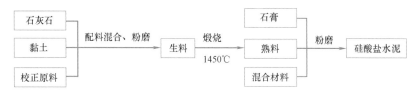

图 5-1 硅酸盐水泥的生产工艺流程

2. 水泥熟料矿物组成

水泥之所以具有许多优良建筑技术性能，主要是由于熟料中几种矿物组成水化作用的结果。硅酸盐水泥熟料的主要矿物组成及其含量范围见表 5-1。

硅酸盐水泥的主要熟料矿物组成 表 5-1

名称	矿物成分	简称	含量
硅酸三钙	$3CaO \cdot SiO_2$	C_3S	$45\% \sim 65\%$
硅酸二钙	$2CaO \cdot SiO_2$	C_2S	$15\% \sim 30\%$
铝酸三钙	$3CaO \cdot Al_2O_3$	C_3A	$7\% \sim 15\%$
铁铝酸四钙	$4CaO \cdot Al_2O_3 \cdot Fe_2O_3$	C_4AF	$10\% \sim 18\%$

上述四种主要熟料矿物中，硅酸三钙和硅酸二钙是主要成分，统称为硅酸盐矿物，占水泥熟料总量的 75% 左右；铝酸三钙和铁铝酸四钙称为溶剂型矿物，占水泥熟料总量的 25% 左右。

在反光显微镜下，硅酸盐水泥熟料矿物一般如图 5-2 所示，C_3S 呈多角形，C_2S 呈圆形，表面常有双晶纹，两者均为暗色；C_3A 和 C_4AF 填充在 C_3S 和 C_2S 之间，形状不规则，C_4AF 为亮色，C_3A 呈深色。

除了在表中所列主要化合物之外，水泥中还存在少量的有害成分：

（1）游离氧化钙（f-CaO）。游离氧化钙是煅烧过程中未能熟化而残存下来的呈游离态的 CaO。如果它的含量较高，则由于其滞后的水化并产生结晶膨胀而导致水泥石开裂，甚

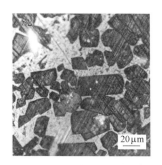

图 5-2 硅酸盐水泥熟料矿物的微观结构

至结构崩溃。通常熟料中对其含量应严格控制在 2% 以下。

（2）游离氧化镁（MgO）。游离氧化镁是原料中带入的杂质，属于有害成分，其含量多时会使水泥在硬化过程中产生体积不均匀变化，导致结构破坏。为此，国家标准规定硅酸盐水泥的 MgO 含量一般不得超过 5.0%。

（3）硫酸盐（折合成 SO_3 计算）。三氧化硫可能是粉磨时掺入石膏过多或其他原料中所带来的硫酸盐。为调节水泥的凝结时间以满足施工要求，在水泥生产中通常会掺加适量的石膏。但是，当石膏掺入量过高时，过量的石膏会使水泥在硬化过程中产生体积不均匀的变化而使其结构破坏。为此，国家标准规定硅酸盐水泥中 SO_3 的含量不得超过 3.5%。

（4）含碱矿物（Na_2O 或 K_2O 及其盐类）。水泥中含碱矿物含量较高时，易与某些碱活性材料反应，产生局部膨胀而造成结构破坏。

5.1.2 硅酸盐水泥的水化硬化

水泥加水拌合后就开始了水化反应，并称为可塑的水泥浆体。随着水化的不断进行，水泥浆体逐渐变稠、失去可塑性，但尚不具有强度的过程，称为水泥的"凝结"。随着水化过程的进一步深入，水泥浆体的强度持续发展提高，并逐渐变成坚硬的石状物质——水泥石，这一过程称为水泥的"硬化"。水泥的凝结和硬化过程实际上是一个连续的复杂的物理化学变化过程，是不能截然分开的。这些变化过程与水泥熟料矿物的组成、水化反应条件及环境等密切相关，其变化的结果直接影响到硬化后水泥石的结构状态，从而决定了水泥石的物理力学性质与化学性质。

在水泥熟料的四种主要矿物成分中，C_3S 的水化速率较快，水化热较大，其水化物主要在早期产生，因此，C_3S 早期强度最高，且能不断地得到增长，它通常是决定水泥强度等级高低的最主要矿物。

C_2S 的水化速率最慢，水化热最小，其水化产物和水化热主要表现在后期；它对水泥早期强度贡献很小，但对后期强度的增长至关重要。因此，C_2S 是保证水泥后期强度增长的主要矿物。

C_3A 的水化速率极快，水化热也最集中，由于其水化产物主要在早期产生，它对水泥的凝结与早期（3d 以内）的强度影响最大，硬化时所表现的体积减缩也最大。尽管 C_3A 可促使水泥的早期强度增长很快，但其实际强度并不高，而且后期几乎不再增长，甚至会使水泥的后期强度有所降低。

C_4AF 是水泥中水化速率较快的成分，仅次于 C_3A；其水化热中等，抗压强度较低，但抗折强度相对较高。当水泥中 C_4AF 含量增多时，有助于水泥抗折强度的提高，因此，它可降低水泥的脆性。

四种矿物单独与水作用时所表现的特性见表 5-2，其强度随龄期的增长情况见图 5-3。

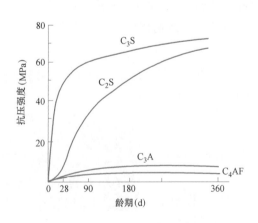

图 5-3　水泥熟料各种矿物的强度增长曲线

性能	熟料矿物名称			
	C_3S	C_2S	C_3A	C_4AF
凝结硬化速度	快	慢	最快	较快
28d 水化放热量	大	小	最大	中
强度增进率	快	慢	最快	中
耐化学侵蚀性	中	最大	小	大
干缩性	中	大	最大	小

水泥熟料矿物的水化特征　表 5-2

1. 硅酸盐水泥的水化过程

水泥熟料矿物与水接触，随即在其表面发生化学反应，同时伴随着热量的释放，此过程称为水化作用。其反应方程式如下：

$$2(3CaO \cdot SiO_2) + 6H_2O \longrightarrow 3CaO \cdot 2SiO_2 \cdot 3H_2O + 3Ca(OH)_2$$
$$2(2CaO \cdot SiO_2) + 4H_2O \longrightarrow 3CaO \cdot 2SiO_2 \cdot 3H_2O + Ca(OH)_2$$
$$3CaO \cdot Al_2O_3 + 6H_2O \longrightarrow 3CaO \cdot Al_2O_3 \cdot 6H_2O$$
$$4CaO \cdot Al_2O_3 \cdot Fe_2O_3 + 7H_2O \longrightarrow 3CaO \cdot Al_2O_3 \cdot 6H_2O + CaO \cdot Fe_2O_3 \cdot H_2O$$

上述四种主要矿物的水化反应中，C_3S 的反应速度快、水化放热量大，所生成的水化硅酸钙（简称 C-S-H）几乎不溶于水，呈胶体微粒析出，胶体逐渐硬化后具有较高的强度。生成的氢氧化钙（简称 CH）初始阶段溶于水，很快达到饱和并结晶析出，以后的水化反应是在其饱和溶液中进行的，因此氢氧化钙是以晶体状态存在于水化产物中。C_2S 与水的反应与 C_3S 相似，只是反应速度较慢、水化放热较小，生成物中的氢氧化钙较少。二者的水化产物都是水化硅酸钙和氢氧化钙，它们构成了水泥石的主体。C_3A 与水反应速度极快，水化放热量很大，所生成的水化铝酸钙（简称 C-A-H）溶于水，其中一部分会与石膏发生反应，生成不溶于水的水化硫铝酸钙（$3CaO \cdot Al_2O_3 \cdot 3CaSO_4 \cdot 32H_2O$）针状晶体，也称钙矾石（简称 AFt）。当所掺入的石膏被完全消耗后，一部分将转变为单硫型水化硫铝酸钙（$3CaO \cdot Al_2O_3 \cdot CaSO_4 \cdot 12H_2O$，简称 AFm）。$C_4AF$ 的水化产物一般认为是水化铝酸钙和水化铁酸钙的固溶体。水化铁酸钙（简称 C-F-H）是一种凝胶体，它和水化铝酸钙晶体以固溶体的状态存在于水泥石中。

水泥浆在空气中硬化时，表层水化形成的氢氧化钙还会与空气中的二氧化碳反应，生成碳酸钙。

综上所述，硅酸盐水泥与水作用后，生成的主要水化产物有：水化硅酸钙和水化铁酸钙凝胶、氢氧化钙、水化铝酸钙和水化硫铝酸钙晶体等。在充分水化的水泥石中，水化硅酸钙凝胶约占 70%，氢氧化钙约占 20%，钙矾石和单硫型水化硫铝酸钙约占 7%。由此可见，水泥的水化反应是一个复杂的过程，所生成的产物并非单一组成的物质，而是一个多种组成的集合体。

2. 硅酸盐水泥的凝结硬化机理

关于水泥的凝结硬化过程与水化发硬的内在联系，许多学者先后提出了不同的学说理论，到目前为止，比较一致的看法是将水泥的凝结硬化过程分为四个阶段，即初始反应期、诱导期、水化反应加速期和硬化期，如图 5-4 所示。

1）初始反应期（持续 5～10min）

水泥加水拌合，未水化的水泥颗粒分散于水中，称为水泥浆体（图 5-4a）。

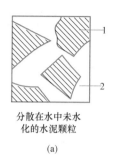
分散在水中未水
化的水泥颗粒
(a)

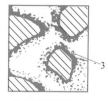
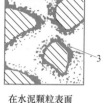
在水泥颗粒表面
形成水化物膜层
(b)

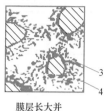
膜层长大并
互相连接(凝结)
(c)

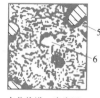
水化物进一步发展，
填充毛细孔(硬化)
(d)

图 5-4　水泥凝结硬化过程示意图

（a）初始反应期；（b）诱导期；（c）水化反应加速期；（d）硬化期

1-水泥颗粒；2-水分；3-凝体胶；4-晶体；5-未水化的水泥颗粒内核；6-毛细孔

水泥颗粒的水化从其表面开始。水泥加水后，首先石膏迅速溶解于水，C_3A 立即发生反应，C_4AF 与 C_3S 也很快水化，而 C_2S 则稍慢。一般在几秒钟或几分钟内，在水泥颗粒周围的液相中，氢氧化钙、石膏、水化硅酸钙、水化铝酸钙、水化硫铝酸钙等的浓度陆续呈饱和或过饱和状态，因而先后从液相中析出，包裹在水泥颗粒表面（图 5-4b）。以上水化产物中，氢氧化钙、水化硫铝酸钙以结晶程度较好的形态析出，水化硅酸钙则是以大小为 $10\sim1000Å$ 的胶体粒子（或微晶）形态存在，比面积很大，相互凝聚形成凝胶，其在水化产物中所占的比例最大。由此可见，水泥水化物中有晶体和凝胶。

水化初期，由于水化产物不多，水泥颗粒表面被水化物膜层包裹着，彼此还是互相分离着，此时水泥浆具有可塑性。

2）诱导期（持续大约 1h）

随着水化反应在水泥颗粒表面持续进行，使包在水泥颗粒表面的水化物增多，形成以水化硅酸钙凝胶体为主的渗透膜层。膜层逐渐增厚，阻碍了水泥颗粒与水的直接接触，所以水化反应速度减慢，进入诱导期（图 5-4c）。但是这层水化物硅酸钙凝胶构成的膜层并不是完全密实的，水能够通过该膜层向内渗透，在膜层内与水泥进行水化反应，使膜层向内增厚；而生成的水化产物则通过膜层向外渗透，使膜层向外增厚。

然而，水通过膜层向内渗透的速度要比水化产物向外渗透的速度快，所以在膜层内外将产生由内向外的渗透压，当该渗透压增大到一定程度时，膜层破裂，使水泥颗粒未水化的表面重新暴露与水接触，水化反应重新加快，直至新的凝胶体重新修补破裂的膜层为止。

水泥凝胶体膜层的向外增厚和随后的破裂伸展，使颗粒之间被水所占的空隙逐渐缩小，而包有凝胶体的颗粒则逐渐接近，在接触点相互粘接，致使水泥浆体的黏度不断增高，这个过程的进展，使水泥浆的逐渐失去可塑性，这个过程就是初凝。

3）水化反应加速期（持续大约 6h）

随着水化加速进行，水泥浆体中水化产物的比例越来越大，各个水泥颗粒周围的水化产物膜层继续增厚，其中的氢氧化钙、钙矾石等晶体不断长大，相互搭接形成强的结晶接触点，水化硅酸钙凝胶体的数量不断增多，形成凝聚接触点，将各个水泥颗粒初步连接成网络，使水泥浆逐渐失去流动性和可塑性，即发生凝结（图 5-4d）。在这种情况下，由于水泥颗粒的不断水化，水化产物越来越多，并填充着原来自由水所占据的空间。因此，毛细水是随水化的进行逐渐减少的，也就是说，水泥水化越充分，毛细孔径越小。这一过程大约持续 6h，称之为终凝。

4）硬化期（持续 6h 至几年）

凝胶体填充剩余毛细孔，水泥浆体达到终凝，浆体产生强度进入硬化阶段（图 5-4d）。这时的突出特征是六角形板块状的氢氧化钙和放射状的水化硅酸钙数量增加，同时，水泥胶粒形成的网络结构进一步加强，未水化水泥粒子继续水化，孔隙率开始明显减小，逐步形成具有强度的水泥石。

F.W. 罗歇尔（Locher）等根据研究资料将水泥凝结硬化过程绘制成水泥浆体结构发展图（图 5-5），更具体地描绘了水泥浆体的物理-力学性质如孔隙率、渗透性、强度以及水泥水化产物随时间的变化情况，并描述了水化各个阶段，水泥浆体结构形成变化的图像。

在水泥浆整体中，上述物理化学变化（形成凝胶体膜层增厚和破裂，凝胶体填充剩余毛细孔等）不能按时间截然划分，但在凝胶硬化的不同阶段将由某种反应起主要作用。

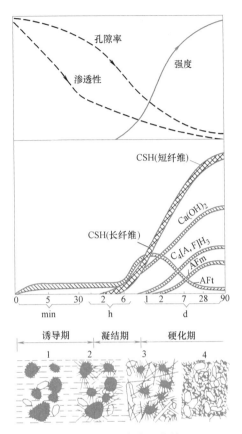

图 5-5 水泥强度发展曲线图

水泥浆体硬化后，形成坚硬的石状物，构成水泥石的结构组分包括晶体胶体、未完全水化的水泥颗粒、游离水分、孔隙（毛细孔、凝胶孔、过渡带）等，它们在不同时期相当数量的变化，使水泥石的性质随之改变。一般孔隙越多，未完全水化的水泥颗粒越多，晶体、胶体等胶凝物质越少，则水泥石强度越低。

3. 影响硅酸盐水泥凝结硬化的主要因素

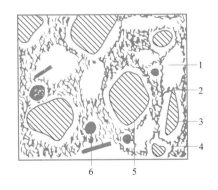

图 5-6 水泥石结构示意图

1-毛细孔；2-凝胶孔；3-未水化的水泥颗粒；
4-凝胶；5-过渡带；6-Ca(OH)$_2$ 晶体

1）熟料的矿物组成

水泥的组成成分及个组分的比例是影响硅酸盐水泥性能的最主要因素。一般来讲，熟料中水化速度快的组分含量越多，整体上水泥的水化速度也越快。水泥熟料单矿物的水化速度由快到慢的顺序排列为 $C_3A > C_4AF > C_3S > C_2S$。由于 C_3A 和 C_4AF 的含量较小，且后期水化速度慢，所以，水泥的水化速度主要取决于 C_3S 的含量多少。C_3S 和 C_3A 含量提高，将使水泥的凝结硬化加快，早期强度提高，并且其水化热也多集中在早期。水泥石结构见图 5-6。

2）水泥细度

水泥颗粒的粗细程度将直接影响水化、凝结及硬化速度。水泥颗粒越细，水与水泥接触的比表面积就越大，与水反应的机会也就越多，水化反应进行得越充分，促使凝结硬化的速度加快，早期强度就越高。但水泥颗粒过细时，会增加磨细的能耗而提高生产成本，且不宜久存。此外，若水泥过细，其硬化过程中还会产生较大的体积收缩。

3）石膏掺量

一般水泥熟料磨成细粉与水拌合，如果不加入石膏，在硅酸盐水泥浆中，熟料中的 C_3A 实际上是在 $Ca(OH)_2$ 饱和溶液中进行水化反应，其水化反应可以用下式表述：

$$C_3A + CH + 12H_2O \longrightarrow C_4AH_{13}$$

处于水泥浆的碱性介质中，C_4AH_{13} 在室温下能稳定存在，其数量增长也较快，一般认为这是促使水泥浆体产生瞬凝的主要原因之一。在水泥熟料加入石膏之后，则生成难溶的水化硫铝酸钙晶体，减少了溶液中的铝离子，因而延缓了水泥浆体的凝结速度。因此，水泥中掺入石膏能起到缓凝的作用。

用于水泥中的石膏一般是二水石膏或无水石膏。水泥中石膏掺量必须严格控制，以水泥中 SO_3 含量作为控制标准，国家标准对不同种类的水泥有具体的 SO_3 限量指标。石膏掺量过少，不能合适地调节水泥正常的凝结时间，但掺量过多，则可能导致水泥体积安定性不良。一般石膏掺量占水泥总量的 $3\%\sim5\%$，具体掺量由试验确定。

4）养护条件（温度、湿度）

与大多数化学反应类似，水泥的水化反应随着温度的升高而加快，当温度低于 5℃ 时，水化反应大大减慢；当温度低于 0℃，水化反应基本停止。同时水泥颗粒表面的水分将结冰，破坏水泥石的结构，以后即使温度回升也难以恢复正常结构，通常，水泥石结构的硬化温度不得低于 -5℃。所以在水泥水化初期一定要避免温度过低，寒冷地区冬期施工混凝土，要采取有效的保温措施。

水泥是水硬性胶凝材料，使其产生水化与凝结硬化的前提是必须有足够的水分存在。水泥在水化过程中要保持潮湿的状态，才有利于早期强度的发展。如果环境过于干燥，浆体中的水分蒸发，将影响水泥的正常水化，甚至还会导致过大的早期收缩而使水泥石结构产生开裂。

5）龄期

水泥的水化是一个较长期不断进行的过程，随着龄期的增长，水泥颗粒内各熟料矿物水化程度的不断提高，水化产物也不断增加，并填充毛细孔，使毛细孔隙相应减少，从而使水泥石的强度逐渐提高。由于熟料矿物中对强度起决定性作用的 C_3S 在早期强度发展较快，所以水泥在 3~14d 内强度增长较快，28d 后强度增长渐趋于稳定。

6）化学外加剂

为了控制水泥的凝结硬化时间，以满足施工及某些特殊要求，在实际工程中，经常要加入调节水泥凝结时间的外加剂，如缓凝剂、促凝剂等。促凝剂（$CaCl_2$、Na_2SO_4 等）能促进水泥水化、硬化，提高早期强度。相反，缓凝剂（木钙、糖类）则延缓水泥的水化硬化，影响水泥早期强度的发展。

5.1.3　硅酸盐水泥的技术性质

水泥是土木工程的重要原材料之一，为满足工程建设对水泥性能的要求，国家标准

《通用硅酸盐水泥》GB 175—2020 对通用硅酸盐水泥的各项技术指标做出了严格的规定，出厂的水泥必须经检验符合这些性能要求；同时在工程中使用水泥之前，还要按照规定对水泥的一些性能进行复试检验，以确保工程质量。

1. 密度

硅酸盐水泥的密度主要取决于熟料的矿物组成，它是测定水泥细度指标比表面积的重要参数。通常硅酸盐水泥的密度为 $3.05 \sim 3.20 g/cm^3$，平均可取为 $3.10 g/cm^3$。堆积密度按松紧程度在 $1000 \sim 1600 kg/m^3$ 之间，平均可取 $1300 kg/m^3$。

二维码 5-2
水泥密度试验

2. 化学指标

1）不溶物

不溶物指水泥中用盐酸或碳酸钠溶液处理而不溶的部分，不溶成分的含量可以作为评价水泥在制造过程中烧成反应完全的指标。国家标准中规定Ⅰ型硅酸盐水泥中不溶物不得超过 0.75%，Ⅱ型硅酸盐水泥中不溶物不得超过 1.5%。

2）烧失量

烧失量是指将水泥在 950℃±50℃ 温度的电炉中加热 15min 的重量减少率。这些失去的物质主要是水泥中所含的水分和二氧化碳，根据烧失量可以大致判断水泥的吸潮及风化程度。国家标准中规定Ⅰ型硅酸盐水泥中烧失量不得大于 3.0%，Ⅱ型硅酸盐水泥中烧失量不得大于 3.5%。

3）MgO

水泥中氧化镁含量偏高是导致水泥长期安定性不良的因素之一。国家标准规定，水泥中氧化镁的含量不得超过 6.0%。

4）SO_3 含量

水泥中的三氧化硫主要来自石膏，水泥中过量的三氧化硫会与铝酸三钙形成较多的钙矾石，造成体积膨胀，危害水泥石的安定性。国家标准是通过限定水泥中三氧化硫含量来控制石膏掺量，水泥中三氧化硫的含量不得超过 3.5%。

5）氯离子含量

在新型干法水泥生产线中，水泥原材料中的氯离子会对窑尾预热器和窑内煅烧产生影响，造成堵料和窑内结圈等窑内事故，影响设备运转率和水泥熟料质量。另外，目前混凝土外加剂被广泛利用的同时，外加剂中大量的氯盐被带入混凝土中，超过一定的含量会对混凝土中的钢筋产生锈蚀，对混凝土结构造成很大破坏。因此，国家标准中规定水泥中氯离子含量不大于 0.10%，当有更低要求时，则该指标由买卖双方协商确定。

各通用硅酸盐水泥的化学指标应符合表 5-3 的规定。

3. 水泥中水溶性铬（Ⅵ）

水溶性铬一般指铬酸盐和重铬酸盐，以 3＋和 6＋两种价态存在，其中六价铬毒性较强，不仅对生态的破坏长期无法恢复，而且对人体的健康的危害也非常大。国家标准规定，水泥中水溶性铬（Ⅵ）含量不大于 $10 mg/kg^2$。

4. 碱含量

水泥中的碱会与具有活性成分的骨料发生化学反应，引起混凝土膨胀破坏，这种现象

通用硅酸盐水泥的化学指标（%）　　　　　　　　表 5-3

品种	代号	不溶物（质量分数）	烧失量（质量分数）	三氧化硫（质量分数）	氧化镁（质量分数）	氯离子（质量分数）
硅酸盐水泥	P·I	≤0.75	≤3.0	≤3.5	≤6.0	≤0.10ᵃ
	P·II	≤1.50	≤3.5			
普通硅酸盐水泥	P·O	—	≤5.0			
矿渣硅酸盐水泥	P·S·A	—	—	≤4.0	≤6.0	
	P·S·B	—	—		—	
火山灰质硅酸盐水泥	P·P	—	—	≤3.5	≤6.0	
粉煤灰硅酸盐水泥	P·F	—	—			
复合硅酸盐水泥	P·C	—	—			

注：a. 当有更低要求时，该指标由买卖双方协商确定。

称为"碱-骨料反应"。它是影响混凝土耐久性的一个重要因素，严重时会导致混凝土不均匀膨胀破坏，因此国家标准对水泥中碱性物质的含量有严格规定。水泥中碱含量按 $Na_2O+0.658K_2O$ 计算值来表示。若使用活性骨料，用户要求提供低碱水泥时，由买卖双方协商确定。

5. 细度

水泥颗粒的粗细程度，会影响水泥的水化速度、水化放热速率及强度发展趋势，同时又影响水泥的生产成本和易保存性。通常，水泥颗粒粒径大约在 $7\sim200\mu m$ 的范围内。水泥颗粒越细，与水发生反应的表面积越大，因而水化反应速度较快，而且较完全，早期强度和后期强度都较高，但在空气中硬化收缩性较大，成本也较高。水泥颗粒过粗，则不利于水泥活性的发挥。一般认为水泥颗粒小于 $40\mu m$（0.04mm）时，才具有较高的活性，大于 $100\mu m$（0.1mm）活性就很小了。

水泥的细度有两种表示方法，其一是筛析法，即采用一定孔径的标准筛进行筛分试验，用筛余百分率表示水泥颗粒的粗细程度。其二是比表面积法，即根据一定量空气通过一定孔隙率和厚度的水泥层时，所受阻力不同而引起流速的变化来测定水泥的比表面积（用单位质量的水泥所具有的总表面积），以"m^2/kg"表示。按照国家标准的规定，细度作为选择性指标，硅酸盐水泥的细度以比表面积表示，不小于 $300m^2/kg$，但不大于 $400m^2/kg$。

6. 凝结时间

凝结时间是指水泥从加水拌合开始到失去流动性，即从可塑状态发展成固体所需要的时间，是影响混凝土施工难易程度和速度的重要性质。水泥的凝结时间分为初凝时间和终凝时间，初凝时间是指水泥自加水拌合始至水泥浆开始失去可塑性和流动性所需的时间；终凝时间是指水泥自加水拌合始至水泥浆完全失去可塑性、开始产生强度所需的时间。在水泥浆初凝之前，要完成混凝土的搅拌、筑

二维码 5-3　水泥稠度和凝结时间试验

成、振实等工序，需要有较充足的时间比较从容地进行施工，因此水泥的初凝时间不能太短；为了提高施工效率，在成型之后需要尽快增长强度，以便拆除模板，进行下一步施工，所以水泥终凝时间不能太长。按照国家标准规定，硅酸盐水泥初凝不小于 45min，终

凝不大于 390min。

国家标准规定,水泥的凝结时间是以标准稠度的水泥净浆,在规定温度及湿度环境下,用水泥净浆凝结时间测定仪所测定的参数。其中,标准稠度是指水泥浆体达到规定的标准稠度时的用水量,以拌合水占水泥质量的百分比来表示。一般硅酸盐水泥的标准稠度用水量为 24%～35%。

影响水泥凝结时间的因素主要是水泥的矿物组成、细度、环境温度和外加剂,水泥含有越多水化快的矿物,水泥颗粒越细,环境温度越高,水泥水化越快,凝结时间就越短。

7. 安定性

所谓安定性是指水泥浆体在凝结硬化过程中体积变化的均匀性,也叫作体积安定性。如果在水泥已经硬化后,产生不均匀的体积变化,即所谓的体积安定性不良,就会使构件产生膨胀性裂缝,降低工程质量,甚至引起严重事故,所以对水泥的安定性应有严格要求。引起水泥安定性不良的原因有三个:

(1) 熟料中游离氧化镁过多。水泥中的氧化镁在水泥凝结硬化后,会与水生成 $Mg(OH)_2$。该反应比水泥熟料矿物的正常水化反应要缓慢得多,且体积膨胀,会在水泥硬化几个月后导致水泥石开裂。

(2) 石膏掺量过多。适量的石膏是为了调节水泥的凝结时间,但如果过量则为铝酸盐的水化产物提供继续反应的条件,石膏将与铝酸钙和水反应,生成具有膨胀作用的钙矾石晶体,导致水泥硬化体膨胀破坏。

(3) 熟料中游离氧化钙过多。水泥熟料中含有游离氧化钙(f-CaO),在水泥烧成过程中没有与氧化硅或氧化铝分子结合形成盐类,而是呈游离、死烧状态,相当于过火石灰,水化极为缓慢,通常在水泥的其他成分正常水化硬化、产生强度之后才开始水化,并伴随着大量放热和体积膨胀,使周围已经硬化的水泥石受到膨胀压力而导致开裂破坏。

为防止工程中采用安定性不良的水泥,通常在使用前应严格检验其安定性。对于游离氧化镁需要采用压蒸法,将水泥净浆试件置于一定压力的湿热条件下检验其变形和开裂性能。对于石膏的危害则需要采用时间较长的温水浸泡检验。由于压蒸法和温水浸泡法不易操作,不便于检验,所以通常在水泥生产中必须对其含量进行严格控制。为此,国家标准规定,硅酸盐水泥中游离氧化镁含量不得超过 6.0%,三氧化硫含量不得超过 3.5%。

对于由游离氧化钙引起的水泥安定性不良,可采用试饼法或雷氏夹法来检验。试饼法是观察水泥净浆试饼沸煮后的外形变化来检验水泥的体积安定性;雷氏夹法是测定水泥净浆在雷氏夹中沸煮后的膨胀值。两种试验方法的结论有争议时以雷氏夹法为准。

8. 强度

强度是水泥的重要力学性能指标,是划分水泥强度等级的依据。目前我国测定水泥强度采用软练法,即将水泥和标准砂按质量计以 1∶3 混合,用水灰比为 0.5 的拌合水量,按规定方法制成 40mm× 40mm×160mm 的试件,24h 脱模后放入(20±1)℃的水中养护,分别测定其 3d、28d 龄期的抗折和抗压强度,作为确定水泥强度等级的依据。根据测定结果,硅酸盐水泥分为 42.5、42.5R、52.5、52.5R、

二维码 5-4 水泥胶砂强度试验

62.5、62.5R 六个强度等级。此外,依据水泥 3d 的不同强度分为普通型和早强型两种类型,其中有代号 R 者为早强型水泥。表 5-4 列出了各通用硅酸盐水泥的强度等级及其相应

的 3d、28d 强度值，通过胶砂强度试验测得的水泥各龄期的强度值均不得低于表中相应强度等级所要求的数值。

9. 水化热

水泥在水化过程中所放出的热量，称为水泥的水化热。大部分水化热是在水化初期（7d 内）放出的，以后则逐步减少。水化放热量和放热速度不仅取决于水泥的矿物成分，还与水泥细度、水泥中掺混合材料及外加剂的品种和数量等有关。水泥矿物进行水化时，C_3A 放热量最大，速度也最快，C_3S 其次，C_2S 放热量最低，速度也慢。一般来说，水化放热量越大，放热速度也越快。水泥水化放热量大部分在早期 3～7d 放出，以后逐渐减少。

通用硅酸盐类水泥不同龄期的强度要求　　　　　　　　　　　表 5-4

强度等级	抗压强度（MPa）		抗折强度（MPa）	
	3d	28d	3d	28d
32.5	≥12.0	≥32.5	≥3.0	≥6.5
32.5R	≥17.0		≥4.0	
42.5	≥17.0	≥42.5	≥4.0	≥6.5
42.5R	≥22.0		≥4.5	
52.5	≥22.0	≥52.5	≥4.5	≥7.0
52.5R	≥27.0		≥5.0	
62.5	≥27.0	≥62.5	≥5.0	≥8.0
62.5R	≥32.0		≥5.5	

水泥的水化热对于大体积工程是不利的，因为水化热积蓄在内部不易发散，致使内外产生较大的温度差，引起内应力，使混凝土产生裂缝。对于大体积混凝土工程，应采用低热水泥，若使用水化热较高的水泥施工时，应采取必要的降温措施。

国家标准规定，凡化学指标、凝结时间、安定性及强度等各项技术要求的检验结果符合标准规定时，称为合格品；若其中任何一项的检验结果不符合标准规定时，均为不合格品。

5.1.4　硅酸盐水泥的特性与应用

硅酸盐水泥强度较高，主要用于重要结构的高强度混凝土和预应力混凝土工程。

硅酸盐水泥凝结硬化较快、耐冻性好，适用于早期强度要求高、凝结快、冬期施工及严寒地区遭受反复冻融的工程。

硅酸盐水泥在水化过程中，水化热的热量大，不宜用于大体积混凝土工程。

硅酸盐水泥的水化产物中有较多的氢氧化钙，耐软水侵蚀和耐化学腐蚀性差，故不宜用于经常与流动的淡水接触及有水压作用的工程，也不适用于受海水、矿物水等作用的工程。

另外，硅酸盐水泥的耐热性能较好，所以适用于有一般受热要求（<250℃）的工程。

5.1.5　水泥石的腐蚀与防止措施

硅酸盐水泥在凝结硬化后，通常都有较好的耐久性，但若处于某些腐蚀性介质的环境侵蚀下，则可能发生一系列的物理、化学的变化，从而导致水泥石结构的破坏，最终丧失强度和耐久性。

水泥石遭到腐蚀破坏，一般有三种表现形式：第一是水泥石中的氢氧化钙 $Ca(OH)_2$ 遭溶解，造成水泥石中氢氧化钙浓度降低，进而造成其他水化产物的分解；第二是水泥石中的氢氧化钙与溶于水中的酸类和盐类相互作用生成易溶于水的盐类或无胶结能力的物质；第三是水泥石中的水化铝酸钙与硫酸盐作用形成膨胀性结晶产物。

1. 水泥石受到的主要腐蚀作用

1）软水侵蚀（溶出性侵蚀）

硬化的水泥石中含有 20%～25% 的氢氧化钙晶体，具有溶解性。如果水泥石长期处于流动的软水环境下，其中的氢氧化钙将逐渐溶出并被水流带走，使水泥石中的成分溶失，出现孔洞，降低水泥石的密实性以及其他性能，这种现象叫作水泥石受到了软水侵蚀或溶出性侵蚀。

如果环境中含有较多的重碳酸盐 $Ca(HCO_3)_2$，即水的硬度较高，则重碳酸盐与水泥石中的氢氧化钙反应，生成几乎不溶于水的碳酸钙，并沉淀于水泥石孔隙中起密实作用，从而可阻止外界水的继续侵入及内部氢氧化钙的扩散析出，反应式为：

$$Ca(OH)_2 + Ca(HCO_3)_2 \!=\!=\! 2CaCO_3 + 2H_2O$$

但普通的淡水中（即软水）重碳酸盐的浓度较低，水泥石中的氢氧化钙容易被流动的淡水溶出并被带走。其结果不仅使水泥中氢氧化钙成分减少，还有可能引起其他水化物的分解，从而导致水泥石的破坏。

2）硫酸盐侵蚀

在海水、湖水、地下水及工业污水中，常含有较多的硫酸根离子，与水泥石中的氢氧化钙起置换作用生成硫酸钙。硫酸钙与水泥石中固态水化铝酸钙作用将生成高硫型水化硫铝酸钙，其反应式为：

$$3CaO \cdot Al_2O_3 \cdot 6H_2O + 3(CaSO_4 \cdot 2H_2O) + 20H_2O \!=\!=\! 3CaO \cdot Al_2O_3 \cdot 3CaSO_4 \cdot 32H_2O$$

生成的高硫型水化硫铝酸钙比原来反应物的体积大 1.5～2.0 倍，由于水泥石已经完全硬化，变形能力很差，体积膨胀带来的强大压力将使水泥石开裂破坏。由于生成的高硫型水化硫铝酸钙属于针状晶体，其危害作用很大，所以被称之为"水泥杆菌"。

当水中硫酸盐浓度较高时，硫酸钙还会在孔隙中直接结晶成二水石膏，体积膨胀，引起膨胀应力，导致水泥石破坏。

3）镁盐侵蚀

在海水及地下水中含有的镁盐（主要是硫酸镁和氯化镁），将与水泥中的氢氧化钙发生复分解反应：

$$MgSO_4 + Ca(OH)_2 + 2H_2O \!=\!=\! CaSO_4 \cdot 2H_2O + Mg(OH)_2$$
$$MgCl_2 + Ca(OH)_2 \!=\!=\! CaCl_2 + Mg(OH)_2$$

生成的氢氧化镁松软而无胶结能力，氯化钙易溶于水，二水石膏还可能引起硫酸盐侵蚀作用。因此，镁盐对水泥石起着镁盐和硫酸盐的双重作用。

4）酸类侵蚀

水泥石属于碱性物质，含有较多的氢氧化钙，因此遇酸类将发生中和反应，生成盐类，在水泥石内部造成内应力而导致破坏。酸类对水泥石的侵蚀主要包括碳酸侵蚀和一般酸的侵蚀作用。

碳酸的侵蚀指溶于环境水中的二氧化碳与水泥石的侵蚀作用，其反应式如下：

$$Ca(OH)_2 + CO_2 + H_2O \Longrightarrow CaCO_3 + 2H_2O$$

生成的碳酸钙再与含碳酸的水反应生成重碳酸盐，其反应式如下：

$$CaCO_3 + CO_2 + H_2O \Longrightarrow Ca(HCO_3)_2$$

上式是可逆反应，如果环境水中碳酸含量较少，则生成较多的碳酸钙，只有少量的碳酸氢钙生成，对水泥石没有侵蚀作用；但是如果环境水中碳酸浓度较高，则大量生成易溶于水的碳酸氢钙，则水泥石中的氢氧化钙大量溶失，导致破坏。

除了碳酸之外，环境中的其他无机酸和有机酸对水泥石也有侵蚀作用。腐蚀作用最快的是无机酸中的盐酸、氢氟酸、硝酸、硫酸和有机酸中的醋酸、蚁酸和乳酸，这些酸类可能与水泥石中的氢氧化钙反应，或者生成易溶于水的物质，或者体积膨胀性的物质，从而对水泥石起侵蚀作用。

5）强碱侵蚀

碱类溶液如果浓度不大时一般是无害的，但铝酸盐含量较高的硅酸盐水泥遇到强碱（如氢氧化钠）作用后也会破坏。氢氧化钠与水泥熟料中未水化的铝酸盐作用，生成易溶的铝酸钠：

$$3CaO \cdot Al_2O_3 + 6NaOH \Longrightarrow 3Na_2O \cdot Al_2O_3 + 3Ca(OH)_2$$

当水泥石被氢氧化钠溶液浸透后又在空气中干燥，与空气中的二氧化碳作用而生成碳酸钠：

$$2NaOH + CO_2 \Longrightarrow Na_2CO_3 + H_2O$$

碳酸钠在水泥石毛细孔中结晶沉积，而使水泥石胀裂。

除上述腐蚀类型外，对水泥石有腐蚀作用的还有一些其他物质，如糖、氨盐、动物脂肪、含环烷酸的石油产品等。

实际上水泥石的腐蚀是一个极为复杂的物理化学作用过程，它在遭受腐蚀时，很少仅有单一的侵蚀作用，往往是几种同时存在，互相影响。

2. 防止水泥腐蚀的措施

从以上几种腐蚀作用可以看出，水泥石受到腐蚀的内在原因是：①内部成分中存在着易被腐蚀的组分，主要有氢氧化钙和水化铝酸钙；②水泥石的结构不密实，存在着很多毛细孔通道、微裂缝等缺陷，使得侵蚀性介质随着水或空气能够进入水泥石内部；③腐蚀与通道的相互作用。因此，为了防止水泥石受到腐蚀，宜采用下列防止措施：

（1）根据环境特点，合理选择水泥品种。可采用水化产物中氢氧化钙、水化铝酸钙含量少的水泥品种，例如矿渣水泥、粉煤灰水泥等掺混合材料的水泥，提高对软水等侵蚀作用的抵抗能力。

（2）提高水泥石的密实度。通过降低水灰比、选择良好级配的骨料、掺外加剂等方法提高密实度，减少内部结构缺陷，使侵蚀性介质不易进入水泥石内部。

（3）加做保护层。可在混凝土及砂浆表面加上耐腐蚀性好且不易透水的保护层（如耐酸石料或耐酸陶瓷、玻璃、塑料沥青等），隔断侵蚀性介质与水泥石的接触，避免或减轻侵蚀作用。尽管这些措施的成本较高，但效果却比较好。

5.1.6 水泥的运输和储存

水泥分散装和袋装（每袋 50kg 左右）两种，在运输、保管中应注意以下几个方面：

1. 防止水泥受潮

水泥是一种有较大表面积，易于吸潮变质的粉状材料。在储运过程中，与空气接触，吸收水分和二氧化碳而发生部分水化和碳化反应现象，称为水泥的风化，俗称水泥受潮。水泥风化后会凝固结块，水化活性下降，凝结硬化迟缓，强度也不同程度的降低，烧失量增加，严重时会整体板结而报废。

在现场存放袋装水泥时，应选择平坦而不积水的较高地势，并垫高垛底，垛顶用毡布盖好，需较长时间存放的水泥应设库房室内存放，水泥的码放高度不应超过 10 袋。散装水泥应直接卸入储罐存放，且不同等级、不同厂家的水泥应分库（罐）存放，不能混放。

2. 水泥的存放时间不宜过长

一般储存 3 个月后，水泥强度降低 10%～20%，6 个月降低 15%～30%，1 年后降低 25%～40%。因此，水泥自出厂至使用，不宜超过 6 个月。

3. 水泥在使用前应进行抽样检验

对同一生产厂家、同期出厂的同品种、同一强度等级的水泥，应以一次进场的、同一出厂编号的水泥为一批，按照规定的抽样方法抽取样品，对水泥性能进行检验，重点检验水泥的凝结时间、安定性和强度等级，合格后方可投入使用。超过期限的水泥，应在使用前对其质量进行复验，鉴定后方可使用。

5.2 掺混合材料的硅酸盐水泥

5.2.1 水泥混合材料

在生产水泥时，为改善水泥的性能、调节水泥的强度等级而掺入的人工或天然矿物质材料，称为混合材料。在水泥中掺加的主要组分包括粒化高炉矿渣或粒化高炉矿渣粉、粉煤灰和火山灰质混合材料，也可采用石灰石、砂岩或窑灰中的一种材料替代。

1. 混合材料的种类

混合材料是指具有火山灰性或潜在水硬性，或兼有火山灰性和水硬性的矿物质材料，主要包括粒化高炉矿渣或粒化高炉矿渣粉、粉煤灰和火山灰质混合材料。这些材料中含有具有活性的氧化硅和氧化铝，在常温下加水后本身不会硬化或硬化极为缓慢，但在氢氧化钙溶液中或在有石膏存在的条件下能被激发产生水化反应，生成具有胶凝性的水化产物，并能在水中硬化。

1）粒化高炉矿渣或粒化高炉砂渣粉。粒化高炉矿渣是将炼铁高炉的熔融物，经水淬急冷处理后得到粒径为 0.5～5mm 的疏松颗粒材料，由于在短时间内温度急剧下降，粒化高炉渣的内部形成玻璃态结构，其活性成分一般认为含有 CaO、MgO、SiO_2、Al_2O_3、FeO 等氧化物和少量的硫化物如 CaS、MnS、FeS 等。其中 CaO、MgO、SiO_2、Al_2O_3 的含量通常在各种矿渣中占总量的 90% 以上。粒化高炉矿渣磨成细粉后，易与 $Ca(OH)_2$ 起作用而具有强度，又因其中含有 C_2S 等成分，所以本身也具有微弱的水硬性。

2）粉煤灰。火力发电厂以煤粉为燃料，燃烧后从其烟气中收集下来的灰渣叫作粉煤灰，也称飞灰。它的颗粒直径一般为 $0.001\sim0.05mm$，主要化学成分是活性 SiO_2 和活性 Al_2O_3，不仅具有化学活性，而且颗粒形貌大多为球形，掺入水泥中具有改善和易、提高水泥石密度的作用。

3）火山灰质混合材料。火山喷发时，随同熔岩一起喷发的大量碎屑沉积在地表或水中成为松软物质，成为火山灰。由于碰触后即遭急冷，因此含有一定量的玻璃体，这些玻璃体是火山灰活性的主要来源，主要成分是活性氧化硅和氧化铝。火山灰质混合材料泛指这一类物质，主要有天然的火山灰、凝灰岩、沸石岩、浮石、硅藻土或硅藻石，以及人工的煤矸石、烧页岩、烧黏土、煤渣、硅质渣等。

4）石灰石和砂岩

石灰石和砂岩活性较弱，与水泥成分不起或化学作用很小，掺入水泥中主要起填充作用，用以提高水泥产量、降低强度等级、降低水化热等。按规范要求，水泥生产用石灰石和砂岩需进行亚甲基蓝值检验，黏土量不能超过 $1.4g/kg$。

5）窑灰

窑灰是从水泥回转窑尾气中收集下的粉尘。窑灰的性能介于非活性混合材料和活性混合材料之间，窑灰的主要组成物质是碳酸钙、脱水黏土、玻璃态物质、氧化钙，另有少量熟料矿物、碱金属硫酸盐和石膏等，用于水泥生产的窑灰应符合相应行业标准的规定要求。

2. 混合材料的作用机理

混合材料单独与水拌合，不具有水硬性或硬化极为缓慢，强度很低。但是在有碱性物质 $Ca(OH)_2$ 存在的条件下，将产生水化反应，生成具有水硬性的胶凝物质。

$$xCa(OH)_2+SiO_2+mH_2O\longrightarrow xCaO\cdot SiO_2\cdot nH_2O$$
$$yCa(OH)_2+Al_2O_3+mH_2O\longrightarrow yCaO\cdot Al_2O_3\cdot nH_2O$$

此外，当体系中有石膏存在时，生成的水化铝酸钙还会与石膏进一步反应，生成水化硫铝酸钙。这些水化产物与硅酸盐水泥的水化产物类似，具有一定的强度和较高的水硬性。

对于掺有混合材料的硅酸盐水泥来说，水化时首先是熟料矿物的水化，称之为“一次水化”；然后是熟料矿物水化后生成的氢氧化钙与混合材料中的活性组分发生水化反应，生成水化硅酸钙和水化铝酸钙；当有石膏存在时，还将与水化铝酸钙反应生成水化硫铝酸钙。水化产物氢氧化钙和石膏与混合材料中的活性成分的反应称为“二次水化”。可以看出，氢氧化钙和石膏的存在使潜在活性得以发挥，即氢氧化钙和石膏起着激发水化，促进凝结硬化的作用，故称为激发剂。尽管混合材料的掺入使水泥熟料中硅酸三钙、硅酸二钙等强度组分相对减少，但是二次水化可以在一定程度上弥补水化硅酸钙、水化铝酸钙的量，使水泥的强度不至于明显降低。同时，根据二次水化反应原理，混合材料将与水泥凝胶体中的氢氧化钙作用，转变为硅酸盐凝胶物质，有利于水泥石抗腐蚀和结构密实性。

3. 混合材料的作用及用途

混合材料掺入水泥中具有以下作用：

（1）代替部分水泥熟料，增加水泥产量，降低成本。生产水泥熟料需要经过生料磨细、高温煅烧等工艺过程，消耗大量能量，并排放大致与水泥熟料相等的二氧化碳气体。而混合材料大部分是工业废渣，不需要煅烧，只需要与熟料一起磨细即可，既可以减少熟料的生产量，又消耗了工业废料，具有明显的经济效益和社会环保效益。

（2）调节水泥强度，避免不必要的强度浪费。水泥的强度等级以 28d 抗压强度为基准划分，且每相差 10MPa 划分一个强度等级。完全使用熟料有时将造成活性的浪费，合理掺入混合材料可达到既降低成本，又满足强度要求的目的。

（3）改善水泥性能。掺入适量的混合材料，相对减少水泥中熟料的比例，能明显降低水泥的水化放热量；由于二次水化作用，使水泥石中的氢氧化钙含量减少，增加了水化硅酸盐凝胶体的含量，因此能够提高水泥石的抗软水侵蚀和抗硫酸盐侵蚀能力；如果采用粉煤灰作混合材料，由于其球形颗粒的作用，能够改善水泥浆体的和易性，减少水泥的需水量，从而提高水泥硬化体的密度。

（4）降低早期强度。掺入混合材料之后，早期水泥的水化产物数量将相对减少，所以水泥石或混凝土的早期强度有所降低。对于早期强度要求较高的工程不宜掺入过多的混合材料。但是由于二次水化作用，其后期强度与不掺混合材料的水泥相比不会相差太多。

5.2.2　几种掺混合材料的通用硅酸盐水泥

我国通用硅酸盐水泥的主要品种有硅酸盐水泥、普通硅酸盐水泥、矿渣硅酸盐水泥、火山灰质硅酸盐水泥、粉煤灰硅酸盐水泥以及复合硅酸盐水泥。硅酸盐水泥是以硅酸盐水泥熟料、0～5％石灰石或粒化高炉矿渣、适量石膏磨细制成的水硬性胶凝材料。硅酸盐水泥分为两种类型，不掺混合材料的称为Ⅰ型硅酸盐水泥，代号 P·Ⅰ。在硅酸盐水泥熟料粉磨时掺加不超过水泥重量 5％ 的石灰石或粒化高炉矿渣混合材料的称为Ⅱ型硅酸盐水泥，代号 P·Ⅱ。其他掺混合材料的水泥品种及技术要求如下。

1. 普通硅酸盐水泥

普通硅酸盐水泥，简称普通水泥。由硅酸盐水泥熟料、少量混合材料，适量石膏磨细制成的水硬性胶凝材料，代号 P·O。混合材料由符合标准规定的粒化高炉矿渣、粉煤灰、火山灰质混合材料组成，可以是一种或两种、三种主要混合材料，掺加量为大于 5％ 且不大于 20％，其中允许用 0～5％ 的符合标准规定的石灰石、砂岩，窑灰中的一种材料代替。

普通硅酸盐水泥的主要性质应符合国家标准的如下规定：

（1）普通硅酸盐水泥的烧失量不得大于 5.0％；

（2）普通硅酸盐水泥的细度以 $45\mu m$ 方孔筛筛余表示，不小于 5％；

（3）普通硅酸盐水泥初凝不小于 45min，终凝不大于 600min。

普通硅酸盐水泥的强度等级分为 42.5、42.5R、52.5、52.5R、62.5、62.5R 六个等级，两种类型（普通型和早强型），各类型水泥的龄期强度值应不低于表 5-4 规定。

普通硅酸盐水泥的体积安定性、氧化镁和三氧化硫含量、碱含量等其他技术性质均与硅酸盐水泥规定值相同。

普通硅酸盐水泥由于掺加了少量的混合材料，与硅酸盐水泥相比，其性能和应用与同等级的硅酸盐水泥相近，但其早期硬化速度稍慢，水化热及早期强度略有降低，抗冻性和耐磨性也较硅酸盐水泥稍差。

2. 矿渣硅酸盐水泥、火山灰质硅酸盐水泥和粉煤灰硅酸盐水泥

1）组成

（1）矿渣硅酸盐水泥

凡由硅酸盐水泥熟料、水泥质量大于 20％ 且不大于 70％ 的粒化高炉矿渣、适量石膏

磨细制成水硬性胶凝材料，简称矿渣水泥，代号 P·S。矿渣硅酸盐水泥又分为 A 型和 B 型，A 型矿渣掺量大于 20%且不大于 50%，代号 P·S·A；B 型矿渣掺量大于 50%且不大于 70%，代号 P·S·B。其中允许用 0~8%的符合标准规定的粉煤灰、火山灰、石灰石、砂岩、窑灰中的一种材料代替。

（2）火山灰质硅酸盐水泥

凡由硅酸盐水泥熟料、水泥质量大于 20%且不大于 40%火山灰质混合材料，适量石膏磨细制成的水硬性胶凝材料，称为火山灰质硅酸盐水泥，简称火山灰水泥，代号 P·P。

（3）粉煤灰硅酸盐水泥

凡由硅酸盐水泥熟料和粉煤灰、适量石膏磨细制成的水硬性胶凝材料称为粉煤灰硅酸盐水泥，简称粉煤灰水泥，代号 P·F。水泥中粉煤灰掺量按质量百分数计为 20%~40%。

2）技术要求

（1）化学指标

熟料中氧化镁含量不大于 6.0%，三氧化硫含量：矿渣水泥不大于 4.0%，火山灰水泥和粉煤灰水泥不大于 3.5%。如果水泥中氧化镁的含量（质量分数）大于 6.0%时，需进行水泥压蒸安定性试验并合格。

（2）凝结时间

初凝不小于 45min，终凝不大于 600min。

（3）安定性

用沸煮法检验必须合格。

（4）强度

水泥的强度等级按规定龄期的抗压强度和抗折强度来划分，分为 32.5、32.5R、42.5、42.5R、52.5、52.5R 六个等级，各龄期的强度要求见表 5-4。

（5）细度

以筛余表示，45μm 方孔筛筛余不小于 5%。

（6）碱含量

作为选择性指标，水泥中碱含量按 $Na_2O+0.658K_2O$ 计算值表示。若使用活性骨料，用户要求提供低碱水泥时，水泥中的碱含量应不大于 0.60%或由买卖双方协商确定。

3. 复合硅酸盐水泥

由硅酸盐水泥熟料、水泥质量大于 20%且不大于 50%的符合标准要求的粒化高炉矿渣、粉煤灰、火山灰质混合材料、石灰石和砂岩中的三种（含）以上混合材料、适量石膏磨细制成的水硬性胶凝材料，称为复合硅酸盐水泥，简称复合水泥，代号 P·C。其中石灰石和砂岩的总量小于水泥质量的 20%，允许采用 0~8%的符合标准规定的窑灰替代。

国家标准对复合硅酸盐水泥规定了七项技术要求，其中熟料中氧化镁含量与矿渣硅酸盐水泥相同；水泥三氧化硫、细度、凝结时间、安定性、强度及碱含量的技术要求与普通硅酸盐水泥相同。

水泥中掺入多种复合要求的混合材料，可以更好地改善水泥性能。根据当地混合材料的资源和水泥性能的要求掺入两种或更多混合材料，可克服单掺时所带来水泥性能在某一方面明显的不足，从而在水泥浆的需水性、泌水性、抗腐蚀性方面都有所改善和提高，并在一定程度上改变水泥石的微观结构，促进早期水化及早期强度的发展。

根据《通用硅酸盐水泥》GB 175—2020 规定，复合水泥分为 42.5、42.5R、52.5、52.5R 四个强度等级。

5.2.3 通用硅酸盐水泥的主要性能及适用范围

目前，硅酸盐水泥、普通硅酸盐水泥、矿渣硅酸盐水泥、火山灰质硅酸盐水泥、粉煤灰硅酸盐水泥和复合水泥是我国广泛使用的六种水泥，均以硅酸盐水泥熟料为基本原料，在矿物组成、水化机理、凝结硬化过程、细度、凝结时间、安定性、强度等级划分等方面有许多相近之处。但由于掺入混合材料的数量、品种有较大差别，所以各种水泥的特性及其适用范围有较大差别。六种通用水泥的性能特点及其适用范围见表 5-5。

通用硅酸盐水泥的主要性能及适用范围 表 5-5

名称	硅酸盐水泥	普通水泥	矿渣水泥	火山灰水泥	粉煤灰水泥	复合水泥
特性	1. 凝结时间短； 2. 快硬早强高强； 3. 抗冻性好； 4. 耐磨性好； 5. 耐热性好； 6. 水化放热集中； 7. 水化热大； 8. 抗硫酸盐侵蚀能力较差	与硅酸盐水泥性能相近；相比硅酸盐水泥，早期强度增进率稍有降低，抗冻性和耐磨性稍有下降，抗硫酸盐侵蚀能力有所增强	1. 需水性小； 2. 早强低后期增长大； 3. 水化热较低； 4. 抗硫酸盐能力强； 5. 受热性好； 6. 保水性差； 7. 抗冻性差	1. 较强的抗硫酸盐侵蚀能力； 2. 保水性好； 3. 水化热低； 4. 需水量大； 5. 低温凝结慢； 6. 干缩性大； 7. 抗冻性差	与火山灰质硅酸盐水泥性能相近；相比火山灰质硅酸盐水泥，其具有需水量小、干缩性小的特点	除了具有矿渣水泥、火山灰水泥、粉煤灰水泥所具有的水化热低、耐蚀性好、韧性好的优点外，能通过混合材料的复掺优化水泥的性能，如改善保水性、降低需水性、减少干燥收缩、适宜的早期和后期强度发展
适用范围	用于配制高强度混凝土、先张预应力制品、道路、低温下施工的工程和一般受热（< 250℃）的工程	可用于任何无特殊要求的工程	可用于无特殊要求的一般结构工程，适用于地下、水利和大体积等混凝土工程，在一般受热工程（< 250℃）和蒸汽养护构件中可优先采用矿渣硅酸盐水泥	可用于一般无特殊要求的结构工程，适用于地下、水利和大体积等混凝土工程		可用于无特殊要求的一般结构工程，适用于地下、水利和大体积等混凝土工程，特别是有化学侵蚀的工程
不适用范围	一般不适用于大体积混凝土和地下工程，特别是有化学侵蚀的工程	一般不适用于受热工程、道路、低温下施工工程、大体积混凝土工程和地下工程，特别是有化学侵蚀的工程	不宜用于需要早强和受冻融循环、干湿交替的工程中	不宜用于冻融循环、干湿交替的工程		不要用于需要早强和受冻融循环、干湿交替的工程中

5.3 其他品种的水泥

5.3.1 白色硅酸盐水泥和彩色硅酸盐水泥

凡以适当成分的生料经烧结得到以硅酸钙为主要成分、氧化铁含量少的熟料，加入适量石膏，共同磨细制成的水硬性胶凝材料，称为白色硅酸盐水泥，简称白水泥，代号 P·W。

水泥的颜色主要因其化学成分中所含的氧化铁等着色物质所致。白色硅酸盐水泥采用白度的指标来衡量其颜色等级。白度是以白水泥与 MgO 标准白板的反射率的比值来表示的，白水泥按照白度分为 1 级和 2 级，1 级白度（代号 P·W-1）不小于 89，2 级白度（代号 P·W-2）不小于 87。白水泥与普通水泥在制造上的主要区别，在于严格控制水泥原料中的着色物质（主要是氧化铁）的含量，并在煅烧、粉磨合运输时严防着色物质混入。

白色硅酸盐水泥的性质与普通硅酸盐水泥相同，按照国家标准规定，白色硅酸盐水泥分为 32.5、42.5、52.5 三个等级。0.08mm 方孔筛筛余量不得超过 10%，凝结时间为初凝不早于 45min，终凝不迟于 10h，体积安定性用煮沸法检验必须合格，同时熟料中氧化镁的含量不宜超过 5.0%，三氧化硫的含量不超过 3.5%。

凡由硅酸盐水泥熟料、石膏、混合材料和着色剂共同磨细或混合制成的带有颜色的水硬性胶凝材料，称为彩色硅酸盐水泥。常用的颜料有：氧化铁（红、黄、褐、黑色）、氧化锰（褐、黑色）、氧化铬（绿色）、赭石（赭色）、群青（蓝色）以及普鲁士红等。

将颜料直接与水泥粉混合也可配制彩色水泥，但这种方法颜料用量大，色泽也不易均匀。

白色水泥及彩色水泥主要应用于建筑物内外的表面装饰，如地面、楼面、楼梯、墙面、柱等的彩色砂浆、水磨石、水刷石、斩假石饰面；加入适量滑石粉或硬脂酸镁等外加剂，可制成保水性及防水性能好的彩色粉刷水泥。

5.3.2　快硬水泥

1. 快硬硫铝酸盐水泥

凡以适当成分的生料，经煅烧所得以无水硫铝酸钙和硅酸二钙为主要矿物成分的水泥熟料与适量石灰石、适量石膏共同磨细制成的，具有早期强度高的水硬性胶凝材料，称为快硬硫铝酸盐水泥，代号 R·SAC。

按国家标准规定，快硬硫铝酸盐水泥的技术要求如下：

（1）水泥的比表面积应不小于 $350m^2/kg$；

（2）初凝不得早于 25min，终凝不得迟于 180min，用户要求时可以变动；

（3）快硬硫铝酸盐水泥的各龄期强度不得低于表 5-6 的规定。

快硬硫铝酸盐水泥的技术指标　　　　　　　　　　　表 5-6

强度等级	抗压强度（MPa）			抗折强度（MPa）		
	1d	3d	28d	1d	3d	28d
42.5	33.0	42.5	45.0	6.0	6.5	7.0
52.5	42.0	52.5	55.0	6.5	7.0	7.5
62.5	50.0	62.5	65.0	7.0	7.5	8.0
72.5	56.0	72.5	75.0	7.5	8.0	8.5

快硬硫铝酸盐水泥的主要特性为：

（1）凝结硬化快、早期强度高。快硬硫铝酸盐水泥的一天抗压强度可达到33.0～56.0MPa，三天可达到42.5～72.5MPa，并且随着养护龄期的增长强度还能不断增长。

（2）碱度低。快硬硫铝酸盐水泥浆体液相碱度低，pH<10.5，对钢筋的保护能力差，不适用于重要的钢筋混凝土结构，而特别适用于玻璃纤维增强水泥（GRC）制品。

（3）高抗冻性。快硬硫铝酸盐水泥可在0～10℃的低温下使用，早期强度是硅酸盐水泥的5～6倍；0～20℃下加少量外加剂，3～7d强度可达到设计强度等级的70%～80%；冻融循环300次强度损失不明显。

（4）微膨胀，有较高的抗渗性能。快硬硫铝酸盐水泥水化生成大量钙矾石晶体，产生微膨胀，而且水化需要大量结晶水，因此水泥石结构致密，混凝土抗渗性能是同强度等级硅酸盐水泥的2～3倍。

（5）抗腐蚀好。快硬硫铝酸盐水泥石中不含氢氧化钙和水化铝酸三钙，且水泥石密实度高，所以其抗海水腐蚀和盐碱地施工抗腐蚀性能优越，是理想的抗腐蚀胶凝材料。

快硬硅酸盐水泥主要用于配制早期强度高的混凝土，适用于抢修抢建工程、喷锚支护工程、水工海工工程、桥梁道路工以及配制GRC水泥制品、负温混凝土和喷射混凝土。

2. 铝酸盐水泥

凡以铝酸钙为主的铝酸盐水泥熟料磨细制成的水硬性胶凝材料称为铝酸盐水泥，又称高铝水泥，代号CA。根据需要也可在磨制CA70水泥和CA80水泥时掺加适量的α-Al_2O_3粉。铝酸盐水泥熟料以铝矾土和石灰石为原料，经煅烧制得，主要矿物成分为铝酸一钙（$CaO \cdot Al_2O_3$，简写CA），另外还有二铝酸一钙（$CaO \cdot 2Al_2O_3$，简写CA_2）、硅铝酸二钙（$2CaO \cdot Al_2O_3 \cdot SiO_2$，简写$C_2AS$）、七铝酸十二钙（$12CaO \cdot 7Al_2O_3$，简写$C_{12}A_7$），以及少量的硅酸二钙（$2CaO \cdot SiO_2$）等。

铝酸盐水泥的水化和硬化，主要是铝酸一钙的水化及其水化产物的结晶情况，其主要水化产物是十水铝酸一钙（CAH_{10}）、八水铝酸二钙（C_2AH_8）和铝胶（$Al_2O_3 \cdot 3H_2O$）。CAH_{10}和C_2AH_8均属六方晶系，具有细长的针状和板状结构，能互相交错搭结，结成坚固的结晶连生体，形成晶体骨架。析出的氢氧化铝凝胶难溶于水，填充于晶体骨架的空隙中，形成较密实的水泥石结构。铝酸盐水泥初期强度增长很快，但后期强度增长不显著。

铝酸盐水泥常为黄褐色，也有呈灰色的。铝酸盐水泥按Al_2O_3含量分为四类：CA-50、CA-60、CA-70和CA-80。各类型铝酸盐水泥的细度、凝结时间应符合表5-7的要求，其各龄期强度值均不得低于表中所列数值。

铝酸盐水泥的主要特性是：①快硬高强，一天强度可达80%以上，三天几乎达到100%；②低温硬化快，即使是在−10℃下施工，也能很快凝结硬化；③耐热性好，能耐1300～1400℃高温；在干热处理过程中强度下降较少，且高温时有良好体积稳定性；④抗硫酸盐侵蚀能力强。

铝酸盐水泥主要用于：紧急抢修工程及军事工程，有早强要求的工程和冬期施工工程，抗硫酸盐侵蚀及冻融交替的工程，以及制作耐热砂浆、耐热混凝土和配制膨胀自应力水泥。

各类型铝酸盐水泥的技术指标　　　　　　　　　　　　表 5-7

细度		比表面积不小于 300m²/kg 或 0.045mm 筛余不大于 20%							
凝结时间		CA50、CA60-Ⅰ、CA70、CA80：初凝不早于 30min，终凝不迟于 360min；CA60-Ⅱ：初凝不早于 60min，终凝不迟于 1080min							
强度	水泥类型	抗压强度（MPa）				抗折强度（MPa）			
		6h	1d	3d	28d	6h	1d	3d	28d
	CA50　C50-Ⅰ	≥20*	≥40	≥50	—	≥3*	≥5.5	≥6.5	—
	C50-Ⅱ		≥50	≥60	—		≥6.5	≥7.5	—
	C50-Ⅲ		≥60	≥70	—		≥7.5	≥8.5	—
	C50-Ⅳ		≥70	≥80	—		≥8.5	≥9.5	—
	CA60　C60-Ⅰ	—	≥65	≥85	—	—	≥7.0	≥10.0	—
	C60-Ⅱ	—	≥20	≥45	≥85	—	≥2.5	≥5.0	≥10.0
	CA70	—	≥30	≥40	—	—	≥5.0	≥6.0	—
	CA80	—	≥25	≥30	—	—	≥4.0	≥5.0	—

注：* 用户要求时，生产厂家应提供试验结果。

使用铝酸盐水泥时应注意的事项：①贮存运输时，应特别注意防潮；②铝酸盐水泥耐碱性差，不宜与硅酸盐水泥、石灰等能析出氢氧化钙的胶凝材料混用；③研究表明，铝酸盐水泥在高于 30℃的条件下养护，强度明显下降，因此只宜在较低温度下养护；④铝酸盐水泥水化热集中于早期释放，因此硬化一开始应立即浇水养护，一般不宜用于厚大体积的混凝土和热天施工的混凝土。

3. 膨胀水泥和自应力水泥

硅酸盐水泥在空气中硬化时，通常都会产生一定的收缩，使受约束状态的混凝土内部产生拉应力，当拉应力大于混凝土的抗拉强度时则形成微裂纹，对混凝土的整体性不利。膨胀水泥是一种能在水泥凝结之后的早期硬化阶段产生体积膨胀的水硬性水泥，在约束条件下适量的膨胀，可在结构内部产生预压应力（0.1～0.7MPa），从而抵消部分因约束条件下干燥收缩引起的拉应力。

膨胀水泥按自应力的大小可分为两类：当其自应力值达 2.0MPa 以上时，称为自应力水泥；当自应力值为 0.5MPa 左右，则称为膨胀水泥。

膨胀水泥和自应力水泥的配制途径有以下几种：①以硅酸盐水泥为主，外加高铝水泥和石膏按一定比例共同磨细或分别粉磨再经混匀而成，俗称硅酸盐型；②以高铝水泥为主，外加二水石膏磨细而成，俗称铝酸盐型；③以无硫铝酸钙和硅酸二钙为主要成分，外加石膏磨细而成，俗称硫铝酸盐型；④以铁相、无水硫铝酸钙和硅酸二钙为主要矿物，外加石膏磨细而成，俗称铁铝酸钙型。

膨胀水泥适用于补偿收缩混凝土，用作防渗混凝土，填灌混凝土结构构件的接缝及管道接头，结构的加固与修补，浇注机器底座及固结地脚螺栓等。自应力水泥适用于制造自应力钢筋混凝土压力管及配件。

使用膨胀水泥的混凝土工程应特别注意早期的潮湿养护，以便让水泥在早期充分水化，防止在后期形成钙矾石而引起开裂。

5.3.3　道路硅酸盐水泥

以道路硅酸盐水泥熟料、适量石膏,可加入符合规定的混合材料,磨细制成的水硬性胶凝材料,称为道路硅酸盐水泥,简称道路水泥,代号 P·R。道路硅酸盐水泥熟料中铝酸三钙的含量不得大于 5.0%,铁铝酸四钙的含量不低于 15.0%,游离氧化钙的含量旋窑生产不大于 1.0%,立窑生产不大于 1.8%。

根据国家标准规定,道路水泥的比表面积应为 $300\sim450\mathrm{m}^2/\mathrm{kg}$;初凝不小于 90min,终凝不大于 720min;水泥中 SO_3 的含量不得超过 3.5%;MgO 的含量不得超过 5.0%;28 天干缩率应不大于 0.10%,28 天磨耗量应不大于 $3.00\mathrm{kg/m}^2$;道路水泥的强度等级按照 28d 抗折强度分为 7.5 和 8.5 两个等级,各龄期的强度值应符合表 5-8 中的数值。

道路硅酸盐水泥主要用于公路路面、机场跑道等工程结构,也可用于要求较高的工厂地面和停车场等工程。

道路硅酸盐水泥强度指标　　　　　　　　　　表 5-8

强度等级	抗折强度(MPa)		抗压强度(MPa)	
	3d	28d	3d	28d
7.5	4.0	7.0	21.0	42.5
8.5	5.0	7.5	26.0	52.5

【工程实例分析】

900m 惠民工程水泥路,一年竟有 48 条裂缝

概况:2017 年 3 月四川省泸县在全县推广实施"社社通"水泥路惠民工程,某村社将一段全长 900m 的碎石路通过报批核准竞标后改造成水泥路。2018 年 7 月四川省泸县纪监委接到当地村民反映,修通没几天路面便出现了裂缝,经查,整个路段裂缝竟然多达 48 条。

原因分析:由于忽视路面的养护造成的。水泥水化反应是个急剧的过程,施工方在施工过程中没有及时浇水养护,铺设的水泥路表面游离水分蒸发过快,造成水化反应所需的水不够,硬化后的水泥石体积收缩,产生拉应力,从而导致路面开裂。

防治措施:现场施工应严格按规范操作,浇捣完毕的水泥路面应及时覆盖,防止强风和烈日暴晒。尤其在炎热季节施工时,应浇筑一段、养护一段,并要加强表面洒水养护。

本章小结

1. 硅酸盐水泥熟料的矿物组成主要有 C_3S、C_2S、C_3A、C_4AF,它们单独水化时表现出各自的特性,当以不同比例制成水泥时可具有不同的性能。

2. 混合材料具有潜在的活性,与石灰和石膏加水拌合后,在常温下活性 SiO_2 和 Al_2O_3 能与石灰和石膏反应生成水硬性的水化产物,在蒸汽养护下这种反应将进行得更快更好。

3. 硅酸盐水泥的水化产物可归纳为：水化硅酸钙凝胶、氢氧化钙、水化硫铝酸钙、水化铝酸钙晶体和水化铁酸钙凝胶。硬化后的水泥石是由以 C-S-H 为主的水化产物与未水化的水泥内核、孔隙和水所组成的一个多相多孔体系。它决定了水泥石的化学及物理力学等性质，尤其是孔的大小、数量和分布状态，与水泥石的强度及耐久性密切相关。影响水泥凝结硬化的因素主要有矿物成分、用水量、细度、养护时间、环境温湿度和石膏掺量等。

4. 水泥的技术性质主要有细度、凝结时间、安定性和强度，它们是评定水泥质量的技术指标。

5. 工程中常用六大品种硅酸盐水泥包括：硅酸盐水泥、普通硅酸盐水泥、矿渣硅酸盐水泥、火山灰质硅酸盐水泥、粉煤灰硅酸盐水泥和复合水泥，统称为通用水泥。水泥的定义、主要技术要求、特性和应用，是本章必须掌握的核心内容，此外，应掌握掺混合材料的硅酸盐水泥的特性和应用。

6. 通用水泥是一般工程中使用最广泛的水泥，除此之外，还有专门用途的专用水泥（如道路水泥、大坝水泥等）和在某方面具有特殊性能的特性水泥（如白色和彩色硅酸盐水泥、快硬水泥、膨胀水泥等）等多种其他水泥品种，对这些水泥的主要性能和使用特点只作一般了解。

【思考与练习题】

5-1 什么是硅酸盐水泥？试简述硅酸盐水泥的生产流程。

5-2 硅酸盐水泥熟料矿物组分是什么？它们单独与水作用时有何特性？

5-3 什么是水泥的凝结和硬化？水泥的凝结硬化过程可分为哪四个阶段？

5-4 硅酸盐水泥的强度发展规律是怎样的？影响其凝结硬化的主要因素有哪些？如何影响？

5-5 通用硅酸盐水泥有哪些主要技术要求？哪几项不符合要求时视为不合格品？

5-6 什么是水泥的凝结时间？国家标准对水泥凝结时间有何要求？

5-7 什么是水泥的安定性？产生安定性不良的原因及危害是什么？如何检验水泥的安定性？

5-8 试说明以下几种情况的原因：

① 制造硅酸盐水泥时必须掺入适量石膏；②水泥必须具有一定细度；③水泥出厂前严格控制水泥熟料中 MgO 和 SO_3 含量；④测定水泥强度等级、凝结时间和安定性时都必须规定加水量。

5-9 环境水对硅酸盐水泥侵蚀的内在因素和外界条件有哪些？

5-10 什么是混合材料？它与水反应有何特点？掺入到硅酸盐水泥中有什么作用？

5-11 六大品种硅酸盐水泥各有何特性？

5-12 水泥在运输和存放过程中为什么不能受潮和雨淋？贮存水泥时应注意哪些方面？

5-13 现有甲、乙两个水泥厂生产的硅酸盐水泥熟料，其矿物成分如表 5-9 所示，试估计和比较这两个厂所生产的硅酸盐水泥的强度增长速度和水化热等性质有何差异？为什么?

生产厂	熟料矿物成分(%)			
	C_3S	C_2S	C_3A	C_4AF
甲	56	17	12	15
乙	42	35	7	16

5-14　高铝水泥的水化特点是什么?其特性表现如何?该怎样正确使用?

5-15　快硬硫铝酸盐水泥具有哪些良好的性能?

5-16　膨胀水泥的膨胀原理是什么?主要有哪些作用及用途?

【创新思考题】

我国城市垃圾年产量已达到 1.46 亿 t,而且以每年 9% 的速度递增,全国已有 200 多座城市陷入垃圾包围之中。现大力提倡采用合成工艺技术生产生态水泥,促使传统的水泥工业向生态化转型,以实现与资源、环境、经济和社会的全面协调发展。何为生态水泥?简述我国生态水泥的发展现状,发展生态水泥具有什么社会、经济和环境意义?

第6章 混 凝 土

本章要点及学习目标

本章要点：

本章介绍了混凝土的各组成材料，分析了混凝土拌合物的和易性，以及硬化后混凝土的性能，重点阐述了混凝土的质量控制与评定和配合比设计，并简单介绍了其他品种的混凝土。

学习目标：

本章是全书的重点章节之一，要求重点掌握普通混凝土配合比设计原理与方法、新拌混凝土和易性、硬化混凝土的性能以及混凝土质量的检验评定方法，理解普通混凝土的组成材料和质量要求，影响混凝土和易性、强度及耐久性的主要因素，提高混凝土性能的措施，常用外加剂的种类与效能，对其他品种混凝土只作一般了解。

混凝土是指以胶凝材料（水泥、沥青、石膏等）、骨料（或称为集料）和水为主要原料，也可加入外加剂和矿物掺合料等原料，按适当比例配合、拌合制成的混合料，经一定时间硬化后形成具有一定强度的人造石材。目前，工程上使用最多的是以水泥为胶凝材料，以石为粗骨料，砂为细骨料，加水拌合而成的水泥混凝土，又称为普通混凝土，简称为混凝土。

混凝土的种类繁多，可按表观密度、用途、胶凝材料种类、施工工艺、抗压强度和掺合料种类等进行分类。混凝土的分类见表6-1。

混凝土的种类 表6-1

分类依据		混凝土种类	分类依据		混凝土种类
混凝土表观密度（kg/m³）	＞2800	重混凝土	混凝土抗压强度等级（MPa）	＞60	高强混凝土
	2000～2800	普通混凝土		30～60	中强混凝土
	＜2000	轻混凝土		＜30	低强混凝土
混凝土所用胶凝材料种类		水泥混凝土	混凝土掺合料种类		粉煤灰混凝土
		沥青混凝土			硅灰混凝土
		石膏混凝土			磨细矿渣混凝土
		聚合物混凝土			纤维混凝土
混凝土的功能和用途		结构混凝土	混凝土施工工艺		泵送混凝土
		防水混凝土			喷射混凝土
		耐腐蚀混凝土			碾压混凝土
		装饰混凝土			灌浆混凝土
		防辐射混凝土			真空脱水混凝土

混凝土是一种低能耗的土木工程材料，在土木工程中得到广泛的应用，与其他土木工程材料相比，具有如下优点：

（1）组成材料来源丰富、成本低。混凝土组成材料中主要是天然砂石，易于就地取材，成本较低。

（2）具有良好的流动性和塑性。混凝土在凝结前具有良好的流动性和可塑性，便于制成各种形状和大小的构件与结构物，既可现浇，又可预制。

（3）硬化后具有较高的力学性能和良好的耐久性。混凝土的抗压强度一般为 $20\sim60MPa$，超高强混凝土的抗压强度可达 100MPa 以上。

（4）与钢筋有牢固的黏结力，制作钢筋混凝土，能互补优缺，扩大使用范围。

（5）性能可调。混凝土的性质可根据工程的具体要求进行针对性设计与调整，从而满足各类工程建设的需要。

但同时也存在如下缺点：

（1）自重大。普通混凝土的表观密度为 $1950\sim2500kg/m^3$，新浇筑的普通混凝土的自重标准值为 $24kN/m^3$。

（2）抗拉强度低。混凝土抗拉强度一般只有抗压强度的 $1/20\sim1/10$，受拉变形能力小，易开裂。

（3）收缩变形大。混凝土在水化及凝结硬化过程中会产生化学收缩和干燥收缩，易产生收缩裂缝。

6.1　普通混凝土的组成材料

普通混凝土的基本组成材料有胶凝材料、粗骨料（石子）、细骨料（砂子）和水，另外还常加入适量的掺合料和外加剂。其中，胶凝材料体积占 $20\%\sim30\%$，砂石骨料占 70%左右。

普通混凝土中使用最多的胶凝材料为水泥。水泥和水形成水泥浆，包裹在砂粒表面并填充砂粒之间的空隙而形成水泥砂浆，水泥砂浆又包裹石子并填充石子之间的空隙而形成混凝土。在混凝土硬化前，水泥浆起润滑作用，使混凝土拌合物具有可塑性，便于施工。在混凝土硬化后，水泥浆则起胶结作用，将砂石骨料胶结在一起，成为坚硬的人造石材，并产生机械强度。所以，水泥浆不宜过少。但水泥浆过多，会导致混凝土拌合物流动性大，混凝土水化升温高、收缩大、抗腐蚀性差。

砂、石骨料在水泥浆硬化后，对混凝土主要起骨架作用，传递应力，抵抗混凝土在凝结硬化过程中的收缩作用，给混凝土带来很大的技术优点，比水泥浆具有更高的体积稳定性和更好的耐久性，可以有效地降低水化热，减少收缩裂缝的产生与发展。

混凝土的质量和技术性能很大程度上是由原材料的性质及其相对含量所决定的，同时也与施工工艺（配料、搅拌、捣实成型和养护等）有关。因此，首先必须了解混凝土原材料的性质、作用及质量要求，合理选择原材料，以保证混凝土的质量。

6.1.1　水泥

水泥是混凝土中非常重要的组分，其相关技术性质要求详见第 4 章有关内容，本节只讨论如何选用。正确、合理地选择水泥的品种和强度等级，是影响混凝土强度、耐久性及经济性的重要因素。

1. 水泥品种的选择

在配制混凝土时，应根据工程性质与特点、施工条件、工程所处的环境等状况，按各品种水泥的特性，合理选择水泥品种。这些在本书水硬性胶凝材料部分已作了介绍。

2. 水泥强度等级的选择

水泥强度等级的选择，应当与混凝土的设计强度等级相适应。原则上是高配高、低配低，若水泥强度选用过高，不但会使成本较高，而且可能使所配制的新拌混凝土施工操作性较差，甚至影响混凝土的耐久性；若采用强度过低的水泥来配制较高强度等级的混凝土，则导致混凝土强度难以达到预期的要求。配制普通混凝土时，通常要求水泥的强度为混凝土抗压强度的 1.5～2.0 倍；配制较高强度混凝土时，可取 0.9～1.5 倍。但是，随着混凝土强度等级的不断提高，新工艺的不断出现，以及高效外加剂性能的不断改进，高强度和高性能混凝土的配比要求将不受此比例的约束。

6.1.2　细骨料

粒径小于 4.75mm 的骨料为细骨料。普通混凝土中所用细骨料有两类：一类是由天然岩石长期风化等自然条件形成的天然砂，根据产源不同，可分为河砂、海砂和山砂；另一类是由岩石经除土开采、机械破碎、筛分而成的岩石颗粒，即人工砂。建筑用砂应符合《建筑用砂》GB/T 14684—2011 的质量要求。工程应用中，砂和石子的技术要求还应参照建设部 2006 年编制的《普通混凝土用砂、石质量及检验方法标准》JGJ 52—2006。

6.1.2.1　砂的粗细程度及颗粒级配

1. 砂的粗细程度

砂的粗细程度是指不同粒径的砂混合在一起后的总体平均粗细程度，按细度模数 μ_f 可分为粗、中、细三级。粗砂细度模数范围为 $\mu_f = 3.1 \sim 3.7$，中砂为 $\mu_f = 2.3 \sim 3.0$，细砂为 $\mu_f = 1.6 \sim 2.2$。

通常采用筛分析方法测定砂的粗细程度。砂的筛分析方法是用一套公称直径为 5.00、2.50、1.25、0.630、0.315 及 0.160mm 的标准筛，将抽样所得 500g 干砂，由粗到细依次过筛，然后称得留在各筛上砂的重量，并计算各筛上的分计筛余百分率 a_1、a_2、a_3、a_4、a_5、a_6（各筛上的筛余量占砂样总质量的百分率），及累计筛余百分率 β_1、β_2、β_3、β_4、β_5、β_6（各个筛与比该筛粗的所有筛之分计筛余百分率之和）。累计筛余百分率与分计筛余百分率的关系如表 6-2 所示。

累计筛余百分率与分计筛余百分率的关系　　　　　　　　　　　　表 6-2

砂的公称粒径 （mm）	方孔筛筛孔边长 （mm）	筛孔公称直径 （mm）	分计筛余 （%）	累计筛余 （%）
5.00	4.75	5.00	a_1	$\beta_1 = a_1$
2.50	2.36	2.50	a_2	$\beta_2 = a_1 + a_2$
1.25	1.18	1.25	a_3	$\beta_3 = a_1 + a_2 + a_3$
0.630	0.600	0.630	a_4	$\beta_4 = a_1 + a_2 + a_3 + a_4$
0.315	0.300	0.315	a_5	$\beta_5 = a_1 + a_2 + a_3 + a_4 + a_5$
0.160	0.150	0.160	a_6	$\beta_6 = a_1 + a_2 + a_3 + a_4 + a_5 + a_6$

砂的粗细程度用细度模数 μ_f 表示，其计算公式为：

$$\mu_f = \frac{\beta_2 + \beta_3 + \beta_4 + \beta_5 + \beta_6 - 5\beta_1}{100 - \beta_1} \qquad (6\text{-}1)$$

2. 颗粒级配

颗粒级配是指不同粒径砂相互间搭配情况。良好的级配能使骨料的空隙率和总表面积均较小，从而使所需的水泥浆含量较少，并且能够提高混凝土的密实度，改善混凝土的其他性能。

砂粒级配常以级配区和级配曲线表示。级配曲线如图 6-1 所示，砂的颗粒级配应符合表 6-3 的规定。

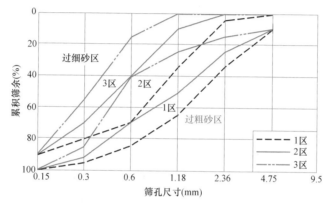

图 6-1　砂的级配曲线

砂的颗粒级配　　　　　　　　　　　　　　　　　　表 6-3

砂的分类	天然砂			人工砂		
级配区	1 区	2 区	3 区	1 区	2 区	3 区
方筛孔	累计筛余(%)					
4.75mm	10～0	10～0	10～0	10～0	10～0	10～0
2.36mm	35～5	25～0	15～0	35～5	25～0	15～0
1.18mm	65～35	50～10	25～0	65～35	50～10	25～0
600μm	85～71	70～41	40～16	85～71	70～41	40～16
300μm	95～80	92～70	85～55	95～80	92～70	85～55
150μm	100～90	100～90	100～90	97～85	94～80	94～75

在选择颗粒级配时宜选用 2 区砂。当采用 1 区砂时，应提高砂率并保持足够的水泥用量，以满足混凝土的和易性；当采用 3 区砂时，宜适当降低砂率，以保证混凝土强度。若为泵送混凝土用砂，宜选用中砂。

6.1.2.2　砂的含泥量、石粉含量和泥块含量

含泥量是指砂、石中公称粒径小于 80μm 的颗粒含量。石粉含量是指机制砂中粒径小于 75μm 的颗粒含量。泥块含量是指在砂中原粒径大于 1.18mm，经水浸洗、手捏后变成小于 600μm 的颗粒含量。泥和泥块对混凝土是有害的。泥包裹于骨料表面，隔断水泥石与骨料间的黏结，影响混凝土强度，当含泥量较多时，会降低混凝土强度和耐久性，增加

混凝土干缩。泥块在混凝土内成为薄弱部位，也将引起混凝土强度和耐久性下降。石粉含量过大会增大混凝土拌合物需水量，影响混凝土和易性，降低混凝土强度。

天然砂的含泥量和泥块含量应符合表 6-4 的规定。

天然砂的含泥量和泥块含量　　　　　　　　　　　　　　　表 6-4

项目	Ⅰ	Ⅱ	Ⅲ
含泥量（按质量计）（%）	≤1.0	≤3.0	≤5.0
泥块含量（按质量计）（%）	0	≤1.0	≤2.0

人工砂的石粉含量和泥块含量应符合表 6-5 的规定。

人工砂的石粉含量和泥块含量　　　　　　　　　　　　　　表 6-5

项目		Ⅰ	Ⅱ	Ⅲ
石粉含量（按质量计）（%）	MB 值<1.4 或合格	≤5.0	≤7.0	≤10.0
	MB 值≥1.4 或不合格	≤1.0	≤3.0	≤5.0
泥块含量（按质量计）（%）		0	≤1.0	≤2.0

6.1.2.3　砂的坚固性

砂的坚固性是指砂在自然风化和其他物理、化学因素作用下抵抗破裂的能力。天然砂坚固性采用硫酸钠溶液法进行实验，砂样经五次循环后其质量损失应符合表 6-6 的规定。

坚固性指标　　　　　　　　　　　　　　　　　　　　　　表 6-6

项目	Ⅰ	Ⅱ	Ⅲ
质量损失（%）	≤8		≤10

人工砂采用压碎指标法进行实验，压碎指标值应小于表 6-7 的规定。

压碎指标　　　　　　　　　　　　　　　　　　　　　　　表 6-7

项目	Ⅰ	Ⅱ	Ⅲ
单级最大压碎指标（%）	≤20	≤25	≤30

对于有抗疲劳、耐磨、抗冲击要求的混凝土用砂，有腐蚀介质作用或经常处于水位变化区的地下结构混凝土用砂，其坚固性质量损失率应小于 8%。

6.1.2.4　有害物质含量

砂不应混有草根、树叶、树枝、塑料、煤块和炉渣等杂物，砂中如含有云母、轻物质、有机物、硫化物及硫酸盐、氯化物等有害物质，其含量应符合表 6-8 的规定。

二维码 6-1　细骨料筛分析

6.1.3　粗骨料

普通混凝土常用的粗骨料有卵石（砾石）和碎石。卵石是由自然风化、水流搬运和分选堆积形成的，粒径大于 4.75mm 的岩石颗粒，按其产源可分为河卵石、海卵石和山卵石等几种，其中河卵石应用较多。碎石是由天然岩石、卵石或矿山废石经机械破碎、筛分制成的粒径大于 4.75mm 的岩石颗粒。

砂中有害物质含量 表 6-8

项目	Ⅰ	Ⅱ	Ⅲ
云母(按质量计)(%)	≤1.0	≤2.0	
轻物质(按质量计)(%)	≤1.0		
有机物	合格		
硫化物及硫酸盐(按 SO_3 质量计)(%)	≤0.5		
氯化物(以氯离子质量计)(%)	≤0.01	≤0.02	≤0.06
贝壳(按质量计)(%)*	≤3.0	≤5.0	≤8.0

注：* 该指标仅适用于海砂，其他砂种不作要求。

依据《建筑用卵石、碎石》GB/T 14685—2011 的规定，按卵石、碎石技术要求将粗骨料分为Ⅰ、Ⅱ、Ⅲ类。其中Ⅰ类宜用于强度等级高于 C60 的混凝土；Ⅱ类宜用于强度等级为 C30~C60 及有抗冻、抗渗或其他要求的混凝土；Ⅲ类宜用于强度等级低于 C30 的混凝土。对粗骨料的质量主要有以下要求。

1. 有害物质含量

粗骨料中的有害物质主要有：黏土、淤泥、硫化物、硫酸盐、氯化物、有机物及其他含有活性氧化硅的岩石颗粒等。它们的危害作用与在细骨料中相同，其技术要求及有害物质含量应符合表 6-9 的规定。

粗骨料中有害物质含量 表 6-9

项目	Ⅰ	Ⅱ	Ⅲ
含泥量(按质量计)(%)	≤0.5	≤1.0	≤1.5
泥块含量(按质量计)(%)	0	≤0.2	≤0.5
有机物	合格		
硫化物及硫酸盐(按 SO_3 质量计)(%)	≤0.5	≤1.0	≤1.0

表 6-9 中含泥量是指卵石、碎石中粒径小于 $75\mu m$ 的颗粒含量；泥块含量是指卵石、碎石中原粒径大于 4.75mm，经水浸洗、手捏后变成小于 2.36mm 的颗粒含量。

2. 坚固性和强度

混凝土中粗骨料起骨架作用，必须具有足够的坚固性和强度。坚固性是指卵石、碎石在自然风化和其他物理化学因素作用下抵抗破裂的能力。采用硫酸钠溶液法进行试验，卵石和碎石经 5 次循环后，其质量损失应符合表 6-10 的规定。

强度可用岩石抗压强度和压碎指标表示。岩石抗压强度是将岩石制成 50mm×50mm×50mm 的立方体（或 ϕ50mm×50mm 圆柱体）试件，浸没于水中浸泡 48h 后，从水中取出，擦干表面，放在压力机上进行强度试验。其抗压强度火成岩应不小于 80MPa，变质岩应不小于 60MPa，水成岩应不小于 30MPa。压碎指标是将一定量粗骨料风干后筛除大于 19.0mm 及小于 9.50mm 的颗粒，并去除针叶状颗粒的石子装入一定规格的圆筒内，在压力机上施加荷载到 200kN 并稳定 5s，卸载后称取试样质量（G_1），再用孔径为

2.36mm 的筛筛除被压碎的细粒，称取出留在筛上的试样质量（G_2）。通过下式计算：

$$Q_e = \frac{G_1 - G_2}{G_1} \times 100\%$$ (6-2)

式中　Q_e——压碎指标值（%）；

　　　G_1——试样的质量（g）；

　　　G_2——压碎试验后筛余的试样质量（g）。

压碎指标 Q_e 值越小，表明粗骨料抵抗受压破坏的能力越强。普通混凝土用碎石和卵石的压碎指标值要求如表 6-11 所示。

坚固性指标　　　　　　　　　　　　表 6-10

项目	I	II	III
质量损失（%）	≤5	≤8	≤12

压碎指标　　　　　　　　　　　　表 6-11

项目	I	II	III
碎石压碎指标（%）	≤10	≤20	≤30
卵石压碎指标（%）	≤12	≤14	≤16

3. 颗粒形状及表面特征

1）颗粒形状

为提高混凝土强度和减小骨料间的空隙，粗骨料比较理想的颗粒形状应是三维长度相等或相近的球形或立方体颗粒，而三维长度相差较大时称为针状或片状颗粒。针状颗粒是指其长度大于平均粒径 2.4 倍的颗粒，片状颗粒则是指颗粒厚度小于其平均粒径 0.4 倍的颗粒。粗骨料中针、片状颗粒不仅因本身受力时易折断而影响混凝土强度，而且会增大骨料的空隙率，并影响混凝土的使用性能。因此，粗骨料的针、片状颗粒含量应符合相关规定，见表 6-12。

针、片状颗粒含量　　　　　　　　　　表 6-12

项目	I	II	III
针、片状颗粒总含量（按质量计）（%）	≤5	≤10	≤15

2）表面特征

骨料表面特征主要是指骨料表面的粗糙程度及孔隙特征，是影响骨料与水泥浆黏结性能的重要因素。通常，碎石的表面粗糙且具有大量吸收水泥浆的表面空隙，可使其具有与水泥浆较强的黏结能力；而卵石的表面光滑且少棱角，与水泥石的黏结能力较差。因此，在相同条件下碎石混凝土强度可比卵石混凝土强度高 10% 左右。

4. 最大粒径及颗粒级配

1）最大粒径

最大粒径（D_{max}）是指粗骨料公称粒级的上限。骨料的粒径大，其总表面积相应减小，因而包裹在其表面所需的水泥浆量减少，可节约水泥。在一定和易性和水泥用量条件下，能减少用水量而提高强度，对大体积混凝土有利。但是，对于用普通配合比配制的结构混凝土，尤其是高强混凝土，当 $D_{\max}$ 超过 40mm 后，由于减少用水量获得的强度提高被较少的黏结面积及大粒径骨料造成的不均匀性的不利影响所抵消，因而并没有什么益处。

因此，《混凝土结构工程施工质量验收规范》GB 50204—2015 规定，混凝土用粗骨料的最大粒径不得超过结构截面最小尺寸的 1/4，且不得超过钢筋最小净距的 3/4。对于混凝土实心板，骨料的最大粒径不宜超过板厚的 1/3，且最大粒径不得超过 40mm。对于泵送混凝土，碎石最大粒径与输送管内径之比宜小于或等于 1∶3，卵石宜小于或等于 1∶2.5。

2）颗粒级配

与细骨料一样，粗骨料也要求有良好的颗粒级配，以减少空隙率，增强密实性，从而可以节约水泥，保证混凝土的和易性及混凝土的强度。特别是配制高强混凝土，粗骨料级配尤其重要。

粗骨料的颗粒级配通过筛分析实验确定，实验用标准方孔筛的孔边长分别为 2.36、4.75、9.50、16.0、19.0、26.5、31.5、37.5、53.0、63.0、75.0、90.0mm 共 12 个筛孔级别。试样筛析时，可按需要选用筛号，分计筛余百分率及累计筛余百分率的计算与砂相同。《建筑用卵石、碎石》GB/T 14685—2011 规定，普通混凝土用碎石及卵石的颗粒级配范围应符合表 6-13 的规定。

碎石或卵石的颗粒级配   表 6-13

公称粒级(mm)		累计筛余(%)											
		方孔筛(mm)											
		2.36	4.75	9.50	16.0	19.0	26.5	31.5	37.5	53.0	63.0	75.0	90.0
连续粒级	5～16	95～100	85～100	30～60	0～10	0	—	—	—	—	—	—	—
	5～20	95～100	90～100	40～80	—	0～10	0	—	—	—	—	—	—
	5～25	95～100	90～100	—	30～70	—	0～5	0	—	—	—	—	—
	5～31.5	95～100	90～100	70～90	—	15～45	—	0～5	0	—	—	—	—
	5～40	—	95～100	70～90	—	30～65	—	—	0～5	0	—	—	—
单粒粒级	5～10	95～100	80～100	0～15	0	—	—	—	—	—	—	—	—
	10～16	—	95～100	80～100	0～15	—	—	—	—	—	—	—	—
	10～20	—	95～100	85～100	—	0～15	0	—	—	—	—	—	—
	16～25	—	—	95～100	55～70	25～40	0～10	—	—	—	—	—	—
	16～31.5	—	95～100	—	85～100	—	—	0～10	0	—	—	—	—
	10～40	—	95～100	—	80～100	—	—	0～10	0	—	—	—	—
	40～80	—	—	—	95～100	—	—	—	70～100	—	30～60	0～10	0

粗骨料的级配按供应情况有连续粒级和单粒粒级两种。连续粒级级配是按颗粒尺寸由小到大连续分级（5mm～$D_{\max}$），每级骨料都占有一定比例，如天然卵石。连续粒级级配颗粒级差小，配制的混凝土拌合物和易性好，不易发生离析，目前应用较广泛。单粒粒级级配是人为剔除某些中间粒级颗粒，大颗粒的空隙直接由比它小得多的颗粒去填充，颗粒级差大，空隙率的降低比连续粒级级配快得多，可最大限度地发挥骨料的骨架作用，减少

用水量。但混凝土拌合物易产生离析现象，增加施工困难，仅在特殊工程（如透水混凝土等）中使用。

5. 骨料的含水状态

骨料的含水状态分为干燥状态、气干状态、饱和面干状态和湿润状态四种，如图6-2所示。

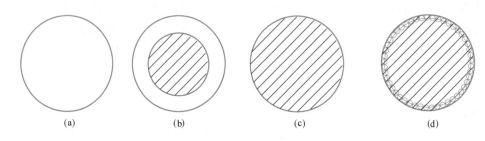

图6-2　骨料的含水状态

（a）干燥状态；（b）气干状态；（c）饱和面干状态；（d）湿润状态

干燥状态的骨料含水率等于或接近于 0；气干状态的骨料含水率与大气湿度相平衡，但未达到饱和状态；饱和面干状态的骨料内部空隙含水达到饱和而其表面干燥；湿润状态的骨料不仅内部孔隙含水达到饱和，而且表面还附着一部分自由水。分析四种状态主要是为了解决混凝土配合比设计中用水量的计算，普通混凝土在计算配合比时，一般以干燥状态的骨料为基准，而一些大型水利工程常以饱和面干状态的骨料为基准。

6. 碱活性

骨料中若含有活性氧化硅或含有活性碳酸盐，在一定条件下会与水泥的碱-骨料反应（碱-硅酸反应或碱-碳酸反应），生成凝胶，吸水产生膨胀，导致混凝土开裂。若骨料中含有活性二氧化硅时，采用化学法和砂浆棒法进行检验；若含有活性碳酸盐骨料时，采用岩石柱法进行检验。

6.1.4 混凝土用水

混凝土用水包括混凝土拌合用水和养护用水两部分，按水源可分为饮用水、地表水、地下水以及经适当处理或处置后的工业废水。《混凝土用水标准》JGJ 63—2006 要求混凝土用水不得妨碍混凝土的凝结和硬化，不得影响混凝土的强度和耐久性，不得含有加快钢筋混凝土中钢筋锈蚀的成分，也不得含有污染混凝土表面的成分。当使用混凝土生产厂及商品混凝土厂设备的洗刷水时，水中有关物质限量应符合表6-14的要求。

混凝土用水中的物质含量限值　　　　　　　　　　　表6-14

项目	预应力混凝土	钢筋混凝土	素混凝土
pH 值	≥5.0	≥4.5	≥4.5
不溶物(mg/L)	≤2000	≤2000	≤5000
可溶物(mg/L)	≤2000	≤5000	≤10000
氯化物(以 Cl^- 计,mg/L)	≤500	≤1000	≤3500
硫酸盐(以 SO_4^{2-} 计,mg/L)	≤600	≤2000	≤2700
碱含量(mg/L)	≤1500	≤1500	≤1500

注：采用非碱活性骨料时，碱含量可不检验。

混凝土的外加剂和掺合料将在本章第 4 节详细介绍。

6.2 混凝土拌合物的性能

混凝土拌合物是指由水泥、砂、石及水拌制且尚未凝结硬化之前的混合料，又叫新拌混凝土；凝结硬化后的混凝土拌合物则称为混凝土。为了满足工程施工和结构功能的需要，混凝土拌合物必须具有与施工条件相适应的和易性。

6.2.1 和易性的概念与含义

和易性是指混凝土拌合物易于各种施工工序（拌合、运输、浇筑、振捣等）操作并能获得质量均匀、成型密实的性能，又称工作性。和易性是一项综合技术性质，包括流动性、黏聚性及保水性。

二维码 6-2 和易性检验

1. 流动性

流动性是指混凝土拌合物在本身自重或者施工机械振捣的作用下，克服内部阻力与模板、钢筋之间的阻力，产生流动，并均匀密实地填满模板的能力。

2. 黏聚性

黏聚性是指混凝土拌合物各组成材料之间有一定的黏聚力，不致在施工过程中产生分层和离析现象。黏聚性的大小主要取决于细骨料的用量以及水泥浆的稠度。

3. 保水性

保水性是指混凝土具有一定的保水能力，在施工中不致产生严重的泌水现象。

混凝土拌合物的流动性、黏聚性和保水性三者间既相互联系又相互矛盾。比黏聚性好则保水性一般或较好，但是流动性相对较差；当流动性增大时，黏聚性和保水性往往变差。因此，拌合物的工作性是三个方面的结合，直接影响混凝土施工的难易程度，同时对硬化后的混凝土强度、耐久性等都具有重要影响，是混凝土的重要性能之一。

6.2.2 和易性的测定方法

混凝土拌合物的和易性难以以一种简单的测定方法和指标来全面恰当地表达。根据我国现行规范标准《普通混凝土拌合物性能试验方法标准》GB/T 50080—2016，用坦落度和维勃稠度来测定混凝土拌合物的流动性，并辅以直观经验来评定黏聚性和保水性，从而评定和易性。

1. 坦落度

坦落度法可以用六个字描述：一测、二敲、三看。即将搅拌好的混凝土拌合物按一定方法倒入标准圆锥形坦落度筒（无底）内，并按照一定方式插捣，待装满刮平后，垂直平稳地向上提起坦落度筒，量测筒高到坦落后混凝土试体顶点之间的高度差（mm），即为混凝土拌合物的坦落度值，见图 6-3，坦落度越大，则混凝土拌合物的流动性越大。

根据坦落度的不同，可以将混凝土划分为 4 个流动等级，具体见表 6-15。

2. 维勃稠度

坦落度小于 10mm 的干硬性混凝土，其拌合物和易性通常采用瑞士 V. Bahrner 提出

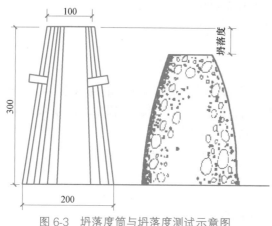

图6-3　坍落度筒与坍落度测试示意图

的方法，即维勃稠度法来检测。测定方法是将混凝土拌合物倒入坍落度筒内，按一定方法捣实刮平后，将坍落度筒缓缓向上提起，将透明圆盘转到混凝土圆台体顶面，开启振动台并同时用秒表计时。当振动到原盘地面布满水泥浆时停止计时，所读数值即为维勃稠度。此方法只适用于骨料最大粒径小于 40mm 且维勃稠度在 5～30s 之间的新拌混凝土。根据维勃稠度值大小，可以将干硬性混凝土分为 4 个等级，见表 6-16。

混凝土拌合物按坍落度分类　　　　表 6-15

级别	名称	坍落度(mm)
T_1	干硬性混凝土	<10
T_2	塑性混凝土	10～90
T_3	流动性混凝土	90～150
T_4	大流动性混凝土	≥150

混凝土拌合物按维勃稠度分类　　　　表 6-16

级别	名称	维勃稠度(s)
V_1	超干硬性混凝土	≥31
V_2	特干硬性混凝土	21～30
V_3	干硬性混凝土	11～20
V_4	半干硬性混凝土	5～10

6.2.3　影响和易性的主要因素

1. 水泥浆

水泥浆是由水泥和水拌合而成，具有流动性和可塑性，它是普通混凝土拌合物和易性最敏感的影响因素。混凝土拌合物的流动性是其在外力作用下克服内摩擦阻力产生运动的反映。混凝土拌合物的内摩擦阻力，一部分来自水泥浆颗粒间的内聚力与黏性，另一部分来自骨料颗粒间的摩擦力。前者主要取决于水灰比的大小，后者取决于骨料颗粒间的摩擦系数。骨料间水泥浆层越厚，摩擦力越小，因此原材料一定时，坍落度主要取决于水泥浆量多少和黏度大小。只增大用水量时，坍落度增大，而稳定性降低，也影响拌合物硬化后的性能。

2. 砂率

砂率是指混凝土中砂的质量占总砂石用量的百分比。由于砂浆可以减少粗骨料之间的摩擦力，在混凝土拌合物中起润滑作用，所以在一定范围内，随着砂率增大，润滑作用越加明显，混凝土拌合物的流动性增大。但是砂率在增大的同时，骨料的总表面积随之增

大，需要润湿的水分增多，在一定用水量的条件下，混凝土拌合物流动性会降低，所以当
砂率增大超过一定范围之后，混凝土拌合物
流动性反而随着砂率的增加而降低。

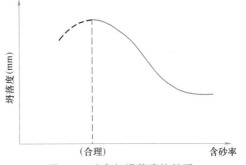

图 6-4　砂率与坍落度的关系

另外，当砂率过小时，石子之间无足够
的砂浆填充，混凝土拌合物的黏聚性和保水
性将变差，会产生离析和流浆现象。因此在
用水量和水泥用量不变的情况下，选取可使
混凝土拌合物获得最大流动性、良好黏聚性
和保水性的合理砂率。砂率与混凝土拌合物
坍落度之间的关系曲线见图 6-4。

3. 骨料

骨料的性质对混凝土拌合物和易性影响较大。级配良好的骨料，空隙率小，在水泥浆
量相同的情况下，包裹骨料表面的水泥浆较厚，和易性好。碎石比卵石表面粗糙，所配置
的混凝土拌合物流动性较卵石配置差。细砂的比表面积大，用细砂配置的混凝土比用中、
粗砂配置的混凝土拌合物流动性小。

4. 水泥

水泥对新拌混凝土和易性的影响主要表现在水泥的需水量上。需水量大的水泥品种所
配置的混凝土，达到相同坍落度所需的用水量较多。在常用的通用硅酸盐水泥中，以硅酸
盐水泥或普通硅酸盐水泥所配制的新拌混凝土的流动性及黏聚性较好。矿渣、火山灰质混
合材料在水泥中的需水量都较高，这些水泥所配制的混凝土需水量也较高；在加水量相同
的条件下，这些水泥所配制的新拌混凝土流动性较低。

5. 外加剂

外加剂（如减水剂、引气剂等）对混凝土的和易性有很大的影响。在拌制混凝土时，
加入少量的外加剂能使混凝土拌合物在不增加水泥用量的条件下，获得良好的和易性，不
仅流动性显著增加，而且还有效地改善拌合物的黏聚性和保水性。

6. 温度和时间

搅拌后的混凝土拌合物，随着时间的延长而变得干稠，坍落度降低，流动性下降，这
种现象称为坍落度经时损失，从而使和易性变差。其原因是一部分水已经与水泥硬化，一
部分水被骨料吸收，一部分水蒸发，以及混凝土黏聚结构的逐渐形成，致使混凝土拌合物
的流动性变差。另外，由于温度升高会加速水泥水化，并加快水分的蒸发，所以混凝土拌
合物的流动性随温度的升高而降低。

6.3　硬化后混凝土的性能

6.3.1　硬化后混凝土的力学性质

硬化后混凝土的力学性质主要包括强度和变形两个方面。

二维码 6-3　混凝土抗
压强度测试

1. 混凝土的强度

混凝土的强度包括抗压强度、抗拉强度、抗弯强度、抗剪强度、与钢筋的黏结强度

等。混凝土强度与混凝土的其他性能关系密切。一般来说，混凝土的强度越高，其刚性、抗渗性、抵抗风化和某些介质侵蚀的能力也越强。混凝土的抗压强度是结构设计的主要参数，也是混凝土质量评定和控制的主要技术指标。

1）混凝土立方体抗压强度

（1）混凝土立方体抗压强度的测定

我国采用立方体抗压强度作为混凝土的强度特征值。根据国家标准《混凝土物理力学性能试验方法标准》GB/T 50081—2019 规定，制作边长为 150mm 的立方体标准试件，在标准养护条件［温度（20±2）℃，相对湿度大于 95％］下，养护到 28d 龄期，用标准试验方法测得的抗压强度值称为混凝土立方体抗压强度，以 f_{cu} 表示。

混凝土采用标准试件在标准条件下测定其抗压强度，是为了具有可比性。在实际施工中，允许采用非标准尺寸的试件，但应将其抗压强度测值换算成标准试件时的抗压强度，换算系数见表 6-17。非标准试件的最小尺寸应根据混凝土所用粗骨料的最大粒径确定。

混凝土立方体试件边长与强度换算系数　　　表 6-17

试件边长(mm)	抗压强度换算系数
100	0.95
150	1.00
200	1.05

混凝土试件尺寸越小，测得的抗压强度值越大。这是由于测试时产生的环箍效应及试件存在缺陷的概率不同所致。将混凝土立方体试件置于压力机上受压时，在沿加荷方向发生纵向变形的同时，混凝土试件及上、下钢压板也按泊松比效应产生横向自由变形，但由于压力机钢压板的弹性模量比混凝土大 10 倍左右，而泊松比仅大于混凝土近 2 倍，所以在压力作用下，钢压板的横向变形小于混凝土的横向变形，造成上、下钢压板与混凝土试件接触的表面之间均产生摩阻力，它对混凝土试件的横向膨胀起着约束作用，从而对混凝土强度起提高作用，见图 6-5。但这种约束作用随离试件端部越远而变小，大约在距离 $(\sqrt{3}/2)a$（a 为立方体试件边长）处，约束作用消失，所以试件抗压破坏后呈一对顶棱锥体，见图 6-6，此称环箍效应。如果在钢压板与混凝土试件接触面上加涂润滑剂，则环箍效应大大减小，试件将出现直裂破坏，见图 6-7，但测得的强度值要降低。混凝土立方体试件尺寸较大时，环箍效应的相对作用较小，测得的抗压强度因而偏低，反之，则测得的抗压强度偏高。再者，混凝土试件中存在的微裂缝和孔隙等缺陷，将减少混凝土试件的实际受力面积以及引起应力集中，导致强度降低。显然，大尺寸混凝土试件中存在缺陷的概率较大，故其所测强度要较小尺寸混凝土试件偏低。

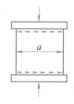

图 6-5　压力机压板对试块的约束作用

图 6-6　受压板约束试块破坏残存的棱锥体

欲提前知道混凝土的 28d 强度，可按《早期推定混凝土强度试验方法标准》JGJ 15—2008 的规定，利用快速养护方法所测定的混凝土促硬强度值来推定 28d 强度。对于已形成的混凝土结构物，其抗压强度可采用取芯法检测，或利用回弹法、超声波法等非破损检验推定。

图 6-7 不受压板约束时试块破坏情况

（2）混凝土强度等级

依据普通混凝土的立方体抗压强度，可划分为不同的强度标准值 $f_{cu,k}$。混凝土立方体抗压强度标准值是以其立方体抗压强度为基准所确定的混凝土强度统计值。它是指按标准方法制作和养护的立方体试件，在 28d 龄期，用标准试验方法测得的抗压强度总体分布中的一个值，强度低于该值的百分率不超过 5％（即具有强度保证率为 95％的立方体抗压强度）。

《混凝土结构设计规范》GB 50010—2010（2015 年版）根据混凝土立方体抗压强度标准值 $f_{cu,k}$，把混凝土强度划分为 14 个强度等级，分别为 C15、C20、C25、C30、C35、C40、C45、C50、C55、C60、C65、C70、C75 和 C80。其中 C 表示混凝土，C 后面的数字表示混凝土立方体抗压强度标准值，例如 C40 即表示 $f_{cu,k}=40N/mm^2$（即 40MPa），混凝土强度等级的公差为 5N/mm²，C50 及以下为普通混凝土，C50 以上为高强度混凝土。

2）混凝土轴心抗压强度（f_{cp}）

混凝土轴心抗压强度又称棱柱体抗压强度。确定混凝土强度等级是采用的立方体试件，但在实际结构中，钢筋混凝土受压构件大部分为棱柱体或圆柱体。为了使所测混凝土的强度能接近于混凝土结构的实际受力情况，规定在钢筋混凝土结构设计中计算轴心受压构件时，均需用混凝土的轴心抗压强度作为依据。

混凝土轴心抗压强度（f_{cp}）应采用 150mm×150mm×300mm 的棱柱体作为标准试件，如确有必要，可采用非标准尺寸的棱柱体试件，但其高宽比应在 2～3 的范围内。标准棱柱体试件的制作条件与标准立方体试件相同，但测得的抗压强度值前者较后者小。实验表明，当标准立方体抗压强度（f_{cu}）在 10～50MPa 范围内时，$f_{cp}=(0.7～0.8)f_{cu}$，一般取 0.76。

3）混凝土的抗折强度（f_{tf}）

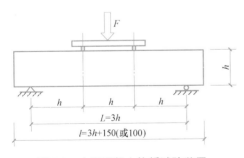

图 6-8 水泥混凝土抗折试验装置

混凝土的抗折强度是指处于受弯状态下混凝土抵抗外力的能力，由于混凝土为典型的脆性材料，它在断裂前无明显的弯曲变形，故称为抗折强度。通常混凝土的抗折强度是利用 150mm×150mm×550mm 的梁式试件在三分点加荷状态下测得的（其试件受力状态见图 6-8）。试件受弯状态下的抗折强度计算公式为：

$$f_{tf}=\frac{FL}{bh^2} \qquad (6-3)$$

式中　f_{tf}——混凝土的抗折强度（MPa）；

　　　F——所承受的最大垂直荷载（N）；

　　　L——试梁两支点间的间距（450mm）；

　　　　　b——试梁高度（150mm）；

　　　　　h——试梁宽度（150mm）。

　　对于采用 100mm×100mm×450mm 的试梁和中间集中单点加荷方法，所检测得的抗折强度值应乘以折减系数 0.85 后作为标准抗折强度值。

　　4）混凝土的抗拉强度

　　混凝土在直接受拉时，很小的变形就要开裂，它在断裂前没有残余变形，是一种脆性破坏。混凝土的抗拉强度只有抗压强度的 1/10～1/20，且随着混凝土强度等级的提高，比值有所降低，也就是当混凝土强度等级提高时，抗拉强度的增加不及抗压强度提高得快。因此，混凝土在工作时一般不依靠其抗拉强度。但抗拉强度对于开裂现象有重要意义，在结构设计中抗拉强度是确定混凝土抗裂度的重要指标，有时也用它来间接衡量混凝土与钢筋的黏结强度等。

　　我国采用立方体（国际上多用圆柱体）劈裂抗拉试验来测定混凝土的抗拉强度，称为劈裂抗拉强度。该方法的原理是在试件的两个相对的表面上，作用着均匀分布的压力，这样就能够在外力作用的竖向平面内产生均布拉伸应力（图 6-9），这个拉伸应力可以根据弹性理论计算得出。这个方法大大地简化了抗拉试件的制作，并且较正确地反映了试件的抗拉强度。劈裂法试验装置示意图如图 6-10 所示。

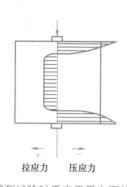

图 6-9　劈裂试验时垂直于受力面的应力分布

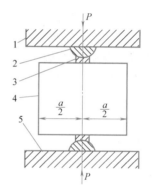

图 6-10　混凝土劈裂抗拉试验装置图
1-压力机上压板；2-垫条；3-垫层；
4-试件；5-压力机下压板

　　混凝土劈裂抗拉强度计算公式为：

$$f_{ts}=\frac{2P}{\pi A}=0.637\frac{P}{A} \tag{6-4}$$

式中　f_{ts}——混凝土劈裂抗拉强度（MPa）；

　　　　P——破坏荷载（N）；

　　　　A——试件劈裂面积（mm²）。

　　试验研究证明，在相同条件下，混凝土的劈裂抗拉强度（f_{ts}）与标准立方体抗压强度（f_{cu}）之间具有一定的相关性，对于强度等级为 10～50MPa 的混凝土，其相互关系可近似表示为：

$$f_{ts}=0.35f_{cu}^{3/4} \tag{6-5}$$

　　5）混凝土与钢筋的黏结强度

　　在钢筋混凝土结构中，为使钢筋与混凝土间有效地协同工作，要求它们之间必须有足够的黏结强度（也称为握裹强度）。这种黏结强度，主要来源于混凝土与钢筋之间的摩擦力、钢筋与水泥石之间的黏结力以及变形钢筋的表面机械啮合力。其黏结强度的大小也与混凝土的性能有关，且通常与混凝土抗压强度近似成正比。此外，黏结强度还受其他许多因素的影响，如钢筋尺寸及变形钢筋种类、钢筋在混凝土中的位置（水平钢筋或垂直钢筋）、加载类型（受拉钢筋或受压钢筋）、干湿变化或温度变化等。

6）影响混凝土强度的主要因素

影响混凝土抗压强度的因素较多，包括原材料的质量（主要是胶凝材料强度等级和骨料品种）、材料之间的比例关系（水胶比、灰骨比、骨料级配）、施工方法（拌合、运输、浇筑、振捣、养护）以及试验条件（龄期、试件形状与尺寸、试验方法、温度及湿度），现将其中主要因素列述于后。

普通混凝土受力破坏一般出现在骨料和水泥石的分界面上，这就是常见的黏结面破坏的形式。另外，当水泥石强度较低时，水泥石本身破坏也是常见的破坏形式。在普通混凝土中，骨料最先破坏的可能性小，因为骨料强度经常大大超过水泥石和黏结面的强度。所以混凝土的强度主要决定于水泥石强度及其与骨料表面的黏结强度。而水泥石强度及其与骨料的黏结强度又与胶凝材料（水泥）强度等级、水胶比及骨料的性质有密切关系。

（1）胶凝材料（水泥）强度与水胶比的影响

胶凝材料（水泥）强度和水胶比是影响混凝土强度的最主要因素，也是决定性因素。如前所述，普通混凝土的受力破坏，主要发生于水泥石与骨料的界面处。因为普通混凝土中骨料本身的强度往往大大超过水泥石及界面的强度，所以骨料破坏的可能性很小。

显然，胶凝材料（水泥）强度越高，则水泥石本身的强度越高，且与骨料的界面黏结强度越高，从而表现为混凝土的强度越高。因此，在水胶比不变的情况下，胶凝材料（水泥）强度越高，则硬化水泥石的强度越大，对骨料的胶结力也就越强，所配制的混凝土强度也就越高。

从理论上讲，水泥水化时所需的结合水，一般只需占水泥质量的 23% 左右，但在配制新拌混凝土时，为了获得施工所要求的流动性，常需多加一些水。土木工程中常用的塑性混凝土，其水灰（胶）比多在 0.4～0.8 之间。混凝土中这些多加的水不仅使水泥浆变稀，胶结力减弱，而且多余的水分残留在混凝土中或蒸发后形成孔隙或通道，大大减少了混凝土抵抗荷载的有效面积，而且可能在孔隙周围引起应力集中。因此，混凝土中的各种开裂、孔隙、水隙等缺陷的产生均与其水灰（胶）比有关。在水泥强度相同的条件下，混凝土的强度主要取决于水灰（胶）比；水灰（胶）比越小，水泥石的强度越高且与骨料黏结能力越强，混凝土强度就越高，强度与水灰（胶）比的关系如图6-11 所示。

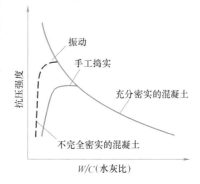

图 6-11　混凝土强度与水灰比的关系

值得指出的是，这一规律只适用于新拌混凝土已被充分振捣密实的情况。若水灰（胶）比过小，新拌混凝土过于干稠，可能不适合于正常施工振捣工艺，难以使混凝土振捣密实，容易出现较多的蜂窝、孔洞等缺陷，反而导致混凝土强度的严重下降。因此，混凝土的水灰（胶）比也与所采用的密实工艺有关，不同密实工艺振实所需水灰（胶）比关系曲线见图 6-11（其中虚线为不适当密实工艺曲线）。

由此可知，混凝土的强度主要取决于水泥石强度及其与骨料表面的黏结强度，而这些强度又取决于胶凝材料（水泥）的强度及水胶（灰）比的大小。

1930 年瑞士混凝土专家鲍罗米（J. Bolomey）根据大量试验与工程实践，应用数理统计方法，建立了混凝土强度经验公式，即混凝土强度与水泥强度、水灰比之间的线性关系式：

$$f_{cu,0}=\alpha_a f_{ce}\left(\frac{C}{W}-\alpha_b\right) \tag{6-6}$$

式中　$f_{cu,0}$——混凝土强度（28d）（MPa）；

f_{ce}——水泥实际强度（MPa）；

α_a——回归系数，采用碎石时为 0.53，采用卵石时为 0.49；

α_b——回归系数，采用碎石时为 0.20，采用卵石时为 0.13；

C——1m³ 混凝土中水泥用量（kg）；

W——1m³ 混凝土中水的用量（kg）。

胶凝材料（水泥与矿物掺合料按使用比例混合）28d 胶砂强度、水胶比、混凝土强度之间的线性关系用下式表示：

$$f_{cu,0}=\alpha_a f_b\left(\frac{B}{W}-\alpha_b\right) \tag{6-7}$$

式中　f_b——胶凝材料（水泥与矿物掺合料按使用比例混合）28d 胶砂强度（MPa）；

B——1m³ 混凝土中水泥和矿物掺合料的用量（kg/m³）；

W——1m³ 混凝土中水的用量（kg/m³）。

当胶凝材料 28d 胶砂抗压强度值（f_b）无实测值时，可按下式计算：

$$f_b=\gamma_f\gamma_s f_{ce} \tag{6-8}$$

式中　γ_f、γ_s——粉煤灰影响系数和粒化高炉矿渣粉影响系数，可按表 6-18 选用；

f_{ce}——水泥 28d 胶砂抗压强度（MPa），可实测，无实测值时可由式（6-9）计算而得。

粉煤灰影响系数和粒化高炉矿渣粉影响系数　　　表 6-18

种类 掺量（%）	粉煤灰影响系数 γ_f	粒化高炉矿渣粉影响系数 γ_s
0	1.00	1.00
10	0.85～0.95	1.00
20	0.75～0.85	0.95～1.00
30	0.65～0.75	0.90～1.00
40	0.55～0.65	0.80～0.90
50	—	0.70～0.85

注：1. 采用 I 级、II 级粉煤灰宜取上限值；

2. 采用 S75 级粒化高炉矿渣粉宜取下限值，采用 S95 级粒化高炉矿渣粉宜取上限值，采用 S105 级粒化高炉矿渣粉可取上限值加 0.05；

3. 当超出表中的掺量时，粉煤灰和粒化高炉矿渣粉影响系数应经试验确定。

$$f_{ce} = \gamma_c \times f_{ce,k} \tag{6-9}$$

式中 γ_c——水泥强度等级值富余系数，可按实际统计资料确定；当缺乏实际统计资料时，也可按表 6-19 选用；

$f_{ce,k}$——水泥抗压强度标准值（MPa），如 42.5 级水泥，$f_{ce,k}=42.5$ MPa。

水泥强度等级值得富余系数 γ_c 表 6-19

水泥强度等级值	32.5	42.5	52.5
富余系数	1.12	1.16	1.10

在土木工程建设中，这一混凝土强度推算公式具有实用意义，并已得到普遍使用。例如利用某一强度等级的水泥配制所需强度的混凝土时，可用此式估算所采用的水胶比；或在已知所采用的水泥强度等级及水胶比时，可估算混凝土 28d 龄期时的抗压强度。值得指出的是，该推算公式主要适用于流动性混凝土及低流动性混凝土，对于干硬性混凝土则偏差较大。

（2）骨料的影响

混凝土骨料级配良好、砂率适当时，由于组成了坚强密实的骨架，有利强度提高。碎石表面粗糙富有棱角，与水泥石胶结性好，且骨料颗粒间有嵌固作用，所以在原材料及坍落度相同情况下，用碎石拌制的混凝土较用卵石时强度高。当水胶比小于 0.40 时，碎石混凝土强度可比卵石混凝土高约三分之一。但随着水胶比的增大，两者强度差值逐渐减小，当水胶比达 0.65 后，两者的强度差异就不太显著了。这是因为当水胶比很小时，影响混凝土强度的主要因素是界面强度，而当水胶比很大时，则水泥石强度成为主要因素。

混凝土中骨料质量与水泥质量之比称为骨灰比。骨灰比对 35MPa 以上的混凝土强度影响很大。在相同水胶比和坍落度下，混凝土强度随骨灰比的增大而提高，其原因可能是骨料增多后表面积增大，吸水量也增加，从而降了了有效水胶比，使混凝土强度提高。另外因水泥浆相对含量减少，致使混凝土内总孔隙体积减小，也有利于混凝土强度的提高。

（3）养护温度及湿度的影响

温度是决定水泥水化作用速度快慢的重要条件，养护温度高，水泥早期水化速度快，混凝土的早期强度就高。但实验表明，混凝土硬化初期的温度对其后期强度有影响，混凝土初始养护温度越高，其后期强度增进率就越低。这是因为较高初始温度（40℃以上）下水泥水化速率的加快，使正在水化的水泥颗粒周围聚集了高浓度的水化产物，这样就减缓了此后的水化速度，并且使水化产物来不及扩散而形成不均匀分布的多孔结构，成为水泥浆体中的薄弱区，从而对混凝土长期强度产生了不利影响。相反，在较低养护温度（如5～20℃）下，虽然水泥水化缓慢，水化产物生成速率低，但有充分的扩散时间形成均匀的结构，从而获得较高的最终强度，不过养护时间要长些。养护温度对混凝土 28d 强度发展的影响见图 6-12。当温度降至 0℃ 以下时，水泥水化反应停止，混凝土强度停止发展，而且这时还会因混凝土中的水结冰产生体积膨胀（约 9%），而对孔壁产生相当大的压应力（可达 100MPa），从而致使硬化中的混凝土结构遭到破坏，导致混凝土已获得的强度受到损失。所以冬期施工混凝土时，要特别注意保温养护，以免混凝土早期受冻破坏。混凝土强度与冻结龄期的关系见图 6-13。

　　周围环境的湿度对水泥的水化作用能否正常进行有显著影响：湿度适当，水泥水化便能顺利进行，使混凝土强度得到充分发展。如果湿度不够，混凝土会失水干燥而影响水泥水化作用的正常进行，甚至停止水化。这不仅严重降低混凝土的强度，而且因水化作用未能完成，使混凝土结构疏松，渗水性增大，或形成干缩裂缝，从而影响混凝土耐久性。

　　（4）龄期

　　龄期是指混凝土在正常养护条件下所经历的时间，即自混凝土配制时加水时间开始至某一时刻的延续时间。在正常养护条件下，混凝土的强度随龄期的增长而不断发展，最初 7~14d 内强度发展较快，以后便逐渐缓慢。尽管通常所指强度是 28d 强度，但 28d 后强度仍在发展，只是发展速度较慢。其实，只要温度和湿度条件适当，混凝土的强度增长过程很长，可延续数十年之久。从混凝土强度与龄期的关系可以看出这一趋势，见图 6-14。

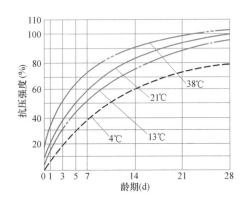

图 6-12　养护温度对混凝土强度的影响

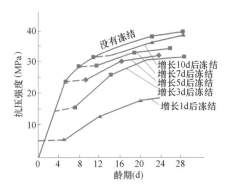

图 6-13　混凝土强度与冻结龄期的关系

　　实践证明，在标准养护条件下，普通水泥混凝土强度的发展大致与其龄期的对数呈正比例关系，可利用这种关系估算不同龄期的混凝土强度：

$$\frac{f_n}{f_{28}} = \frac{\lg n}{\lg 28} \qquad (6\text{-}10)$$

式中　f_n——混凝土 nd 龄期的抗压强度
　　　　　　（MPa）；

　　　　f_{28}——混凝土 28d 龄期的抗压强度
　　　　　　（MPa）；

　　　　n——养护龄期（d），且 $n \geqslant 3d$。

　　（5）施工方法的影响

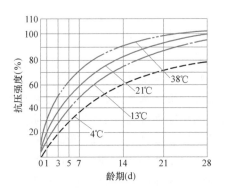

图 6-14　养护龄期对混凝土强度的影响

　　拌制混凝土时采用机械搅拌比人工拌合更为均匀，对水灰比小的混凝土拌合物，采用强制式搅拌机比自由落体式效果更好。实践证明，在相同配合比和成型密实条件下，机械搅拌的混凝土强度一般要比人工搅拌时的提高 10% 左右。

　　浇筑混凝土时采用机械振动成型比人工捣实要密实得多，这对低水灰比的混凝土尤为显著。由于在振动作用下，暂时破坏了水泥浆的凝聚结构，降低了水泥浆的黏度，同时骨料间的摩阻力也大大减小，从而使混凝土拌合物的流动性提高，得以很好地填充模具，且内部孔隙减少，有利混凝土的密实度和强度提高。

　　另外，采用分次投料搅拌新工艺，也能提高混凝土强度。其原理是将骨料和水泥投入搅拌机后，先加少量水拌合，使骨料表面裹上一层水灰比很小的水泥浆，此称"造壳"，以有效地改善骨料界面结构，从而提高混凝土的强度。这种混凝土称为"造壳混凝土"。

　　（6）试验条件的影响

　　同一批混凝土试件，在不同试验条件下，所测抗压强度值会有所差异，其中最主要的影响因素是加荷速度。加荷速度越快，测得的强度值越大，反之则小。当加荷速度超过 1.0MPa/s 时，强度增大更加显著，如图 6-15 所示。

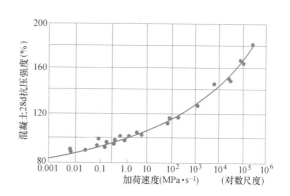

图 6-15　加荷速度对混凝土强度的影响

　　7）提高混凝土强度的措施

　　（1）采用高强度等级水泥或早强型水泥

　　在混凝土配合比不变的情况下，采用高强度等级水泥可提高混凝土各龄期强度；采用早强型水泥可提高混凝土的早期强度，有利于加快施工进度。

　　（2）采用低水胶比的干硬性混凝土

　　降低水胶比是提高混凝土强度最有效的途径之一。低水胶比的干硬性新拌混凝土中自由水分少，硬化后留下的孔隙少，混凝土密实度高，强度可显著提高。但水胶比过小，将影响混凝土的流动性，造成施工困难；可采取同时掺加混凝土减水剂的办法，使混凝土在较低水胶比的情况下，仍具有良好的和易性。

　　（3）采用机械搅拌与振实等强化施工工艺

　　在施工中，对于干硬性混凝土或低流动性混凝土，必须同时采用机械搅拌和机械振捣混凝土，使其成型密实，强度提高。采用二次搅拌工艺，可改善混凝土骨料与水泥石之间的界面缺陷，有效提高其强度。采用先进的高频振动、变频振动及多向振动设备，具有更佳的振动效果，也可获得较高的混凝土强度。

　　（4）采用湿热处理养护混凝土

　　① 蒸汽养护

　　蒸汽养护是将混凝土放在近 100℃ 的常压蒸汽中进行养护，以加速水泥的水化作用，经 16h 左右，其强度可达正常条件下养护 28d 强度的 70%～80%。因此蒸汽养护混凝土的目的，在于获得足够的高早强，以致可以加快拆模，提高模板及场地的周转率，有效提高生产和降低成本。但对由普通水泥或硅酸盐水泥配制的混凝土，其养护温度不宜超过 80℃，否则待其再自然养护至 28d 时的强度，将比一直在自然养护下至 28d 的强度低 10% 以上，这是由于水泥的快速水化，致使在水泥颗粒外表过早地形成水化产物的凝胶膜层，阻碍了水分深入内部进一步水化。

② 蒸压养护

蒸压养护是将混凝土放在温度175℃及8个大气压的压蒸釜中进行养护，在此高温高压下水泥水化时析出的氢氧化钙与二氧化硅反应，生成结晶较好的水化硅酸钙，可有效地提高混凝土的强度，并加速水泥的水化与硬化。这种方法对掺有活性混合材的水泥更为有效。

（5）掺加混凝土外加剂和掺合料

混凝土掺加外加剂是使其获得早强、高强的重要手段之一。混凝土中掺入早强剂，可显著提高其早期强度；掺入减水剂尤其是高效减水剂可大幅度减少拌合用水量，使混凝土获得很高的28d强度。若掺入早强减水剂，则能使混凝土的早期和后期强度均明显提高。对于目前国内外正在研制和应用的高强和高性能混凝土，除了必须掺入高效减水剂外，还同时掺加硅粉等矿物掺合料，这使人们很容易配制出C50～C100的混凝土，以适应现代高层及大跨度建筑的需要。

2. 硬化混凝土的变形性能

混凝土在硬化和使用过程中，由于受物理、化学及力学等因素的影响，常会发生各种变形，这些变形是导致混凝土产生裂缝的主要原因之一，从而影响混凝土的强度及耐久性。混凝土的变形通常有以下几种。

1）化学减缩

混凝土在硬化过程中，由于水泥水化生成物的固相体积，小于水化前反应物的总体积，从而致使混凝土产生体积收缩，此称化学减缩。混凝土的化学收缩是不能恢复的，其收缩量随混凝土硬化龄期的延长而增加，一般在40d内渐趋稳定。混凝土的化学收缩值很小（小于1%），对混凝土结构物没有破坏作用，但在混凝土内部可能产生微细裂缝。

2）干湿变形

混凝土因周围环境的湿度变化，会产生干缩湿胀变形，这种变形是由于混凝土中水分的变化所致。混凝土中的水分有自由水（即孔隙水）、毛细管水及凝胶粒子表面的吸附水三种，当后两种水发生变化时，混凝土就会产生干湿变形。

当混凝土在水中硬化时，由于凝胶体中的胶体粒子表面的吸附水膜增厚，胶体粒子间距离增大，这时混凝土会产生微小的膨胀，这种湿胀对混凝土无危害。

当混凝土在空气中硬化时，首先失去自由水，继续干燥时则毛细管水蒸发，这时将使毛细孔中负压增大而产生收缩力，再继续受干燥则吸附水蒸发，从而引起胶体失水而紧缩。以上这些作用的结果就致使混凝土产生干缩变形。干缩后的混凝土若再吸水变湿时，其干缩变形大部分可恢复，但有30%～50%是不可逆的。混凝土的干缩变形对混凝土危害较大，它可使混凝土表面产生较大的拉应力而引起许多裂纹，从而降低混凝土的抗渗、抗冻、抗侵蚀等耐久性能。混凝土的湿胀干缩变形见图6-16所示。

混凝土的干缩变形是用100mm×100mm×515mm的标准试件，在规定试验条件下测得的干缩率来表示的，其值可达$(3\sim5)\times10^{-4}$。用这种小试件测得的混凝土干缩率，只能反映混凝土

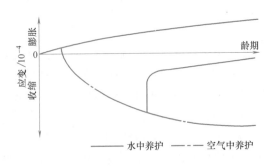

图6-16　混凝土的湿胀干缩变形

的相对干缩性，而实际构件的尺寸要比试件大得多，又构件内部的干燥过程较为缓慢，故实际混凝土构件的干缩率远小于试验值。结构设计中混凝土干缩率取值为（1.5～2.0）×10^{-4}，即每米混凝土收缩 0.15～0.20mm。

影响水泥混凝土干缩变形的因素很多，主要有以下 4 个方面：

（1）水泥用量、细度及品种的影响

由于混凝土的干缩变形主要是水泥石的干缩所致，而骨料具有限制干缩的作用。因此，当水灰比不变时，混凝土中水泥浆量越多，其干缩率就越大。水泥颗粒越细，干缩也越大。采用掺混合材料较多的水泥所配制的混凝土，比用普通水泥配制的混凝土干缩率大。其中火山灰水泥混凝土的干缩率最大，粉煤灰水泥混凝土的干缩率较小。

（2）水胶比的影响

当混凝土中的胶凝材料用量不变时，混凝土的干缩率将随着水胶比的增大而增加。混凝土单位用水量的多少，也是影响其干缩率的重要因素，一般用水量每增加 1% 时，干缩率增大 2%～3%。因此，塑性混凝土的干缩率较干硬性混凝土大得多。

（3）骨料质量的影响

混凝土用骨料的弹性模量较大时，则其干缩率较小。混凝土采用吸水率较大的骨料时，其干缩率就较大。骨料的含泥量较多时，也会增大混凝土的干缩性。通常，骨料粒径较大且级配良好时，也会因骨料的稳定约束作用和混凝土中水泥浆用量的减少而使其干缩率较小。

（4）施工质量的影响

利用可靠的成型密实工艺和长期稳定的保湿养护，可推迟混凝土干缩变形的发生和发展，但对混凝土的最终干缩率无显著影响。采用湿热处理养护的混凝土，可减小混凝土的干缩率。

3）温度变形

混凝土与其他材料一样，也具有热胀冷缩的性质。混凝土的温度膨胀系数约为 10×10^{-6}，即温度升高 1℃，每米膨胀 0.01mm。温度变形对大体积混凝土及大面积混凝土工程极为不利。

在混凝土硬化初期，水泥水化放出较多的热量，散热较慢，因此在大体积混凝土内部的温度较外部高，有时可达 50～70℃。这将使内部混凝土的体积产生较大的膨胀，而外部混凝土却随气温降低而收缩。内部膨胀和外部收缩互相制约，在外表混凝土中将产生很大拉应力，严重时使混凝土产生裂缝。因此，对大体积混凝土工程，必须尽量设法减小混凝土发热量，如采用低热水泥、减少水泥用量、采取人工降温等措施。一般纵长的钢筋混凝土结构物，应采取每隔一段长度设置伸缩缝以及在结构物中设置温度钢筋等措施。

4）在荷载作用下的变形

（1）在短期荷载作用下的变形

混凝土内部结构中含有砂石骨料、水泥石（水泥石中又存在着凝胶、晶体和未水化的水泥颗粒）、游离水分和气泡，这就决定了混凝土本身的不匀质性。混凝土是一种弹塑性体，它在受力时，既会产生可恢复的弹性变形，又会产生不可恢复的塑性变形，其应力与应变之间的关系不是直线而是曲线，如图 6-17 所示。在静力试验的加荷过程中，若加荷至应力为 σ、应变为 ε 的 A 点，然后将荷载逐渐卸去，则卸荷时的应力-应变曲线如弧线

AC 所示。卸荷后能恢复的应变 $\varepsilon_{弹}$ 是由混凝土的弹性作用引起的，称为弹性应变；剩余的不能恢复的应变 $\varepsilon_{塑}$ 则是由于混凝土的塑性性质引起的，称为塑性应变。

在重复荷载作用下的应力-应变曲线，因作用力的大小而有不同的形式。当应力小于 $(0.3\sim0.5)f_a$ 时，每次卸荷都残留一部分塑性变形（$\varepsilon_{塑}$），但随着重复次数的增加，$\varepsilon_{塑}$ 的增量逐渐减小，最后曲线稳定于 $A'C'$ 线。它与初始切线大致平行，如图 6-18 所示。若所加应力 σ 在 $(0.5\sim0.7)f_a$ 以上重复时，随着重复次数的增加，塑性应变逐渐增加，将导致混凝土疲劳破坏。

在应力-应变曲线上任一点的应力 σ 与其应变 ε 的比值，叫做混凝土在该应力下的变形模量。它反映混凝土所受应力与所产生应变之间的关系。在计算钢筋混凝土的变形、裂缝开展及大体积混凝土的温度应力时，均需知道该时混凝土的变形模量。在混凝土结构或钢筋混凝土结构设计中，常采用一种按标准方法测得的静力受压弹性模量 E_0。

在静力受压弹性模量试验中，使混凝土的应力在 $0.4f_a$ 水平下经过多次反复加荷和卸荷，最后所得应力-应变曲线与初始切线大致平行，这样测出的变形模量称为弹性模量 E_c。故 E_c 在数值上与 $\tan\alpha$ 相近。

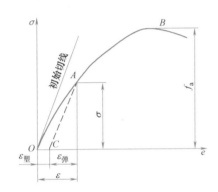

图 6-17　混凝土在压力作用下的应力-应变曲线

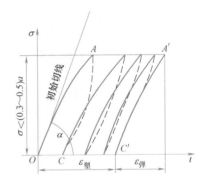

图 6-18　低应力下重复荷载的应力-应变曲线

混凝土的强度越高，弹性模量越高，两者存在一定的相关性。当混凝土的强度等级由 C20 增高到 C60 时，其弹性模量由 1.75×10^4 MPa 增至 3.60×10^4 MPa。

混凝土的弹性模量随其骨料与水泥石的弹性模量而异。由于水泥石的弹性模量一般低于骨料的弹性模量，所以混凝土的弹性模量一般略低于其骨料的弹性模量。在材料质量不变的条件下，混凝土的骨料含量较多、水灰比较小、养护较好及龄期较长时，混凝土的弹性模量就较大。蒸汽养护的弹性模量比标准养护的低。

（2）混凝土在长期荷载作用下的变形

混凝土在长期荷载作用下会发生徐变现象。混凝土的徐变是指其在长期恒载作用下，随着时间的延长，沿着作用力的方向发生的变形，一般要延续 2～3 年才逐渐趋向稳定。这种随时间而发展的变形性质，称为混凝土徐变。混凝土不论是受压、受拉或受弯时，均会产生徐变现象。混凝土在长期荷载作用下，其变形与持荷时间的关系如图 6-19 所示。

由图可知，当混凝土受荷后立即产生瞬时变形，这时主要为弹性变形，随后则随受荷时间的延长而产生徐变变形，此时以塑性变形为主。当作用应力不超过一定值时，这种徐变变形在加载初期较快，以后逐渐减慢，最后渐行停止。混凝土的徐变变形为瞬时变形的

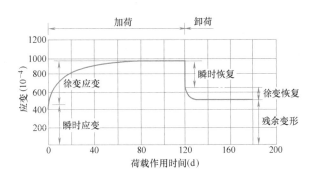

图 6-19 混凝土的应变与持荷时间的关系

$2\sim3$ 倍，徐变变形量可达 $(3\sim15)\times10^{-4}$，即 $0.3\sim1.5$mm/m。混凝土在长期荷载下持荷一定时间后，若卸除荷载，则部分变形可瞬时恢复，接着还有少部分变形将在若干天内逐渐恢复，此称徐变恢复，最后留下的是大部分不能恢复的残余变形。

混凝土产生徐变的原因，一般认为是由于在长期荷载作用下，水泥石中的凝胶体产生黏性流动，向毛细管内迁移，或者凝胶体中的吸附水或结晶水向内部毛细孔迁移渗透所致。

混凝土的徐变与很多因素有关，但可认为，混凝土徐变是其水泥石中毛细孔相对数量的函数，即毛细孔数量越多，混凝土的徐变越大，反之则小。因此对于硬化龄期越长、结构越密实、强度越高的混凝土，其徐变越小。当混凝土在较早龄期加载时，产生的徐变较大；水灰比较大的混凝土徐变也较大；混凝土中骨料用量较多者徐变较小，混凝土所用骨料弹性模量较大、级配较好及最大粒径较大时，其徐变较小；经充分湿养护的混凝土徐变较小。此外，混凝土的徐变还与受荷应力种类、试件尺寸及试验时的温度等因素有关。

混凝土的徐变对结构物的影响有有利方面，也有不利方面。有利的是徐变可消除钢筋混凝土内的应力集中，使应力产生重分配，从而使结构物中局部集中应力得到缓和。对大体积混凝土则能消除一部分由于温度变形所产生的破坏应力。不利的是使预应力钢筋混凝土的预应力值受到损失。

6.3.2 硬化后混凝土的耐久性

用于建筑物和构筑物的混凝土，不仅应具有设计要求的强度，以保证其能安全承受荷载作用，还应具有耐久性能，能满足在所处环境及使用条件下经久耐用要求。

1. 混凝土耐久性的含义

混凝土的耐久性可定义为混凝土在长期外界因素作用下，抵抗外部和内部不利影响的能力。它是决定混凝土结构是否经久耐用的一项重要性能。

长期以来，人们认为混凝土的耐久性良好，从而导致单纯追求其强度的现象。但实践证明，混凝土在长期环境因素的作用下，会发生破坏。因此，在设计混凝土结构时，强度与耐久性必须同时予以考虑。只有耐久性良好的混凝土，才能延长结构使用寿命、减少维修保养工作量、提高经济效益，适应现代化建设需要与可持续发展的战略需求。

混凝土结构耐久性设计的目标就是保证混凝土结构在规定的使用年限内，在常规的维修条件下，不出现混凝土劣化、钢筋锈蚀等影响结构正常使用和外观的损坏。它涉及混凝土工程的造价、维护费用和使用年限等问题，因此，在设计混凝土结构时，强度与耐久性必须同时予以关注。耐久性良好的混凝土，对延长结构使用寿命、减少维修保养工作量、提高经济效益和社会效益等具有十分重要的意义。

2. 混凝土常见的几种耐久性

1）混凝土的抗渗性

混凝土的抗渗性是指混凝土抵抗压力液体（水、油、溶液等）渗透作用的能力。抗渗性是决定混凝土耐久性的最基本因素，如果其抗渗性较差，水等液体介质不仅易渗入内部，当环境温度降至负温或环境水中含有侵蚀性介质时，混凝土还易遭受冰冻或侵蚀破坏，对钢筋混凝土也容易引起其内部钢筋锈蚀所造成的各种危害。因此，对地下建筑、水池、水塔、压力水管、水坝、油罐以及港工、海工等工程，通常把混凝土抗渗性作为一个最重要的技术指标。

混凝土的抗渗性用抗渗等级 P 表示。根据《普通混凝土长期性能和耐久性能试验方法标准》GB/T 50082—2009 的规定，混凝土抗渗等级测定采用顶面直径为 175mm、底面直径为 185mm、高为 150mm 的圆台体标准试件，在规定试验条件下测至 6 个试件中有 3 个试件端面渗水时为止，则混凝土的抗渗等级以 6 个试件中 4 个未出现渗水时的最大水压力计算，计算公式如下：

$$P = 10H - 1 \tag{6-11}$$

式中　P——混凝土抗渗等级；

　　　H——6 个试件中 3 个渗水时的水压力（MPa）。

混凝土抗渗等级分为 P4、P6、P8、P10 及 P12 五级，相应表示混凝土能抵抗 0.4、0.6、0.8、1.0、1.2（MPa）的水压力而不渗水。设计时应按工程实际承受的水压选择抗渗等级。

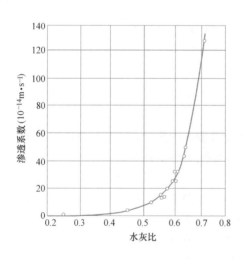

图 6-20　硬化水泥石的渗透系数与水灰比的关系曲线

普通混凝土不抗渗，其渗水的原因是由于其内部存在有连通的渗水孔道，这些孔道主要来源于水泥浆中多余水分蒸发和泌水后留下的毛细管道，以及粗骨料下缘聚积的水隙。另外也可产生于混凝土浇捣不密实及硬化后因干缩、热胀等变形造成的裂缝。由于水泥浆产生的渗水孔道的多少，主要与混凝土的水灰比大小有关，显然，水灰比越小，混凝土抗渗性越好，反之则越差。因此水灰比是影响混凝土抗渗性的主要因素。图 6-20 为硬化水泥石的渗透系数与水灰比的关系曲线。由图可知，当水灰比大于 0.60 时，水泥石的渗透系数剧增，混凝土抗渗性将显著降低。

提高混凝土抗渗性的关键在于提高其密实度和改变其孔隙结构，主要是减少连通空隙及开裂等缺陷。通常采取的措施有：采用尽可能低的水灰比；在混凝土中掺加引气剂、减水剂或细矿物混合材料等以改善其内部结构。

2）混凝土的抗冻性

混凝土抗冻性是指混凝土在饱水状态下，能经受多次冻融循环而不破坏，同时也不严重降低强度的性能。寒冷地区的建筑及建筑物中的寒冷环境（如冷库）对所用混凝土都要求具有较高的抗冻能力。

混凝土的抗冻性以抗冻等级 F 表示。按《普通混凝土长期性能和耐久性能试验方法标准》GB/T 50082—2009 的规定，混凝土抗冻等级的测定，是以标准养护 28d 龄期的立方体试件，在吸水饱和状态下，于 $-20℃\sim-18℃$ 温度下冻结，然后在 $18℃\sim20℃$ 温度下融化，如此反复循环，最后以抗压强度损失率不超过 25％和质量损失率不超过 5％时混凝土所能承受的最大冻融循环次数来表示。混凝土的抗冻等级分为 F10、F15、F25、F50、F100、F150、F200、F250 和 F300 共 9 个等级，其中数字即表示混凝土能经受的最大冻融循环次数。例如其中 F150 表示混凝土在满足上述条件的情况下，能够承受冻融循环的次数不少于 150 次。

以上测定混凝土抗冻性的方法称为慢冻法，对于抗冻性要求高的混凝土，可采用快冻法。快冻法是采用 $100mm\times100mm\times400mm$ 的棱柱体试件，以混凝土耐快速冻融循环后，同时满足相对动弹性模量下降至不小于 60％、质量损失率不超过 5％时的最大循环次数表示。工程中应根据气候条件或环境温度、混凝土所处部位及经受冻融循环次数等的不同，对混凝土提出不同的抗冻等级要求。

混凝土受冻融破坏的原因很复杂，其主要破坏源是混凝土内部孔隙和毛细孔道中的水在负温下结冰时体积膨胀造成的静水压力，以及内部因冰、水蒸气压的差别迫使未冻水向冻结区的迁移所造成的渗透压力。当这两种压力产生的内应力超过混凝土的抗拉强度时，就会产生微细裂缝，经多次冻融循环后就会使微细裂缝逐渐增多和扩展，从而造成对混凝土内部结构的逐渐破坏。

混凝土的抗冻性与其内部孔隙等缺陷的数量、孔隙特征、孔隙内充水程度、环境温度降低的程度及速度等有关。当混凝土的水灰比较小、密实度较高、含封闭小孔较多或开口孔中充水不满时，则其抗冻性好。可见，提高混凝土抗冻性应提高其密实度或改善其孔结构。

工程实际中，混凝土的抗冻等级应根据气候条件或环境温度、混凝土所处部位，以及可能遭受冻融循环的次数等因素来确定。对于有抗冻要求的混凝土，通常要求其水灰比较小，且应采用质量可靠的原材料及良好的配比，还可通过掺加引气剂或引气型减水剂等手段，使混凝土中含有适量封闭孔隙，以显著提高其抗冻性。

3）混凝土的氯离子传输性

氯离子的危害性是多方面的，其进入混凝土中通常有两种途径：① "内掺"，即在前期混凝土尚未搅拌成型前，Cl⁻ 就已经存在其中；② "外渗"，即后期混凝土已浇筑成型后，Cl⁻ 通过各种方式渗入其中。

氯离子对混凝土中钢筋的锈蚀主要有 4 种方式：①局部去碱性使其酸化，破坏该处的钝化膜；②形成腐蚀电池；③阳极去极化作用，加速腐蚀电池的反应；④降低混凝土的电阻，增强其导电性。另外混凝土水泥砂浆中存在的未被完全水化的铝酸三钙（C_3A）在高碱性环境下与氯盐作用生成难溶性复盐，降低孔隙液中游离的氯离子，其反应形成复盐的过程会发生体积膨胀导致混凝土内部微结构的变化。

混凝土作为一种非均质材料，内部不可避免地存在不同类型与尺寸的孔隙及微裂缝，从而导致水分及其他有害物质通过各种途径进入混凝土。氯离子在混凝土内的侵蚀是一个复杂的传输过程，通常情况下，随着混凝土所处环境的不同，Cl⁻侵入混凝土中的机理也不相同。有学者指出，当混凝土暴露在氯盐环境中时，Cl⁻进入混凝土内部的迁移方式比较复杂且至少有扩散、渗透、毛细作用、吸附、结合和弥散等方式；其中，扩散、渗透、毛细作用、电化学迁移和结合是主要的迁移方式，下面简要介绍一下其机理：

（1）扩散过程：扩散过程是最常见的迁移方式，所谓扩散是指混凝土内部与表面氯离子存在浓度差，氯离子在浓度差作用下发生从高浓度到低浓度的定向迁移现象。根据单位时间内通过垂直扩散平面内的物质量稳定与否，可分为稳态扩散过程和非稳态扩散过程。扩散作用存在的条件是：混凝土内部必须有连续的液相，同时氯离子溶液存在浓度差。

（2）对流过程：对流过程是指离子随着载体溶液发生整体迁移的现象。氯离子在混凝土中发生的对流主要包括渗透作用和毛细管作用。

（3）电化学迁移：存在电位差的情况下，带负电荷的氯离子会向电位高的方向移动。氯离子在混凝土中的电迁移在自然环境下一般不会发生，只有在人工干预下才会实现。

（4）结合作用：混凝土具有一定氯离子结合能力，实际上，混凝土是一种非均质材料，其在形成和使用过程中内部存在结构微缺陷或损伤；在混凝土中某些水化产物和未水化的水泥矿料会与氯离子发生物理吸附和化学结合作用。

4）混凝土的碳化

（1）混凝土碳化的含义

混凝土的碳化是指在湿度相宜时，混凝土内水泥石中的氢氧化钙与空气中的二氧化碳发生化学反应并生成碳酸钙和水的过程，该过程也称为混凝土的中性化。碳化是二氧化碳由表及里逐渐向混凝土内部扩散的过程。碳化引起水泥石化学组成及组织结构的变化，将对混凝土的碱度、强度和收缩产生影响。通常，混凝土的碳化深度随时间的延长而增长，但增长速度逐渐减慢。实践证明，混凝土的碳化深度大致与其碳化时间的平方根成正比，可用下式表示：

$$D = \alpha\sqrt{t} \qquad\qquad (6\text{-}12)$$

式中　D——混凝土碳化深度（mm）；

　　　t——混凝土碳化时间（d 或 a）；

　　　α——碳化速度系数；它反映了混凝土抗碳化能力的强弱，且与其原材料有关；α值越大，混凝土碳化速度越快，则抗碳化能力越差。

（2）碳化对混凝土性能的影响

碳化对混凝土性能既有有利的影响，也有不利的影响。其不利影响，主要是碱度降低，减弱了对钢筋的保护作用。这是因为混凝土中水泥水化生成大量的氢氧化钙，使钢筋处在碱性环境中而在表面生成一层钝化膜，保护钢筋不易锈蚀。但当碳化深度穿透混凝土保护层达到钢筋表面时，使钢筋钝化膜被破坏而发生锈蚀，从而产生体积膨胀，致使混凝土保护层产生开裂。开裂后的混凝土更有利于二氧化碳、水、氧等有害介质的进入，加速碳化的进行和钢筋的锈蚀，最后导致混凝土产生顺筋开裂而破坏。另外，碳化作用会增加混凝土的收缩，引起混凝土表面产生拉应力而出现微细裂缝，从而降低混凝土的抗拉、抗折强度及抗渗能力。

碳化作用对混凝土也有一些有利影响，即碳化作用产生的碳酸钙填充了水泥石的孔隙，以及碳化时放出的水分有助于未水化水泥的继续水化，从而可提高混凝土碳化层的密实度，并对提高其强度与硬度有利。如混凝土预制基桩就可以利用碳化来提高桩的表面硬度。

（3）影响混凝土碳化速度的主要因素

① 环境中二氧化碳的浓度。二氧化碳浓度越大，混凝土碳化作用越快。一般室内混凝土碳化速度较室外快，铸工车间建筑的混凝土碳化更快。

② 环境湿度。当环境的相对湿度在 $50\%\sim75\%$ 时，混凝土碳化速度最快，当相对湿度小于 25% 或达 100% 时，碳化将停止进行，这是因为前者环境中水分太少，而后者环境使混凝土孔隙中充满水，二氧化碳不得渗入扩散。

③ 水泥品种。普通水泥水化产物碱度高，故其抗碳化能力优于矿渣水泥、火山灰水泥及粉煤灰水泥，故水泥随混合材料掺量的增多而碳化速度加快。

④ 水胶比。水胶比越小，混凝土越密实，二氧化碳和水不易渗入，故碳化速度就慢。

⑤ 外加剂。混凝土中掺入减水剂、引气剂或引气减水剂时，由于可降低水灰比或引入封闭小气泡，故可使混凝土碳化速度明显减慢。

⑥ 施工质量。混凝土施工振捣不密实或养护不良时，致使密实度较差而加快混凝土的碳化；经蒸汽养护的混凝土，其碳化速度较标准条件养护时的为快。

（4）防止混凝土碳化的措施

① 在钢筋混凝土结构中，保证足够的混凝土保护层厚度，使碳化深度在建筑物设计年限内不会达到钢筋表面。

② 根据工程所处环境和使用条件，合理选用水泥品种。

③ 采用较低的水胶比和较多的水泥用量。

④ 使用减水剂等，改善混凝土的和易性，提高混凝土的密实度。

⑤ 在混凝土表面涂刷保护层（如聚合物砂浆、涂料等）或粘贴面层材料（如贴面砖等），防止二氧化碳侵入。

⑥ 加强施工质量控制，保证混凝土的振捣质量并加强养护，减少或避免混凝土出现蜂窝等质量事故。

5）混凝土的碱-骨料反应

碱-骨料反应是指混凝土内水泥中的碱性氧化物-氧化钠和氧化钾，与骨料中的活性二氧化硅发生化学反应，生成碱-硅酸凝胶，其吸水后会产生很大的体积膨胀（体积增大可达 3 倍以上），从而导致混凝土产生膨胀开裂而破坏，这种现象称为碱-骨料反应。有些骨料还可能与水泥中的强碱产生碱-碳酸盐反应而造成界面结构破坏，也属于碱-骨料反应破坏的表现。

（1）混凝土发生碱-骨料反应必须具备的三个条件

① 水泥中或混凝土中的碱含量高。当水泥中碱含量大于 0.6% 时，就很有可能产生碱-骨料反应破坏。

② 砂、石骨料中含有活性二氧化硅等可产生碱-骨料的成分。有些矿物（如蛋白石、玉髓、鳞石英等）含有活性二氧化硅等可产生碱-骨料的成分，它们常存在于流纹岩、安山岩、凝灰岩等天然岩石中。当其含量达到一定程度时，就容易导致对混凝土结构的危害。

③ 有水存在。在干燥情况下，混凝土不可能发生碱-骨料膨胀反应，因此潮湿环境中的混凝土结构尤其要注意碱-骨料反应的危害。

（2）防止混凝土碱-骨料反应的措施

① 使用含碱量小于 0.6％的水泥或采用能抑制碱-骨料反应的掺合料。

② 当使用含钾、钠离子的混凝土外加剂时，必须进行专门试验。

③ 对钢筋混凝土采用海砂配制时，砂中氯离子含量不应大于 0.06％。

④ 对预应力混凝土则不宜用海砂，若必须使用时，应经淡水冲洗至氯离子含量不得大于 0.02％。

3. 提高混凝土耐久性的措施

基于混凝土选用原材料的多样性和生产过程的复杂性，混凝土的耐久性取决于很多因素。为了使混凝土具有与工程环境条件相适应的耐久性，主要从原材料的选用、预防钢筋的锈蚀、避免或减轻碱-骨料反应、加强混凝土施工工艺控制等方面采取措施。

从原材料的选用方面采取措施如下：①采用品质稳定、强度等级不低于 42.5 级的低碱硅酸盐水泥或低碱普通硅酸盐水泥（掺合料仅为粉煤灰或磨细矿渣），品质应符合《通用硅酸盐水泥》GB 175—2007 规定；②选用粗骨料时，应在相应的设计要求下，选择级配良好并且质地坚硬的花岗岩、石灰岩或是辉绿岩等空隙率小并且吸水率低的球形卵石，其含泥量应不大于 0.5％，片状颗粒的含量应小于 5％，压碎指标应小于 10％；③选择细骨料时，应尽可能地选择质量均匀并且级配良好的天然中粗砂，如果是不建议采用山砂和机制砂的，同时更是禁止采用海砂的，细骨料的细度模数应在 2.5～3.0 的范围内，砂的含泥量应小于 1.5％，其泥块含量应小于 0.1％，同时应准确控制其泥土和云母的含量；④适当掺用优质 I 级粉煤灰、磨细矿渣、微硅粉等矿物掺合料或复合矿物掺合料，矿物掺合料掺量不超过水泥用量的 30％，粉煤灰与磨细矿粉复合使用时，两者之比 1∶1；⑤在选用外加剂时，应尽可能地选择坍落度损失小、能适当引气、具有高效减水性能并且能细化混凝土孔结构的外加剂；⑥拌制和养护混凝土用水应符合国家现行《混凝土用水标准》JGJ 63—2006 的要求，凡符合饮用标准的水，即可使用。

预防钢筋锈蚀的措施如下：①采用环氧涂层的方法；②采用混凝土表面涂层的方法。

避免或减轻碱-骨料反应的措施如下：①避免采用碱含量较高的骨料；②采用早强剂为外加剂时，要对其使用提出明确要求。

加强混凝土施工工艺控制的措施如下：保证混凝土施工质量。即要混凝土搅拌均匀、浇捣密实、加强养护，避免产生次生裂缝。

6.4　混凝土的外加剂和掺合料

6.4.1　外加剂

混凝土外加剂是指在混凝土拌制过程中掺入的用以调整和改善混凝土性能的物质，其掺量一般不大于水泥质量的 5％。在混凝土中掺入外加剂，投资少、见效快、技术与经济效果显著，已成为混凝土尤其是高强混凝土和特种混凝土必不可少的组成部分。

混凝土外加剂种类繁多，每一种外加剂常常具有一种或多种功能。混凝土外加剂按其主要功能分为四类：

（1）改善混凝土拌合物流变性能的外加剂，如减水剂、泵送剂、引气剂等。

（2）调节混凝土凝结时间、硬化性能的外加剂，如缓凝剂、早强剂、速凝剂等。

（3）改善混凝土耐久性的外加剂，如引气剂、防水剂、阻锈剂等。

（4）改善混凝土其他性能的外加剂，如加气剂、膨胀剂、防冻剂、着色剂等。

工程中常用的外加剂主要有减水剂、早强剂、缓凝剂、引气剂、防冻剂、膨胀剂、泵送剂等。

1. 减水剂

1）减水剂的分类

按外观形态，分为水剂和粉剂。水剂含固量一般有 20％、40％（又称母液）、60％，粉剂含固量一般为 98％。

按减水剂减水及增强能力，分为普通减水剂（又称塑化剂，减水率不小于 8％，以木质素磺酸盐类为代表）、高效减水剂（又称超塑化剂，减水率不小于 14％，包括萘系、密胺系、氨基磺酸盐系、脂肪族系等）和高性能减水剂（减水率不小于 25％，以聚羧酸系减水剂为代表），并又分别分为早强型、标准型和缓凝型。

按组成材料，分为木质素磺酸盐类、多环芳香族盐类、水溶性树脂磺酸盐类。

按化学成分组成，分为木质素磺酸盐类减水剂类、萘系高效减水剂类、三聚氰胺系高效减水剂类、氨基磺酸盐系高效减水剂类、脂肪酸系高减水剂类、聚羧酸盐系高效减水剂类。

2）减水剂的应用现状

（1）木质素磺酸盐

国内木质素磺酸盐减水剂主要有三方面的出路：①单独用作减水剂配制混凝土；②用于各种早强剂、早强减水剂、缓凝减水剂、缓凝高效减水剂、泵送剂、防水剂等复合外加剂的配制组分；③用于出口。

在国外，木质素磺酸盐被看作是一种环保型的产品，韩国每年从中国进口 16 万 t 液体木质素磺酸盐，英国、美国、日本等也从中国进口木质素磺酸盐，主要是单独作为减水剂使用，或用于复合减水剂产品的原料。

（2）萘磺酸盐减水剂

萘系减水剂是 1962 年日本的服部健一博士发明的一种混凝土添加剂，它是萘磺酸甲醛缩合物的一种化学合成产品，以工业萘、浓硫酸、甲醛、碱为主要原料。在混凝土中添加萘系减水剂不仅能够使混凝土的强度提高，而且还能改善其多种性能，如抗磨损性、抗腐蚀性、抗渗透性等，因此，萘系减水剂广泛应用于公路、桥梁、隧道、码头、民用建筑等行业。

（3）聚羧酸系高性能减水剂

聚羧酸系高性能减水剂是目前世界上最前沿、科技含量最高、应用前景最好、综合性能最优的一种混凝土超塑化剂（减水剂）。聚羧酸系高性能减水剂是羧酸类接枝多元共聚物与其他有效助剂的复配产品。经与国内外同类产品性能比较表明，聚羧酸系高性能减水剂在技术性能指标、性价比方面都达到了当今国际先进水平。

聚羧酸系高性能减水剂于 20 世纪 80 年代中期由日本开发，1985 年开始应用于混凝土工程，20世纪90年代在混凝土工程中大量使用。1998年底日本聚羧酸系产品已占所有高性能减水剂产品总数的60%以上，其用量更是占到高性能减水剂的90%。北美和欧洲各国近几年在聚羧酸系高效减水剂产品方面也推出了一系列产品。

虽然我国减水剂品种主要以第二代萘系产品为主体，但是聚羧酸系高性能减水剂的发展和应用比较迅速。几乎所有国家重大、重点工程中，尤其在水利、水电、水工、海工、桥梁等工程中，聚羧酸系减水剂得到广泛的应用。如三峡工程、龙滩水电站小湾水电站、溪洛渡水电站、锦屏水电站等，还有大小洋山港工程、宁波北仑港二期工程、苏通大桥、杭州湾大桥、东海大桥、磁悬浮工程等。

3）减水剂的技术经济效果

（1）在混凝土用水量、水灰比不变的情况下，提高混凝土拌合物的流动性，如坍落度可以增大50～150mm。

（2）在保持混凝土拌合物流动性及水泥用量不变的情况下，可以减少拌合水量8%～30%，使混凝土强度提高10%～40%，特别是有利于混凝土早期强度提高。

（3）在保持混凝土强度不变的情况下，可以节约水泥用量10%～20%。

（4）提高混凝土抗渗、抗冻、抗化学侵蚀及防锈蚀等能力，改善混凝土的耐久性。

（5）改善混凝土拌合物的泌水、离析现象，延缓混凝土拌合物的凝结时间，减慢水泥水化放热速度等。

4）减水剂的适用范围

减水剂适用于强度等级为C15～C60及以上的泵送或常态混凝土工程，特别适用于配制高耐久、高流态、高保坍、高强以及对外观质量要求高的混凝土工程，对于配制高流动性混凝土、自密实混凝土、清水饰面混凝土极为有利。

普通减水剂宜用于日最低气温5℃以上施工的混凝土。高效减水剂宜用于日最低气温0℃以上施工的混凝土，并适用于制备大流动性混凝土、高强混凝土以及蒸养混凝土。

2. 早强剂

加速混凝土早期强度发展的外加剂称早强剂。早强剂在常温、低温条件下均能显著地提高混凝土的早期强度。

按《混凝土外加剂应用技术规范》GB 50119—2013，混凝土工程中可采用的早强剂有以下三类：

（1）强电解质无机盐类早强剂。如硫酸盐、硫酸复盐、硝酸盐、亚硝酸盐、氯盐等，其中常用的有硫酸钠和氯化钙。

（2）水溶性有机化合物。如三乙醇胺、甲酸盐、乙酸盐、丙酸盐等，其中三乙醇胺用得较多。

（3）其他。有机化合物、无机盐复合物。

早强剂及早强减水剂适用于蒸养混凝土及常温、低温和最低温度不低于−5℃环境中施工的有早强要求的混凝土工程。采用蒸养时，由于不同早强剂对不同品种的水泥混凝土，有不同的最佳蒸养制度，故应先经试验后方能确定蒸养制度。

按《混凝土外加剂应用技术规范》GB 50119—2013规定，掺入混凝土后对人体产生危害或对环境产生污染的化学物质，严禁用作早强剂。如铵盐遇碱性环境会产生化学反应释出氨，对人体有刺激性，故严禁用于办公、居住等建筑工程。又如重铬酸盐、亚硝酸盐、硫氰酸盐等，对人体有一定毒害作用，均严禁用于饮水工程及与食品接触的混凝土工程。

3. 引气剂

引气剂是在混凝土搅拌过程中能引入大量均匀分布、稳定且封闭小气泡的外加剂。按其化学成分可分为松香树脂类、烷基苯磺酸盐类及脂肪醇磺酸盐类三大类，其中以松香树脂类应用最广，主要有松香热聚物和松香皂两种。

松香热聚物是由松香、硫酸、苯酚（石炭酸）在较高温度下进行聚合反应，再经氢氧化钠中和而成的物质。松香皂是将松香加入煮沸的氢氧化钠溶液中经搅拌、溶解、皂化而成，其主要成分为松香酸钠。目前，松香热聚物是工程中最常使用和效果最好的引气剂品种之一。

引气剂的作用机理与减水剂基本相似，区别在于减水剂分子是吸附在液-固界面，而引气剂分子是吸附在液-气界面。混凝土在搅拌过程中必然会混入一些空气，引气剂分子便吸附在液-气界面上，显著降低水的表面张力和界面能，在搅拌力的作用下产生大量气泡。引气剂分子定向排列在泡膜界面上，阻碍泡膜内水分子的移动，增加了泡膜的厚度及强度，使气泡不易破灭；水泥等微细颗粒吸附在泡膜上，水泥浆中的氢氧化钙与引气剂作用生成的钙皂沉积在膜壁表面，也提高了气泡的稳定性。引气剂属憎水性表面活性剂，因引气剂定向吸附在气泡表面，形成大量微小、封闭且均匀分布的气泡，使混凝土的某些性能得到明显改善或改变。

引气剂对混凝土的性能影响很大，其主要影响包括：①改善混凝土拌合物的和易性；②提高混凝土的耐久性；③调节混凝土凝结硬化性能和气体含量；④为混凝土提供特殊性能。

4. 缓凝剂

缓凝剂是指能延缓混凝土凝结时间，并对混凝土后期强度发展无不利影响的外加剂，兼有缓凝和减水作用的外加剂称为缓凝减水剂。缓凝剂、缓凝减水剂主要有四类：糖类、木质素磺酸盐类、羟基羧酸类及盐类。常用的缓凝剂是木钙和糖蜜，其中糖蜜的缓凝效果最好。

有机类缓凝剂多为表面活性剂，掺入混凝土中，能吸附在水泥颗粒表面，并使其表面的亲水膜带有同性电荷，从而使水泥颗粒相互排斥，阻碍了水泥水化产物的凝聚。

无机类缓凝剂往往是在水泥颗粒表面形成一层难溶的薄膜，对水泥颗粒的正常水化起阻碍作用，从而导致缓凝。

缓凝剂能使新拌混凝土在较长时间内保持塑性状态，以便于有足够的时间进行浇筑成型等施工操作，并能降低水泥的早期水化热。

5. 防冻剂

能使混凝土在负温下硬化，并在规定时间内达到足够防冻强度的外加剂，称为混凝土防冻剂。混凝土防冻剂绝大多数均为复合外加剂，通常由防冻组分、早强组分、减水组分或引气组分等复合而成。各组分常用物质及其作用如下：

（1）防冻组分。常用物质为氯化钙、氯化钠、亚硝酸钠、硝酸钠、硝酸钙、硝酸钾、碳酸钾、硫代硫酸钠、尿素等。其作用是降低水的冰点，使水泥在负温下仍能继续进行水化。

（2）早强组分。常用物质为氯化钙、氯化钠、硫代硫酸钠、硫酸钠等。其作用是提高混凝土的早期强度，以抵抗水结冰产生的膨胀应力。

（3）减水组分。常用物质为木质素磺酸钙、木质素磺酸钠、煤焦油系减水剂等。其作用是减少混凝土拌合用水量，以达到减少混凝土中的冰含量，并使冰晶粒度细小且均匀分散，减轻对混凝土的破坏应力。

（4）引气组分。常用物质为松香热聚物、木质素磺酸钙、木质素磺酸钠等。其作用是向混凝土中引入适量的封闭微小气泡，减轻冰胀应力。

值得指出的是，防冻剂的作用效果主要体现在对混凝土早期抗冻性的改善，其使用应慎重，特别应确保其对混凝土后期性能不会产生显著的不利影响。

6. 膨胀剂

掺加入混凝土中后能使其产生补偿收缩或微膨胀的外加剂称为膨胀剂。普通水泥混凝土硬化过程中的特点之一就是体积收缩，这种收缩会使其物理力学性能受到明显的影响，因此，通过化学的方法使其本身在硬化过程中产生体积膨胀，可以弥补其收缩的影响，从而改善混凝土的综合性能。

7. 泵送剂

泵送剂是指能改善混凝土拌合物泵送性能的外加剂，可分为引气型（主要组分为高效减水剂、引气剂，或引气型减水剂等）和非引气型（主要组分为高效减水剂、缓凝型减水剂、保塑剂等）两类。常用的泵送剂多为引气型，而且夏季时多采用具有缓凝作用的泵送剂。对于远距离输送的泵送混凝土，必须掺加抑制流动性损失的保塑剂（也称为坍落度损失抑制剂）。

泵送剂主要由高效减水剂、缓凝剂、引气剂、助泵剂等组成，引气剂起到保证混凝土拌合物的保水性和黏聚性的作用，助泵剂起减少混凝土拌合物与泵管内壁的摩擦阻力的作用。泵送剂可以提高混凝土拌合物的坍落度 80～150mm 以上，并可以保证混凝土拌合物在管道内输送时不发生严重的离析、泌水，从而保证混凝土畅通无阻。

8. 速凝剂

速凝剂是土木工程的常用外加剂之一，掺入混凝土中能使混凝土迅速凝结硬化，外形为粉状固体。其掺用量仅占混凝土中水泥用量 2%～3%，却能使混凝土在 5min 内初凝，10min 内终凝，以达到抢修或井巷中混凝土快速凝结的目的，是喷射混凝土施工法中不可缺少的添加剂。它们的作用是加速水泥的水化硬化，在很短的时间内形成足够的强度，以保证特殊施工的要求。

6.4.2 掺合料

在混凝土拌合物制备时，为了节约水泥、改善混凝土性能、调节混凝土强度等级而加入的天然的或者人造的矿物材料，统称为混凝土掺合料。以硅、铝、钙等一种或多种氧化物为主要成分，也称为矿物外加剂，是混凝土的第六组分。常用的矿物掺合料有：粉煤灰、粒化高炉矿渣粉、硅灰、沸石粉、钢渣粉、燃烧煤矸石等，见图 6-21。粉煤灰应用最普遍。

1. 粉煤灰

粉煤灰是从燃烧煤粉的锅炉烟气中收集到的细粉末，颗粒多呈球形，表面光滑，它是

图 6-21 混凝土常用掺合料
(a) 粉煤灰；(b) 硅灰；(c) 粒化高炉矿渣粉；(d) 沸石粉；(e) 钢渣粉

燃煤电厂排出的主要固体废物。煤粉在炉膛中呈悬浮状态燃烧，绝大部分可燃物都在炉内烧尽，其中的不燃物则混杂在高温烟气中排出。这些不燃物因受到高温作用而部分熔融，同时由于其表面张力的作用，形成大量细小的球形颗粒。在烟气排放过程中，随着烟气温度降低，一部分熔融的细粒因受到一定程度的急冷呈玻璃体状态，从而具有较高的潜在活性。这些细小的球形颗粒，经过除尘器分离、收集，即为粉煤灰。

国家标准《用于水泥和混凝土中的粉煤灰》GB/T 1596—2017 将粉煤灰分为三个等级，如表 6-20 所示。

粉煤灰质量指标与等级 表 6-20

质量指标	等级		
	I	II	III
细度(0.045mm 方孔筛的筛余量)(%)	≤12	≤25	≤45
需水量比(%)	≤95	≤105	≤115
烧失量(%)	≤5	≤8	≤15
含水量(%)	≤1		
三氧化硫(%)	≤3		

2. 硅灰

硅灰又称硅粉或硅烟灰，是从生产硅铁合金或硅钢等所排放的烟气中收集到的颗粒极细的烟尘，色呈浅灰到深灰。硅灰的颗粒是微细的玻璃球体，部分粒子凝聚成片或球状的粒子。其平均粒径为 $0.1\sim0.2\mu m$，是水泥颗粒粒径的 $1/100\sim1/50$，比表面积大。其主

要成分是 SiO_2（占 90％以上），它的活性要比水泥高 1～3 倍。以 10％硅灰等量取代水泥，混凝土强度可提高 25％以上。

1）化学性能

硅灰的外观为灰色或灰白色粉末，耐火度大于 1600℃，密度 1600～1700kg/m³；硅灰中细度小于 1μm 的占 80％以上，平均粒径在 0.1～0.3μm，比表面积为 15000m²/kg。其细度和比表面积为水泥的 80～100 倍，粉煤灰的 50～70 倍。硅灰在形成过程中，因相变的过程中受表面张力的作用，形成了非结晶相无定形圆球状颗粒，且表面较为光滑，有些则是多个圆球颗粒粘在一起的团聚体。它是一种比表面积很大，活性很高的火山灰物质。掺有硅灰的物料，微小的球状体可以起到润滑的作用。

2）适用范围

硅灰可应用于商品混凝土、高强度混凝土、自流平混凝土、不定形耐火材料、干混（预拌）砂浆、高强度无收缩灌浆料、耐磨工业地坪、修补砂浆、聚合物砂浆、保温砂浆、抗渗混凝土、混凝土密实剂、混凝土防腐剂、水泥基聚合物防水剂，橡胶、塑料、不饱和聚酯、油漆、涂料以及其他高分子材料的补强，陶瓷制品的改性等。

3）注意事项

硅灰的掺量一般为胶凝材料量的 5％～10％。硅灰的掺加方法分为内掺和外掺。

内掺：在加水量不变的前提下，1 份硅粉可取代 3～5 份水泥（重量）并保持混凝土抗压强度不变而提高混凝土其他性能。

外掺：水泥用量不变，掺加硅灰则显著提高混凝土强度和其他性能。混凝土掺入硅灰时有一定坍落度损失，这点需在配合比试验时加以注意。

硅灰须与减水剂配合使用，建议加掺粉煤灰和磨细矿渣以改善混凝土施工性。

3. 粒化高炉矿渣粉

粒化高炉矿渣粉是指将粒化高炉矿渣经干燥、磨细达到相当细度且符合相应活性指数的粉状材料，细度大于 350m²/kg，一般为 400～600m²/kg。其活性比粉煤灰高，根据《用于水泥、砂浆和混凝土中的粒化高炉矿渣粉》GB/T 18046—2017 规定，矿渣粉技术要求要符合表 6-21 的规定。

矿渣粉技术要求　　　　　　　　　　　　　　　　　表 6-21

项目		级别		
		S105	S95	S75
密度(g/cm³)			≥2.8	
比表面积(m²/kg)		≥500	≥400	≥300
活性指数(%)	≥7d	≥95	≥75	≥55
	≥28d	≥105	≥95	≥75
流动度比(%)		≥85	≥90	≥95
含水量(%)			≤1.0	
三氧化硫(%)			≤4.0	
氯离子(%)			≤0.06	
烧失量(%)			≤3.0	

4. 沸石粉

沸石粉是由天然的沸石岩磨细而成。沸石岩是经天然煅烧后的火山灰质铝硅酸盐矿物，含有一定量活性二氧化硅和三氧化铝，能与水泥水化析出的氢氧化钙作用，生成胶凝物质。沸石粉具有很大的内表面积和开放性结构，其细度为 0.08mm 筛筛余小于 5%，平均粒径为 $5.0\sim6.5\mu m$，颜色为白色。

5. 钢渣粉

钢渣是炼钢工业中用石灰提取杂质而大量生成的固态废弃物，呈灰褐色，有微孔，质密，质地较重。将钢渣粉碎即为钢渣粉，其化学成分以 CaO 和 SiO 为主，其余为 Al_2O_3、MgO、FeO 和 Fe_2O_3 等组分。另外，还有少量的 S、P 和游离态的 CaO、MgO 等，这些二价离子的游离金属氧化物用 RO 相表示。常以固溶体形式出现。

由于钢渣微粉的比表面积大，活性好，可与熟料粉混合配制水泥；同时可以作为外加剂替代水泥直接掺入混凝土中，生产性能优越的高性能混凝土，降低水泥和混凝土的成本。

6.5　混凝土的质量控制和配合比设计

6.5.1　混凝土的质量控制

混凝土的质量是影响混凝土结构可靠性的一个重要因素，为了使混凝土能满足工程上的基本要求，必须在施工过程的各个工序对原材料、混凝土拌合物及硬化后的混凝土进行必要的质量检验和控制。

影响混凝土质量的因素是多方面的，如原材料的质量波动、施工条件以及试验条件的差异，这些因素都会引起混凝土质量的波动。引起混凝土质量波动的因素有正常因素和异常因素两大类，正常因素是不可避免的微小变化的因素，如砂、石材料质量的微小变化，称量时的微小误差等，这些是不可避免也不易克服的因素，它们引起的质量波动一般较小，称为正常波动。异常因素是不正常的变化因素，如原材料的称量错误等，这些是可以避免和克服的因素，它们引起的质量波动一般较大，称为异常波动。混凝土质量控制的目的就是及时发现和排除异常波动，使混凝土的质量处于正常波动阶段。

由于混凝土质量的波动最终反映到混凝土强度上，同时混凝土强度与其他性能之间又具有较好的相关性，因而在工程实际中，是以强度作为评定和控制混凝土质量的主要指标。

1. 混凝土质量控制

混凝土质量控制包括三个控制过程：初步控制、生产控制、合格控制。

1) 初步控制

初步控制是指在混凝土生产之前，对混凝土的原材料、配合比和施工工艺进行的控制。它包括对水泥、砂、石、外加剂和掺合料等原材料的性能进行必要的检验和评定，根据施工条件确定合理的流动性，并进行混凝土的配合比设计；然后，按设计的混凝土配合比进行试生产，通过试生产确定施工工艺参数，并取得足够的强度试验数据，经过统计分析后，确定在正常生产条件下混凝土强度的平均值和标准差，作为进行生产控制的参数。

2）生产控制

生产控制是指在生产过程中，根据混凝土强度、原材料性能和工艺参数的实测数据，借助质量控制图、因果分析图等质量控制工具，采取必要措施对生产过程加以控制，保证混凝土的强度维持在稳定的正常状态。混凝土强度的质量控制要以实测的强度数据为基础，利用质量控制图进行控制。

3）合格控制

合格控制是指混凝土强度的验收评定。混凝土强度的检验评定采用抽样检验，根据设计对混凝土强度的要求和抽样检验的原理划分验收批、确定验收规则。

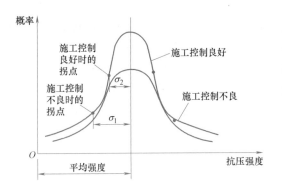

图 6-22　混凝土强度概率分布曲线

2. 混凝土强度的质量控制

1）混凝土强度波动规律

对某种混凝土随机抽样测其强度，其强度规律符合正态分布，其分布曲线如图 6-22 所示。曲线与横坐标之间的面积为概率的总和 100%。如果测得混凝土的强度正态分布曲线窄而高，则说明混凝土较为集中，均匀性好；反之，如果曲线宽而矮，则混凝土强度离散性大，均匀性差。

2）评定混凝土强度质量参数

评定混凝土质量常用到四个参数：

（1）平均值

$$\overline{f}_{cu}=\frac{1}{n}\sum_{i=1}^{n}f_{cu,i} \qquad (6\text{-}13)$$

（2）标准差

$$\sigma=\sqrt{\frac{\sum\limits_{i=1}^{n}f_{cu,i}^{2}-n\overline{f}_{cu,i}^{2}}{n-1}} \qquad (6\text{-}14)$$

（3）变异系数

$$C_{V}=\frac{\sigma}{f_{cu}} \qquad (6\text{-}15)$$

（4）强度保证率

$$P=\frac{N_{0}}{N}\times100\% \qquad (6\text{-}16)$$

上述四个参数中，平均值代表了强度总体的平均水平，并不反映混凝土强度波动情况；标准差又称均方差，σ 值越大，说明混凝土强度离散性越大，混凝土质量也越不稳定；σ 值的大小为正态分布曲线平均值距拐点的距离；变异系数 C_{V} 是为了进行平均强度不同的混凝土质量之间质量稳定性的比较，C_{V} 值越小，混凝土强度越稳定，均匀性越好；强度保证率是指混凝土强度总体中大于设计的强度等级值（$f_{cu,k}$）的概率，工程中 P 值可根据统计周期内混凝土试件强度大于或等于规定强度等级值的组数（N_0）与试件总组数（N）之比求得。

3. 混凝土强度的合格评定

混凝土强度评定可分为统计方法评定和非统计方法评定。

1）统计方法评定

由于混凝土生产条件不同，混凝土强度的稳定性也不同，统计方法评定又分为以下 2 种。

（1）标准差已知方案

当连续生产的混凝土，生产条件在较长时间内保持一致，且同一品种、同一强度等级混凝土的强度变异性保持稳定时，标准差可根据前一时期生产积累的同类混凝土强度确定。一个检验批的样本容量应为连续的 3 组试件，其强度应同时符合下列规定：

$$\overline{f}_{cu} \geqslant f_{cu,k} + 0.7\sigma_0 \tag{6-17}$$

$$f_{cu,min} \geqslant f_{cu,k} - 0.7\sigma_0 \tag{6-18}$$

检验批混凝土立方体抗压强度的标准差应按下式计算：

$$\sigma_0 = \sqrt{\frac{\sum_{i=1}^{n} f_{cu,i}^2 - n\overline{f}_{cu}}{n-1}} \tag{6-19}$$

当混凝土强度等级不高于 C20 时，其强度的最小值尚应满足下式要求：

$$f_{cu,min} \geqslant 0.85 f_{cu,k} \tag{6-20}$$

当混凝土强度等级高于 C20 时，其强度的最小值尚应满足下列要求：

$$f_{cu,min} \geqslant 0.90 f_{cu,k} \tag{6-21}$$

式中　$\overline{f}_{cu}$——同一检验批混凝土立方体抗压强度的平均值（MPa），精确到 0.1MPa；

　　　$f_{cu,k}$——混凝土立方体抗压强度标准值（MPa），精确到 0.1MPa；

　　　σ_0——检验批混凝土立方体抗压强度的标准差（MPa），精确到 0.01MPa；当检验批混凝土强度标准差 σ_0 计算值小于 2.5MPa 时，应取 2.5MPa；

　　　$f_{cu,i}$——前一个检验期内同一品种、同一强度等级的第 i 组混凝土试件的立方体抗压强度代表值（MPa），精确到 0.1MPa；该检验期不应少于 60d，也不得大于 90d；

　　　n——前一检验期内的样本容量，在该期间内样本容量不应少于 45；

　　　$f_{cu,min}$——同一检验批混凝土立方体抗压强度的最小值（MPa），精确到 0.1MPa。

（2）标准差未知方案

当混凝土的生产条件在较长时间内不能保持一致，混凝土强度变异性不能保持稳定，或前一个检验期内的同一品种混凝土没有足够的数据用以确定统计计算的标准差时，检验评定只能直接根据每一验收检验批抽样的强度数据确定。

当样本容量不少于 10 组时，其强度应同时满足下列要求：

$$\overline{f}_{cu} \geqslant f_{cu,k} + \lambda_1 \cdot S_{f_{cu}} \tag{6-22}$$

$$f_{cu,min} \geqslant \lambda_2 \cdot f_{cu,k} \tag{6-23}$$

同一检验批混凝土立方体抗压强度的标准差应按下式计算：

$$S_{f_{cu}} = \sqrt{\frac{\sum_{i=1}^{n} f_{cu,i}^2 - n\overline{f}_{cu}}{n-1}} \tag{6-24}$$

式中　$S_{f_{cu}}$——同一检验批混凝土立方体抗压强度的标准差（MPa），精确到 0.01MPa；

当检验批混凝土强度标准差 $S_{f_{cu}}$ 计算值小于 2.5MPa 时，应取 2.5MPa；

λ_1、λ_2——合格评定系数，按表 6-22 取用；

n——本检验期内的样本容量。

混凝土强度合格判定系数　　　　　　　　　表 6-22

试件组数	10～14	15～19	≥20
λ_1	1.15	1.05	0.95
λ_2	0.90	0.85	

2）非统计方法评定

当用于评定的样本容量小于 10 组时，应采用非统计方法评定混凝土强度。按非统计方法评定混凝土强度时，其强度应同时符合下列规定：

$$\overline{f}_{cu} \geqslant \lambda_3 \cdot f_{cu,k} \tag{6-25}$$

$$f_{cu,min} \geqslant \lambda_4 \cdot f_{cu,k} \tag{6-26}$$

式中　λ_3、λ_4——合格评定系数，按表 6-23 取用。

混凝土强度非统计方法合格判定系数　　　　　　表 6-23

试件组数	<C60	≥C60
λ_3	1.15	1.10
λ_4	0.95	

6.5.2　混凝土的配合比设计

我们都知道，各种组成材料对混凝土的性能均有不同的影响，原材料的变化将会显著改变混凝土的性能，因此对配合比进行优化并确定各种原材料的比例关系对混凝土性能具有决定性作用。混凝土配合比是混凝土中各组成材料用量之间的比例关系，常用的表示方法有两种：一种是以 1m³ 混凝土中各项材料的质量表示，如水泥（m_c）350kg、水（m_w）210kg、砂（m_s）875kg、石子（m_g）1400kg；另一种表示方法是以各项材料相互间的质量比来表示（以水泥质量为1），将上例换算成质量比为：水泥（m_c）：砂（m_s）：石子（m_g）：水（m_w）=1：2.5：4：0.6。

1. 混凝土配合比设计的基本要求

混凝土配合比设计的基本原理就是依据原材料的技术性能及施工条件，确定可满足工程所要求技术性能的各项组成材料的用量。具体来说，混凝土配合比需要满足以下基本要求：

（1）满足施工所要求的新拌混凝土的和易性；

（2）满足结构设计要求的混凝土强度等级；

（3）具有与使用环境相适应的耐久性（如抗渗性、抗冻性、抗侵蚀性、抗疲劳性等）；

（4）在保证工程质量的前提下，应尽量节约较高成本的材料，以降低制备混凝土的成本。

2. 混凝土配合比设计参数的确定

在混凝土配合比设计过程中，为求得适当的各种材料用量，通常需先确定四种基本原材料用量之间的三个比例关系。水与胶凝材料之间的比例关系，即水胶比；混凝土中的液体材料与固体材料之间的比例关系，可以用单位用水量（$1m^3$ 混凝土中的用水量）来间接表示；砂与石子之间的比例关系，即砂率。因此，水胶比、单位用水量和砂率是混凝土配合比设计的三个重要参数，它们的大小将会直接影响混凝土的技术性能和经济效益。因此，混凝土配合比设计的关键就是正确地确定这三个参数，以确保其满足各项基本要求。

1）确定水胶比（W/B）

我们知道，水胶比的大小直接影响混凝土的强度和耐久性。在一定范围内，水胶比越小，混凝土的强度就越高，耐久性也就越好。因此，在混凝土配合比设计时应在满足和易性要求的前提下，尽量选用较小的水胶比。值得指出的是，若采用过小的水胶比，为满足和易性要求可能导致胶凝材料用量过多，这不仅会提高混凝土的成本，而且还可能使其在凝结硬化过程中产生过多的水化热和化学收缩，从而影响其物理力学性能。为此，通常采取以下方法来确定水胶比。

（1）按强度要求计算水胶比

混凝土在生产及施工过程中，常因原材料性能及施工影响因素的变化而出现质量波动，使其强度多呈正态分布规律（图 6-23）。为使混凝土强度具有足够的保证率 P（即强度不低于设计强度等级的百分率），在设计混凝土配合比时，必须使配制强度高于其设计强度等级。

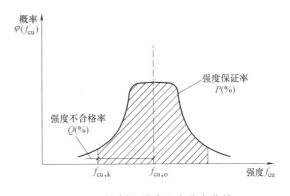

图 6-23　混凝土强度正态分布曲线

（2）按混凝土耐久性要求复核水胶比

为保证混凝土必要的耐久性，以上按强度要求所计算出的水胶比还应满足表 6-24 和表 6-25 中最大水胶比的规定。

2）确定单位用水量（m_{w0}）

我们知道，单位用水量是影响新拌混凝土流动性的主要因素。当水胶比确定之后，单位用水量取值越大，水泥浆数量就越多，新拌混凝土的流动性就越大；但若取值过大不仅会增加胶凝材料用量，提高混凝土成本，同时还会使混凝土的黏聚性与保水性变差，并影响硬化混凝土的性能。因此，单位用水量的确定应在满足流动性要求的前提下，尽量选用较小值。具体确定方法因新拌混凝土的性能要求不同而异。

混凝土结构的环境类别　　　　　　　　　　　　　　　　表 6-24

环境类别	条　件
一	①室内干燥环境;②无侵蚀静水浸没环境
二 a	①室内潮湿环境;②非严寒和非寒冷地区的露天环境;③非严寒和非寒冷地区与无侵蚀性的水或土壤直接接触的环境;④寒冷和严寒地区的冰冻线以下与无侵蚀性的水或土壤直接接触的环境
二 b	①干湿交替环境;②水位频繁变动环境;③严寒和寒冷地区的露天环境;④严寒和寒冷地区的冰冻线以下与无侵蚀性的水或土壤直接接触的环境
三 a	①严寒和寒冷地区冬季水位变动区环境;②受除冰盐影响环境;③海风环境
三 b	①盐渍土环境;②受除冰盐作用环境;③海岸环境
四	海水环境
五	受人为或自然的侵蚀性物质影响的环境

注:1. 室内潮湿环境是指构件表面经常处于结露或湿润状态的环境;

　　2. 严寒和寒冷地区的划分应符合现行国家标准《民用建筑热工设计规范》GB 50176—2016 的有关规定;

　　3. 海岸环境和海风环境宜根据当地情况,考察主导风向及结构所处迎风、背风部位等因素的影响,由调查研究和工程经验确定;

　　4. 受除冰盐影响环境是指受到除冰盐盐雾影响的环境;受除冰盐作用环境是指被除冰盐溶液溅射的环境以及使用除冰盐地区的洗衣房、停车楼等建筑;

　　5. 暴露的环境是指混凝土结构表面所处的环境。

结构混凝土材料的耐久性基本要求　　　　　　　　　　表 6-25

环境类别	最大水胶比	最低强度等级	最大 Cl^- 含量(%)	最大碱含量(kg/m^3)
一	0.60	C20	0.30	不限制
二 a	0.55	C25	0.20	3.0
二 b	0.50(0.55)	C30(C35)	0.15	
三 a	0.45(0.50)	C35(C30)	0.15	
三 b	0.40	C40	0.10	

注:1. 素混凝土构件的水胶比可适当放松;

　　2. 处于严寒和寒冷地区二 b、三 a 类环境中的混凝土应使用引气剂,并可采用括号中的有关参数。

（1）对于干硬性或塑性混凝土。当水胶比在 0.40～0.80 范围内时,应根据骨料的品种、规格及施工所要求的新拌混凝土的稠度值（维勃稠度或坍落度）,参考表 6-26 和表 6-27 选取单位用水量;对于水胶比小于 0.40 的混凝土以及采用特殊成型工艺的混凝土,其单位用水量应通过试验来确定。

干硬性混凝土的用水量（kg/m^3）　　　　　　　　　　表 6-26

拌合物稠度		卵石最大粒径(mm)			碎石最大粒径(mm)		
项目	指标	10.0	20.0	40.0	16.0	20.0	40.0
维勃稠度 (s)	16～20	175	160	145	180	170	155
	11～15	180	165	150	185	175	160
	5～10	185	170	155	190	180	165

塑性混凝土的用水量（kg/m³） 表 6-27

拌合物稠度		卵石最大粒径(mm)				碎石最大粒径(mm)			
项目	指标	10.0	20.0	31.5	40.0	16.0	20.0	31.5	40.0
坍落度 (mm)	10～30	190	170	160	150	200	185	175	165
	35～50	200	180	170	160	210	195	185	175
	55～70	210	190	180	170	220	205	195	185
	75～90	215	195	185	175	230	215	205	195

注：1. 本表用水量系采用中砂时的取值；采用细砂时，每立方米混凝土用水量可增加 5～10kg；采用粗砂时，则可减少 5～10kg；

2. 掺用外加剂或掺合料时，用水量应相应调整。

（2）对于流动性和大流动性混凝土（坍落度大于 90mm）。若不掺外加剂时，混凝土的单位用水量应以表 6-26 中坍落度 90mm 的用水量为基础，按每增加 20mm 坍落度时需增加 5kg 用水量来计算。若掺外加剂时，混凝土的单位用水量可按下式计算：

$$m_{wa} = m_{w0}(1-\beta) \tag{6-27}$$

式中　m_{wa}——掺外加剂混凝土的单位用水量（kg/m³）；

　　　m_{w0}——未掺外加剂混凝土的单位用水量（kg/m³）；

　　　β——外加剂的减水率（%），其值可经试验确定。

3）确定砂率（β_s）

砂率的大小，不仅影响新拌混凝土的流动性，而且影响其黏聚性和保水性。因此，砂率的确定应在保证混凝土黏聚性与保水性的前提下，尽量选用较小砂率，以减少水泥用量，降低混凝土成本并改善其某些性能。由于砂率是混凝土配合比设计中一个比较重要且又难以准确选择的参数，通常是采用经验性或半经验性的方法来选取。

3. 配合比设计的基本资料

混凝土配合比设计是建立在各种基本资料和设计要求基础上的求解过程，因此，必须具备这些基础资料才能正确完成这一设计任务。这些基本资料主要有：

（1）结构设计对混凝土强度的要求，即混凝土的强度等级。

（2）工程设计对混凝土耐久性的要求，如根据工程环境条件所要求的抗渗等级、抗冻等级等。

（3）原材料品种及其物理力学性质：①水泥的品种、实测强度（或强度等级）、密度等；②细骨料的品种、表观密度及堆积密度、吸水率及含水率、颗粒级配及粗细程度；③粗骨料的品种、表观密度及堆积密度、吸水率及含水率、颗粒级配及最大粒径；④拌合水的水质或水源情况；⑤外加剂的品种、名称、特性及最佳掺量。

（4）工程结构与施工条件，包括结构截面最小尺寸及钢筋最小净距、搅拌及运输方式、浇筑与密实工艺所要求的坍落度、施工单位质量管理水平及混凝土强度标准差等。

4. 混凝土配合比设计的方法与步骤

混凝土配合比设计是通过计算与试验相结合的方法来实现的。按照《普通混凝土配合比设计规程》JGJ 55—2011 的规定，普通混凝土配合比设计可分为以下四个步骤。

首先根据各种原材料的技术性能以及工程对混凝土的技术要求进行初步计算，得出

"初步计算配合比";然后经试验室试配调整,得出满足和易性要求的"基准配合比";再经强度复核确定出满足设计和施工要求且较为经济合理的"试验室设计配合比";最后施工单位还需根据施工现场砂石实际含水情况,进行配合比换算,得出最终用于直接指导混凝土生产的"施工配合比"。

1)初步配合比的确定

(1)配制强度($f_{cu,0}$)的确定

① 当混凝土的设计强度等级小于 C60 时,配制强度应按下式计算:

$$f_{cu,0} \geqslant f_{cu,k} + 1.645\sigma \tag{6-28}$$

式中　$f_{cu,0}$——混凝土的配制强度(MPa);

　　　$f_{cu,k}$——混凝土立方体抗压强度标准值,这里取设计混凝土强度等级值(MPa);

　　　σ——混凝土强度标准差(MPa)。

② 当设计强度等级大于或等于 C60 时,配制强度应按下式计算:

$$f_{cu,0} \geqslant 1.15 f_{cu,k} \tag{6-29}$$

混凝土强度标准差应按照下列规定确定:

① 当具有近 1~3 个月的同一品种、同一强度等级混凝土的强度资料时,其混凝土强度标准差 σ 应按式(6-14)计算:

对于强度等级不大于 C30 的混凝土:当 σ 计算值不小于 3.0MPa 时,应按式(6-14)计算结果取值;当 σ 计算值小于 3.0MPa 时,σ 应取 3.0MPa。对于强度等级大于 C30 且小于 C60 的混凝土:当 σ 计算值不小于 4.0MPa 时,应按式(6-14)计算结果取值;当 σ 计算值小于 4.0MPa 时,σ 应取 4.0MPa。

② 当没有近期的同一品种、同一强度等级混凝土强度资料时,其强度标准差 σ 可按表 6-28 取值。

标准差 σ 值　　　　　　　　　　　　　　　　　表 6-28

混凝土强度标准值	≤C20	C25~C45	C50~C55
σ(MPa)	4.0	5.0	6.0

(2)初步确定水胶比(W/B)

根据已知的混凝土配制强度($f_{cu,0}$)及所用水泥的实际强度($f_{cu,k}$)或水泥强度等级,计算出所要求的水胶比值:

$$W/B = \frac{\alpha_a f_b}{f_{cu,0} + \alpha_a \alpha_b f_b} \tag{6-30}$$

为了保证混凝土的耐久性,水胶比还不得大于表 6-25 的最大水胶比值,如计算所得的水胶比大于规定的最大水胶比值时,应取规定的最大水胶比值。

(3)选取每立方米混凝土的用水量(m_{w0})和外加剂用量(m_{a0})

根据所用粗骨料的种类、最大粒径及施工所要求的坍落度值,查表 6-26 和表 6-27,选取 1m³ 混凝土的用水量。若掺外加剂时,混凝土的单位用水量按式(6-27)计算。

1m³ 混凝土中外加剂用量(m_{a0})按下式计算:

$$m_{a0} = m_{b0}\beta_a \tag{6-31}$$

式中　m_{a0}——混凝土中外加剂单位用量(kg/m³);

m_{b0}——计算配合比混凝土中胶凝材料单位用量（kg/m³）；

β_a——外加剂掺量（%）。

（4）计算每立方米混凝土的胶凝材料（m_{b0}）、矿物掺合料（m_{f0}）和水泥用量（m_{c0}）

根据已初步确定的水胶比（W/B）和选用的单位用水量（m_{w0}），可计算出胶凝材料用量（m_{b0}），即：

$$m_{b0} = \frac{m_{w0}}{W/B} \tag{6-32}$$

为保证混凝土的耐久性，由上式计算得出的胶凝材料用量还应满足表 6-29 规定的最小胶凝材料用量的要求，如计算得到的胶凝材料用量少于规定的最小胶凝材料用量，则应取规定的最小胶凝材料用量值。

混凝土的最小胶凝材料用量 表 6-29

最大水胶比	最小胶凝材料用量(kg/m³)		
	素混凝土	钢筋混凝土	预应力混凝土
0.60	250	280	300
0.55	280	300	300
0.50	320		
≤0.45	330		

$1m^3$ 混凝土的矿物掺合料用量（m_{f0}）按下式计算：

$$m_{f0} = m_{b0}\beta_f \tag{6-33}$$

式中　m_{f0}——计算配合比混凝土中矿物掺和料单位用量（kg/m³）；

β_f——矿物掺合料掺量（%），可由表 6-30 确定。

$1m^3$ 混凝土的水泥用量（m_{c0}）按下式计算：

$$m_{c0} = m_{b0} - m_{f0} \tag{6-34}$$

式中　m_{c0}——计算配合比混凝土中水泥单位用量（kg/m³）。

混凝土中矿物掺合料最大掺量 表 6-30

矿物掺合料种类	水胶比	钢筋混凝土		预应力混凝土	
		最大掺量(%)			
		硅酸盐水泥	普通硅酸盐水泥	硅酸盐水泥	普通硅酸盐水泥
粉煤灰	≤0.40	≤45	≤35	≤35	≤30
	>0.40	≤40	≤30	≤25	≤20
粒化高炉矿渣粉	≤0.40	≤65	≤55	≤55	≤45
	>0.40	≤55	≤45	≤45	≤35
钢渣粉	—	≤30	≤20	≤20	≤10
磷渣粉	—	≤30	≤20	≤20	≤10
硅灰	—	≤10	≤10	≤10	≤10
复合掺合料	≤0.40	≤60	≤50	≤50	≤40
	>0.40	≤50	≤40	≤40	≤30

注：1. 采用其他通用硅酸盐水泥时，宜将水泥混合材掺量 20% 以上的混合材量计入矿物掺合料；

　　2. 复合掺合料各组分的掺量不宜超过单掺时的最大掺量；

　　3. 在混合使用两种或两种以上矿物掺合料时，矿物掺合料总掺量应符合表中掺合料的规定。

（5）选取合理的砂率值（β_s）

应当根据混凝土拌合物的和易性，通过试验求出合理砂率。如无试验资料，可根据骨料品种、规格和水胶比，按表 6-31 中规定选用。

混凝土砂率选用表　　　　　　表 6-31

水胶比	卵石最大粒径（mm）			碎石最大粒径（mm）		
	10.0	20.0	40.0	16.0	20.0	40.0
0.40	26～32	25～31	24～30	30～35	29～34	27～32
0.50	30～35	29～34	28～33	33～38	32～37	30～35
0.60	33～38	32～37	31～36	36～41	35～40	33～38
0.70	36～41	35～40	34～39	39～44	38～43	36～41

注：1. 本表数值系中砂的选用砂率，对细砂或粗砂，可相应地减少或增大砂率；
　　2. 采用人工砂配制混凝土时，砂率可适当增大；
　　3. 只用一个单粒级骨料配制混凝土时，砂率应适当增大。

（6）计算粗、细骨料的用量（m_{g0} 和 m_{s0}）

粗、细骨料的用量可用质量法或体积法求得。

① 质量法。如果原材料情况比较稳定，所配制的混凝土拌合物的表观密度将接近一个固定值，这样可以先假设一个每立方米混凝土拌合物的质量值 m_{cp}。因此可列出下式：

$$m_{f0}+m_{c0}+m_{g0}+m_{s0}+m_{w0}=m_{cp} \tag{6-35}$$

$$\beta_s=\frac{m_{s0}}{m_{s0}+m_{g0}}\times100\% \tag{6-36}$$

式中　m_{f0}——混凝土的矿物掺合料单位用量（kg/m^3）；

　　　m_{c0}——混凝土的水泥单位用量（kg/m^3）；

　　　m_{g0}——混凝土的粗骨料单位用量（kg/m^3）；

　　　m_{s0}——混凝土的细骨料单位用量（kg/m^3）；

　　　β_s——砂率（%）；

　　　m_{cp}——混凝土拌合物的单位假定质量（kg/m^3），其值可取 2350～2450kg/m^3。

联立上述两式，即可求出 m_{g0} 和 m_{s0}。

② 体积法。假定混凝土拌合物的体积等于各组成材料绝对体积和混凝土拌合物中所含空气体积的总和。因此，在计算每立方米混凝土拌合物的各材料用量时，可列出下式：

$$\frac{m_f}{\rho_f}+\frac{m_{c0}}{\rho_c}+\frac{m_{g0}}{\rho_g}+\frac{m_{s0}}{\rho_s}+\frac{m_{w0}}{\rho_w}+0.01\alpha=1 \tag{6-37}$$

$$\beta_s=\frac{m_{s0}}{m_{s0}+m_{g0}}\times100\% \tag{6-38}$$

式中　ρ_f——矿物掺合料密度（kg/m^3）；

　　　ρ_c——水泥密度（2900～3100）（kg/m^3）；

　　　ρ_g——粗骨料的表观密度（kg/m^3）；

　　　ρ_s——细骨料的表观密度（kg/m^3）；

　　　ρ_w——水的密度（可取 1000）（kg/m^3）；

α——混凝土的含气量百分数，在不使用引气剂外加剂时，可取 1。

联立以上两式，可求出 m_{s0}、m_{g0}。

通过以上六个步骤，便可将水、水泥、砂和石子的用量全部求出，得出初步计算配合比，供试配用。

以上混凝土配合比计算公式和表格，均以干燥状态骨料（指含水率小于 0.5% 的细骨料或含水率小于 0.2% 的粗骨料）为基准。当以饱和面干骨料为基准进行计算时，则应做相应的修正。

2）配合比的适配、调整与确定

（1）配合比的适配、调整

以上求出的各材料用量，是借助于一些经验公式和数据计算出来的，或是利用经验资料查得的，因而不一定能够完全符合具体的工程实际情况，必须通过试拌调整，直到混凝土拌合物的和易性符合要求为止，然后提出供检验强度用的基准配合比。以下介绍和易性的调整方法：

按初步计算配合比称量实际工程中使用的材料进行试拌，混凝土的搅拌方法应与生产时使用的方法相同。混凝土搅拌均匀后，检查拌合物的性能。当试拌出的拌合物坍落度或维勃稠度不能满足要求或黏聚性和保水性不良时，应在保持水胶比不变的条件下相应调整用水量和砂率，直到符合要求为止。然后提出供检验强度用的基准配合比。

（2）设计配合比的确定

经过和易性调整后得到的基准配合比，其水胶比比值不一定选的恰当，即混凝土的强度不一定符合要求，所以应检验混凝土的强度。混凝土强度检验时应至少采用三个不同的配合比，其一为基准配合比，另外两个配合比的水胶比，宜比基准配合比分别增加或减少 0.05，其用水量与基准配合比相同，砂率可分别增加或减小 1%。每种配合比制作一组（三块）试件，并应标准养护到 28d 时试压（在制作混凝土试件时，还需检验混凝土拌合物的和易性及测定表观密度，并以此结果作为代表这一配合比的混凝土拌合物的性能值）。

每个配合比制作一组试件，标准养护至 28d 或设计规定龄期时试压。由试验得出混凝土强度试验结果，用绘制强度和水胶比的线性关系图或插值法确定略大于配制强度（$f_{cu,0}$）对应的 W/B。

在试拌配合比的基础上，用水量（m_w）和外加剂用量（m_a）应根据确定的水胶比作调整；胶凝材料用量（m_b）以用水量乘以选定的胶水比 B/W 经计算确定；粗、细骨料用量（m_g、m_s）应根据用水量和胶凝材料用量进行调整。

（3）混凝土表观密度的校正

配合比经试配、调整和确定后，还需根据实测的混凝土表观密度（$\rho_{c,t}$）做必要的校正，其步骤如下：

计算出混凝土的表观密度计算值 $\rho_{c,c}$：

$$\rho_{c,c}=m_w+m_c+m_f+m_g+m_s \tag{6-39}$$

计算混凝土配合比校正系数 δ：

$$\delta=\frac{\rho_{c,t}}{\rho_{c,c}} \tag{6-40}$$

当混凝土表观密度实测值（$\rho_{c,t}$）与计算值（$\rho_{c,c}$）之差的绝对值不超过计算值的 2%

时，由以上定出的配合比即为确定的设计配合比；当两者之差超过计算值的 2% 时，应将配合比中各项材料的用量均乘以校正系数 δ 值，即为确定的混凝土设计配合比。

3）施工配合比

设计配合比，是以干燥材料为基准的，而工地存放的砂、石都含有一定的水分，并且随着气候的变化，含水情况经常变化。所以，现场材料的实际称量应按工地砂、石的含水情况进行修正，修正后的配合比，叫做施工配合比。

现假定工地存放砂的含水率为 a（%），石子的含水率为 b（%），则将上述设计配合比换算为施工配合比，其材料称量为：

$$m'_f = m_f \tag{6-41}$$

$$m'_c = m_c \tag{6-42}$$

$$m'_s = m_s(1+a) \tag{6-43}$$

$$m'_g = m_g(1+b) \tag{6-44}$$

$$m'_w = m_w - m_s \times a - m_g \times b \tag{6-45}$$

5. 混凝土配合比设计实例

例题 6-1　某厂办公楼主体混凝土结构施工时，由于所处地点无预拌混凝土，施工单位必须现场拌制。混凝土的设计强度等级为 C35，施工要求坍落度为 30～50mm（混凝土由机械搅拌，机械振捣）。采用的原材料如下：

水泥：强度等级为 42.5MPa 的普通硅酸盐水泥，密度 $\rho_c = 3100 \text{kg/m}^3$；

粉煤灰：密度 $\rho_f = 2900 \text{kg/m}^3$；

砂：2 区中砂，表观密度 $\rho_s = 2650 \text{kg/m}^3$；

石：5～20 碎石，表观密度 $\rho_g = 2700 \text{kg/m}^3$。

试求：（1）混凝土的实验室配合比（按干燥材料计算）；

（2）若施工现场砂含水率 3.0%，碎石含水率 1.0%，求施工配合比。

解：1）混凝土的实验室配合比

（1）确定计算配合比

① 配制强度（$f_{cu,0}$）：$f_{cu,0} \geqslant f_{cu,k} + 1.645\sigma = 35 + 1.645 \times 5.0 = 43.2 \text{MPa}$。

② 确定水胶比（W/B）：由公式（6-6），采用碎石，取 $\alpha_a = 0.53$、$\alpha_b = 0.20$；粉煤灰掺量根据表 6-30，取 $\beta_f = 30\%$；查表 6-18，得 $\gamma_f = 0.70$，$\gamma_s = 1.00$；查表 6-19，得 $\gamma_c = 1.16$。由式（6-7）～式（6-9），得胶凝材料 28d 胶砂抗压强度为：

$$f_{ce} = \gamma_c f_{ce,k} = 1.16 \times 42.5 = 49.3 \text{MPa}$$

$$f_b = \gamma_f \gamma_s f_{ce} = 0.70 \times 1.00 \times 49.3 = 34.5 \text{MPa}$$

$$\frac{W}{B} = \frac{\alpha_a f_b}{f_{cu,0} + \alpha_a \beta_b f_b} = \frac{0.53 \times 34.5}{43.2 + 0.53 \times 0.20 \times 34.5} = 0.39$$

由表 6-24 可知，此混凝土工程处于一类环境。查表 6-25，耐久性允许的最大水胶比 $(W/B)_{\max} = 0.60$，故可取 $W/B = 0.39$。

③ 确定单位用水量（m_{w0}）：由施工要求的坍落度及所用粗骨料情况，查表 6-27，选取单位用水量 $m_{w0} = 195 \text{kg/m}^3$。

④ 计算胶凝材料用量（m_{b0}）：$m_{b0} = \dfrac{m_{w0}}{W/B} = \dfrac{195}{0.39} = 500\text{kg/m}^3$。

查表 6-29，满足耐久性要求的最小胶凝材料用量为 330kg/m^3，故可取 $m_{b0} = 500\text{kg/m}^3$。

⑤ 矿物掺合料用量（m_{f0}）：$m_{f0} = m_{b0}\beta_f = 500 \times 0.3 = 150\text{kg/m}^3$。

⑥ 计算水泥用量（m_{c0}）：$m_{c0} = m_{b0} - m_{f0} = 500 - 150 = 350\text{kg/m}^3$。

⑦ 选取合理砂率值（β_s）：根据骨料及水胶比情况，查表 6-31，取 $\beta_s = 31\%$。

⑧ 计算粗、细骨料用量（m_{s0}）及（m_{g0}）：采用体积法计算，取 $\alpha = 1$。

$$\frac{m_{c0}}{\rho_c} + \frac{m_{f0}}{\rho_f} + \frac{m_{g0}}{\rho_g} + \frac{m_{s0}}{\rho_s} + \frac{m_{w0}}{\rho_w} + 0.01\alpha = 1$$

$$\beta_s = \frac{m_{s0}}{m_{s0} + m_{g0}} \times 100\%$$

取 $\alpha = 1$。

$$\frac{350}{3100} + \frac{150}{2900} + \frac{m_{g0}}{2700} + \frac{m_{s0}}{2650} + \frac{195}{1000} + 0.01 \times 1 = 1$$

$$\frac{m_{s0}}{m_{s0} + m_{g0}} = 31\%$$

解得：

$$m_{g0} = 1162\text{kg/m}^3 , m_{s0} = 522\text{kg/m}^3$$

初步计算配合比为：

$$m_{c0} : m_{f0} : m_{s0} : m_{g0} : m_{w0} = 350 : 150 : 522 : 1162 : 195$$
$$= 1 : 0.43 : 1.49 : 3.32 : 0.56$$

（2）配合比的试配与调整

按计算配合比试拌混凝土 15L，各种原材料用量为：

水泥：$350 \times 0.015 = 5.25\text{kg}$；粉煤灰：$150 \times 0.015 = 2.25\text{kg}$；砂：$522 \times 0.015 = 7.83\text{kg}$；石子：$1162 \times 0.015 = 17.43\text{kg}$；水：$195 \times 0.015 = 2.93\text{kg}$。

原材料称量并搅拌均匀后做和易性实验，测得拌合物坍落度为 65mm，大于规定值要求。保持砂率不变，增加砂、石用量各 5%，再次测得的坍落度为 45mm，且黏聚性、保水性均良好。

试拌调整后的原材料用量：水泥 5.25kg，粉煤灰 2.25kg，砂 8.22kg，石子 18.30kg，水 2.93kg，总质量为 36.93kg。混凝土拌合物的实测表观密度为 2410kg/m^3，则拌制 1m^3 混凝土所需原材料用量为：

水泥：$m'_{c0} = \dfrac{m_{c0}}{m_{c0} + m_{f0} + m_{w0} + m_{s0} + m_{g0}} \rho_{c,t} = \dfrac{5.25}{36.93} \times 2410 = 343\text{kg/m}^3$

粉煤灰：$m'_{f0} = \dfrac{2.25}{36.93} \times 2410 = 147\text{kg/m}^3$

砂：$m'_{s0} = \dfrac{8.22}{36.93} \times 2410 = 536\text{kg/m}^3$

石子：$m'_{g0}=\dfrac{18.30}{36.93}\times 2410=1194\text{kg/m}^3$

水：$m'_{w0}=\dfrac{2.93}{36.93}\times 2410=191\text{kg/m}^3$

试拌配合比：

$m'_{c0}:m'_{f0}:m'_{s0}:m'_{g0}:m'_{w0}=343:147:536:1194:191=1:0.43:1.56:$ 3.48：0.56

（3）检验强度

用 0.34、0.39 和 0.44 这 3 个 W/B 分别制备立方体试件，经检查拌合物和易性均满足要求。养护 28d 后，测得抗压强度试验结果如下：

水胶比 0.34：50.1MPa；水胶比 0.39：43.6MPa；水胶比 0.44：38.5MPa。

（4）确定实验室配合比

根据上述三组抗压试验结果，可见 W/B 为 0.39 的试拌配合比的混凝土强度能满足配制强度的要求，可确定为混凝土的实验室配合比。

2）现场施工配合比

将实验室配合比换算成现场施工配合比，用水量应扣除砂、石所含水量，而砂、石则应增加其含水量。所以施工配合比为：

$$m'_c=343\text{kg/m}^3$$
$$m'_f=147\text{kg/m}^3$$
$$m'_s=536\times(1+3\%)=552\text{kg/m}^3$$
$$m'_g=1194\times(1+1\%)=1206\text{kg/m}^3$$
$$m'_w=191-536\times3\%-1194\times1\%=163\text{kg/m}^3$$

6.6　其他品种的混凝土

除了普通水泥混凝土外，还有许多其他品种的混凝土也在土木工程中得到了广泛应用。这些混凝土基本上是在普通混凝土的基础上发展而来的，但又不同于普通混凝土。这些混凝土或因材料组成不同，或因施工工艺不同而具有某些特殊功能，主要用于那些有特殊要求的工程。本节只对工程上应用较多的几种混凝土加以介绍，并且把侧重点放在材料组成、技术特点、工程应用、配合比设计要点及使用注意事项几个方面，读者若需更为详尽地了解可以参阅相关文献。

6.6.1　轻混凝土

轻混凝土的表观密度小、导热系数低，具有较好的保温、隔热、隔声及抗震性能，耐久性好，既可以用于承重结构，也适用做围护结构。轻混凝土分为轻骨料混凝土、大孔混凝土和多孔混凝土。

1. 轻骨料混凝土

用轻粗骨料、轻细骨料（或普通砂）、水泥和水配制的表观密度不大于 1950kg/m³ 的混凝土，称为轻骨料混凝土。粒径不大于 5mm，堆积密度小于 1200kg/m³ 的骨料称为轻细骨料；粒径大于 5mm，堆积密度小于 $1000kg/m^3$ 的骨料称为轻粗骨料。粗、细骨料均采用轻质骨料配制的混凝土称为全轻混凝土，多用做保温材料或结构保温材料。用轻质粗骨料和普通砂配制的混凝土称为砂轻混凝土，多用做承重的结构材料。

1）轻骨料的种类及性质

轻骨料按来源可以分为三类：

（1）工业废料轻骨料。以工业废料为原料，经加工而成的轻质骨料，如粉煤灰陶粒、自燃煤矸石、膨胀矿渣珠、煤渣及轻砂等。

（2）天然轻骨料。天然形成的多孔岩石，经加工而成的轻质骨料，如浮石、火山渣等。

（3）人工轻骨料。以地方材料为原料，经加工而成的轻质骨料，如页岩陶粒、黏土陶粒、膨胀珍珠岩及轻砂等。

轻粗骨料按其粒形还可以分为圆球型、普通型和碎石型三种。

按堆积密度的大小，把轻粗骨料划分为 300、400、500、600、700、800、900、1000 共 8 个密度等级；把轻细骨料也划分为 500、600、700、800、900、1000、1100、1200 共 8 个密度等级。轻骨料堆积密度的大小直接影响所配制混凝土的表观密度。

在轻骨料混凝土中，轻粗骨料的强度对混凝土强度影响很大，是决定混凝土强度的主要因素。表示轻骨料强度高低的指标是筒压强度，采用筒压法测定，其方法是将轻骨料装入 $\phi115mm \times 100mm$ 的标准承压筒中，通过 $\phi113mm \times 70mm$ 的冲压模施加压力，用压入深度为 20mm 时的压力值除以承压面积即得筒压强度。

轻骨料筒压强度并不是轻骨料在混凝土中的真实强度，用筒压法测定轻粗骨料强度时，荷载传递是通过颗粒间接触点传递，而在混凝土中，骨料被砂浆包裹，处于受周围硬化砂浆约束的状态，硬化砂浆外壳能起拱架作用，所以混凝土中轻骨料的承压强度要比筒压强度高得多。故实际工作中也可以利用轻骨料配制的混凝土直接测定轻骨料在混凝土中的强度等级。

轻骨料的吸水率比普通砂石大，对混凝土拌合物的工作性、水灰比及强度有显著影响。在轻骨料混凝土配合比设计时，若采用干燥骨料则需根据轻骨料的吸水率计算出被轻骨料吸收的"附加水量"。国家相关标准对轻骨料一小时吸水率的规定是：粉煤灰陶粒不大于 22%；黏土陶粒和页岩陶粒不大于 10%。

2）轻骨料混凝土的技术性质

强度等级是轻骨料混凝土的重要指标。强度等级的确定方法与普通混凝土强度等级的确定方法相似，根据边长为 150mm 的立方体试件，标准养护 28d 的抗压强度标准值划分为：LC5.0、LC7.5、LC10、LC15、LC20、LC25、LC30、LC35、LC40、LC45、LC50 等强度等级。

虽然轻骨料强度较低，但轻骨料混凝土可以达到较高的强度。这是因为轻骨料表面粗糙而内部多孔，早期的吸水作用使骨料表面水灰比变小，从而提高了轻骨料与水泥石的界面黏结力。混凝土受力破坏时不是沿界面破坏，而是轻骨料本身先遭到破坏。对低强度的轻骨料混凝土，也可能是水泥石先开裂，然后裂缝向骨料延伸。因此轻骨料混凝土的强度主要取决于轻骨料的强度和水泥石的强度。

轻骨料混凝土的弹性模量一般较普通混凝土低 25%～65%，当结构构件处于温差较大的情况下，弹性模量低有利于控制裂缝的发展，同时轻骨料弹性模量低，不能有效地阻止水泥石收缩，轻骨料混凝土的干缩及极限应变较大，有利于改善结构的抗震性能或抵抗荷载的能力。轻骨料混凝土具有较优良的保温性能。由于轻骨料具有较多孔隙，故其导热系数小。但随着其表观密度和含水率的增加，导热系数会增大。

　　3）轻骨料混凝土施工注意事项

　　轻骨料混凝土施工时，可以采用干燥骨料，当骨料露天堆放时，其含水率变化较大，施工中必须及时测定其含水率并调整加水量，也可以预先将轻粗骨料作润湿处理。预湿的骨料拌制出的拌合物，其和易性和水灰比比较稳定，预湿时间可以根据外界气温和骨料的自然含水状态确定，一般提前半天或一天对骨料进行淋水预湿，然后滤干水分进行投料。

　　由于轻骨料混凝土拌合物中轻骨料容易上浮，不易搅拌均匀，因此宜选用强制式搅拌机，且搅拌时间应较普通混凝土略长，但不宜过长，以防较多的轻骨料被搅碎而影响混凝土的强度和体积密度。外加剂应在轻骨料吸水后加入。

　　拌合物的运输距离应尽量缩短，若出现坍落度损失或离析较严重时，浇筑前宜采用人工二次拌合。

　　轻骨料混凝土拌合物应采用机械振捣成型，对流动性大者，也可以采用人工插捣成型，对干硬性拌合物，宜采用振动台和表面加压成型。

　　轻骨料混凝土浇筑成型后，应避免由于表面失水太快引起表面网状裂纹，早期应加强潮湿养护，养护时间一般不少于 7～14d。若采用蒸汽养护，则升温速度不宜太快，但采用热拌工艺，则允许快速增温。

　　2. 大孔混凝土

　　大孔混凝土是以粗骨料、水泥和水配制而成的一种轻型混凝土，又称无砂混凝土。在这种混凝土中，水泥浆包裹粗骨料颗粒的表面，将粗骨料黏结在一起，但水泥浆并不填满粗骨料颗粒之间的空隙，因而形成大孔结构的混凝土。为了提高大孔混凝土的强度，有时也加入少量细骨料（砂），这种混凝土又可以称为少砂混凝土。

　　大孔混凝土按其所用骨料品种可以分为普通大孔混凝土和轻骨料大孔混凝土。前者用天然碎石、卵石或重矿渣配制而成，表观密度为 $1500～1950kg/m^3$ 抗压强度为 $3.5～10MPa$，主要用于承重及保温外墙体。后者用陶粒、浮石等轻骨料配制而成，表观密度为 $800～1500kg/m^3$，抗压强度为 $1.5～7.5MPa$，主要用于保温外墙体。

　　大孔混凝土的导热系数小，保温性好，吸湿性较小。收缩比普通混凝土小 30%～50%。抗冻性可以达 15～25 次冻融循环。由于大孔混凝土不用砂或少用砂，故水泥用量较低。每立方米混凝土的水泥用量仅为 150～200kg，其成本低。

　　大孔混凝土可以用于制作小型空心砌块和各种板材，也可以用于现浇墙体，普通大孔混凝土还可以制成滤水管、滤水板等，广泛应用于市政工程。

　　3. 多孔混凝土

　　多孔混凝土是内部均匀分布着大量微小气泡的不使用骨料的轻质混凝土。其孔隙率极大，一般可以达混凝土总体积的 85%，是一种轻质多孔材料。结构用多孔混凝土的标准抗压强度在 3MPa 以上，表观密度大于 $500kg/m^3$；非承重多孔混凝土的标准抗压强度低于 3MPa，表观密度小于 $500kg/m^3$。多孔混凝土又称为硅酸盐建筑制品，可以制成砌块、屋面板、内外墙板等制品，用于工业与民用建筑及保温工程。

根据气孔形成方式的不同可以将多孔混凝土分为加气混凝土和泡沫混凝土。

1) 加气混凝土

加气混凝土是用含钙材料（水泥、石灰）、含硅材料（石英砂、粉煤灰、粒化高炉矿渣等）和发气剂作为原材料，经过磨细、配料、搅拌、浇筑、切割和蒸压养护等工序生产而成。

加气混凝土中最常使用的发气剂是铝粉。铝粉加入料浆后，与含钙材料中的氢氧化钙发生化学反应，放出氢气并形成大量气泡，使料浆形成多孔结构。除铝粉外，也可以采用过氧化氢、碳化钙和漂白粉等作为加气剂。

加气混凝土制品一般采用蒸压养护，料浆在高压蒸汽养护下，钙质材料与硅质材料发生反应，产生水化硅酸钙，使坯体产生强度。

加气混凝土制品主要有砌块和条板两种。砌块可以作为三层或三层以下房屋的承重墙，也可以作为工业厂房、多层、高层框架结构的非承重填充墙。配有钢筋的加气混凝土条板可以作为承重和保温合一的屋面板。加气混凝土还可以与普通混凝土预制成复合板，用于兼有承重和保温作用的外墙。

由于加气混凝土能利用工业废料，产品成本较低，能大幅度降低建筑物自重，其保温性能好，因此具有较好的经济技术效果。

2) 泡沫混凝土

泡沫混凝土是将水泥浆与泡沫剂拌合后经硬化而成的一种多孔混凝土。

泡沫剂是泡沫混凝土中的重要成分。在机械搅拌作用下，泡沫剂能形成大量稳定的泡沫。常用的泡沫剂有松香胶泡沫剂及水解性血泡沫剂，使用时先掺入适量水，然后用机械搅拌成泡沫，再与水泥浆搅拌均匀，然后进行蒸汽养护或自然养护，硬化后即为成品。

配制自然养护的泡沫混凝土，水泥强度等级不宜太低，否则会严重影响制品强度。在制品生产中，常常采用蒸汽养护或蒸压养护，这样可以缩短养护时间且提高其强度，而且还能掺用粉煤灰、炉渣或矿渣等工业废料，以节省水泥，甚至可以全部利用工业废料代替水泥。

泡沫混凝土的技术性能和应用，与相同表观密度的加气混凝土大体相同。泡沫混凝土还可以在现场直接浇筑，用作屋面保温层。

6.6.2 纤维混凝土

纤维混凝土就是人们考虑如何改善混凝土的脆性，提高其抗拉、抗弯等力学性能的基础上研究发展起来的一种混凝土。纤维混凝土，又称纤维增强混凝土，是以水泥净浆、砂浆或混凝土作为基材，以纤维作为增强材料，均匀地掺合在混凝土中而形成的一种新型增强建筑材料。一般来说，纤维可以分为两类：一类为高弹性模量的纤维，包括玻璃纤维、钢纤维和碳纤维等；另一类为低弹性模量的纤维，如尼龙、聚丙烯、人造丝以及植物纤维等。高弹性模量纤维中钢纤维应用最多；低弹性模量纤维不能提高混凝土硬化后的抗拉强度，但能提高混凝土的抗冲击强度，所以其应用领域也逐渐扩大，其中聚丙烯纤维应用较多。各类纤维中以钢纤维对抑制混凝土裂缝的形成、提高混凝土抗拉和抗弯强度、增加韧性效果最好。

　　纤维混凝土由于抗疲劳和抗冲击性能良好，用于多震灾国家的抗震建筑，这是发挥纤维混凝土特长的另一发展途径。如日本，现在已投入相当的技术人员致力于这方面的探讨和研究，并取得了一定成果。可以预见纤维混凝土将会以其独特的优点，应用于抗震建筑的设计与施工中，为人类做出更大的贡献。

　　就目前的情况来看，纤维混凝土，特别是钢纤维混凝土在大面积混凝土工程中的应用最为成功。钢纤维掺量大约为混凝土体积的 2%，其抗弯强度可以提高 2.5～3.0 倍，韧性可以提高 10 倍以上，抗拉强度可以提高 20%～50%。钢纤维混凝土在实际工程中应用很广，如桥面部分的罩面和结构，公路、地面、街道和飞机跑道，坦克停车场的铺面和结构，采矿和隧道工程、耐火工程以及大体积混凝土工程的维护等。此外，在预制构件方面也有许多应用，而且除了钢纤维，玻璃纤维、聚丙烯纤维在混凝土中的应用也取得了一定经验。纤维混凝土预制构件主要有：管道、楼板、墙板、柱、楼梯、梁、浮码头、船壳、机架、机座及电线杆等。

6.6.3　聚合物混凝土

　　聚合物混凝土结合了有机聚合物和无机胶凝材料的优点，并且克服了水泥混凝土的一些缺点。聚合物混凝土一般可以分为以下三种。

　　1. 聚合物水泥混凝土

　　聚合物水泥混凝土是以有机高分子材料替代部分水泥，并和水泥共同作为胶凝材料而制成的混凝土。通常是在搅拌水泥混凝土的同时掺加一定量的有机高分子聚合物，水泥的水化与聚合物的固化同时进行，相互填充形成整体结构。但聚合物与水泥之间并不发生化学反应。聚合物的掺入形态有胶乳、粉末和液体树脂等。聚合物可以为天然聚合物（如天然橡胶）与各种合成聚合物（如聚醋酸乙烯、苯乙烯、聚氯乙烯等）。

　　与普通混凝土相比，聚合物水泥混凝土的抗拉、抗折强度高，延性、黏结性、抗渗、抗冲、耐磨性能好，但耐热、耐火、耐候性较差，主要用于铺设无缝地面，也常用于修补混凝土路面和机场跑道面层和防水层等。

　　2. 树脂混凝土

　　树脂混凝土是指完全以液体树脂为胶结材料的混凝土。所用的骨料与普通混凝土相同。常用的树脂有不饱和聚酯树脂、呋喃树脂和环氧树脂等。树脂混凝土具有硬化快、强度高、耐磨、耐腐蚀等优点，但其成本较高，主要用作工程修复材料（如修补路面、桥面等）或制作耐酸储槽、铁路轨枕、核废料容器和人造大理石等。

　　3. 聚合物浸渍混凝土

　　聚合物浸渍混凝土是将有机单体渗入混凝土中，然后用加热或放射线照射的方法使其聚合，使混凝土与聚合物形成一个整体。这种混凝土具有高强度（抗压强度可以达200MPa 以上），高防水性（几乎不吸水、不透水），以及抗冻性、抗冲击性、耐蚀性和耐磨性等特点。

　　单体可以用甲基丙烯酸甲酯、苯乙烯、醋酸乙烯、乙烯、丙烯腈、聚酯-苯乙烯等材料，最常用的是甲基丙烯酸甲酯。此外，还要加入催化剂和交联剂等。其制作工艺是在混凝土制品成型、养护完毕后，先干燥至恒重并在真空罐内抽真空，然后使单体浸入混凝土中，浸渍后须在 80% 的湿热条件下养护或用放射线照射（γ 射线、X 射线和电子射线等），以使单体最后聚合。聚合物浸渍混凝土因其工艺复杂、成本高，目前其应用还十分有限。

6.6.4　膨胀混凝土

混凝土内部由于收缩会产生微裂纹，不仅使混凝土结构的整体性破坏，而且影响混凝土的力学性能和耐久性，甚至造成侵蚀介质侵入混凝土内部，腐蚀混凝土和钢筋。为克服混凝土硬化收缩的缺点，可以根据需要给予混凝土一定的弱膨胀性，掺入膨胀剂或直接用膨胀水泥配制的混凝土称为膨胀水泥混凝土，简称膨胀混凝土。

膨胀混凝土是用膨胀水泥或添加膨胀剂，使水泥石在凝结硬化过程中产生一定量的膨胀，然后对膨胀变形进行约束控制，使混凝土内部产生预压应力。根据所产生的预压应力的大小，膨胀混凝土分为补偿收缩混凝土和自应力混凝土两类。补偿收缩混凝土的预压应力较小，一般在 $0.2 \sim 0.7 \mathrm{MPa}$，大致可以抵消因收缩产生的拉应力，能减少或防止混凝土的收缩裂缝，主要应用于防渗建筑、地下建筑、屋面、地板、路面、接缝、回填等工程。自应力混凝土的预压应力为 $2 \sim 7 \mathrm{MPa}$，是通过水泥石凝结硬化初期产生的膨胀拉伸钢筋所形成的，除了一部分用于抵消收缩应力外，还有一部分可以用于抵抗结构外力。自应力混凝土主要应用于制造输水压力管道、水池、水塔和钢筋混凝土预制构件等。

膨胀混凝土有许多优点，但施工技术和质量控制要求严格，否则不仅达不到预期的性能要求，甚至还可能出现质量问题。使用膨胀混凝土时必须注意以下四点：

（1）应根据使用要求选择最合适的膨胀值范围和膨胀剂掺量；

（2）膨胀混凝土应有最低限度的强度值和合适的膨胀速度；

（3）混凝土长期与水接触时，必须保证其后期膨胀稳定性；

（4）膨胀混凝土的养护是影响其质量的重要环节，膨胀混凝土的养护分为预养和冷水养护两个阶段，预养的主要目的是使混凝土获得一定的早期强度，使之成为冷水养护阶段发生膨胀时的结晶骨架，为发挥膨胀性能准备条件；膨胀混凝土浇筑成型后，预养期越短，水养期越早，膨胀就越大；一般在混凝土浇筑后 $12 \sim 14 \mathrm{h}$ 开始浇水养护，冷水养护期以 $14 \mathrm{d}$ 为宜。

6.6.5　高性能混凝土

高性能混凝土是 1990 年美国首次提出的新概念。虽然到目前为止各国对高性能混凝土的要求和确定的含义不完全相同，但大家都认为高性能混凝土应具有的技术特征是：高耐久性；高体积稳定性（低干缩、低徐变、低温度变形和高弹性模量）；适当的高抗压强度（早期强度高，后期强度不倒缩）；良好的工作性（高流动性、高黏聚性、自密实性）等。

高性能混凝土不仅是对传统混凝土的重大突破，而且在节能、节料、工程经济、劳动保护以及环境等方面都具有重要意义，是一种环保型、集约型的新型材料，可以称为"绿色混凝土"。绿色混凝土的概念是已故中国工程院院士、混凝土专家吴中伟教授提出的，他主要针对混凝土的生态功能协调和环境保护意义而倡导研究并广泛应用高性能混凝土。绿色混凝土应包含三层含义：①对自然资源应是低消耗的，并且尽可能利用废弃的工业残渣（如各种矿渣、粉煤灰、煤矸石等）和城市垃圾；②混凝土本身在施工和使用过程中对环境无污染或低污染，有益于生态的良性循环；③提高混凝土的耐久性，并且使混凝土本身可以循环再利用。

配制高性能混凝土的主要途径有如下五点：

（1）改善原材料性能，如采用高品质水泥，选用级配良好、致密坚硬的骨料，掺加超活性掺合料等；

（2）优化配合比，普通混凝土配合比设计方法在这里不再适用，必须通过试配优化后确定配合比；

（3）掺入高效减水剂，高效减水剂可以减小水灰比，获得高流动性，提高抗压强度；

（4）加强生产质量管理，严格控制每个施工环节，如加强养护、加强振捣等；

（5）掺入某些纤维材料以提高混凝土的韧性。

高性能混凝土是水泥混凝土的发展方向之一，广泛应用于高层建筑、工业厂房、桥梁工程、港口及海洋工程、水工结构等工程中。

6.6.6　防水混凝土

防水混凝土是一种具有高的抗渗性能，并达到防水要求的一种混凝土，主要用于经常受压力水作用的工程和构筑物。防水混凝土按配制方法主要可分为以下四种：

（1）改善级配法防水混凝土；

（2）加大水泥用量和使用超细粉填料的普通防水混凝土；

（3）掺外加剂的防水混凝土；

（4）采用特种水泥的防水混凝土。

6.6.7　泵送混凝土

泵送混凝土是指混凝土拌合物的坍落度不低于 100mm，并用混凝土泵通过管道输送拌合物的混凝土，要求其流动性好，骨料粒径一般不大于管径的四分之一，需加入防止混凝土拌合物在泵送管道中离析和堵塞的泵送剂，以及使混凝土拌合物能在泵压下顺利通行的外加剂，减水剂、塑化剂、加气剂以及增稠剂等均可用作泵送剂。加入适量的混合材料（如粉煤灰等），可避免混凝土施工中拌合料分层离析、泌水和堵塞输送管道。泵送混凝土的原料中，粗骨料宜优先选用卵石。

泵送混凝土已逐渐成为混凝土施工中一个常用的品种。它具有施工速度快、质量好、节省人工施工方便等特点，因此广泛应用于一般房建结构混凝土、道路混凝土、大体积混凝土、高层建筑等工程。

6.6.8　自密实混凝土

自密实混凝土（Self Compacting Concrete 或 Self-Consolidating　Concrete 简称 SCC）是指在自身重力作用下，能够流动、密实，即使存在致密钢筋也能完全填充模板，同时获得很好均质性，并且不需要附加振动的混凝土。

早在 20 世纪 70 年代早期，欧洲就已经开始使用轻微振动的混凝土，但是直到 20 世纪 80 年代后期，SCC 才在日本发展起来。日本发展 SCC 的主要原因是解决熟练技术工人的减少和混凝土结构耐久性提高之间的矛盾。欧洲在 20 世纪 90 年代中期才将 SCC 第一次用于瑞典的交通网络民用工程上，随后欧洲共同体建立了一个多国合作 SCC 指导项目。

从此以后，整个欧洲的 SCC 应用普遍增加。

SCC 的硬化性能与普通混凝土相似，而新拌混凝土性能则与普通混凝土相差很大。自密实混凝土的自密实性能主要包括流动性、抗离析性和填充性。

自密实混凝土被称为"近几十年中混凝土建筑技术最具革命性的发展"，因为自密实混凝土拥有如下众多优点：

（1）保证混凝土良好地密实。

（2）提高生产效率。由于不需要振捣，混凝土浇筑需要的时间大幅度缩短，工人劳动强度大幅度降低，需要工人数量减少。

（3）改善工作环境和安全性。没有振捣噪声，避免工人长时间手持振动器导致的"手臂振动综合征"。

（4）改善混凝土的表面质量。不会出现表面气泡或蜂窝麻面，不需要进行表面修补；能够逼真呈现模板表面的纹理或造型。

（5）增加了结构设计的自由度。不需要振捣，可以浇筑成形状复杂、薄壁和密集配筋的结构。以前，这类结构往往因为混凝土浇筑施工的困难而限制采用。

（6）避免了振捣对模板产生的磨损。

（7）减少混凝土对搅拌机的磨损。

（8）可能降低工程整体造价。从提高施工速度、环境对噪声限制、减少人工和保证质量等诸多方面降低成本。

除了以上介绍的混凝土外，还有一些不同品种的混凝土，如抗冻混凝土、大体积混凝土、喷射混凝土、碾压混凝土等。

【工程实例分析】

某立交桥施工现场混凝土坍落度急剧下降

概况：某立交桥工程，桥墩混凝土强度等级 C30，掺 II 级粉煤灰，掺量 $80kg/m^3$，使用某厂 P·O42.5 水泥，用量 $300kg/m^3$，水泥比表面积在 $380\sim400m^2/kg$ 之间，发现水泥与减水剂相溶性时好时坏，且已查明责任在水泥生产厂。工程师虽与水泥厂多次交涉，但无法改变现状。某日现场反映混凝土坍落度剧降。

原因分析：

（1）该工程原配比粉煤灰掺量为 21%，偏低，可提高到 29%，降低水泥用量可部分缓解水泥与减水剂相溶性不好带来的危害。

（2）水泥用量下降，粉煤灰用量上升后混凝土早期强度会有所降低，但该桥墩服役时间在 4 个月之后，届时粉煤灰对强度的贡献已显现，故无须担心因混凝土强度不够而危害桥梁安全。何况用强度至上的观点评价结构安全性本来就不一定科学，茅以升用结构吸收能量后的变形大评价结构的安全性似乎更加合理。

（3）用水量不变，通过调整减水剂用量来维持混凝土坍落度对混凝土无害。

（4）掺粉煤灰后混凝土早期孔隙率较大，碳化速度较快，延长养护时间可降低混凝土表面的孔隙率，降低混凝土早期碳化速度。

防治措施：

（1）提高粉煤灰用量到 110kg/m³，降低水泥用量至 270kg/m³；

（2）用水量不变，调整减水剂用量，以维持混凝土坍落度不变；

（3）脱模后保湿养护时间由原来的 3 天延长至 5 天。

本章小结

1. 普通混凝土的基本组成材料有胶凝材料、石子、砂子和水，另外还常加入适量的掺合料和外加剂。其中，胶凝材料体积占 20%～30%，砂石骨料占 70% 左右。

2. 砂按照细度模数可分为粗砂（$\mu_f = 3.1～3.7$）、中砂（$\mu_f = 2.3～3.0$）和细砂（$\mu_f = 1.6～2.2$），砂颗粒级配常以级配区和级配曲线表示，在选择颗粒级配时宜选用 II 区砂，泵送混凝土宜选用中砂。

3. 混凝土拌合物和易性也称工作性，包括流动性、黏聚性及保水性。一般用坍落度和维勃稠度来测定混凝土拌合物的流动性，并辅以直观经验来评定黏聚性和保水性。

4. 硬化后混凝土的性能主要包括力学性能和耐久性能。其中，混凝土的力学性能主要考察其抗压强度、抗拉强度、抗折强度，以及它的变形性能；混凝土的耐久性能主要分析在一般环境下、冻融环境下、氯盐或硫酸盐侵蚀等环境下混凝土结构的耐久性状态。通过选用质量稳定、低水化热和含碱量偏低的水泥，选用坚固耐久、级配合格、粒形良好的洁净骨料措施可提高混凝土结构的耐久性。

5. 混凝土外加剂常见的有减水剂、引气剂、缓凝剂、早强剂、膨胀剂、防冻剂等。混凝土掺合料是一种为了节约水泥、改善混凝土性能、调节混凝土强度等级而加入的天然的或者人造的矿物材料，常用的矿物掺合料有：粉煤灰、粒化高炉矿渣粉、硅灰、沸石粉、钢渣粉、燃烧煤矸石等。

6. 混凝土配合比是混凝土中各组成材料用量之间的比例关系，常用的表示方法有两种：一种是以 1m³ 混凝土中各项材料的质量表示，如水泥（m_c）350kg、水（m_w）210kg、砂（m_s）875kg、石子（m_g）1400kg；另一种表示方法是以各项材料相互间的质量比来表示（以水泥质量为 1），将上例换算成质量比为：水泥（m_c）：砂（m_s）：石子（m_g）：水（m_w）= 1：2.5：4：0.6。

7. 普通混凝土配合比设计可分为以下四个步骤：首先根据各种原材料的技术性能以及工程对混凝土的技术要求进行初步计算，得出"初步计算配合比"；然后经试验室试配调整，得出满足和易性要求的"基准配合比"；再经强度复核确定出满足设计和施工要求且较为经济合理的"试验室设计配合比"；最后施工单位还需根据施工现场砂石实际含水情况，进行配合比换算，得出最终用于直接指导混凝土生产的"施工配合比"。

8. 除了普通水泥混凝土外，还有许多其他品种的混凝土也在土木工程中得到了广泛应用。这些混凝土基本上是在普通混凝土的基础上发展而来的，但又不同于普通混凝土。这些混凝土或因材料组成不同或因施工工艺不同而具有某些特殊功能，主要用于那些有特殊要求的工程。

9. 本章学习时应关注最新标准，如《建设用砂》GB/T 14684—2011、《建设用卵石、碎石》GB/T 14685—2011、《普通混凝土配合比设计规程》JGJ 55—2011、《混凝土强度检验评定标准》GB/T 50107—2010 等。

【思考与练习题】

6-1　简述混凝土各组成材料在混凝土中的作用。

6-2　如何评价砂的粗细程度和颗粒级配？两种砂的细度模数相同，其级配是否相同？如果级配相同，其细度模数是否相同？

6-3　砂子筛分曲线位于级配范围曲线图中的Ⅰ区、Ⅱ区、Ⅲ区说明什么问题？三个区以外的区域又说明什么？配制密实性混凝土选用哪个区的砂好些？为什么？

6-4　粗骨料为卵石或碎石对混凝土的和易性有何影响？对强度又有何影响？

6-5　骨料的含水状态有几种？计算配合比时一般以哪种状态为基准？一些大型水利工程常以哪种状态的骨料为基准？

6-6　何谓碱-骨料反应？产生碱-骨料反应的条件是什么？怎样防止？

6-7　混凝土拌合物和易性的含义是什么？如何判定？改善混凝土拌合物和易性的措施有哪些？

6-8　影响混凝土强度的主要因素是什么？提高混凝土强度的措施有哪些？

6-9　引起混凝土变形的因素有哪些？

6-10　什么是混凝土徐变？影响混凝土徐变的因素有哪些？

6-11　混凝土耐久性通常包括哪些方面的性能？影响混凝土耐久性的关键因素是什么？如何提高混凝土的耐久性？

6-12　配制混凝土的基本要求是什么？在混凝土配合比设计时，为什么要控制最大水胶比和最小胶凝材料用量？

6-13　砂率的定义是什么？影响砂率的因素有哪些？砂率过大或过小对混凝土拌合物和易性有何影响？

6-14　什么是纤维混凝土？它有何优缺点？纤维的掺量对混凝土强度和耐久性有什么影响？

6-15　高性能混凝土具备哪些技术特征？如何配制高性能混凝土？

6-16　某混凝土工程要求使用级配良好的中砂，称取该干砂试样 500g，筛分结果见表 6-32，计算说明该砂是否满足工程要求。

中砂筛分结果   表 6-32

筛孔尺寸(mm)	4.75	2.36	1.18	0.60	0.30	0.15	<0.15
筛余量(g)	20	75	75	100	150	70	10

6-17　某现浇钢筋混凝土梁在室内干燥的环境中使用，混凝土设计强度等级为 C25，施工要求的混凝土的坍落度为 30～50mm，施工单位无历史统计资料。配制混凝土所用的材料如下：42.5 级的普通水泥（密度为 $3.0g/cm^3$），细度模数为 2.6 的Ⅱ区砂（表观密度为 $2650kg/m^3$），粒径为 5～40mm 的碎石（$2700kg/m^3$），水泥质量 10% 的粉煤灰掺合料（密度为 $2.9g/cm^3$），试求：

（1）混凝土初步配合比；

（2）当现场砂子含水率为 3%、石子含水率为 1% 时，试计算混凝土施工配合比。

6-18 某混凝土工程，所用配合比为水泥∶砂∶碎石=1∶1.98∶3.90，$W/C=0.64$，已知混凝土拌合物的堆积密度为2400kg/m³：

(1) 试计算1m³混凝土各材料的用量（精确到1kg/m³）；

(2) 若采用42.5级普通水泥，28d实际强度48.0MPa，试估算该混凝土28d强度（精确到0.1MPa）。

6-19 某厂办公楼主体混凝土结构施工时，由于所处地点无预拌混凝土，施工单位必须现场拌制。混凝土的强度设计等级为C40，施工要求坍落度为30~50mm（混凝土由机械搅拌，机械振捣）。采用的原材料如下：

水泥：强度等级为42.5MPa的普通硅酸盐水泥，密度$\rho_c=3100$kg/m³；

粉煤灰：密度$\rho_f=2900$kg/m³；

砂：2区中砂，表观密度$\rho_s=2650$kg/m³；

石：5-20碎石，表观密度$\rho_g=2750$kg/m³。

试求：

(1) 混凝土的实验室配合比；

(2) 若施工现场砂含水率3.0%，碎石含水率1.0%，求施工配合比。

6-20 某工地配制C20混凝土，选用42.5级硅酸盐水泥，水泥用量为260kg/m³，水胶比为0.50，砂率为30%，所用碎石20~40mm，为间断级配，浇筑后检查其水泥混凝土，发现混凝土结构中蜂窝、空洞较多。请从材料方面分析其原因。

【创新思考题】

随着我国大规模基础设施的建设，混凝土的消耗量正逐年上涨，而如此大量混凝土的应用产生了大量的建筑垃圾。据报道，我国每年大约需消耗60亿m³的混凝土，而这其中就包括大约11亿~14亿m³的天然砂石骨料，并产生大约6亿t的废弃混凝土。而目前最好的方法是利用废弃混凝土制备再生骨料和再生混凝土，可以降低成本，缓解资源短缺的问题，还能有效减缓废弃混凝土带来的生态环境日益恶化的问题，符合建筑业可持续发展的要求。何为再生骨料和再生混凝土？再生骨料和天然骨料相比有什么区别？再生骨料会对混凝土性能产生什么影响？

第7章 建筑砂浆

本章要点及学习目标

本章要点：

本章主要介绍了建筑砂浆的分类、技术性质及配合比设计，对其他品种的砂浆也做了简要的介绍。

学习目标：

本章主要介绍了常用建筑砂浆的相关知识，要求重点掌握建筑砂浆的技术性质及组成，会进行相应砂浆的配合比设计，了解其他品种砂浆的技术性能及选用。

7.1 砂浆的分类

砂浆是由胶凝材料、细集料、水、掺加料和水，有时根据工程需要还在其中加入一定的外加剂，按照一定比例配合、拌制而成的建筑材料，主要用于砌筑、抹面、修补、装饰、防腐、保温、吸声等各种用途，在土木工程中用途广泛，且用量也较大。按照其用途可分为砌筑砂浆、抹面砂浆和特种砂浆（如保温砂浆、吸声砂浆、防腐砂浆、绝热砂浆等）。按照胶凝材料的不同，可分为水泥砂浆、混合砂浆、石膏砂浆、聚合物砂浆等。

7.2 建筑砂浆的组成

砌筑砂浆是指能将砖、石、砌块等黏结成砌体的砂浆。它起着黏结砌体材料、传递荷载和协调变形的作用，并使应力的分布较为均匀，是砌体的重要组成部分。

1. 胶凝材料

砂浆中常用的胶凝材料有水泥、石灰、石膏和有机胶凝材料，应根据砂浆的使用部位和所处的环境条件等合理选择胶凝材料品种。

砂浆常用的胶凝材料是水泥。常用的水泥品种有普通硅酸盐水泥、矿渣硅酸盐水泥、火山灰质硅酸盐水泥、复合硅酸盐水泥等。由于工程中使用的砂浆强度等级一般不高，因此在配制砂浆时，为了合理利用资源，节约材料，应尽量采用低强度等级水泥和砌筑水泥。《砌筑砂浆配合比设计规程》JGJ/T 98—2010 规定，M15 及以下强度等级的砌筑砂浆宜选用 32.5 级通用硅酸盐水泥或砌筑水泥；M15 以上强度等级的砌筑砂浆宜选用 42.5 级通用硅酸盐水泥。

2. 细骨料

细骨料在砂浆中起着骨架和填充作用，对砂浆的和易性及强度有着重要的影响。砂浆用砂宜采用过筛中砂，并不应混有草根、树叶、树枝、塑料、煤块、炉渣等杂物。

砂浆用砂应符合混凝土用砂的技术性能要求，但砂浆厚度往往较薄，故对砂子的最大粒径有所限制。用于毛石砌体砂浆，砂子最大粒径应小于砂浆层厚度的 1/5～1/4；用于砖砌体的砂浆，宜用中砂，其最大粒径不大于 2.5mm；光滑表面的抹灰及勾缝砂浆，宜选用细砂，其最大粒径不大于 1.2mm；用于装饰的砂浆，还可采用彩砂、石渣等。

砂中的含泥量对砂浆的和易性、强度、耐久性等有影响，故当强度等级大于或等于 M5.0 的砂浆，要求砂的含泥量不得超过 5.0%，强度等级小于 M5.0 的砂浆，要求砂的含泥量不得超过 10%。《砌体结构工程施工质量验收规范》GB 50203—2011 规定砂中杂质含量应符合表 7-1 的要求。

砂杂质含量（%）　　　　　　　　　　　　　　　　　　　　表 7-1

项　目	指标	项　目	指标
泥	≤5.0	有机物（用比色法试验）	合格
泥块	≤2.0	硫化物及硫酸盐（折算成 SO_3）	≤1.0
云母	≤2.0	氯化物（以氯离子计）	≤0.06
轻物质	≤1.0		

注：含量按质量计。

对于人工砂、山砂及特细砂等资源较多的地区，为降低工程成本，砂浆可合理利用这些资源，但应经试验确定能满足技术要求后方可使用。

3. 掺加料

掺加料（或称掺合料）是指为改善砂浆和易性而加入的无机材料，如粉煤灰、石灰膏、磨细生石灰粉、黏土膏、电石膏及沸石粉等。为节约水泥，改善砂浆的性能，在拌制砂浆时可掺入粉煤灰。粉煤灰的品质指标应符合《用于水泥和混凝土中的粉煤灰》GB 1596—2017 的要求。根据砂浆强度的高低，可使用Ⅱ级或Ⅲ级粉煤灰。生石灰熟化为石灰膏时，熟化时间不得少于 7d；磨细生石灰粉的熟化时间不得少于 2d；脱水硬化的石灰膏不但起不到塑化作用，还会影响砂浆强度，因此严禁使用；消石灰粉是未充分熟化的石灰，颗粒太粗，起不到改善砂浆和易性的作用，故不得代替石灰膏配制水泥石灰混合砂浆。

4. 外加剂

为了改善砂浆的和易性及其他性能，可在水泥砂浆中掺入外加剂，如增塑剂、早强剂、缓凝剂、防冻剂等，但其品种和掺量及物理力学性能等都应通过试验确定。所用外加剂的技术性能应符合国家现行有关标准《砌筑砂浆增塑剂》JG/T 164—2004、《混凝土外加剂应用技术规范》GB 50119—2013、《砂浆、混凝土防水剂》JC 474—2008 的质量要求。

5. 水

砂浆拌合用水的技术要求与混凝土拌合用水相同，应采用洁净、无杂质的可饮用水来拌制砂浆。为节约用水，经化验分析或试拌验证合格的工业废水也可用于拌制砂浆。

二维码 7-1　砂浆稠度、强度试验

7.3　建筑砂浆的性质

建筑砂浆的技术性质主要包括新拌砂浆的和易性、硬化后砂浆的强度、黏结性、抗冻性和收缩性等。

1. 新拌砂浆的和易性

新拌砂浆的和易性包括流动性和保水性两方面。

1）流动性

砂浆的流动性（稠度）是指砂浆在自重或外力作用下产生流动的性质。流动性的大小用"沉入度"表示，通常用砂浆稠度仪测定。沉入度是指标准试锥在砂浆内自由下沉 10s 时沉入的深度，单位"mm"。沉入度越大，则砂浆的流动性也越大。但流动性过大，砂浆容易分层、泌水；若流动性过小，则不便于施工操作，灰缝不易填充密实，影响砌体的强度。

砂浆的流动性与许多因素有关，例如砌体基材、施工方法、气候、胶凝材料的用量、用水量以及砂浆的搅拌时间、放置时间、环境的温湿度等，均会影响砂浆的流动性。实际施工时，可根据经验来拌制，并应符合《砌体结构工程施工质量验收规范》GB 50203—2011 的相关规定，如表 7-2 所示。

砌筑砂浆的稠度　　　　　　　　　　　　　　　　表 7-2

砌　体　种　类	砂浆稠度（mm）
烧结普通砖砌体、粉煤灰砖砌体	70～90
混凝土砖砌体、普通混凝土小型空心砌块砌体、灰砂砖砌体	50～70
烧结多孔砖砌体、烧结空心砖砌体、轻骨料混凝土小型空心砌块砌体、蒸压加气混凝土砌块砌体	60～80
石砌体	30～50

2）保水性

砂浆的保水性是指新拌砂浆保持内部水分不泌出的能力，反映了各组分材料不容易分离的性质。若砂浆保水性不好，在运输、静置、砌筑过程中会产生离析、泌水现象，施工困难，且对砂浆强度有影响；保水性好的砂浆，水分不容易流失，易于摊铺成均匀密实的砂浆层。

影响砂浆保水性的主要因素有：胶凝材料的种类及用量、掺加料的种类及用量、砂的质量及外加剂的种类和掺量等。当用高强度等级水泥拌制低强度等级砂浆时，由于水泥用量少，保水性较差，可掺入适量粉煤灰或石灰膏等掺加料来改善。

砂浆的保水性用保水率或分层度表示。测定砂浆保水率时，用金属滤网覆盖在砂浆表面，在滤网上放置 15 片定性滤纸，然后用不透水片盖在滤纸表面，用 2kg 重物压在不透水片上，2min 后测定滤纸所吸收的水分百分率，按有关公式即可计算砂浆的保水率。常用砌筑砂浆保水率的要求为：水泥砂浆不小于 80%；水泥混合砂浆不小于 84%；预拌砌筑砂浆不小于 88%。

测定砂浆分层度时，先测定搅拌均匀的砂浆的沉入度，然后将其装入砂浆分层度筒，静置 30min 后，去掉上面 20cm 厚的砂浆，取底部剩余部分砂浆重新拌合后，再测其沉入度，前后两次沉入度之差（单位"cm"）即为该砂浆的分层度。分层度以 1～2cm 为宜。分层度过大，表示砂浆的保水性不好，泌水离析现象严重；分层度太小，砂浆容易出现干缩裂纹。

2. 砂浆的强度

新拌砂浆主要起黏结块体的作用，而硬化砂浆具有一定的强度，主要起黏结和传递荷载的作用。根据《建筑砂浆基本性能试验方法标准》JGJ/T 70—2009，砂浆的强度等级是以 3 块边长 70.7mm 立方体试件，在标准条件（温度 20±2℃、相对湿度为 90％以上）下养护至 28d 测得的抗压强度平均值来确定的。水泥砂浆及预拌砌筑砂浆可分为：M5、M7.5、M10、M15、M20、M25、M30 共 7 个强度等级；水泥混合砂浆可分为：M5、M7.5、M10、M15 共 4 个强度等级。

砂浆的种类应根据砌体所处的部位合理选择。水泥砂浆宜用于砌筑潮湿环境和强度要求比较高的砌体，如地下的砖石基础、多层房屋的墙体、钢筋砖过梁、高层混凝土空心砌块建筑等；水泥混合砂浆宜用于砌筑干燥环境中的砌体，如地面以上的承重或非承重的砌体；石灰砂浆可用于干燥环境及强度要求不高的砌体，如简易平房或临时性建筑。

砂浆的强度除受砂浆本身的组成材料、配合比、施工工艺等因素影响外，还与所砌筑的基面材料的吸水率有关。

1）不吸水基面材料（如致密石材）

砂浆的抗压强度与混凝土相似，主要取决于水泥强度和水灰比，计算公式如下：

$$f_{m,0} = A f_{ce} \left(\frac{C}{W} - B \right) \tag{7-1}$$

式中　$f_{m,0}$——砂浆 28d 抗压强度（MPa）；

　　　f_{ce}——水泥 28d 实测抗压强度（MPa）；

　　　A、B——经验系数，一般 $A=0.29$，$B=0.40$；

　　　C/W——灰水比。

2）吸水性基面材料（如砖或其他多孔材料）

基层吸水后，砂浆中保留水分的多少取决于砂浆的保水性，因此砂浆强度主要取决于水泥强度及水泥用量，而与水灰比无关，计算公式如下：

$$f_{m,0} = \frac{\alpha f_{ce} Q_c}{1000} + \beta \tag{7-2}$$

式中　$f_{ce} = \gamma_c f_{ce,k}$；

　　　α，β——砂浆的特征系数，$\alpha=3.03$，$\beta=-15.09$；

　　　$f_{ce,k}$——水泥强度等级值；

　　　γ_c——水泥强度等级富余系数，应按实际统计资料确定，若无可取 1.0。

3. 砂浆的其他性质

1）砂浆的黏结力

砂浆的黏结力主要是指砂浆与基体材料的黏结强度的大小。砂浆的黏结力是影响砌体的抗剪强度、耐久性和稳定性，乃至抗震性能和抗裂性的基本因素。通常，砂浆黏结力随其抗压强度增大而提高。此外，砂浆的黏结力还与砌筑材料表面的粗糙程度、清洁程度、潮湿程度及施工养护条件等因素有关。砌筑基面材料表面粗糙、清洁、充分润湿且养护条件良好，则砂浆与基底的黏结力较高。

2）砂浆的凝结时间

《建筑砂浆基本性能试验方法标准》JGJ/T 70—2009 规定用贯入阻力法确定砂浆拌合

物的凝结时间。水泥砂浆不宜超过 8h，水泥混合砂浆不宜超过 10h，掺加外加剂后，砂浆的凝结时间应满足工程设计和施工的要求。

3）砂浆的变形性

砂浆在承受荷载或温度、湿度条件变化时，均容易产生变形。如果变形过大或不均匀，会降低砌体质量，引起沉陷或开裂，变形与砂浆的组成有关。若使用轻骨料（如粉煤灰、轻砂等）拌制砂浆或掺加料过多，其收缩变形比普通砂浆大。在抹面砂浆中为防止开裂可掺入麻刀和纸筋等纤维材料。

4）砂浆的抗冻性

密实的砂浆和具有封闭孔隙的砂浆，均具有较好的抗冻性能。影响砂浆抗冻性的因素有水泥品种、水泥强度等级、水灰比、施工方法和施工质量等。有抗冻性要求的砌体工程，砌筑砂浆应进行冻融试验。砌筑砂浆的抗冻性应符合表 7-3 的规定，且当设计对抗冻性有明确要求时，尚应符合设计规定。

砌筑砂浆的抗冻性　　　　　　　　　　　　　表 7-3

使用条件	抗冻等级	质量损失率(%)	强度损失率(%)
夏热冬暖地区	F15	≤5	≤25
夏热冬冷地区	F25		
寒冷地区	F35		
严寒地区	F50		

7.4 砌筑砂浆的配合比设计

砌筑砂浆配合比设计应根据原材料的性能、砂浆技术要求、块体种类及施工条件进行计算或查表选择，并应经试配、调整后确定。设计依据为《砌筑砂浆配合比设计规程》JGJ/T 98—2010。

1. 现场配制水泥混合砂浆的配合比计算

1）砂浆试配强度的确定

$$f_{m,0} = k f_2 \tag{7-3}$$

式中　$f_{m,0}$——砂浆的试配强度（MPa），应精确至 0.1MPa；

　　　f_2——砂浆强度等级值（MPa），应精确至 0.1MPa；

　　　k——系数，按表 7-4 取值。

砂浆强度标准差 σ 及 k 值　　　　　　　　　　表 7-4

施工水平 ＼ 强度等级	强度标准差 σ(MPa)							k
	M5	M7.5	M10	M15	M20	M25	M30	
优良	1.00	1.50	2.00	3.00	4.00	5.00	6.00	1.15
一般	1.25	1.88	2.50	3.75	5.00	6.25	7.50	1.20
较差	1.50	2.25	3.00	4.50	6.00	7.50	9.00	1.25

砂浆强度标准差的确定应符合下列规定：

(1) 当有统计资料时，砂浆强度标准差应按下式计算：

$$\sigma = \sqrt{\frac{\sum_{i=1}^{n} f_{m,i}^2 - N\mu_{f_m}^2}{N-1}} \tag{7-4}$$

式中　$f_{m,i}$——统计周期内同一品种砂浆第 i 组试件的强度（MPa）；

　　　μ_{f_m}——统计周期内同一品种砂浆 n 组试件强度的平均值（MPa）；

　　　N——统计周期内同一品种砂浆试件的总组数，$n \geqslant 25$。

(2) 当无统计资料时，砂浆强度标准差可按表7-4取值。

2）计算水泥用量

(1) 每立方米砂浆中的水泥用量：

$$Q_C = 1000(f_{m,0} - \beta)/(\alpha \cdot f_{ce}) \tag{7-5}$$

式中　Q_C——每立方米砂浆的水泥用量（kg），应精确至1kg；

　　　f_{ce}——水泥的实测强度（MPa），应精确至0.1MPa；

　　　α、β——砂浆的特征系数，其中 α 取3.03，β 取－15.09。

注：各地区也可用本地区试验资料确定 α、β 值，统计用的试验组数不得少于30组。

(2) 无法取得水泥的实测强度值时，可按下式进行计算

$$f_{ce} = \gamma_c \cdot f_{ce,k} \tag{7-6}$$

式中　$f_{ce,k}$——水泥强度等级值（MPa）；

　　　γ_c——水泥强度等级值的富余系数，宜按实际统计资料确定；无统计资料时可取1.0。

3）石灰膏用量

$$Q_D = Q_A - Q_C \tag{7-7}$$

式中　Q_D——每立方米砂浆的石灰膏用量（kg），应精确至1kg；石灰膏使用时的稠度宜为120mm±5mm；

　　　Q_C——每立方米砂浆的水泥用量（kg），应精确至1kg；

　　　Q_A——每立方米砂浆中水泥和石灰膏总量，应精确至1kg，可为350kg。

当掺合料为石灰膏时，其稠度应为（120±5）mm；但当石灰膏的稠度不是120mm时，其用量应乘以换算系数，换算系数见表7-5。

石灰膏稠度换算表　　　　　　　　　　　　　表 7-5

石灰膏的稠度(mm)	120	110	100	90	80	70	60	50	40	30
换算系数	1.00	0.99	0.97	0.95	0.93	0.92	0.90	0.88	0.86	0.85

4）砂用量

每立方米砂浆中的砂用量，应按干燥状态（含水率小于0.5%）的堆积密度值作为计算值（kg）。

5）水用量

每立方米砂浆中的用水量，可根据砂浆稠度等要求选用210～310kg。

在选用砂浆的用水量时，要注意：①混合砂浆中的用水量，不包括石灰膏中的水；②当采用细砂或粗砂时，用水量分别取上限或下限；③稠度小于70mm时，用水量可小于下限；④施工现场气候炎热或干燥季节，可酌量增加用水量。

2. 现场配制水泥砂浆或水泥粉煤灰砂浆的配合比选用

1）水泥砂浆的材料用量可按表 7-6 选用。

每立方米水泥砂浆材料用量（kg/m³）　　　　表 7-6

强度等级	水泥	砂	用水量
M5	200～230		
M7.5	230～260		
M10	260～290		
M15	290～330	砂的堆积密度值	270～330
M20	340～400		
M25	360～410		
M30	430～480		

注：1. M15 及 M15 以下强度等级水泥砂浆，水泥强度等级为 32.5 级；M15 以上强度等级水泥砂浆，水泥强度等级为 42.5 级；

　　2. 当采用细砂或粗砂时，用水量分别取上限或下限；

　　3. 稠度小于 70mm 时，用水量可小于下限；

　　4. 施工现场气候炎热或干燥季节，可酌量增加用水量；

　　5. 试配强度应按式（7-3）计算。

2）水泥粉煤灰砂浆材料用量可按表 7-7 选用。

每立方米水泥粉煤灰砂浆材料用量（kg/m³）　　　　表 7-7

强度等级	水泥和粉煤灰总量	粉煤灰	砂	用水量
M5	210～240			
M7.5	240～270	粉煤灰掺量可占胶凝材料总量的 15%～25%	砂的堆积密度值	270～330
M10	270～300			
M15	300～330			

注：1. 表中水泥强度等级为 32.5 级；

　　2. 当采用细砂或粗砂时，用水量分别可取上限或下限；

　　3. 稠度小于 70mm 时，用水量可小于下限；

　　4. 施工现场气候炎热或干燥季节，可酌量增加用水量；

　　5. 试配强度应按式（7-3）计算。

3. 砌筑砂浆配合比试配、调整与确定

1）试拌

按计算或查表所得配合比进行试拌时，应按现行行业标准《建筑砂浆基本性能试验方法标准》JGJ/T 70—2009 测定砌筑砂浆拌合物的稠度和保水率。当稠度和保水率不能满足要求时，应调整材料用量，直到符合要求为止，然后确定为试配时的砂浆基准配合比。

2）试配、调整

试配时至少应采用三个不同的配合比，其中一个配合比应为基准配合比，其余两个配合比的水泥用量应按基准配合比分别增加及减少 10%。在保证稠度、保水率合格的条件下，可将用水量、石灰膏、保水增稠材料或粉煤灰等活性掺合料用量做相应调整。

3）配合比确定

砌筑砂浆试配时稠度应满足施工要求，并应按现行行业标准《建筑砂浆基本性能试验方法标准》JGJ/T 70—2009 分别测定不同配合比砂浆的体积密度及强度，并应选定符合试配强度及和易性要求、水泥用量最低的配合比作为砂浆的试配配合比。

4）配合比的校正

（1）按式（7-8）计算砂浆的理论体积密度值：

$$\rho_t=Q_C+Q_D+Q_S+Q_W \tag{7-8}$$

式中 ρ_t——砂浆的理论体积密度值（kg/m³），应精确至 10kg/m³。

（2）应按式（7-9）计算砂浆配合比校正系数 δ：

$$\delta=\rho_c/\rho_t \tag{7-9}$$

式中 ρ_c——砂浆的实测体积密度值（kg/m³），应精确至 10kg/m³。

（3）当砂浆的实测体积密度值与理论体积密度值之差的绝对值不超过理论值的 2% 时，可将前述试配配合比确定为砂浆设计配合比；当超过 2% 时，应将试配配合比中每项材料用量均乘以校正系数（δ）后，确定为砂浆设计配合比。

例题 7-1 某工地需配制用于砌筑砖墙的强度等级为 M10 的水泥石灰混合砂浆，采用 32.5 级复合硅酸盐水泥，中砂，干砂的堆积密度为 1450kg/m³，砂的含水率为 2%；石灰膏稠度 100mm，施工水平一般。

解：（1）计算试配强度：

$$f_{m,0}=kf_2=1.2\times10=12MPa$$

（2）计算水泥用量：

$$Q_C=1000(f_{m,0}-\beta)/(\alpha\cdot f_{ce})=\frac{1000\times(12+15.09)}{3.03\times42.5}=210.37kg$$

（3）计算石灰膏用量：

$$Q_D=Q_A-Q_C=350-210.37=139.63kg$$

石灰膏稠度 100mm 换算成 120mm，查表得：139.63×0.97=135.44kg。

（4）根据砂的堆积密度和含水率，计算用砂量：

$$Q_S=1450\times(1+0.02)=1479kg$$

砂浆试配时的配合比（质量比）为，水泥：石灰膏：砂＝210.37：139.63：1479＝1：0.66：7.03。

7.5 其他品种的砂浆

7.5.1 抹面砂浆

抹面砂浆也称抹灰砂浆，凡涂抹在建筑物或建筑构件表面的砂浆统称为抹面砂浆。抹面砂浆既可保护建筑物，增加建筑物的耐久性，又使其表面平整、光洁美观。按其使用功能的不同，抹面砂浆可分为普通抹面砂浆、防水砂浆、装饰砂浆和具有特殊功能的抹面砂浆（如绝热、耐酸、防射线砂浆）等。

对抹面砂浆的基本要求是：具有良好的和易性，容易抹成均匀平整的薄层，便于施工；要有足够的黏结力，能与基层材料黏结牢固和长期使用不致开裂或脱落；故需要多用一些胶凝材料。

抹面砂浆的组成与砌筑砂浆基本相同，但有时需加入一些纤维增强材料（如高强高模聚乙烯醇纤维、聚丙烯纤维、抗碱玻璃纤维和木质纤维等）提高抹灰层的抗拉强度，增加抹灰层的弹性和耐久性，防止抹灰层开裂。

常用的抹面砂浆有：水泥抹灰砂浆（强度等级为 M15、M20、M25、M30）；水泥粉煤灰抹灰砂浆（强度等级为 M5、M10、M15）；水泥石灰抹灰砂浆（强度等级为 M2.5、M5、M7.5、M10）；掺塑化剂水泥抹灰砂浆（强度等级为 M5、M10、M15）；聚合物水泥抹灰砂浆（抗压强度等级不应小于 M5.0）；石膏抹灰砂浆（抗压强度不应小于4.0MPa）等。

抹面砂浆在施工前应进行配合比设计，应按《抹灰砂浆技术规程》JGJ/T 220—2010进行。砂浆的试配抗压强度按式（7-10）计算：

$$f_{m,0} = k f_2 \tag{7-10}$$

式中 $f_{m,0}$——砂浆的试配抗压强度（MPa），应精确至 0.1MPa；

      f_2——砂浆抗压强度等级值（MPa），应精确至 0.1MPa；

      k——砂浆生产（拌制）质量水平系数，取 1.15～1.25；砂浆生产（拌制）质量水平为优良、一般、较差时，k 值分别取为 1.15、1.20、1.25。

抹面砂浆配合比应采取质量计量，抹面砂浆中可加入纤维，其掺量应经试验确定。抹面砂浆的分层度宜为 10～20mm。

常用的普通抹灰砂浆包括水泥抹灰砂浆、水泥粉煤灰抹灰砂浆、水泥石灰抹灰砂浆、掺塑化剂水泥抹灰砂浆、聚合物水泥抹灰砂浆及石膏抹灰砂浆等。

一般抹灰工程用砂浆宜选用预拌抹灰砂浆，并应采用机械搅拌。预拌抹灰砂浆性能应符合现行行业标准《预拌砂浆》GB/T 25181—2019 的规定，预拌抹灰砂浆的施工与质量验收应符合《预拌砂浆应用技术规程》JGJ/T 223—2010 的规定。

抹灰砂浆强度不宜比基体材料强度高出两个及以上强度等级，并应符合下列规定：

（1）对于无粘贴饰面砖的外墙，底层抹灰砂浆宜比基体材料高一个强度等级或等于基体材料强度。

（2）对于无粘贴饰面砖的内墙，底层抹灰砂浆宜比基体材料低一个强度等级。

（3）对于有粘贴饰面砖的内墙和外墙，中层抹灰砂浆宜比基体材料高一个强度等级且不宜低于 M15，并宜选用水泥抹灰砂浆。

（4）孔洞填补和窗台、阳台抹面等宜采用 M15 或 M20 水泥抹灰砂浆。

拌制抹灰砂浆，可根据需要掺入改善砂浆性能的添加剂。抹灰砂浆的品种宜根据使用部位或基体种类按表 7-8 进行选用。

配制强度等级不大于 M20 的抹灰砂浆，宜用 32.5 级通用硅酸盐水泥或砌筑水泥；配制强度等级大于 M20 的抹灰砂浆，宜用强度等级不低于 42.5 级的通用硅酸盐水泥。通用硅酸盐水泥宜用散装的。

抹灰砂浆的施工稠度宜按表 7-9 选取。聚合物水泥抹灰砂浆的施工稠度宜为 50～60mm，石膏抹灰砂浆的施工稠度宜为 50～70mm。

抹灰砂浆的品种选用　　　　　　　　　表 7-8

使用部位或基体种类	抹灰砂浆品种
内墙	水泥抹灰砂浆、水泥石灰抹灰砂浆、水泥粉煤灰抹灰砂浆、掺塑化剂水泥抹灰砂浆、聚合物水泥抹灰砂浆、石膏抹灰砂浆
外墙、门窗洞口外侧壁	水泥抹灰砂浆、水泥粉煤灰抹灰砂浆
温(湿)度较高的车间和房屋、地下室、屋檐、勒脚等	水泥抹灰砂浆、水泥粉煤灰抹灰砂浆
混凝土板和墙	水泥抹灰砂浆、水泥石灰抹灰砂浆、聚合物水泥抹灰砂浆、石膏抹灰砂浆
混凝土顶棚、条板	聚合物水泥抹灰砂浆、石膏抹灰砂浆
加气混凝土砌块(板)	水泥石灰抹灰砂浆、水泥粉煤灰抹灰砂浆、掺塑化剂水泥抹灰砂浆、聚合物水泥抹灰砂浆、石膏抹灰砂浆

抹灰砂浆的施工稠度　　　　　　　　　表 7-9

抹灰层	施工稠度(mm)
底层	90～110
中层	70～90
面层	70～80

7.5.2　防水砂浆

用于砂浆防水层的砂浆称为防水砂浆。防水砂浆是一种刚性防水材料，通过提高砂浆的密实性及改进抗裂性以达到防水抗渗的目的，主要用于因结构沉降、温度、湿度变化以及受振动等产生有害裂缝的防水工程。

防水砂浆主要有普通水泥防水砂浆、掺加防水剂的防水砂浆、膨胀水泥和无收缩水泥防水砂浆三种。普通水泥防水砂浆由水泥、细骨料、掺加料及水拌制而成；在普通水泥中掺加防水剂拌制而成的水泥砂浆称为掺加防水剂的防水砂浆，目前应用较为广泛。常用的掺防水剂的防水砂浆有氯化物金属类防水砂浆、氯化铁防水砂浆、金属皂类防水砂浆和超早强剂防水砂浆等；膨胀水泥和无收缩水泥防水砂浆是采用膨胀水泥和无收缩水泥制作而成，利用了水泥的膨胀性或补偿收缩性能，可以提高砂浆的密实性和抗渗性。

防水砂浆的配合比一般采用水泥：砂＝1：(2.5～3)，水灰比在 0.5～0.55 之间。水泥采用 42.5 级强度等级的普通硅酸盐水泥，砂子采用级配良好的中砂。

7.5.3　装饰砂浆

装饰砂浆是指用作建筑物饰面的抹面砂浆，其作用是涂抹在建筑物内、外墙表面，增加建筑物的美观。装饰砂浆的底层和中层抹灰与普通抹面砂浆基本相同，主要是装饰面层的选材和施工操作工艺有所不同。

装饰砂浆的胶凝材料有白水泥、彩色水泥或在常用水泥中掺加耐碱矿物颜料配成彩色水泥以及石灰、石膏等。骨料则采用浅色或彩色的天然砂、人工石英砂、大理石、花岗岩的石屑或陶瓷的碎粒、特制的塑料色粒等。一般在室外抹灰工程中，可使用掺颜料的抹面砂浆，由于饰面长期处于风吹、日晒、雨淋和受到大气中有害气体腐蚀和污染，因此应采用耐碱、耐酸和耐日晒的合适矿物颜料，以保证砂浆面层的质量，避免褪色。工程中常用的颜料有氧化铁黄、铬黄、氧化铁红、群青、钴蓝、铬绿、氧化铁棕、氧化铁紫、氧化铁黑和炭黑等。

装饰砂浆饰面可分为两类：一类是通过彩色砂浆或彩色砂浆的表面形态的艺术加工，获得一定色彩、线条、纹理质感，达到装饰目的的饰面，称为"灰浆类饰面"；另一类是在水泥砂浆中掺入各种彩色的石渣作为骨料，制得水泥石渣浆抹于墙体基层表面，然后用水洗、斧剁、水磨等手段，除去表面水泥砂浆皮，露出石渣的颜色、质感的饰面，称为"石渣类饰面"。它们的主要区别在于：石渣类饰面主要是靠石渣的颜色、颗粒的形状来达到装饰的目的，而灰浆类饰面则是主要靠掺入颜料，以及砂浆本身所形成的质感来达到装饰的目的。石渣类饰面的色泽较明亮，质感较丰富，且不易褪色。

7.5.4 预拌砂浆

预拌砂浆是由专业厂生产的湿拌砂浆或干混砂浆。湿拌砂浆是水泥、细骨料、矿物掺合料、外加剂和水，按一定比例，在搅拌站经计量、拌制后，运至使用地点，并在规定时间内使用的拌合物。干混砂浆，又称干粉砂浆，它是由专业生产厂生产的，经干燥筛分处理的细骨料与无机胶凝材料、保水增稠材料、矿物掺合料及其他外加剂按一定比例混合而成的颗粒状或粉状混合物，在使用地点按规定比例加水或配套组分拌合使用。

预拌砂浆是近几年在我国发展起来的新型建筑材料，具有施工速度快、质量容易保证、环保施工、多种功能、利于建筑新技术和现代化施工技术的推广等优点。预拌砂浆的使用，有利于提高砌筑、抹灰、装饰、修补工程的施工质量，改善砂浆现场施工条件。

预拌砂浆按生产的搅拌形式分为两种：干拌砂浆与湿拌砂浆。按使用功能分为两种：预拌砂浆和特种预拌砂浆。按用途分为预拌砌筑砂浆、预拌抹灰砂浆、预拌地面砂浆及其他具有特殊性能的预拌砂浆。按照胶凝材料的种类，可分为水泥砂浆和石膏砂浆。

预拌砂浆以边长为 70.7mm 的立方体，经 28d 标准养护试件的抗压强度划分等级。传统建筑砂浆往往是按照材料的比例进行设计的，如 1:3（水泥:砂）水泥砂浆、1:1:4（水泥:石灰膏:砂）混合砂浆等，而普通预拌砂浆则是按照抗压强度等级划分的。预拌砂浆与传统砂浆的对应关系见表 7-10，可根据其强度要求选用各类预拌砂浆。

预拌砂浆与传统砂浆对应关系

表 7-10

种类	预拌砂浆	传统砂浆
砌筑砂浆	DMM5.0、WMM5.0 DMM7.5、WMM7.5 DMM10、WMM10 DMM15、WMM15 DMM20、WMM20	M5.0 混合砂浆、M5.0 水泥砂浆 M7.5 混合砂浆、M7.5 水泥砂浆 M10 混合砂浆、M10 水泥砂浆 M15 水泥砂浆 M20 水泥砂浆
抹灰砂浆	DPM5.0、WPM5.0 DPM10、WPM10 DPM15、WPM15 DPM20、WPM20	1:1:6 混合砂浆 1:1:4 混合砂浆 1:3 水泥砂浆 1:2 水泥砂浆、1:2.5 水泥砂浆、1:1:2 混合砂浆
地面砂浆	DSM15、WSM15 DSM20、WSM20	1:2 水泥砂浆 1:3 水泥砂浆

7.5.5 聚合物水泥砂浆

聚合物水泥砂浆是以水泥、细骨料为主要原材料，以聚合物乳液或可再分散胶粉为改性剂，添加适量助剂混合而成的新型防水水泥砂浆。聚合物的引入使得水泥砂浆的抗折、抗压和黏结强度都有明显提高，也改善了原有水泥砂浆的微观结构，使砂浆的密实度增强，抗渗、抗氯离子侵蚀能力提高，防水性好；同时砂浆的延伸性好，容易和湿度大的基层相黏结，方便施工，对环境的影响也小。

由于其优异的施工性能和力学性能，在我国各地许多大型、重点工程和旧工程的维修中，聚合物水泥砂浆的用量很大。聚合物改性砂浆适用于混凝土结构的修补加固和混凝土工程中的特殊部位，如应力复杂区、抗裂、抗震、耐冲击、耐磨损、抗疲劳要求高的部位等。聚合物砂浆还可以用于高层建筑外墙仿石装饰涂料，具有良好的低温稳定性、耐水性、耐碱性、黏结强度高等优点。聚合物改性砂浆在防腐领域的应用也很广，国内有一些成功的案例，如1992年大庆油田设计院研制成功并使用聚合物改性砂浆作为防腐材料用于水罐内壁。聚合物改性砂浆还可以用作防水保温材料，集防水和保温性能为一体，可以解决屋面漏水和建筑节能两方面的问题。此外，聚合物改性砂浆可以用于地下工程的防渗堵漏材料、地面材料、铺设材料、黏结材料、修补材料、外墙装饰材料以及制作工厂预制件等。

目前，国内应用于水泥砂浆改性常见的聚合物可分为：EVA（乙烯-醋酸乙烯共聚物乳液）、丙烯酸酯共聚乳液、羧基丁苯乳、可再分散乳胶粉等几种，根据不同聚合物之间的不同特性，其掺入到水泥砂浆后会呈现出不同的兼容性，其改性的能力也是不尽相同。

随着聚合物水泥防水砂浆应用范围的扩大，为了规范相关的操作及技术指标，国家出台了《聚合物水泥防水砂浆》JC/T 984—2011等相关技术规程。按照相关规范要求，聚合物改性水泥砂浆主要组成材料是水泥、砂、水和聚合物乳液，其他成分如硅粉、消泡剂等可根据需要掺加。其中水泥与砂的质量比可取1:1.5～1:3，聚合物乳液与水泥的质量比在5%～20%，聚合物乳液的量以固体量计，聚合物改性水泥砂浆坍落度一般控制在(35±5)mm范围内。

7.5.6 其他类型砂浆

1. 建筑保温砂浆

建筑保温砂浆是以膨胀珍珠岩或膨胀蛭石、胶凝材料为主要成分，掺加其他功能组分制成的用于建筑物墙体绝热的干拌混合物，使用时需加适当面层。建筑保温砂浆按照其干密度分为Ⅰ型和Ⅱ型，其中Ⅰ型保温砂浆堆积密度不大于250kg/m^3，Ⅱ型保温砂浆堆积密度应不大于350kg/m^3。《建筑保温砂浆》GB/T 20473—2006对其相关指标做了规定。目前国内外广泛使用的建筑保温砂浆按其化学组分主要分为有机保温砂浆和无机保温砂浆两大类。有机保温砂浆以有机骨料（以胶粉聚苯颗粒为主）、胶凝材料、外加剂、填料等材料混合制备而成；无机保温砂浆是指以无机轻骨料、胶凝材料、外加剂、填料等混合制成的用于建筑物保温隔热的干粉料。

2. 绝热砂浆

绝热砂浆是采用水泥、石灰、石膏等胶凝材料与膨胀珍珠岩、膨胀蛭石、陶粒、陶砂或聚苯乙烯泡沫颗粒等轻质骨料，按一定比例配制的砂浆。绝热砂浆质轻，具有良好的保温绝热性能，其导热系数为 $0.07 \sim 0.10 W/(m \cdot K)$，主要用于屋面隔热层、墙壁隔热以及供热管道隔热层等。常用的绝热砂浆有水泥膨胀珍珠岩砂浆、水泥膨胀蛭石砂浆、水泥石灰膨胀蛭石砂浆等。

3. 吸声砂浆

吸声砂浆一般采用轻质多孔骨料配制而成。如工程中常采用水泥、石膏、砂和锯末（体积比为 1∶1∶3∶5）等材料配制成吸声砂浆，或者在石灰、石膏砂浆中掺入玻璃纤维和矿物棉等松软纤维材料来获得。吸声砂浆主要用于室内墙壁和顶棚的吸声。

4. 膨胀砂浆

在水泥砂浆中掺入膨胀剂或使用硬化过程中产生体积膨胀的膨胀水泥，可配制而成膨胀砂浆。普通水泥砂浆常由于水泥的水化过程会产生收缩，收缩会使砂浆表面产生微裂缝，影响结构的抗渗、抗冻性等，膨胀砂浆是一种功能性砂浆，具有一定的膨胀特性，可补偿水泥砂浆的收缩，主要用于嵌缝、修补、堵漏等工程。

5. 耐腐蚀砂浆

耐腐蚀砂浆主要有耐酸砂浆、硫黄耐酸砂浆、耐铵砂浆、耐碱砂浆。

耐酸砂浆具有良好的耐腐蚀、防水、绝缘等性能和较高的黏结强度，以水玻璃为胶凝材料、石英粉等为耐酸粉料、氟硅酸钠为固化剂与耐酸集料配制而成的砂浆，可用做一般耐酸车间地面。

硫黄耐酸砂浆以硫黄为胶结料，聚硫橡胶为增塑剂，掺加耐酸粉料和集料，经加热熬制而成，密实、强度高、硬化快，能耐大多数无机酸、中性盐和酸性盐的腐蚀，但不耐浓度在 5% 以上的硝酸、强碱和有机溶液，耐磨和耐火性均差，脆性和收缩性较大。一般多用于黏结块材、灌筑管道接口及地面、设备基础、储罐等处。

耐铵砂浆由砂及粉料，选用耐碱性能好的石灰石、白云石等集料，先以高铝水泥、氧化镁粉和石英砂干拌均匀后，再加复合酚醛树脂充分搅拌制成，能耐各种铵盐、氨水等侵蚀，但不耐酸和碱。

耐碱砂浆以普通硅酸盐水泥、砂和粉料加水拌合制成，再加复合酚醛树脂充分搅拌制成，有时掺加石棉绒。砂及粉料应选用耐碱性能好的石灰石、白云石等集料，常温下能抵抗 330g/L 以下的氢氧化钠浓度的碱类侵蚀。

6. 自流平砂浆

自流平砂浆是由多种活性成分组成的干混型粉状材料，现场拌水即可使用。稍经刮刀展开，即可获得高平整基面。硬化速度快，24h 即可在上行走，或进行后续工程，施工快捷、简便，是传统人工找平所无法比拟的。自流平砂浆中的关键性技术是掺用合适的化学外加剂，严格控制砂的级配、含泥量、颗粒形态，同时选择合适的水泥品种。

自流平砂浆用途广泛，可用于工业厂房、车间、仓储、商业卖场、展厅、体育馆、医院、各种开放空间、办公室等，也用于居家、别墅、温馨小空间等，可作为饰面面层，亦可作为耐磨基层。

7. 机制砂

机制砂是指经除土处理，由机械破碎、筛分制成的，粒径小于 4.75mm 的岩石、矿山尾矿或工业废渣颗粒，但不包括软质、风化的颗粒，俗称人工砂。机制砂基本为中粗砂，颗粒级配稳定、可调，含有一定量的石粉，表面粗糙，棱角尖锐。由于全国各地机制砂的生产矿源的不同、生产加工机制砂的设备和工艺不同，生产出机制砂粒型和级配可能会有很大的区别。

机制砂与水泥浆体黏结好，一般用于配置混凝土，特别适于配制高强度等级混凝土、高性能混凝土和泵送混凝土。

【工程实例分析】

某综合楼工程外墙出现大面积开裂、掉皮的严重质量问题

概况： 某公司厂区内综合楼工程，总面积约 $10000m^2$，交付使用不到 2 年，外墙出现大面积开裂、空鼓现象。位于窗角、墙角处开裂严重，位于墙中间也出现空鼓，以致慢慢开裂渗水，最后大面积掉落。

原因分析： 按照设计图纸要求，该外墙保温材料采用无机类保温砂浆 55mm 厚；对照无机保温砂浆类施工规范，结合现场勘查情况分析，经过现场凿开查看，并请技术专家来现场调查、会审，得出结论为：当时施工时未按照外墙保温施工标准进行施工，现场为了赶工期，管理不严，未按照方案制作样板然后大面积施工，施工时未进行基层处理，更省去了界面剂这一关键工序，直接在墙体上进行保温层施工，且未挂网格布。

防治措施： 先分区域铲除空鼓墙面，清理干净，按照要求制作样板，由经验丰富的工人施工。样板经检验确保合格后，以此进行全面施工。另外对窗口翻边、门边均进行了细部处理。

本章小结

1. 砂浆是由胶凝材料、细集料、水、掺加料及工程需要添加的外加剂，按照一定比例配合、拌制而成的建筑材料，按照其用途可分为砌筑砂浆、抹面砂浆和特种砂浆。

2. 砂浆的性质与混凝土有着相似之处，技术性质主要包括新拌砂浆的和易性、硬化后砂浆的强度、黏结性、抗冻性和收缩性等。

3. 砌筑砂浆配合比的设计依据为《砌筑砂浆配合比设计规程》JGJ/T 98—2010，应经试配、调整后确定，根据工程需要选择不同品种的砂浆。

【思考与练习题】

7-1　新拌砂浆的和易性包括哪几方面的含义？如何测定？

7-2　为什么地上砌筑工程一般多采用混合砂浆？

7-3　预拌砂浆有何特点？

7-4　影响砂浆强度的因素有哪些？

7-5　某工程需配制用于砌筑砖墙的 M7.5 级水泥石灰混合砂浆，采用的原材料为：42.5 级复合硅酸盐水泥，堆积密度为 $1300kg/m^3$；含水率 2% 的中砂，堆积密度为 $1450kg/m^3$；石灰膏稠度为 90mm，施工水平一般。试求该砂浆的试配配合比。

【创新思考题】

随着我国城镇化进程的加快，西部建设和"一带一路"沿线基础设施建设的发展，我国基础设施建设对砂石的需求将不断增长，有序开采的河砂和质量达标的机制砂已远远不能满足市场需求。我国大陆海岸线长达 18000 多千米，有着丰富的海砂资源，大力发展海砂淡化产业将是缓解今后建筑用砂供需矛盾的一个重要途径。请结合资料阐述当前如何对海砂进行淡化？海砂混凝土、海砂砂浆有哪些研究进展及应用？

第8章 墙体材料

本章要点及学习目标

本章要点：

本章介绍了砖、砌块等常用墙体材料的分类、技术特性等，阐述了砌体材料的应用与检验方法等方面的基本知识。

学习目标：

本章要求重点掌握烧结普通砖、烧结空心砖、加气混凝土砌块等墙体材料的技术特性，理解各种墙体材料的性能差异，掌握常用墙体材料的检验方法。

墙体材料是土木工程中不可缺少的材料之一，在建筑材料中占有很大的比重，占房屋建筑总重的 50% 左右。我国传统的墙体材料有黏土砖、石材等，但黏土砖和石材的大量开采与使用，需要耗用大量的土地资源与矿山资源，影响农业生产和生态环境，不利于资源节约和资源保护；而且，黏土砖和石材的自重大、体积小、生产效率低、单位能耗大，影响建筑业的发展速度。因此，逐步淘汰黏土砖制品，因地制宜地利用地方性资源及工业废料生产轻质、高强的新型墙体材料是建筑材料发展的趋势。

8.1 砖

砖指建筑用的人造小型块材，外形多为直角六面体，也有各种异形的。其长度不超过 365mm，宽度不超过 240mm，高度不超过 115mm，分烧结砖（主要指黏土砖）和非烧结砖（灰砂砖、粉煤灰砖等），俗称砖头。黏土砖以黏土（包括页岩、煤矸石等粉料）为主要原料，经泥料处理、成型、干燥和焙烧而成。

8.1.1 烧结普通砖

烧结砖是以黏土、页岩、粉煤灰、煤矸石等为主要原料经焙烧制成的砖。烧结砖常结合主要原料命名，如烧结黏土砖（N）、烧结页岩砖（Y）、烧结粉煤灰砖（F）、烧结煤矸石砖（M）等。焙烧是制砖工艺的关键环节。一般是将焙烧温度控制在 $900 \sim 1100$℃ 之间，使砖坯在氧化环境中烧至部分熔融，因为生成三氧化二铁（Fe_2O_3）而使砖为红色，称为红砖。如果砖先在氧化环境中焙烧，然后在浇水闷窑，使窑内形成还原气氛，红色三氧化二铁（Fe_2O_3）还原成青灰色氧化亚铁（FeO），称为青砖。青砖一般比红砖致密、强度较高、耐碱、耐久性好，但价格昂贵，目前应用较少。

将规格为 240mm×15mm×53mm 的无孔或孔洞率小于 15% 的烧结砖称为烧结普通

砖。按照国标《烧结普通砖》GB/T 5101—2017 的规定，烧结砖按抗压强度可分为
MU30、MU25、MU20、MU15 和 MU10 五个强度等级。

1. 技术特性

1）外观形状尺寸

根据国标《烧结普通砖》GB/T 5101—2017 的规定，烧结普通砖的外形为直角六面
体，其公称尺寸为长 240mm、宽 115mm、高 53mm。砌筑时一般灰缝为 10mm，每立方
米砖砌体大约需要砖 512 块。砖的尺寸允许偏差应符合表 8-1 的规定。

烧结普通砖尺寸偏差（mm） 表 8-1

公称尺寸	指标	
	样本平均偏差	样本极差
240	±2.0	≤6.0
115	±1.5	≤5.0
53	±1.5	≤4.0

烧结普通砖的外观质量应符合表 8-2 的规定。

烧结普通砖外观质量（mm） 表 8-2

项目		指标
两条面高度差		≤2
弯曲		≤2
杂质突出高度		≤2
缺棱掉角的三个破坏尺寸不得同时大于		5
裂纹长度	大面上宽度方向及其延伸至条面的长度	≤30
	大面上长度方向及其延伸至顶面的长度或条顶面上水平裂纹的长度	≤50
完整面不得少于		一条面和一顶面

注：1. 为砌筑挂浆而施加的凹凸纹、槽、压花等不算作缺陷。
  2. 凡有下列缺陷之一者，不得称为完整面：
    1）缺损在条面或顶面上造成的破坏尺寸同时大于 10mm×10mm；
    2）条面或顶面上裂纹宽度大于 1mm，其长度超过 30mm；
    3）压陷、粘底、焦花在条面或顶面上的凹陷或突出超过 2mm，区域尺寸同时大于 10mm×10mm。

2）强度等级

取 10 块砖测定其抗压强度，根据抗压强度平均值、标准值或单块最小抗压强度值确
定砖的强度等级（表 8-3）。

测定砖的强度时，加荷速度为（5±0.5）kN/s，上表中的抗压强度平均值、变异系
数、强度标准值按下式计算：

$$\overline{f} = \frac{\sum_{i=1}^{10} f_i}{10} \tag{8-1}$$

烧结普通砖的强度等级（MPa）　　　　　　　　表 8-3

强度等级	抗压强度平均值 $\overline{f}$	强度标准值 f_k
MU30	≥30.0	≥22.0
MU25	≥25.0	≥18.0
MU20	≥20.0	≥14.0
MU15	≥15.0	≥10.0
MU10	≥10.0	≥6.5

$$\delta = \frac{S}{\overline{f}} \tag{8-2}$$

$$S = \sqrt{\frac{1}{9}\sum_{i=1}^{10}(f_i - \overline{f})^2} \tag{8-3}$$

$$f_k = \overline{f} - 1.8S \tag{8-4}$$

式中　$\overline{f}$——10 块砖试件抗压强度平均值（MPa）；

$\quad\quad f_i$——单块砖试件抗压强度测定值（MPa）；

$\quad\quad \delta$——变异系数；

$\quad\quad S$——10 块砖试件抗压强度值的标准差（MPa）；

$\quad\quad f_k$——抗压强度标准值（MPa）。

3）抗风化性能

抗风化性能是指砖抵抗干湿变化、冻融变化等气候作用的能力，是重要的耐久性指标之一，除了与砖自身的质量有关外，与所处地区的风化指数也有也有关。风化指数是指日气温从正温降至负温或负温升至正温的每年平均天数与每年从霜冻之日起至霜冻消失之日止这一期间降雨总量（以"mm"计）的平均值的乘积。风化指数大于 12700 为严重风化区，小于 12700 为非严重风化区。我国风化区的划分见表 8-4，砖抗风化性能见表 8-5。

我国风化区的划分　　　　　　　　表 8-4

严重风化区		非严重风化区	
1. 黑龙江省	11. 河北省	1. 山东省	12. 台湾省
2. 吉林省	12. 北京市	2. 河南省	13. 广东省
3. 辽宁省	13. 天津市	3. 安徽省	14. 广西壮族自治区
4. 内蒙古自治区		4. 江苏省	15. 海南省
5. 新疆维吾尔自治区		5. 湖北省	16. 云南省
6. 宁夏回族自治区		6. 江西省	17. 西藏自治区
7. 甘肃省		7. 浙江省	18. 上海市
8. 青海省		8. 四川省	19. 重庆市
9. 陕西省		9. 贵州省	20. 香港特别行政区
10. 山西省		10. 湖南省	21. 澳门特别行政区
		11. 福建省	

严重风化区的 1、2、3、4、5 地区的砖必须进行冻融试验，其他地区的砖风化性能符合表 8-5 规定的可不做冻融试验，否则，必须进行冻融试验。冻融试验后，每块砖试样不允许出现裂纹、分层、掉皮、缺棱、掉角等冻坏现象，质量损失不得大于 2%。

砖抗风化性能 表 8-5

砖的种类	严重风化区				非严重风化区			
	5h 沸煮吸水率		饱和系数		5h 沸煮吸水率		饱和系数	
	平均值	单块最大值	平均值	单块最大值	平均值	单块最大值	平均值	单块最大值
黏土砖、建筑渣土砖	≤18	≤20	≤0.85	≤0.87	≤19	≤20	≤0.88	≤0.90
粉煤灰砖	≤21	≤23			≤23	≤25		
页岩砖	≤16	≤18	≤0.74	≤0.77	≤18	≤20	≤0.78	≤0.80
煤矸石砖								

4）泛霜

泛霜是指在砖的使用过程中，原材料含有的硫、镁等可溶性盐类随着砖内水分的蒸发而在砖表面产生盐析现象，一般为白色粉末，常在砖表面形成絮团状斑点，严重的会起粉、掉角或脱皮。通常，轻微泛霜就能对清水墙面建筑物的外观造成较大的影响；中等泛霜的砖用于建筑物的潮湿部位时，7～8 年后因盐析结晶膨胀将使砖砌体表面产生粉化剥落，在干燥环境中使用 10 年以上也将开始剥落；严重泛霜对建筑结构的危害性更大。

我国规定，优等品砖应无泛霜现象，一等品不允许出现中等泛霜，合格品不允许出现严重泛霜。

5）石灰爆裂

如果生产烧结砖的原材料中含有石灰石，则在焙烧时石灰石被煅烧成生石灰留在砖中，生石灰吸水消化时产生体积膨胀，导致砖发生胀裂破坏，这种现象称为石灰爆裂。石灰爆裂对砖砌体的危害很大，轻者影响外观，缩短使用寿命，重者将使砖砌体强度下降，甚至破坏。砖中石灰质颗粒越大，含量越多，则对砖的强度影响越大。

国家标准规定，破坏尺寸大于 2mm 且小于或等于 15mm 的爆裂区域，每组砖不得多于 15 处，其中大于 10mm 的不得多于 7 处；不允许出现最大破坏尺寸大于 15mm 的爆裂区域；试验后抗压强度损失不得大于 5MPa。

2. 烧结普通砖的应用

烧结普通砖的表观密度一般在 1800kg/m³ 左右，孔隙率为 30%～35%，吸水率为 8%～16%，导热系数为 0.78W/(m·K)。

烧结普通砖的产品标记按产品名称的英文缩写、类别、强度等级和标准编号的顺序编写。例如，规格 240mm×115mm×53mm、强度等级 MU25 的黏土砖，其标记为：FCB N MU25 GB/T 5101。

烧结普通砖具有较高的强度和较好的建筑性能（如保温绝热、隔声和耐久性等），被大量用作墙体材料，还可用来砌筑柱、拱、窑炉、烟囱、沟道及基础等，以及在砌体中配置适当的钢筋或钢丝网以代替钢筋混凝土柱、梁等。由于烧结普通砖大多采用黏土制作，破坏耕地，故各地方有关部门对其使用有一定的限制规定。

除黏土外，还可利用一些工业废料（如粉煤灰、煤矸石和页岩等）为原料生产烧结普通砖。这些原料的化学成分与黏土相似，但有的颗粒细度较粗，有的塑性较差，可以通过破碎、磨细、筛分和配料（如掺入黏土等材料）等手段来解决。生产工艺与用黏土为原料生产的烧结砖相同，形状和尺寸规格、强度等级和产品等级的要求与黏土砖相同。这样，不仅为废物利用找到了有效途径，还可以节省大量的黏土，减少环境污染，降低成本，是墙体材料改革的方向之一。

在普通砖砌体中，砖砌体的强度不仅取决于砖的强度，受砌筑砂浆的影响也很大。这是因为砖的吸水率大，如果不事先润湿，将大量吸收水泥砂浆中的水分，影响水泥的水化和硬化，导致砌体强度下降。

8.1.2　烧结多孔砖和烧结空心砖

烧结多孔砖和烧结空心砖均以黏土、煤矸石和页岩为主要原料，经焙烧而成，多孔砖和空心砖的生产过程与普通烧结砖基本相同，只是在生产砖坯时要形成孔洞，因此，要求原料的可塑性较高。

烧结多孔砖和烧结空心砖是烧结空心制品的主要品种，具有块体较大、自重较轻、隔热保温性好等特点。其生产与烧结普通砖相比，可节约黏土 20%～30%，节约燃煤 10%～20%，且砖坯焙烧均匀，烧成率高。用于砌筑墙体时，可提高施工效率 20%～50%，节约砂浆 15%～60%，减轻自重 1/3 左右，是烧结普通砖的换代产品，属于新型墙体材料。

1. 烧结多孔砖

烧结多孔砖是以黏土、页岩、煤矸石、粉煤灰为主要原材料，经焙烧而成的孔洞率不小于 28% 且孔的尺寸小而孔洞数多的矩形六面体块材，其主要用于承重部位。根据《烧结多孔砖和多孔砌块》GB 13544—2011 中的规定，砖的长度、宽度、高度应符合下列要求：

烧结多孔砖的尺寸（mm）：290、240、190、180、140、115、90。

烧结多孔砖的强度可分为 MU30、MU25、MU20、MU15 和 MU10 五个强度等级，密度可分为 1000、1100、1200、1300 四个等级，产品标记按产品名称类别、品种、规格、强度等级、密度等级和标准编号的顺序编写。如规格尺寸为 290mm×140mm×90mm、强度等级 MU25、密度 1200 级的黏土烧结多孔砖，其标记为：烧结多孔砖 N　290×140×90　MU25　1200　GB 13544—2011。煤矸石烧结多孔砖见图 8-1。

图 8-1　煤矸石烧结多孔砖

1）技术指标

（1）尺寸允许偏差

尺寸允许偏差应符合表 8-6 的规定。

烧结多孔砖的尺寸允许偏差（mm）　　　　　　　　　　　　　　表 8-6

尺寸	样本平均偏差	样本极差
200～300	±2.5	≤8.0
100～200	±2.0	≤7.0
<100	±1.5	≤6.0

（2）外观质量

烧结多孔砖的外观质量应符合表 8-7 的规定。

烧结多孔砖的外观质量（mm）　　表 8-7

项　　目		指　　标
完整面	不得少于	一条面和一顶面
缺棱掉角的三个破坏尺寸	不得同时大于	30
裂纹长度		
1）大面(有孔面)深入孔壁 15mm 以上宽度方向及其延伸到条面的长度	不大于	80
2）大面(有孔面)深入孔壁 15mm 以上长度方向及其延伸到顶面的长度	不大于	100
3）条顶面上的水平裂纹	不大于	100
杂质在砖面上造成的凸出高度	不大于	5

注：凡有下列缺陷之一者，不得称为完整面：
1）缺损在条面或顶面上造成的破坏面尺寸同时大于 20mm×30mm；
2）条面或顶面上裂纹宽度大于 1mm，其长度超过 70mm；
3）压陷、粘底、焦花在条面或顶面上的凹陷或突出超过 2mm，区域最大投影尺寸同时大于 20mm×30mm。

（3）密度等级

烧结多孔砖密度应符合表 8-8 的规定。

烧结多孔砖的密度等级（kg/m³）　　表 8-8

密度等级	3 块砖的干燥表观密度平均值
1000	900～1000
1100	1000～1100
1200	1100～1200
1300	1200～1300

（4）强度等级

烧结多孔砖的强度应符合表 8-9 的规定。

烧结多孔砖的强度等级（MPa）　　表 8-9

强度等级	抗压强度平均值 $\overline{f}$	强度标准值 f_k
MU30	≥30.0	≥22.0
MU25	≥25.0	≥18.0
MU20	≥20.0	≥14.0
MU15	≥15.0	≥10.0
MU10	≥10.0	≥6.5

（5）孔型、孔结构及孔洞率

孔型、孔结构及孔洞率应符合表 8-10 的规定。

（6）泛霜

烧结多孔砖不允许出现严重泛霜。

（7）石灰爆裂

① 破坏尺寸大于 2mm 或小于等于 15mm 的爆裂区域，每组砖不得多于 15 处，其中大于 10mm 的不得多于 7 处。

② 不允许出现破坏尺寸大于 15mm 的爆裂区域。

烧结多孔砖的孔型、孔结构及孔洞率　　　　表 8-10

孔型	孔洞尺寸(mm)		最小外壁厚(mm)	最小肋厚(mm)	孔洞率(%)	孔洞排列
	孔宽尺寸 b	孔长尺寸 L				
矩形条孔或矩形孔	≤13	≤40	≥12	≥5	≥28	所有孔宽应相等,孔采用单项或双向交错排列;孔洞排列上下、左右应对称,分布均匀,手抓孔的长度方向尺寸必须平行于砖的条面

注：1. 矩形孔的孔长 L、孔宽 b 满足 $L \geqslant 3b$ 时,为矩形条孔;

　　2. 孔的四个角应做成过渡圆角,不得做成直尖角;

　　3. 如设有砌筑砂浆槽,则砌筑砂浆槽不计算在孔洞率内;

　　4. 规格大的砖应设置手抓孔,手抓孔尺寸为（30～40mm）×（75～85mm）。

（8）抗风化性能

风化区的划分见表 8-4,严重风化区的 1、2、3、4、5 地区的砖和其他地区以淤泥、固体废弃物为主要原材料生产的砖必须进行冻融试验,其他地区以黏土、粉煤灰、页岩、煤矸石为主要原材料生产的砖抗风化性能符合表 8-11 的规定,可不做冻融试验,否则必须做冻融试验。

烧结多孔砖的抗风化性能　　　　表 8-11

种类	项目							
	严重风化区				非严重风化区			
	5h沸煮吸水率(%)		饱和系数		5h沸煮吸水率(%)		饱和系数	
	平均值	单块最大值	平均值	单块最大值	平均值	单块最大值	平均值	单块最大值
黏土砖	≤21	≤23	≤0.85	≤0.87	≤23	≤25	≤0.88	≤0.90
粉煤灰砖	≤23	≤25			≤30	≤32		
页岩砖	≤16	≤18	≤0.74	≤0.77	≤18	≤20	≤0.78	≤0.80
煤矸石砖	≤19	≤21			≤21	≤23		

注：粉煤灰掺入量（体积比）小于 30% 时,按黏土砖规定判定。

进行冻融试验时,15 次冻融循环试验后,每块砖不允许出现裂纹、分层、掉皮、缺棱掉角等冻坏现象。

2）烧结多孔砖的应用

烧结多孔砖强度较高,可用于砌筑六层以下的承重墙体。为增强清水墙面的装饰效果,可制成具有本色、一色或多色,或带砂面、光面、压花面、磨平面等装饰面的烧结多孔装饰砖。

2. 烧结空心砖

烧结空心砖是以黏土、页岩、煤矸石为主要原料,经焙烧而成的主要用于非承重部位的块体材料。在它的水平向设置少数大空洞,孔洞率不小于 40%。根据《烧结空心砖和空心砌块》GB/T 13545—2014 中的规定,烧结空心砖的长度、宽度、高度应符合下列要求：

长度规格尺寸（mm）：290、240、190、180（175）、140；

宽度规格尺寸（mm）：190、180（175）、140、115；

高度规格尺寸（mm）：115、90。

空心砖的外形应为直角六面体，混水墙用空心砖应在大面和条面设有均匀分布的粉刷槽或类似结构，深度不小于 2mm。

烧结空心砖的强度可分为 MU10.0、MU7.5、MU5.0、MU3.5 四个强度等级，密度可分为 800、900、1000、1100 四个等级，产品标记按产品名称类别、规格、密度等级、强度等级和标准编号的顺序编写。如规格尺寸为 290mm× 190mm×90mm、密度等级 800、强度等级 MU7.5 的页岩烧结空心砖，其标记为：烧结空心砖 Y 290×190×90 800 MU7.5 GB/T 13545—2014。煤矸石烧结空心砖见图 8-2。

图 8-2 煤矸石烧结空心砖

1）技术指标

（1）尺寸允许偏差

尺寸允许偏差应符合表 8-12 的规定。

烧结空心砖的尺寸允许偏差（mm）   表 8-12

尺寸	样本平均偏差	样本极差
200～300	±2.5	≤6.0
100～200	±2.0	≤5.0
<100	±1.7	≤4.0

（2）外观质量

烧结空心砖的外观质量应符合表 8-13 的规定。

烧结空心砖的外观质量（mm）   表 8-13

项　　目		指　　标
弯曲	不大于	4
缺棱掉角的三个破坏尺寸	不得同时大于	30
垂直度差	不大于	4
未贯穿裂纹长度：		
1)大面上宽度方向及其延伸到条面的长度	不大于	100
2)大面上长度方向或条面上水平方向的长度	不大于	120
贯穿裂纹长度：		
1)大面上宽度方向及其延伸到条面的长度	不大于	40
2)壁、肋沿长度方向、宽度方向及其水平方向的长度	不大于	40
肋、壁内残缺长度	不大于	40
完整面	不少于	一条面或一大面

注：凡有下列缺陷之一者，不得称为完整面：

1）缺损在大面或条面上造成的破坏尺寸同时大于 20mm×30mm；

2）条面或大面上裂纹宽度大于 1mm，其长度超过 70mm；

3）压陷、粘底、焦花在条面或大面上的凹陷或突出超过 2mm，区域尺寸同时大于 20mm×30mm。

（3）强度等级

烧结空心砖的强度应符合表 8-14 的规定。

烧结空心砖的强度等级（MPa）　　　　　　　　表 8-14

强度等级	抗压强度		
	抗压强度平均值 $\overline{f}$	变异系数 $\delta \leqslant 0.21$	变异系数 $\delta > 0.21$
		强度标准值 f_k	单块最小抗压强度 f_{min}
MU10.0	$\geqslant 10.0$	$\geqslant 7.0$	$\geqslant 8.0$
MU7.5	$\geqslant 7.5$	$\geqslant 5.0$	$\geqslant 5.8$
MU5.0	$\geqslant 5.0$	$\geqslant 3.5$	$\geqslant 4.0$
MU3.5	$\geqslant 3.5$	$\geqslant 2.5$	$\geqslant 2.8$

（4）密度等级

烧结空心砖密度应符合表 8-15 的规定。

烧结空心砖的密度等级（kg/m³）　　　　　　　　表 8-15

密度等级	5 块砖的体积密度平均值
800	$\leqslant 800$
900	$801 \sim 900$
1000	$901 \sim 1000$
1100	$1001 \sim 1100$

（5）孔洞排列及其结构

烧结空心砖孔洞排列及其结构应符合表 8-16 的规定。

烧结空心砖孔洞排列及其结构　　　　　　　　表 8-16

孔洞排列	孔洞排数（排）		孔洞率(%)	孔型
	宽度方向	高度方向		
有序或交错排列	$b \geqslant 200mm$　　$\geqslant 4$ $b < 200mm$　　$\geqslant 3$	$\geqslant 2$	$\geqslant 40$	矩形孔

在空心砖的外壁内侧宜设置有序排列的宽度或直径不大于 10mm 的壁孔，壁孔的孔型可为圆形或矩形。

（6）泛霜

烧结空心砖不允许出现严重泛霜。

（7）石灰爆裂

每组空心砖应符合下列规定：

① 最大破坏尺寸大于 2mm 且小于或等于 15mm 的爆裂区域，每组空心砖不得多于 10 处，其中大于 10mm 的不得多于 5 处。

② 不允许出现最大破坏尺寸大于 15mm 的爆裂区域。

（8）抗风化性能

风化区的划分见表 8-4，严重风化区的 1、2、3、4、5 地区的空心砖必须进行冻融试验，其他地区的空心砖抗风化性能符合表 8-17 的规定，可不做冻融试验，否则必须做冻融试验。

烧结空心砖的抗风化性能 表 8-17

产品类别	项 目							
	严重风化区				非严重风化区			
	5h沸煮吸水率(%)		饱和系数		5h沸煮吸水率(%)		饱和系数	
	平均值	单块最大值	平均值	单块最大值	平均值	单块最大值	平均值	单块最大值
黏土砖	≤21	≤23	≤0.85	≤0.87	≤23	≤25	≤0.88	≤0.90
粉煤灰砖	≤23	≤25			≤30	≤32		
页岩砖	≤16	≤18	≤0.74	≤0.77	≤18	≤20	≤0.78	≤0.80
煤矸石砖	≤19	≤21			≤21	≤23		

注：1. 粉煤灰掺入量（质量分数）小于30%时，按黏土砖规定判定；

2. 淤泥、建筑渣土及其他固体废弃物掺入量（质量分数）小于30%时按相应产品类别规定判定。

进行冻融试验时，15次冻融循环试验后，每块砖不允许出现裂纹、分层、掉皮、缺棱掉角等冻坏现象。冻后裂纹长度不大于表8-13第4项、第5项的规定。

2）烧结空心砖的应用

烧结空心砖自重轻，强度较低，多用作非承重墙，如多层建筑内隔墙或框架结构的填充墙等。

8.1.3 蒸养（压）砖

蒸养（压）砖是以含硅原材料（砂、炉渣、煤矸石、粉煤灰、矿渣等）和石灰加水拌合，也可掺入颜料，经坯料制备、压制成型和蒸汽养护而成的砖，有时在生产过程中还加入少量石膏。

蒸养（压）砖组织均匀密实，尺寸准确，外形光洁平整，色泽大方，多为浅灰色。加入碱性矿物颜料，可配成彩色砖。

根据原材料不同，蒸养（压）砖可分为粉煤灰砖和灰砂砖。

8.2 砌块

砌块是建筑用的人造块材，外形多为直角六面体，也有各种异形的。砌块系列中主规格的长度、宽度或高度有一项或一项以上分别大于365mm、240mm或115mm，但高度不大于长度或宽度的六倍，长度不超过高度的三倍。系列中主规格的高度大于115mm而又小于380mm的砌块称为小砌块，系列中主规格的高度为380～980mm的砌块称为中砌块，系列中主规格的高度大于980mm的砌块称为大砌块。

砌块按其空心率的大小可分为实心砌块和空心砌块，无孔洞或空心率小于25%的砌块称为实心砌块，空心率大于或等于25%的砌块称为空心砌块。

砌块有时也按其主要原材料和生产工艺来命名，如蒸压加气混凝土砌块、粉煤灰砌块、水泥混凝土砌块、石膏砌块、烧结煤矸石砌块等。

8.2.1 蒸压加气混凝土砌块

蒸压加气混凝土砌块是以一定比例的钙质材料（石灰、水泥、石膏）、硅质材料（粉煤灰、细砂、矿渣等），加入少量的发泡剂（铝粉等）和外加剂等，经和水拌合、浇筑、静停、切割、高压蒸养等工序制成的一种轻质、多孔的墙体材料，具有保温、隔热、质量轻等特点，能大大降低建筑物的自重。

　　蒸压加气混凝土是由瑞典人发明的轻质、多功能材料，20世纪20年代末开始工业化生产，之后它的生产和应用发展迅速，产品在世界各地得到广泛应用。我国的加气混凝土生产起步于20世纪60年代，经过发展，在生产技术、装备制造、产品标准、应用技术规程等方面已尽成熟，成为应用最广泛的砌块产品。加气混凝土砌块见图8-3。

图8-3　加气混凝土砌块

　　1. 蒸压加气混凝土砌块的产品类别和技术要求

　　蒸压加气混凝土砌块根据采用的主要原材料不同，可分为水泥-石灰-砂加气混凝土砌块、水泥-石灰-粉煤灰加气混凝土砌块、石灰-粉煤灰加气混凝土砌块等。

　　根据《蒸压加气混凝土砌块》GB/T 11968—2020规定，加气混凝土砌块按尺寸偏差分为Ⅰ型和Ⅱ型，Ⅰ型适用于薄灰缝砌筑，Ⅱ型适用于厚灰缝砌筑。

　　1）蒸压加气混凝土砌块的尺寸

　　砌块的规格尺寸如表8-18所示。

加气混凝土砌块的规格尺寸（mm）　　　　　　　　　　表8-18

长度 L	宽度 B	高度 H
600	100　120　125	200　240　250　300
	150　180　200	
	240　250　300	

注：其他规格可由供需双方协商确定。

　　加气混凝土砌块的尺寸偏差应符合表8-19的规定。

加气混凝土砌块的尺寸偏差（mm）　　　　　　　　　　表8-19

项目	Ⅰ型	Ⅱ型
长度 L	±3	±4
宽度 B	±1	±2
高度 H	±1	±2

2）蒸压加气混凝土砌块的强度

加气混凝土砌块的强度级别有：A1.5、A2.0、A2.5、A3.5、A5.0 五个级别，各级别强度应符合表 8-20 的规定。

加气混凝土砌块的立方体抗压强度和干密度要求 表 8-20

强度级别	抗压强度（MPa）		干密度级别	平均干密度（kg/m³）
	平均值	最小值		
A1.5	≥1.5	≥1.2	B03	≤350
A2.0	≥2.0	≥1.7	B04	≤450
A2.5	≥2.5	≥2.1	B04	≤450
			B05	≤550
A3.5	≥3.5	≥3.0	B04	≤450
			B05	≤550
			B06	≤650
A5.0	≥5.0	≥4.2	B05	≤550
			B06	≤650
			B07	≤750

3）蒸压加气混凝土砌块的密度

加气混凝土砌块的干密度级别有：B03、B04、B05、B06、B07 五个级别，各级别密度应符合表 8-21 的规定。

加气混凝土砌块的干密度 （kg/m³） 表 8-21

干密度级别		B03	B04	B05	B06	B07
干密度	≤	350	450	550	650	750

4）蒸压加气混凝土砌块的干燥收缩、抗冻性和导热系数

蒸压加气混凝土砌块的干燥收缩应不大于 0.50mm/m，抗冻性和导热系数应符合表 8-22 和表 8-23 的规定。

加气混凝土砌块抗冻性 表 8-22

强度级别		A2.5	A3.5	A5.0
抗冻性	冻后质量平均损失（%）	≤5.0		
	冻后强度平均损失（%）	≤20		

加气混凝土砌块导热系数 表 8-23

干密度级别	B03	B04	B05	B06	B07
导热系数(干态)[W/(m·K)]	≤0.10	≤0.12	≤0.14	≤0.16	≤0.18

2. 蒸压加气混凝土砌块产品的标记

加气混凝土砌块按其产品名称（代号 AAC-B）、强度级别、干密度级别、规格尺寸、产品等级和标准编号的顺序进行标记。如强度级别为 A3.5、干密度级别为 B05、规格尺

寸为 600mm×200mm×250mm 的蒸压加气混凝土Ⅰ型砌块，其标记为：AAC-B　A3.5　B05　600×200×250（Ⅰ）　A　GB/T 11968。

3. 蒸压加气混凝土砌块的特点

1）多空轻质

加气混凝土产品在生产过程中，内部形成了无数平均孔径在 1mm 左右的微孔，其孔隙率一般可达 70%～80%，这些气孔在材料中形成了静空气层，从而使加气混凝土砌块具有良好的保温隔热性能，其导热系数只有黏土砖的 1/5。加气混凝土砌块每立方米重量仅为 550～650kg，为普通混凝土的 1/4、黏土砖的 1/3，和木材相当。在建筑中使用加气混凝土砌块，可以减轻建筑物的自重，减小结构构件截面尺寸，降低地基造价，减小软弱地基的施工难度。

2）耐热、耐火和保温隔热性能

加气混凝土砌块为无机物质，绝对不会燃烧，即使在高温下也不会产生有害气体，在受热至 80～100℃以上时，会出现收缩和裂缝，但在 700℃以下不会损失强度，具有一定的耐热和良好的耐火性能。同时，由于加气混凝土砌块导热系数很小，这使得热传导慢，能有效抵制火灾，并保护其结构不受火灾影响。

3）具有一定的吸声能力，隔声效果较差

由于加气混凝土砌块内部充满了细小的气孔，从而具有良好的隔声效果，其吸声系数一般为 0.2～0.3，以其厚度不同可降低 30～50dB 噪声，但由于其孔结构大部分为独立封闭空，并非通孔，吸声效果受到一定的限制。

墙体隔声效果受"质量定律"支配，单位面积墙体重量越轻，隔声能力越差，由于加气混凝土砌块是轻质墙材，故隔声效果不太好。

4）干燥收缩较大

加气混凝土砌块的多孔性和生产时浆体的水灰比大，以及蒸养工艺加速固化，致使出釜（高压釜）砌块含水率高，干缩值比较大。在应用过程中，如果干燥收缩值过大，在有约束阻止其变形时，收缩形成的应力超过了制品的抗拉强度或黏结强度，制品或接缝处就会产生裂缝。因此，应严格控制砌块上墙时的含水率在 20%以下。

5）可加工

加气混凝土砌块表面平整、尺寸精确，容易提高墙面平整度。特别是它像木材一样，可比较容易地锯、刨、钻、钉、磨，施工便利。

6）吸水导湿缓慢

由于加气混凝土内部大部分气孔是"墨水瓶"形状的结构，只有少部分是水分蒸发形成的毛细孔，肚大口小导致砌块吸水导湿缓慢。在抹灰时要特别注意这一特性，防止抹灰层被砌块吸去水分而产生干裂。

4. 蒸压加气混凝土砌块应用注意事项

使用加气混凝土砌块，应对其强度不高、干缩大、表面易起粉这些特性采取措施，例如，砌块在运输、堆放、存储中应防雨防潮；墙面过大时应适当布置钢丝网或尼龙网；砌筑砂浆和易性要好；抹面砂浆适当提高灰砂比；基层面先刷一遍胶，墙面增挂一道钢丝网，网上抹灰浆等。

8.2.2 普通混凝土小型空心砌块

普通混凝土小型砌块是以水泥、矿物掺合料、砂、石、水等为原料，经搅拌、振动成型、养护等工艺制成的墙用块材，按空心率可分为实心砌块（空心率小于 25%，代号 S）和空心砌块（空心率不小于 25%，代号 H）。砌块按使用时砌筑墙体的结构和受力情况，分为承重结构用砌块（代号 L，简称承重砌块）和非承重结构用砌块（代号 N，简称非承重砌块）。普通混凝土小型空心砌块各部位名称见图 8-4。

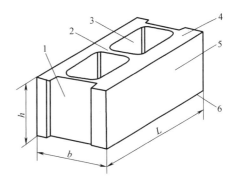

图 8-4 普通混凝土小型空心砌块各部位名称

1-顶面；2-肋；3-壁；4-坐浆面；5-条面；
6-铺浆面；L-长度；b-宽度；h-高度

普通混凝土小型空心砌块的外形宜为直角六面体，常用块型的规格尺寸见表 8-24。

砌块的规格尺寸（mm）　　　　　　　　表 8-24

长度	宽度	高度
390	90、120、140、190、240、290	90、140、190

注：其他规格可由供需双方协商确定，采用薄灰缝砌筑的块型，相关尺寸可作相应调整。

1. 普通混凝土小型空心砌块的主要技术性质

1) 尺寸偏差

普通混凝土小型砌块的尺寸允许偏差见表 8-25，对于薄灰缝砌块，其高度偏差应控制在+1mm、−2mm。

尺寸允许偏差（mm）　　　　　　　　　表 8-25

项　　目	技术指标
长度	±2
宽度	±2
高度	+3、−2

注：免浆砌块的尺寸允许偏差，由企业根据块型特点自行给出，尺寸偏差不应影响垒砌和墙面性能。

2) 外观质量

普通混凝土小型空心砌块的外观质量应符合表 8-26 的规定。

普通混凝土小型空心砌块的外观质量　　　　　　　表 8-26

项目名称		技术指标
弯曲		≤2mm
缺棱掉角	个数	≤1 个
	三个方向投影尺寸的最大值	≤20mm
裂纹延伸的投影尺寸累计		≤30mm

3) 空心率

空心砌块（H）不应小于 25%，实心砌块（S）应小于 25%。

4）外壁和肋厚

承重空心砌块的最小外壁厚度应不小于30mm，最小肋厚应不小于25mm，非承重空心砌块最小外壁厚度和最小肋厚应不小于20mm。

5）砌块强度

普通混凝土小型空心砌块的强度等级见表8-27。

普通混凝土小型空心砌块的强度等级（MPa）　　　　表8-27

砌块种类	承重砌块（L）	非承重砌块（N）
空心砌块（H）	7.5、10.0、15.0、20.0、25.0	5.0、7.5、10.0

6）吸水率

L类砌块的吸水率应不大于10%，N类砌块的吸水率应不大于14%。

7）线性干燥收缩值

L类砌块的线性干燥收缩值应不大于0.45mm/m，N类砌块的线性干燥收缩值应不大于0.65mm/m。

2. 普通混凝土小型空心砌块的标记

普通混凝土小型空心砌块按下列顺序标记，砌块种类、规格尺寸、强度等级（MU）、标准代号。如规格尺寸390mm×190mm×190mm，强度等级MU5.0，非承重结构用空心砌块，其标记为：NH　390×190×190　MU5.0　GB/T 8239—2014。

3. 普通混凝土小型空心砌块的应用

普通混凝土小型空心砌块可用于多层建筑的内墙和外墙，这种砌块在砌筑时一般不宜浇水，在气候特别干燥炎热时，可在砌筑前稍微喷水湿润。

8.2.3　轻骨料混凝土小型空心砌块

用轻粗骨料、轻砂（或普通砂）、水泥和水等原材料配制而成的干表观密度不大于1950kg/m³的混凝土称为轻骨料混凝土；用轻骨料混凝土制成的小型空心砌块称为轻骨料混凝土小型空心砌块。

1. 轻骨料混凝土小型空心砌块的分类

1）类别

按砌块孔的排数分为：单排孔、双排空、三排孔、四排孔等。

2）规格尺寸

主规格尺寸长×宽×高为390mm×190mm×190mm，其他规格尺寸可由供需双方协商确定。

3）等级

砌块密度等级分为八级，分别为700、800、900、1000、1100、1200、1300、1400，除自燃煤矸石掺量不小于砌块质量35%的砌块外，其他砌块的最大密度等级为1200；砌块的强度等级分为五级，为MU2.5、MU3.5、MU5.0、MU7.5、MU10.0。

4）标记

轻骨料混凝土小型空心砌块（LB）按代号、类别（孔的排数）、密度等级、强度等级、标准编号的顺序进行标记。如双排空、800 密度等级、3.5 强度等级的轻骨料混凝土小型空心砌块的标记为：LB　2　800　MU3.5　GB/T 15229－2011，其中 LB 为轻骨料混凝土小型空心砌块的代号，2 指双排孔。

2. 轻骨料混凝土小型空心砌块的技术要求

1）尺寸偏差和外观质量

轻骨料混凝土小型空心砌块的尺寸偏差和外观质量应符合表 8-28 的规定。

尺寸偏差和外观质量　　　　　　　表 8-28

项　　目		指　　标
尺寸偏差(mm)	长度	±3
	宽度	±3
	高度	±3
最小外壁厚度(mm)	用于承重墙体	≥30
	用于非承重墙体	≥20
肋厚(mm)	用于承重墙体	≥25
	用于非承重墙体	≥20
缺棱掉角	个数(块)	≤2
	三个方向投影的最大值(mm)	≤20
裂缝延伸的累计尺寸(mm)		≤30

2）密度等级

轻骨料混凝土小型空心砌块的密度等级应符合表 8-29 的规定。

轻骨料混凝土小型空心砌块的密度等级（kg/m³）　　　　　　　表 8-29

密度等级	干表观密度范围
700	≥610,≤700
800	≥710,≤800
900	≥810,≤900
1000	≥910,≤1000
1100	≥1010,≤1100
1200	≥1110,≤1200
1300	≥1210,≤1300
1400	≥1310,≤1400

3）强度等级

轻骨料混凝土小型空心砌块的强度等级应符合表 8-30 的规定，同一强度等级砌块的抗压强度和密度等级范围应同时满足表 8-30 的要求。

4）吸水率、干缩率和相对含水率

轻骨料混凝土小型空心砌块的吸水率应不大于 18%，干燥收缩率应不大于 0.065%，相对含水率应符合表 8-31 的规定。

轻骨料混凝土小型空心砌块的强度等级 表 8-30

强度等级	抗压强度（MPa）		密度等级范围（kg/m³）
	平均值	最小值	
MU2.5	≥2.5	≥2.0	≤800
MU3.5	≥3.5	≥2.8	≤1000
MU5.0	≥5.0	≥4.0	≤1200
MU7.5	≥7.5	≥6.0	≤1200ᵃ ≤1300ᵇ
MU10.0	≥10.0	≥8.0	≤1200ᵃ ≤1400ᵇ

注：1. 当砌块的抗压强度同时满足两个等级或两个以上等级要求时，应以满足要求的最高强度等级为准；

2. ᵃ 除自燃煤矸石掺量不小于砌块质量 35% 以外的其他砌块；

3. ᵇ 自燃煤矸石掺量不小于砌块质量 35% 的砌块。

相对含水率 表 8-31

干燥收缩率（%）	相对含水率（%）		
	潮湿地区	中等湿度地区	干燥地区
0.03<	≤45	≤40	≤35
≥0.03, ≤0.045	≤40	≤35	≤30
>0.045, ≤0.065	≤35	≤30	≤25

注：1. 相对含水率为砌块出厂时含水率与吸水率之比：

$$W = \frac{w_1}{w_2} \times 100\%$$

式中　W——砌块的相对含水率，用百分数表示（%）；

w_1——砌块出厂时的含水率，用百分数表示（%）；

w_2——砌块的吸水率，用百分数表示（%）。

2. 使用地区的湿度条件：

潮湿地区：年平均相对湿度大于 75% 的地区；

中等湿度地区：年平均相对湿度 50%～75% 的地区；

干燥地区：年平均相对湿度小于 50% 的地区。

3. 轻骨料混凝土小型空心砌块的应用

MU2.5、MU3.5 和 MU5.0 级别的砌块一般用于砌筑非承重的隔墙和围护墙，墙厚可选不同规格砌块。MU7.5 和 MU10.0 的砌块一般可用于砌筑多层建筑的承重墙体。由于轻骨料混凝土小型空心砌块的干缩量较大及其本身材料的多孔性，一般采取在顶层墙体上增设钢筋混凝土带，窗间墙加灌插筋芯柱，要严格控制外墙抹灰质量，施工前只允许洒水湿润，而不得浇水，砌筑砂浆稠度一般应控制为 70～80mm。

8.2.4　泡沫混凝土砌块

泡沫混凝土砌块属于轻质混凝土制造的小型砌块。它一般是用普通硅酸盐水泥、河砂、发泡剂和水等原材料，经机械搅拌方式将气泡引入砂浆中制成的。

泡沫混凝土砌块的性能与发泡剂的特性关系很大。目前常用的发泡剂主要是各种表面活性剂，如松香树脂、烷基磺酸盐饱和或不饱和脂肪酸钠、木质素磺酸盐、蛋白质水解物等。常常将发泡剂和稳定剂同时使用，常用的泡沫稳定剂是高分子物质，如蛋白质、淀粉、阿拉伯胶、琼胶及合成高分子物质等。例如，用松香皂作发泡剂时，常用骨胶、皮胶作稳定剂。商品发泡剂通常是几种物质的混合物。

制作泡沫混凝土砌块的基本工艺是将水和发泡剂、稳泡剂共同搅拌 5～8min，依次投入河砂、水泥，再搅拌 3～5min，筑模成型，自然养护 12～24h 脱模，继续自然养护 7d，30d 后可出厂应用。

泡沫混凝土砌块一般可分为无大孔砌块和单排孔砌块。无大孔砌块的尺寸规格一般为 390mm×190mm×1115mm 和 390mm×190mm×90mm，单排孔砌块的尺寸规格一般为 390mm×190mm×190mm 和 390mm×240mm×190mm。

泡沫混凝土砌块，特别是单排孔砌块，表观密度只有 $500～900kg/m^3$，绝热性好，砌块平整，块体较大，与实心砖比可节省砂浆 60%，提高工效 3 倍，适用于工业与民用框架结构建筑的非承重墙和隔墙，也可用作屋面保温层。

砌筑时宜用混合砂浆，砌块上墙前可在面上适量洒水，水平与垂直灰缝厚度不大于 15mm。

8.3　其他墙体材料

墙体材料除砖和砌块外，为改善墙体功能，减轻自重，减少能耗，以及减少工程现场湿作业，加快墙体施工速度，还可采用普通混凝土或轻质混凝土墙板、轻质条板以及薄板——龙骨组合板等，统称轻质板材或轻质墙材。

轻质墙板是工厂或施工现场预制的大板、条板、薄板，板高至少达一个楼层，直接现装或组装，成为一面墙体的板式墙体材料。轻质墙板可作现代装配式建筑的内墙、外墙、隔墙，可作框架结构建筑的围护墙、隔墙，可作混合结构的隔墙，还可作其他类型建筑的特殊功能型复合面板，以及无梁柱式拼装加层和活动房屋的墙体、屋面板、天棚板等。

轻质墙板是"墙改"及施工工艺改革的主流和方向。特别在大中城市，推广轻质墙板是实现建筑工业化的标志之一。

按工艺不同，轻质墙板可分为成型类、组装类，成型类主要有均质材料型（如 PVC 板）、纤维增强型（如玻纤水泥板）、颗粒骨架型（如膨胀珠岩水泥板）；组装类主要包括薄板龙骨支撑型（如石膏板——轻钢龙骨中空板）、夹芯复合型（如钢丝网架水泥聚苯夹芯板）、型材拼装型（如加气混凝土拼装大板）等。

按用途不同，轻质墙板可分为内墙板与外墙板，又可再分为承重、自承重、非承重三种墙板。

按板材构造不同，轻质墙板可分为轻质薄板（如纸面石膏板）、轻质条板（如空心条板）、夹芯复合板（如彩钢聚苯夹芯板）、拼装大板（如泡沫水泥格构板）以及夹芯复合墙体。

轻型墙板节土节能，减少污染，施工快捷，自重小，抗震性能好，能改善室内热环境，节约使用能耗，提高使用面积系数。近些年，我国的轻质墙板已取得长足发展，品种很多，下面主要介绍一些常用的轻质墙材。

8.3.1 纸面石膏板

纸面石膏板是一种较为成熟的优良轻质内墙板，是由石膏心材和护面纸构成的不燃薄板，使用时不抹灰泥。厚度仅 12cm，质量轻，重度为 $750\sim900\mathrm{kg/m^3}$，抗震性和可加工性能好，表面平整，便于粘贴墙布、墙纸等装饰材料，导热系数低，具有优良的防火性能。

纸面石膏板按直线尺寸、倒角、倒边、板面、平整等项目检验，分为一级品、二级品及等外品，使用纸面石膏板作墙体，一般须用龙骨，纸面石膏板固定在轻钢龙骨（或石膏龙骨、木龙骨）上，必要时中间可填充矿棉或岩棉，主要作轻型隔墙。石膏板——龙骨组装隔墙，施工快捷，布置灵活，劳动强度小，不需抹面，没有现场湿作业，但须使用各种配套材料：嵌缝腻子、胶粘剂、接缝纸带、自攻螺钉、防潮涂料以及防水涂料等。对防潮要求较高的部位，须用腻子找平打磨，刷乳化光油或氯偏乳液两遍，再刷 106 涂料或喷大白浆 2~3 遍。经常淋水部位则在防潮涂料上用水泥浆粘贴瓷砖、马赛克或塑料面材防止水分侵蚀。

按用途不同纸面石膏板分为普通型（代号 P）、耐水型（S）与耐火型（H）三种。

纸面石膏板的规格尺寸：板长（L）一般为 1800mm、2100mm、2400mm、2700mm、3000mm、3300mm、3600mm，板宽（B）一般为 900mm、1200mm，板厚（T）一般为 9.5mm、12mm、15mm、18mm、21mm、25mm。

8.3.2 复合墙板

复合墙板一般由结构层（多为普通混凝土）、保温层（一般为加气混凝土或矿棉，厚 120~150mm）及面层（一般为细石混凝土，厚 25 或 30mm）组成，主要作为外墙板使用。使用时要注意墙板的尺寸稳定性和准确性，如尺寸过大会造成安装困难，砍削边角会费工费时且影响质量。因构件的变形而引起接缝的变化和由于嵌缝材料的疲劳而出现的断裂、剥落等现象，都会使墙体渗漏、气密性降低，墙面装饰应避免温差应力过大而开裂。

复合墙板的功能优良，重量轻，厚度较小，结构合理，但生产技术要求高，工艺较复杂，使用较多的有混凝土岩棉复合外墙板、石棉水泥板复合外墙板等。

8.3.3 玻璃纤维增强水泥轻质多孔隔墙条板

玻璃纤维增强水泥轻质多孔隔墙条板简称 GRC 板，是以低碱度水泥为胶凝材料，耐碱玻璃纤维为增强材料，膨胀珍珠岩为轻集料，以及适当的外加剂，按比例配合，经搅拌、浇筑（或挤压）成型、养护、脱模等工序制成的轻质混凝土空心隔墙用条形板材。

玻璃纤维增强水泥轻质多孔隔墙条板的特点是轻质、高强、保温、隔声、防火、使用方便（可锯、刨、钻、钉）、施工快捷（现场干作业，墙面不需抹灰，直接批嵌腻子即可）。

8.3.4 钢丝网架水泥聚苯夹芯板

钢丝网架水泥聚苯夹芯板简称 GSJ 板，是引进国外专利技术生产的一种复合墙体板材，工地上经常用其音译名"泰柏板"。该板由预制坯板安装就位后，两侧喷、抹水泥砂浆而成型，其坯板由直径 2.0mm 镀锌钢丝焊接网片二片，通过"之"字形直径 2mm 的腹丝连接成骨架，中间夹填轻质材料——阻燃型聚苯乙烯或聚氨酯泡沫等，成为牢固的夹芯钢丝网笼，坯板上墙后，钢丝网间用细钢丝扎牢，用 1：3 水泥砂浆抹面，形成整片墙体。

钢丝网架水泥聚苯夹芯板主要用于工业与民用建筑的非承重墙，在一定条件下也可作承重墙或屋面板、楼板。坯板变形或弯折连接，即可形成曲面墙、折线墙。

【工程实例分析】

某高校教学楼填充墙体，使用一年竟出现多条裂缝

工程概况：某高校教学楼，6 层框架结构，填充墙体采用加气混凝土砌块，总建筑面积 16000m²，层高 3.6m，抗震设防烈度为 8 度，设计使用年限为 50 年。工程于 2017 年 8 月份竣工投入使用，2018 年暑期检查发现，几乎每间教室的墙体都发现肉眼可见的裂缝，主要是水平裂缝和八字形裂缝。

原因分析：检查分析发现，水平裂缝一般发生在梁板及砌体的连接处和门窗洞口过梁的下部，以及墙体和屋面板等交界的位置，八字形裂缝一般产生在梁柱及墙的交界位置、窗间墙及门窗洞口部位。这主要是因为温度的变化和砌块的干燥收缩导致墙体开裂，加气混凝土砌块体积的稳定受干湿度影响大，在收缩应力超过抗拉强度时，砌块自身和抹灰层间容易出现裂缝。湿度发生变化造成干缩变形，早期发展的速度较快，持续时间较长，在砌块成型后一个月能完成一半变形，然后会慢慢放缓和长时期延续最终达到徐变状态，几年后才能完全停止变形。所以，受到干缩变形特性的影响，容易出现裂缝。

防治措施：施工中要严格控制好蒸压加气混凝土砌块上墙砌筑时的含水率，保持砌块和气候的干燥，砌块要适当浇水湿润。抹灰施工时，要做好基层的清理工作，提前对墙面进行湿润，避免砌块从底子灰中吸收水分。施工中要避免对砌体造成扰动。施工中要合理设置构造柱及拉结筋等。

本章小结

1. 焙烧是制砖工艺的关键环节，一般是将焙烧温度控制在 900～1100℃之间，使砖坯在氧化环境中烧至部分熔融，因为生成三氧化二铁（Fe_2O_3）而使砖为红色，称为红砖。

2. 烧结普通砖的外形尺寸、强度等级、抗风化性能是其主要性能指标。

3. 烧结多孔砖和烧结空心砖是依据其孔的尺寸和孔洞率来区分的。

4. 蒸压加气混凝土砌块是以一定比例的钙质材料（石灰、水泥、石膏）、硅质材料（粉煤灰、细砂、矿渣等），加入少量的发泡剂（铝粉等）和外加剂等，经和水拌合、浇筑、静停、切割、高压蒸养等工序制成的一种轻质、多孔的墙体材料，具有保温、隔热、质量轻等特点，能大大降低建筑物的自重。

5. 用轻粗集料、轻砂（或普通砂）、水泥和水等原材料配制而成的干表观密度不大于 1950kg/m³ 的混凝土称为轻集料混凝土，用轻集料混凝土制成的小型空心砌块称为轻集料混凝土小型空心砌块。

【思考与练习题】

8-1　目前所有墙体材料主要有哪几类？它们各自有哪些优缺点？

8-2　烧结普通砖的强度等级是根据什么分类的？

8-3　多孔砖和空心砖有什么不同，根据什么确定其强度等级？

8-4　砌块作为墙体材料有何优缺点？

8-5　蒸压加气混凝土砌块按什么技术指标分级，其有何特点？

8-6　常用的墙板有几种类型？

【创新思考题】

目前我国正在大力推广钢结构建筑和装配式建筑，对维护结构有何要求，哪些新型墙材可以满足要求？

第 9 章 　 合成高分子材料

本章要点及学习目标

　　本章要点：

　　在土木工程材料中，高分子材料是发展非常快的一种新型材料。本章主要介绍高分子材料的分类、命名、特点等基础知识。重点介绍影响土木工程中常用的高分子材料及常见的品种，主要有建筑塑料、涂料和胶粘剂，还有橡胶、纤维、土工合成材料、灌浆材料等。

　　学习目标：

　　要求掌握合成高分子的分子特征及性能特点；了解土木工程中的合成高分子材料和新型的合成材料；掌握塑料型材及管材，建筑涂料的基本组成、分类及主要性能指标，胶粘剂的基本组成性能及应用，能根据工程实际正确地选用合适的高分子材料。

　　有机高分子材料是以高分子化合物为基材，配以其他添加剂（助剂）的一大类材料的总称。在土木工程中所涉及的主要有塑料型材及管材、建筑涂料、胶粘剂。这些有机高分子材料的基本成分是人工合成的高分子化合物，简称聚合物。由高聚物加工或用高聚物对传统材料改性所制得的土木工程材料，习惯上称为化学合成建筑材料，即化学建材。化学建材在土木工程中的应用日益广泛，在装饰、防水、胶粘、防腐等各个方面所起的重要作用是其他材料不可替代的。

9.1　高分子材料的基本知识

9.1.1　高分子材料的分类

　　高分子聚合物分子常是由特定的结构单元多次重复组成的，这些特定的结构单元称为链节。例如，乙烯（$H_2C=CH_2$）分子量为 28，由乙烯为单体聚合而成的高分子化合物聚乙烯（$CH_2=CH_2$）$_n$ 分子量则在 $1000\sim35000$ 之间或更大。其中每一个"—CH_2—CH_2—"为一个链节，n 称为聚合度，表示一个高分子中的链节数目。

　　1. 按分子链的形状分类

　　根据分子链的形状不同，可将高分子化合物分为线型、支链型（支化型）和体型（网状）三种。

　　（1）线型高分子化合物的主链原子排列成长链状，如聚乙烯、聚氯乙烯等。

（2）支链型高分子化合物的主链也是长链状的，但带有大量的支链，如 ABS 树脂等。

（3）体型高分子化合物的长链被许多横跨链交联成网状，或在单体聚合过程中二维或三维空间交联成空间网络，分子彼此固定，如环氧、聚酯等树脂的最终产物。

线状大分子间以分子间力结合在一起，具有线型结构的树脂，强度较低，弹性模量较小，变形较大，耐热性较差，耐腐蚀性较差，且可溶可熔。线型结构的合成树脂可反复加热软化，冷却硬化。

而体形结构化学键结合力强，且交联形成一个巨大分子。故一般来说，此类树脂的强度较高，弹性模量较高，变形较小，耐热性较好，耐腐蚀性较高。

2. 按对热的性质分类

按对热的性质可分为热塑性和热固性两类。

1）热塑性聚合物（受热可熔）

在常温下是较硬固体，加热时呈现出可塑性，甚至熔化，冷却后又凝固硬化。这种变化是可逆的，可以重复多次。这类的高分子化合物其分子间作用力较弱，为线型及带支链的高聚物。

2）热固性聚合物（受热不可熔）

首次受热软化（或熔化）后，转变成黏稠状态，发生化学变化，相邻的分子互相连接（交联），转变成体型结构而逐渐固化，成为不熔化、不能溶解的物质。这种变化是不可逆的，再次受热不再变软。温度稳定性好，不能反复加工使用。

9.1.2　高分子化合物的合成及命名

将低分子单体经化学方法聚合成为高分子化合物常用的合成方法有加成聚合和缩聚聚合两种。

1. 加成聚合

加成聚合又称为加聚反应，是聚合物最主要的聚合方式之一。通常是在催化剂的存在下，含有双键的单体打开双键，相互连接而得到聚合物长链分子。例如：

$$n(CH_2{=}CH) \xrightarrow{\text{加聚反应}} \left(\!CH_2{-}CH\!\right)_n \qquad n(CH_2{=}CH_2) \xrightarrow{\text{加聚反应}} \left(\!C_2H_4\!\right)_{\overline{n}}$$
$$\quad\ \ |\ \qquad\qquad\qquad\qquad |$$
$$\quad\ \ Cl \qquad\qquad\qquad\qquad\ Cl$$
$$\ \ \text{氯乙烯}\qquad\qquad\ \ \text{聚氯乙烯}\qquad\qquad\ \text{乙烯}\qquad\qquad\quad\ \text{聚乙烯}$$

加聚反应得到的高聚物一般为线型分子，其组成与单体的组成基本相同，反应过程中不产生副产物。

由加聚反应生成的树脂称为聚合树脂，其命名一般是在其原料名称前面冠以"聚"字，如聚乙烯、聚苯乙烯、聚氯乙烯等。

2. 缩合聚合

缩合聚合又称为缩聚反应。它是由一种或数种带有官能团（H—、—OH、Cl—、—NH$_2$、—COOH 等）的单体在加热或催化剂的作用下，逐步相互结合而成为高聚物，同时，单体中的官能团脱落并化合生成副产物（如水、醇、氨等）。例如：

$$n\,\underset{\text{苯酚}}{\bigcirc\!\!\text{OH}} + n\underset{\text{甲醛}}{CH_2{=}0} \xrightarrow{\text{缩聚反应}} \left[\underset{\text{酚醛}}{\bigcirc\!\!\text{OH}\!-\!CH_2}\right]_n + \underset{\text{水}}{n\,H_2O}$$

缩聚反应过程中有副产物——小分子化合物产生，所以由缩聚反应制成的树脂其化学组成与单体不同。若参加缩聚反应的单体只有两个官能团，则只能生成直链聚合物，如聚对苯二甲酸乙二醇酯（PET）。若参加缩聚反应的单体有两个以上的官能团，则聚合后就会生成不溶、不熔的三维网状聚合物，也称为热固性树脂。

缩聚反应生成物的树脂称为缩合树脂。其命名一般是在原料名称后加上"树脂"两字，如酚醛树脂、环氧树脂、聚酯树脂等。

9.1.3 高分子化合物的基本性质

1. 高分子材料的性能优点

1）质轻

密度一般在 $0.9 \sim 2.2 g/cm^3$ 之间，平均约为铝的 $1/2$，钢的 $1/5$，混凝土的 $1/3$，与木材相近。

2）导热系数小

如泡沫塑料的导热系数只有 $0.02 \sim 0.046 W/(m \cdot K)$，约为金属的 $1/1500$，混凝土的 $1/40$，是理想的绝热材料。

3）弹性好

这是因为高分子化合物受力时，其蜷曲的分子可以被拉直而伸长，当外力除去后，又能恢复到原来的蜷曲状态。

4）绝缘性好

由于高分子化合物分子中的化学键是共价键，不能电离出电子，因此不能传递电流。又因为其分子细长而蜷曲，在受热或声波作用时，分子不容易振动，所以，高分子化合物对于热、声也具有良好的隔绝性能。

5）耐磨性好

许多高分子化合物不仅耐磨，而且有优良的自润滑性，如尼龙、聚四氟乙烯等。

6）耐腐蚀性优良

这是因为许多分子链上的基团被包在里面，当接触到能与分子中某一基团起反应的腐蚀性介质时，被包在里面的基团不容易发生变化。因此，高分子化合物具有耐酸、耐腐蚀的特性。

7）耐腐蚀性优良

多数高分子化合物憎水性很强，有很好的防水和防潮性。

2. 高分子材料的性能缺点

1）易老化

所谓老化是指高分子化合物在阳光、空气、热以及环境介质中的酸、碱、盐等作用下，分子组成和结构发生变化，致使其性质变化，如失去弹性、出现裂纹、变硬、变脆、变软、发黏，失去原有的使用功能的现象。塑料、有机涂料和有机胶粘剂都会出现老化。目前采用的防老化措施主要有改变聚合物的结构、加入各种防老化剂的化学方法和涂防护层的物理方法。

2）可燃性和毒性

高分子材料一般属于可燃的材料，但可燃性受其组成和结构的影响有很大差别，如聚苯乙烯遇火会很快燃烧起来，聚氯乙烯则有自熄性，离开火焰会自动熄灭。部分高分子材料燃烧时发烟，产生有毒气体。一般可通过改进配方制成自熄、难燃甚至不燃的产品。不过其防火性仍比无机材料差，在工程应用中应予以注意。

3）耐热性

高分子材料的耐热性能普通较差，如使用温度偏高会促进其老化，甚至分解。塑料受热会发生变形，在使用中要注意其使用温度的限制。

9.2　土木工程中的合成高分子材料

9.2.1　塑料

1. 概述

塑料是以聚合物为基本材料，加入各种添加剂后，在一定温度和压力下混合、塑化、成型的材料或制品的总称。不加任何添加剂和填料，只含合成树脂的塑料，即单成分塑料，例如有机玻璃。大多数塑料为多成分塑料。塑料具有质量轻、比强度高、可塑性好、耐腐蚀性好、耐水性好、耐热性差、热膨胀系数高、易老化等特性。塑料在土木工程中常用做装修材料、绝热材料、防水与密封材料、管道及卫生洁具等，应用于土木工程中的塑料习惯上称为建筑塑料，应用前景十分广阔。

2. 塑料的组成

建筑塑料由合成树脂、填充料、添加剂组成。

1）合成树脂

合成树脂是塑料的基本组成材料，起着胶粘剂的作用，能将其他材料牢固地胶结在一起。在多成分塑料中合成树脂的含量为30%～60%。塑料的主要性能及成本决定于所采用的合成树脂。

2）填充料

填充料的作用是节约树脂，降低成本，调节塑料的物理化学性能。例如，纤维、布类填充料可提高塑料的机械强度，石棉填充料可增加塑料的耐热性，云母填充料可增强塑料的电绝缘性能，石墨、二硫化钼填充料可改善塑料的摩擦、磨耗等性能。填充料的含量一般为20%～50%。

常用的有机填充料有木粉、纸屑、废棉等，常用的无机填充料有滑石粉、石墨粉、石棉、玻璃纤维等。

3）添加剂

添加剂是为了改善和调节塑料的某些性能，以适应使用或加工时的特殊要求而加入的辅助材料，如增塑剂、固化剂、着色剂、阻燃剂、稳定剂等。

（1）树脂

树脂是分子量不固定，在常温下呈固态、半固态或黏流态的有机物质。由于它在塑料中黏结组分的作用，所以也称为黏料。它是塑料的主要成分，约占塑料的40%～100%，决定塑料的类型（热塑性或热固性）和基本性能。因此，塑料的名称常用其原料树脂的名称来命名，如聚氯乙烯塑料、酚醛塑料等。

（2）增塑剂

增塑剂是能够增加树脂的塑性、改善加工性、赋予制品柔韧性的一种添加剂。增塑剂的作用是削弱聚合物分子间的作用力，因而降低软化温度和熔融温度，减小熔体黏度，增加其流动性，从而改善聚合物的加工性和制品的柔韧性。

（3）稳定剂

稳定剂包括热稳定剂和光稳定剂两类。热稳定剂是指以改善聚合物热稳定性为目的而添加的助剂。聚氯乙烯的热稳定性问题最为突出，因为聚氯乙烯在 160～200℃ 的温度下加工时，会发生剧烈分解，使制品变色，物理力学性能恶化。常用的热稳定剂有硬脂酸盐、铅的化合物以及环氧化合物等。

光稳定剂是指能够抑制或削弱光的降解作用、提高材料的耐光照性能的物质。常用的有炭黑、二氧化钛、氧化锌等。

（4）润滑剂

为防止塑料在成型过程中黏附在模具或其他设备上，所加入的少量物质称为润滑剂。

（5）固化剂

固化剂又称硬化剂或交联剂，是一类受热能释放游离基来活化高分子链，使它们发生化学反应，由线型结构转变为体型结构的一种添加剂，主要作用是在聚合物分子链之间产生横跨链，使大分子交联。

塑料添加剂除上述几种外，还有发泡剂、抗静电剂、阻燃剂、着色剂等。并非每一种塑料都要加入全部添加剂，而是根据塑料的品种和使用要求加入某些添加剂。

3. 建筑中常用的塑料

塑料在土木工程的各个领域都有广泛的应用，既可用做防水、隔热保温、隔声和装饰材料等功能材料，也可制成玻璃纤维或碳纤维增强塑料，用做结构材料。塑料可以加工成塑料门窗和塑料管道等在建筑中应用。

1）塑料门窗

塑料门窗是由强化聚氯乙烯（UPVC）树脂为基料，以轻质碳酸钙做填料，掺以少量添加剂，经挤出法制成各种截面的异型材，并采用与其内腔紧密吻合的增强型钢做内衬，再根据门窗品种，选用不同截面的异型材组装而成。

（1）特性：色泽鲜艳，不需油漆；耐腐蚀，抗老化，保温，防水，隔声；在 30～50℃ 的环境下不变色，不降低原有性能，防虫蛀又不助燃。

（2）应用：适用于工业与民用建筑，是建筑门窗的换代产品，但平开门窗比推拉门窗的气密性、水密性等综合性能要好。

2）塑料管道

塑料管道比其他管道在节能方面有更为优越的特性。塑料管道生产能耗低，仅为钢管和铸铁管的 30%～50%。塑料管在使用过程中的能耗也比金属管道和混凝土管低，由于塑料管道管壁表面粗糙度仅为 0.009～0.01mm，远远小于钢管和铸铁管，因此，塑料管输水能耗比金属管可降低 50% 以上。

（1）硬聚氯乙烯（PVC-U）管

① 特性：通常直径为 40～100mm。内壁光滑阻力小、不结垢、无毒、无污染、耐腐蚀，使用温度不大于 40℃，故为冷水管。抗老化性能好、难燃，可采用橡胶圈柔性接口

安装。缺点是机械强度只有钢管的 1/8，刚性较差，只有碳钢的 1/62；热膨胀系数较大，因而安装过程中必须考虑温度补偿装置。

② 应用：用于给水管道（非饮用水）、排水管道、雨水管道；用作输送食品及饮用水时，塑料管还必须达到相应的卫生要求。

（2）硬聚氯乙烯（PVC-C）管

① 特性：高温机械强度高，适于受压的场合。使用温度高达 90℃ 左右，寿命可达 50 年。安装方便，连接方法为溶剂黏结、螺纹连接、法兰连接和焊条连接。阻燃、防火、导热性能低，管道热损少。管道内壁光滑，抗细菌的滋生性能优于铜、钢及其他塑料管道。热膨胀系数低，产品尺寸全（可做大口径管材），安装附件少，安装费用低。但要注意使用的胶水有毒性。

② 应用：冷热水管、消防水管系统、工业管道系统。

（3）无规共聚聚丙烯（PP-R）管

① 特性：无毒，无害，不生锈，不腐蚀，有高度的耐酸性和耐氯化物性。耐热性能好，在工作压力不超过 0.6MPa 时，其长期工作水温为 70℃，短期使用水温可达 95℃，软化温度为 140℃。使用寿命长达 50 年以上。耐腐蚀性好，不生锈，不腐蚀，不会滋生细菌，无电化学腐蚀，保温性能好，膨胀力小。适合采用嵌墙和地坪面层内的直埋暗敷方式，水流阻力小。管材内壁光滑，不会结垢，采用热熔连接方式进行连接，牢固不漏，施工便捷，对环境无任何污染，绿色环保，配套齐全，价格适中。

缺点是管材规格少（外径 20～110mm），抗紫外线能力差，在阳光的长期照射下宜老化，属于可燃性材料，不得用于消防给水系统。刚性和抗冲击性能比金属管道差。线膨胀系数较大，明敷或架空敷设所需支吊架较多，影响美观。

② 应用：饮用水管、冷热水管。

（4）丁烯（PB）管

① 特性：较高的强度，韧性好，无毒。其长期工作水温为 90℃ 左右，最高使用温度可达 110℃。易燃，热胀系数大，价格高。

② 应用：饮用水、冷热水管。特别适用于薄壁小口径压力管道，如地板辐射采暖系统的盘管。

（5）交联聚乙烯（PEX）管

普通高、中密度聚乙烯（HDPE 及 MDPE）管，其大分子为线形结构，缺点是耐热性和抗蠕变能力差，因而普通 PE 管不适宜使用高于 45℃ 的水。交联是 PE 改性的一种方法，PE 经交联后变成三维网状结构的交联聚乙烯（PEX），大大提高了其耐热性和抗蠕变能力；同时，耐老化性能、力学性能和透明度等均有显著提高。

① 特性：无毒，卫生，透明。有折弯记忆性、不可热熔连接、热蠕动性较小、低温抗脆性较差、原料较便宜。使用寿命可达 50 年。可输送冷、热水、饮用水及其他液体。阳光照射下可使 PEX 管加速老化，缩短使用寿命，避光可使塑料制品减缓老化，使寿命延长，这也是用于地热采暖系统的分水器前的地热管须加避光护套的原因；同时，也可避免夏季供暖停止时光线照射产生水藻、绿苔，造成管路栓塞或堵塞。

② 应用：主要用于地板辐射采暖系统的盘管。

（6）铝塑复合管

铝塑复合管是以焊接铝管或铝箔为中层，内外层均为聚乙烯材料（常温使用），或内外层均为高密度交联聚乙烯材料（冷热水使用），通过专用机械加工方法复合成一体的管材。

① 特性：长期使用温度（冷热水管）80℃，短时最高温度为95℃。安全无毒，耐腐蚀，不结垢，流量大，阻力小，寿命长，柔性好，弯曲后不反弹，安装简单。

② 应用：饮用水、冷热水管。

（7）塑覆铜管

塑覆铜管为双层结构，内层为纯铜管，外层覆裹高密度聚乙烯或发泡高密度聚乙烯保温层。

① 特性：无毒，抗菌卫生，不腐蚀，不结垢，水质好，流量大，强度高，刚性大，耐热，抗冻，耐久，长期使用温度范围宽（$-70 \sim 100$℃），比铜管保温性能好。可刚性连接亦可柔性连接，安全牢固，不漏。初装价格较高，但寿命长，不需维修。

② 应用：主要用作工业及生活饮用水，冷、热输送管道。

（8）钢塑管

钢塑管有很多种分类，可根据管材的结构分类为：钢带增强钢塑管、无缝钢管增强钢塑管、孔网钢带钢塑管以及钢丝网骨架钢塑管。

目前，市面上最为流行是钢带增强钢塑管，也就是通常所指的钢塑管。这种管材中间层为高碳钢带通过卷曲成型对接焊接而成的钢带层，内外层均为高密度聚乙烯（HDPE）。这种管材中间层为钢带，所以管材承压性能非常好，不同于铝带，铝带承压不高，管材最大口径只能做到63mm，而钢塑管的最大口径可以做到200mm，甚至更大。由于管材中间层的钢带是密闭的，所以这种钢塑管同时具有阻氧作用，可直接用于直饮水工程，而其内外层又是塑料材质，具有非常好的耐腐蚀性。如此优良的性能，使得钢塑管的用途非常广泛，石油、天然气输送，工矿用管，饮水管，排水管等各种领域均可应用。

3）新型塑料建材-泡沫塑料

我国PU（聚氨酯）硬泡主要用作冰箱冷库以及石油输送管道、化工贮罐与工业设备的隔热、保温材料，用于建筑业（隔热、吸声屋面、防水、装饰材料及活动房等）。近年来我国自行研制及引进的PS（聚苯乙烯系塑料）发泡塑料建材主要有以下三类：以彩色涂层板为表面材料、自熄性聚苯板为芯材的复核超轻建筑板材；钢丝网水泥夹芯发泡PS复合板；纤维增强PS外保温复合墙体。我国用作建筑材料的PS发泡板虽还处在初始阶段，但发展速度很快。国内生产出了优质的PVC泡沫塑料（EPVC），用于建筑保温上的用量在增加。

9.2.2 涂料

涂敷于物体表面能与基体材料很好黏结并形成完整而坚韧保护膜的材料称为涂料。建筑涂料是专指用于建筑物内、外装饰的涂料，建筑涂料同时还可对建筑物起到一定的保护作用和某些特殊功能作用。

1. 涂料的组成

涂料由主要成膜物质、次要成膜物质、辅助成膜物质构成。

1）主要成膜物质

涂料所用主要成膜物质有树脂和油料两类。

树脂有天然树脂（虫胶、松香等）、人造树脂（甘油酯、硝化纤维等）和合成树脂（醇酸树脂、聚丙烯酸酯、环氧树脂、聚氨酯、聚乙烯醇缩聚物等）。

油料有桐油、亚麻子油等植物油和鱼油等动物油。

为满足涂料的各种性能要求，可以在一种涂料中采用多种树脂配合，或与油料配合，共同作为主要成膜物质。

2）次要成膜物质

次要成膜物质是各种颜料，包括着色颜料、体质颜料和防锈颜料三类，是构成涂膜的组分之一。其主要作用是使涂膜着色并赋予涂膜遮盖力，增加涂膜质感，改善涂膜性能，增加涂料品种，降低涂料成本等。

3）辅助成膜物质

辅助成膜物质主要是指各种溶剂（稀释剂）和各种助剂。涂料所用溶剂有两大类：一类是有机溶剂，如松香水、酒精、汽油、苯、二甲苯、丙酮等；另一类是水。

助剂是改善涂料的性能，提高涂膜的质量而加入的辅助材料，如催干剂、增塑剂、固化剂、流变剂、分散剂、增稠剂、防冻剂、紫外线吸收剂、抗氧化剂、防老化剂、防霉剂、阻燃剂等。

2. 常用建筑涂料

1）木器涂料

溶剂型涂料用于家具饰面或室内木装修又常称为油漆。传统的油漆品种有清油、清漆、调和漆、磁漆等；新型木器漆涂料有聚酯树脂漆、聚氨酯漆等。

（1）聚酯树脂漆

聚酯树脂漆是以不饱和聚酯和苯乙烯为主要成膜物质的无溶剂型漆。

特性：可高温固化，也可常温固化（施工温度不小于15℃），干燥速度快。漆膜丰满厚实，有较好的光泽度、保光性及透明度，漆膜硬度高、耐磨、耐热、耐寒、耐水、耐多种化学药品。含固量高，涂饰一次漆膜厚可达 $200\sim300\mu m$。固化时溶剂挥发少，污染小。

缺点是漆膜附着力差、稳定性差、不耐冲击。为双组分固化型，施工配制较麻烦，涂膜破损不易修补。涂膜干性不易掌握，表面易受氧阻聚。

应用：聚酯树脂漆主要用于高级地板涂饰和家具涂饰。施工应注意不能用虫胶漆或虫胶腻子打底，否则会降低黏附力。施工温度不小于15℃，否则固化困难。

（2）聚氨酯漆

聚氨酯漆是以聚氨酯为主要成膜物质的木器涂料。

特性：可高温固化，也可常温或低温（0℃以下）固化，故可现场施工也可工厂化涂饰。装饰效果好、漆膜坚硬、韧性高、附着力高、涂膜强度高、高度耐磨、优良的耐溶性和耐腐蚀性。

缺点是含有游离异氰酸酯（TDI），污染环境。遇水或潮气时易胶凝起泡。保色性差，遇紫外线照射易分解，漆膜泛黄。

应用：广泛用于竹、木地板、船甲板的涂饰。

2）内墙涂料

（1）分类

乳液型内墙涂料，包括丙烯酸酯乳胶漆、苯-丙乳胶漆、乙烯-醋酸乙烯乳胶漆。

水溶性内墙涂料，包括聚乙烯醇水玻璃内墙涂料、聚乙烯醇缩甲醛内墙涂料。

其他类型内墙涂料，包括复层内墙涂料、纤维质内墙涂料、绒面内墙涂料等。

水溶性内墙涂料已被《关于发布化学建材技术与产品的公告》列为停止或逐步淘汰类产品，产量和使用已逐渐减少。

（2）丙烯酸酯乳胶漆的特点：涂膜光泽柔和，耐候性好，保光保色性优良，遮盖力强，附着力高，易于清洗，施工方便，价格较高，属于高档建筑装饰内墙涂料。

（3）苯-丙乳胶漆的特点：良好的耐候性、耐水性、抗粉化性、色泽鲜艳、质感好，由于聚合物粒度细，可制成有光型乳胶漆，属于中高档建筑内墙涂料。与水泥基层附着力好，耐洗刷性好，可以用于潮气较大的部位。

（4）乙烯-乙酸乙烯乳胶漆：在乙酸乙烯共聚物中引入乙烯基团形成的乙烯-醋酸乙烯（VAE）乳液中，加入填料、助剂、水等调配而成。

特点：成膜性好、耐水性较高、耐候性较好。价格较低，属于中低档建筑装饰内墙涂料。

3）外墙涂料

（1）分类

溶剂型外墙涂料，包括过氯乙烯、苯乙烯焦油、聚乙烯醇缩丁醛、丙烯酸酯、丙烯酸酯复合型、聚氨酯系外墙涂料。

乳液型外墙涂料，包括薄质涂料纯丙乳胶漆、苯-丙乳胶漆、乙-丙乳胶漆和厚质涂料乙-丙乳液厚涂料。

水溶性外墙涂料，该类涂料以硅溶胶外墙涂料为代表。

其他类型外墙涂料包括复层外墙涂料和砂壁状涂料。

（2）过氯乙烯外墙涂料的特点：良好的耐大气稳定性、化学稳定性、耐水性、耐霉性。

（3）丙烯酸酯外墙涂料的特点：良好的抗老化性、保光性、保色性、不粉化、附着强，施工温度范围（0℃以下仍可干燥成膜）。但该种涂料耐沾污性较差，因此，常利用其与其他树脂能良好相混溶的特点，将聚氨酯、聚酯或有机硅对其改性制得丙烯酸酯复合型耐沾污性外墙涂料，综合性能大大改善，得到广泛应用。施工时基体含水率不应超过8%，可以直接在水泥砂浆和混凝土基层上进行涂饰。

（4）氟碳涂料：氟碳涂料是在氟树脂基础上经改性、加工而成的涂料，属于新型高档高科技全能涂料。

分类：按固化温度的不同可分为高温固化型（主要指PVDF，即聚偏氟乙烯涂料，180℃固化）、中温固化型、常温固化型。

按组成和应用特点可分为溶剂型氟涂料、水性氟涂料、粉末氟涂料、仿金属氟涂料等。

特点：优异的耐候性、耐污性、自洁性、耐酸碱、耐腐蚀、耐高低温性，涂层硬度高，与各种材质的基体有良好的黏结性能、色彩丰富有光泽、装饰性好、施工方便、使用寿命长。

应用：广泛用于金属幕墙、柱面、墙面、铝合金门窗框、栏杆、天窗、金属家具、商业指示牌户外广告着色及各种装饰板的高档饰面。

（5）复层涂料：由基层封闭涂料、主层涂料、罩面涂料三部分构成。按主层涂料的黏结料的不同可分为聚合物水泥系（CE）、硅酸盐系（SI）、合成树脂乳液系（E）和反应固化型合成树脂乳液系（RE）复层外墙涂料。

特点：黏结强度高、良好的耐褪色性、耐久性、耐污染性、耐高低温性。外观可成凹凸花纹状、环状等立体装饰效果，故亦称浮感涂料或凹凸花纹涂料，适用于水泥砂浆、混凝土、水泥石棉板等多种基层的中高档建筑装饰饰面。

应用：用于无机板材，内外墙、顶棚的饰面。

4）地面涂料（水泥砂浆基层地面涂料）

（1）分类

溶剂型地面涂料，包括过氯乙烯地面涂料、丙烯酸-硅树脂地面涂料、聚氨酯-丙烯酸酯地面涂料，为薄质涂料，涂覆在水泥砂浆地面的抹面层上，起装饰和保护作用。

乳液型地面涂料，有聚醋酸乙烯地面涂料等。

合成树脂厚质地面涂料，包括环氧树脂厚质地面涂料、聚氨酯弹性地面涂料、不饱和聚酯地面涂料等。该类涂料常采用刮涂方法施工，涂层较厚，可与塑料地板媲美。

（2）过氯乙烯地面涂料的特点：干燥快、与水泥地面结合好、耐水、耐磨、耐化学药品腐蚀。施工时有大量有机溶剂挥发、易燃，要注意防火、通风。

（3）聚氨酯-丙烯酸酯地面涂料的特点：涂膜外观光亮、平滑、有瓷质感，良好的装饰性、耐磨性、耐水性、耐酸碱、耐化学药品。

应用：适用于图书馆、健身房、舞厅、影剧院、办公室、会议室、厂房、车间、机房、地下室、卫生间等水泥地面的装饰。

（4）环氧树脂厚质地面涂料是以黏度较小、可在室温固化的环氧树脂为主要成膜物质，加入固化剂、增塑剂、稀释剂、填料、颜料等配制而成的双组分固化型地面涂料。

特点：黏结力强、膜层坚硬耐磨且有一定韧性、耐久、耐酸、耐碱、耐有机溶剂、耐火、防尘，可涂饰各种图案。施工操作比较复杂。

应用：用于机场、车库、实验室、化工车间等室内水泥基地面的装饰。

当今世界涂料发展潮流正向"5E"迈进，即提高涂膜质量、方便施工、节省资源、节省能源和适应环境。建筑涂料向着耐候性、耐沾污性、减少VOC（易挥发的有机物质）和功能复合化方向发展。发展高性能外墙涂料生产技术，水乳型高性能外墙涂料有优异的耐候性和耐沾污性，特别适于高层、超高层外墙面装饰。脂肪族溶剂型丙烯酸涂料，具有低污染和高固体分的特点，同时具有优异的耐老化性及耐沾污性。开发低VOC环保型和低毒型建筑涂料，发展安全溶剂型聚氨酯木质装饰涂料。发展建筑功能性涂料，如防火、防腐、防碳化和保温涂料。建筑节能保温涂料因经济、使用方便、环保和节能效果好等优点越来越受到人们的青睐，发展前景光明。

9.2.3　合成橡胶

合成橡胶指任何人工制成的，用于弹性体的高分子材料，也称合成弹性体，是三大合成材料之一，其产量仅低于合成树脂（或塑料）、合成纤维。合成树脂具有高弹性、绝缘性、气密性、耐油、耐高温或低温等性能，因而广泛应用于土木工程中。

1. 合成橡胶的命名

世界上命名法是按国际标准化组织制定的，此法是取相应单体的英文名称或关键词的第一个大写字母，其后缀以"橡胶"英文名第一个字母 R 来命名。例如丁苯橡胶是由苯乙烯与丁二烯共聚而成的合成橡胶，故称 SBR；同理，丁腈橡胶称 NBR；氯丁橡胶称 CR 等。中国的命名方法：趋于按原料单体组成来命名，如由丁二烯聚合的叫丁二烯橡胶；对于共聚物是在相应单体之后缀以共聚物橡胶如丁二烯-苯乙烯共聚物橡胶，简称丁苯橡胶。

2. 常用的建筑橡胶

橡胶在土木工程领域中的应用很广泛，有传统应用，如工程施工机械的轮胎、运输带、施工人员的防护罩和施工现场常见的胶板等橡胶制品。由于橡胶有其他金属和非金属建筑材料所没有的伸缩性、防水性、气密性、阻尼性和缓冲性等特性，因而现在在现代建筑上橡胶的使用范围和数量逐年扩大，目前结构性橡胶建筑材料已发展数千种之多。橡胶建筑材料主要包括橡胶防水材料、橡胶密封材料、橡胶支撑与隔震材料、橡胶铺装材料等。

1）橡胶防水材料

土木工程中防水工程是一个施工难题，会影响工程质量、耐久性，而且由此造成的多次施工返修也会产生巨大的费用。为解决这个难题，各种结构性的橡胶建筑防水材料应运而生。

（1）防水胶片。防水胶片是使用一层合成橡胶或合成树脂用压延或挤出的方法制成，然后以胶粘剂粘贴固定在建筑物或构筑物上形成防水层。虽然它的造价比沥青防水高，但防渗漏性强、耐温性和耐候性能好，具有施工方便、缩短工期、效率高、寿命长等优点。在人造水池和大型建筑屋顶防水等工程中得到广泛应用。特别是防水胶片系单层防水，重量比较轻，每平方米约 2kg，仅为传统沥青防水层的 $1/8\sim1/5$，使用年限也高出 $5\sim10$ 倍。

（2）止水带。止水带主要用于混凝土构筑物的构件接缝以及由于温度变化而引起的膨胀和收缩的伸缩接缝，例如桥梁、高架路、隧道、涵洞的对接等。它起着防水板的作用，防止进水产生不均匀下沉、龟裂等变形，止水带是在混凝土浇灌施工过程中或其后安装放置在接缝上。我国现用止水带主要以橡胶为主，视环境要求选择橡胶品种，而且橡胶品种还在不断的升级换代中。

（3）防水涂膜。防水涂膜的用途极为广泛，从屋顶防水到浴室、厕所等建筑构造，到公路、桥梁、混凝土伸缩缝处，或是地下构造物的防水等，都可使用这类材料作涂料。目前应用最多的为聚氨酯（PU）涂料。

（4）水密混凝土。水密混凝土又称聚合物水泥，是水泥和胶乳类聚合物混合而成的混凝土。胶乳水泥在水泥搅拌过程中掺混适量的 NR 或 SBR 胶乳以提高混凝土的水密性。胶乳水泥最大的优点是混凝土本身形成了防水层，省去了以后专门再做防水施工的麻烦，同时也节约了投资费用。但是水密混凝土的耐水性有一定的限度，而且造成强度下降，因而使用范围受到一定的影响。目前大多用在室内、地下表面的防水，虽然比防水水泥的价格高出很多，但仍受欢迎，用量在逐步增加。

2）橡胶密封材料

随着现代建筑多样化并向空中高层和地下深层发展，随之而来的室内空调换气系统的密闭性和水、煤气管线路的密韧性已成为建筑领域里极为重要的课题。特别是随着预购件和幕墙等快速施工法的普及，更有利地推进建筑橡胶材料的应用和发展。典型的应用如建筑工程幕墙安装；建筑物的窗户玻璃安装及门窗密封以及嵌缝；桥梁、道路、机场跑道伸缩缝嵌缝；污水及其他排水管道的对接密封。

3）建筑橡胶支撑与隔震材料

橡胶支撑与隔震材料是为防止建筑物和构筑物下沉、地震变形而使用的一种结构性建筑部件。橡胶支座有较高的纵向刚度和纵向承载力、很小的压缩变形和较大的水平变形能力，可以稳定地支撑建筑物不会失稳，当发生地震时，橡胶支座的橡胶层发生相对侧移，可以使地震能量衰减至原来的 $1/4 \sim 1/3$。橡胶隔震材料在建筑领域的应用异常广泛，它是减轻和解决震害的一种重要手段。

4）橡胶铺装材料

近年来，橡胶作为铺装材料在建筑业中日益受到重视，尽管其成本很高，但在现代化的体育场、游乐园、公园以及高等级公路上已大量采用，并且取得了良好的效果。

9.2.4　纤维

合成纤维是将人工合成的、具有适宜分子量并具有可溶（或可熔）性的线型聚合物，经纺丝成形和后处理而制得的化学纤维。通常将这类具有成纤性能的聚合物称为成纤聚合物。随着军工生产与航空航天而发展起来的纤维复合材料，由于具有良好而独特的性能，适应了现代工程结构向大跨度、高耸、重载、高强和轻质方向的发展，在土木建筑工程中的应用日益扩大。纤维复合材料在建筑领域的应用主要分为两类：一类是刚性复合材料构件，如纤维等；另一类则是柔性复合材料构件，如体育馆、停车场和车站的屋顶、野营帐篷等膜构件材料。纤维复合材料替代传统建筑材料应用于土木建筑工程，既为纺织行业开辟了新的发展领域，注入了新的活力，同时也为土木建筑业解决一些技术难题如能耗大、不利于环境保护等提供了新的途径。

1. 涂层织物

涂层织物是在织物上覆盖一层高分子涂层剂或其他材料而得的复合材料。涂层织物在建筑中主要用作膜结构建筑材料、软性屋顶等。

1）膜结构建筑材料：涂层织物重量轻，易安装、拆移，结构轻巧美观，经久耐用，且具有一定的保温性，是一种新兴的建筑材料，具有传统建筑材料不可比拟的优越性。用涂层织物作膜结构建筑材料，对于增强房屋功能、延长建筑物使用寿命具有重要的社会意义和经济价值。

2）软性屋顶：用涂层织物作建筑物的屋顶。一种为帐篷式，一种为充气式。随着织物生产工艺的发展，织物强力提高，充气房屋跨度为 75m，提高织物强力，跨度可达 150m。

2. 纤维复合材料

纤维混凝土是在对混凝土的创新过程中应运而生的一种产品，最早使用的多为钢纤维、玻璃纤维和维纶增强混凝土。目前使用的较为新型的有碳纤维、芳纶和丙纶混凝土。

碳纤维适合钢筋混凝土建筑物结构变更、强度不足、抑制裂缝延长等加固维修工程。芳纶柔韧性好，更适合缠绕修补、增强柱状结构等。

在纤维增强混凝土中，纤维用来充当增强材料，纤维的本身性能如强度、模量、断裂长度等和纤维在此中的空间结构、体积含量等都决定着混凝土的性能。

3. 功能、智能纤维混凝土

随着社会和科技的发展，混凝土材料不仅要承受荷载，还要适应多功能和智能建筑的需求。纤维复合材料应用于功能/智能混凝土主要有：屏蔽磁场水泥基复合材料、水泥基屏蔽电磁波复合材料、应变自感应混凝土、温差水泥基复合材料、自修复混凝土、导电水泥混凝土等。

1）屏蔽磁场水泥基复合材料：为了使路面和建筑物具有屏蔽磁场的功能，一般采用在混凝土中加入别针形的钢纤维来达到屏蔽作用。研究结果表明，在混凝土中掺入5%（体积）的钢质别针即可获得较好的屏蔽磁场效果。

2）水泥基屏蔽电磁波复合材料：这种纤维水泥复合材料是在水泥基中加入纤维（如碳、铝、钢等）来获得屏蔽电磁波的功能。日本学者采用纤维毡作为吸附电磁波的功能组分，制作了轻质兼有防震功能且对电磁波吸收可达90%以上的幕墙。该类型纤维复合材料不仅有屏蔽电磁波的功能，还能用于近年发展起来的智能交通系统导航。

3）应变自感应混凝土：该类型纤维混凝土是将碳纤维等物质均匀分散掺入到水泥基材中，使其具有自感知其内部的应力、应变和损伤程度的功能。如美国学者将短切碳纤维掺入混凝土材料中，使其可以敏感有效地监测拉、弯、压等各种状态下材料的内部情况。

4）温差水泥基复合材料：该材料的制备机理是将切短的碳纤维适量掺入混凝土材料中使其具有热电效应，利用这种混凝土材料能实时监测建筑物内外和路面表层、底层的温度变化以及为建筑物提供电能。

5）自修复混凝土：该混凝土将含有胶粘剂溶液的玻璃空心纤维混入混凝土，混凝土材料在外力作用下发生开裂后，玻璃空心纤维就会破裂而释放胶粘剂，胶粘剂流向开裂处，使之重新黏结起来，达到愈伤的效果。此外，美国还根据动物骨骼的结构和形成机理，尝试制备仿生混凝土材料。其基本原理是采用磷酸钙水泥（含有单聚物）为基体材料，其中加入多孔的编织纤维网，利用多孔纤维在水泥水化和硬化过程中释放出聚合反应引发剂，与单聚物聚合成高聚物，聚合反应留下的水分参与水泥水化，使纤维网的表面形成大量互相穿插黏结的有机及无机物质，制成类似动物骨骼结构的无机有机相结合的复合材料。同时当混凝土发生损伤时，多孔有机纤维会释放聚合反应引发剂，与单聚物聚合成高聚物，使损伤愈合。

6）导电水泥混凝土：在水泥基体中掺入适量纤维导电材料碳纤维或金属纤维，不仅可以使水泥基复合材料具有良好的导电性，还能改善它的力学性能，增加延展性。导电水泥混凝土可应用于工业防静电结构，道路路面处的化雪除冰，住宅的电热结构。

9.2.5　其他作用

土木工程中的合成材料是近年来极具生命力的新型工程材料，除了上述工程使用，其应用已经渗透到工程建设的各个角落。土工合成材料广泛应用在岩土工程中，主要起到加筋、防渗、防护、反滤和排水作用。

1. 加筋

将土工合成材料按照一定的方式埋入土中，可以约束土体应变，减少土体变形，改善土体的受力状况，提高土体的稳定性，可以加固土坡和堤坝、地基、挡土墙。

2. 防渗

常用土工合成膜及其他排水材料与黏土等材料共用构成衬砌，形成有效的防渗体。该技术用于各类堤坝的防渗、渠道防渗衬砌、地下工程隧道防渗、建筑工程屋面防渗等。

3. 防护

土木合成材料可以防止液体的渗漏、气体的挥发，保护环境，可用于渠道、隧道和涵管周围防渗，防止各类大型液体容器或水池的渗漏和蒸发。

土工合成材料具有细小的孔隙通道，将其铺在地下水渗流的土体中，水可以通过合成材料，但土粒被阻挡住，从而避免因土粒过量而造成的土体破坏以及由于孔隙水压力而造成的土体失稳。

4. 反滤与排水

具有一定厚度、有孔隙、能透水的土工合成材料，在各类工程中起反滤与排水作用。如软土处理中的土工合成材料可加速软土的排水固结；挡土墙施工中，将土工合成材料置于挡土墙后，可起排水与反滤双重功效。

【工程实例分析】

外墙涂料起皮脱落

概况：外墙外保温是建筑外围护的重要组成部分，也是建筑的脸面工程。某高档住宅，业主入住后没多久，房屋外墙涂料出现大面积开裂、脱落等现象，造成物业和业主的纠纷。

原因分析：由于工期等原因，抹灰基层未经过足够的养护期就进行涂装，基层含水率过高，导致涂层与基层的黏结力降低；表面有浮浆等污染物未清除，涂层与基层黏结不牢；腻子太厚等原因。

防治措施：抹灰基层应该经过足够的养护期，一般常温下应保证14天的养护时间，涂装前应对基层进行清理；使用由涂料生产厂家提供的与涂料配套的腻子，或使用聚合物改性水泥腻子，且腻子层不宜太厚；每一遍涂料不要太厚，要均匀。

本章小结

1. 高分子聚合物分子常是由特定的结构单元多次重复组成的，分子链的形状影响高分子材料性能。

2. 对热的性质可分为热塑性和热固性两类。

3. 将低分子单体经化学方法聚合成为高分子化合物常用的合成方法有加成聚合和缩聚聚合两种。

4. 建筑塑料管道中聚氯乙烯（PVC）管常用作排水管、燃气管，聚乙烯（PE）管常用作给水管、燃气管，铝塑复合（PAP）和交联聚乙烯（PE）管常用作给水管、采暖管，聚丙烯（PP）管常用作冷热水管。

5. 建筑节能保温涂料因经济、使用方便、环保和节能效果好，同时墙体节能、屋顶和门窗节能保温，能使建筑节能保温效果达到最佳。

6. 建筑橡胶主要包括橡胶防水材料、橡胶密封材料、橡胶支撑与隔震材料、橡胶铺装材料等。

7. 纤维复合材料替代传统建筑材料应用于土木工程，为解决土木工程的一些技术难题，如能耗大、不利于环境保护等提供了新的途径。

8. 土工合成材料广泛应用在岩土工程中，主要起到加筋、防渗、防护、反滤和排水作用。

【思考与练习题】

9-1　如何区分高分子材料和高分子化合物？

9-2　什么是建筑塑料，有哪些特性？

9-3　使用聚氯乙烯（PVC-U）塑料管作热水管一段时间后，为什么管道会变形漏水？

9-4　某建筑工程中按设计需采用塑料热水供水管，按规定是采用 PP-R 水管，但采购员为了降低成本，购买了普通的聚丙烯水管来代替 PP-R 管，请分析随意采用普通的 PP 管代替 PP-R 管可能会产生哪些工程问题？

9-5　在黏结结构材料或修补建筑结构（如混凝土结构）时，为什么选用热固性胶粘剂？

【创新思考题】

高分子复合材料在土木工程中已得到广泛应用，世界上用于土木工程中的塑料约占土木工程材料用量的 11%。但是高分子材料本身还存在一些缺陷，若和其他材料复合，可扬长避短。如塑钢门窗、聚合物混凝土、塑钢管道、塑铝管道等复合材料。现在有哪些复合高分子材料，有什么用途？

第 10 章 沥青和沥青混合料

本章要点及学习目标

本章要点：

本章介绍了石油沥青的生产、组成和结构等基本知识，阐述了石油沥青的技术性质和技术标准，并介绍了其他品种的沥青；同时介绍了沥青混合料的分类和组成材料，阐述了沥青混合料的结构和技术性质，进一步介绍了沥青混合料的配合比设计方法和步骤，并介绍了其他品种沥青混合料的相关知识。

学习目标：

了解石油沥青的生产。掌握石油沥青的组成和结构，石油沥青的技术性质和技术标准。熟悉其他沥青（包括煤沥青、改性沥青、乳化沥青等）；掌握沥青混合料的分类和组成材料，沥青混合料的组成结构，沥青混合料的主要技术性质、技术指标和技术标准，掌握沥青混合料的配合比设计方法。了解其他品种的沥青混合料。

天然沥青早在5000多年前就被人类发现并且利用，因其良好的黏结特性可以作为筑路石块的胶粘剂；因其良好的防水特性可为建筑物做防水处理，也可用作为船体填缝料等；因其良好的防腐性能，在古埃及是制作木乃伊的防腐剂。

沥青是高分子碳氢化合物及其非金属（氧、氮、硫等）衍生物组成的极其复杂的混合物，在常温下呈黑色或黑褐色的固体、半固体或液体，能溶于多种有机溶剂，如汽油、柴油等。

沥青按来源可分为地沥青和焦油沥青。地沥青包括天然沥青和石油沥青。天然沥青是石油在天然条件下，长时间地球物理作用下所形成的产物，如湖沥青、海底沥青、岩沥青等。石油沥青是石油经过炼制加工后所得到的产品。焦油沥青有煤沥青和页岩沥青等。煤沥青是由煤干馏的产品——煤焦油再加工而获得，由5000多种三环以上多环芳香族化合物和少量与炭黑相似的高分子物质构成的多相体系和高碳材料，具有好的防腐性，是制取各种碳素材料不可替代的原料。页岩沥青是页岩炼油所得的工业副产品。

沥青具有不导电、不吸水、不透水、塑性大、耐酸、耐碱和耐腐蚀等特性。它与混凝土、石料、钢材、木材等材料之间具有良好的黏结性，它是土木工程中常用的有机胶凝材料和防水、防腐材料，广泛用于建筑物和构筑物的防水、防潮和外观质量要求不高的表面防腐工程以及各种类别的道路工程。目前常用于土木工程防水材料和道路沥青混合料的是石油沥青，防腐工程的多用石油沥青或煤沥青。

土木工程中，主要应用石油沥青，石油沥青是石油原油经蒸馏提炼出各种轻质油（如汽油、煤油、柴油等）及润滑油以后的残留物，或再经加工而得的产品。根据石油沥青的生产加工工艺不同，可分别制得蒸馏沥青、氧化沥青、溶剂沥青等。

10.1 石油沥青的生产

10.1.1 石油沥青生产

石油沥青（Retrolemm Asphalt）是原油经减压蒸馏、溶剂脱沥青或氧化等过程得到的暗褐色或黑色的半固体物质，主要由烃类及其衍生物组成。石油沥青的生产方法大致有：蒸馏法、溶剂沉淀法、氧化法、调和法、乳化法及沥青的改性生产。

原油经常压蒸馏分出汽油、煤油、柴油等轻质馏分后得到常压渣油，再经减压蒸馏后，得到减压渣油，这些渣油都属于低标号的慢凝液体沥青。为提高沥青的稠度，以慢凝液体沥青为原料，可以采用不同的工艺方法得到黏稠沥青。渣油经过再减蒸工艺，进一步深拔蒸馏出重柴油、催化裂化原料、润滑油原料，可得到不同稠度的直馏沥青。在一定高温下向减压渣油或脱油沥青吹入空气，使其组成和性质发生变化，称为氧化沥青，渣油经不同深度的氧化后，可以得到不同稠度的氧化沥青或半氧化沥青。以低分子量的烷烃作为溶剂，根据相似相溶原理，渣油中相对分子质量较小的饱和烃和芳香烃较易溶解，而胶质和沥青质溶解性较差，甚至不溶，实现用低分子质量烷烃为溶剂对渣油的抽提，将渣油中轻组分提取出来，可得到不同程度溶剂脱沥青。除轻度蒸馏和轻度氧化的沥青属于高标号慢凝沥青外，这些沥青都属于黏稠沥青。

有时为施工需要，希望沥青在常温条件下具有较大的施工流动性，在施工完成后短时间内又能凝固而具有高的黏结性，为此在黏稠沥青中掺加煤油或汽油等挥发速度较快的溶剂。这种用快速挥发溶剂作稀释剂的沥青，称为中凝液体沥青或快凝液体沥青。

为得到不同稠度的沥青，也可以采用硬的沥青与软的沥青（黏稠沥青或慢凝液体沥青）以适当比例调配，称为调配沥青。按照比例不同所得成品可以是黏稠沥青，亦可以是慢凝液体沥青。快凝液体沥青需要耗费高价的有机稀释剂，同时要求石料必须是干燥的。随着工艺技术的发展，调和组分的来源得到扩大，如可以用同一原油或不同原油的一、二次加工的残渣作为组分，以及用各种工业废油作为调和组分，能降低沥青生产中对油源选择的信赖性。为节约溶剂和扩大使用范围，可将沥青分散于有乳化剂的水中而形成沥青乳液，这种乳液称为乳化沥青。为更好地发挥石油沥青和煤沥青的优点，选择适当比例的煤沥青与石油沥青混合而成一种稳定的胶体，这种胶体称为混合沥青。

10.1.2 原油性质与沥青性质的关系

原油在半精馏装置中，常压下 250～275℃的蒸馏得到第一关键馏分，275～300℃温度 5.33 kPa 压力下减压蒸馏（相当于常压下 395～425℃）得到第二关键馏分，测定其相对密度，将原油划分为石蜡基、中间基、环烷基三种。

环烷基原油一般密度大、凝固点低、蜡含量低、不易裂化，由环烷基原油生产得到的道路石油沥青，延度大，流变性能好，低温时抗变形能力大，路面不易开裂；高温性能好，不易壅包，抗车辙能力和抗老化性能好。环烷基原油是生产道路石油沥青的首选。世界上大部分原油属于中间基原油，由于原油中含有一定量的蜡，在生产沥青时必须进行减压蒸馏将中间馏分蒸出后才能用于生产道路沥青。石蜡基原油中含有较多的石蜡，炼制的沥青中含蜡量较高，造成路用性能低劣。但是在油源限制的情况下，选用中间基或石蜡基原注时，通过适当的工艺方法（如溶剂脱沥青或半氧化法等）也能使沥青性能得到适当的改善。

蜡组分的存在对沥青性能的影响，是沥青性能研究的一个重要课题。特别是我国富产石蜡基原油的情况下，更为众所关注。蜡对沥青路面性能的影响，现有研究认为：沥青中蜡的存在，导致沥青黏结性能降低，使路面抗拉强度降低；蜡在高温时融化，使沥青黏度降低，易使沥青发软，影响沥青路面高温稳定性，增大温度敏感性，出现车辙；蜡在低温时结晶析出，会使沥青变得脆硬，导致路面低温抗裂性降低，出现裂缝；蜡会使沥青与石料的黏附性降低，在有水的条件下，会使路面石子产生剥落现象，造成路面破坏；更严重的是，含蜡沥青路面的抗滑性降低，影响路面的行车安全。

10.2　石油沥青的组成和结构

10.2.1　石油沥青的组分

石油沥青是由多种碳氢化合物及其非金属（氧、硫、氨）衍生物组成的混合物，主要组分为碳（占 80%～87%）、氢（占 10%～15%），其余为氧、硫、氮（约占 3% 以下）等非金属元素，此外还含有微量金属元素。

石油沥青的化学组成非常复杂，通常难以直接确定化学成分及含量与石油沥青工程性能之间的相互关系。为反映石油沥青组成与其性能之间的关系，通常是将其化学成分和物理性质相近，且具有某些共同特征的部分，划分为一个化学成分组，并对其进行组分分析，以研究这些组分与工程性质之间的关系。依据石油沥青不同的组分特征，所采用的组分分析方法也不同，通常采用的是三组分分析法或四组分分析法。

1. 三组分分析法

石油沥青的三组分分析法是将石油沥青分离为油分、树脂和地沥青质三个组分。因为这种方法兼用了选择性溶解和选择性吸附的方法，所以又称为溶解-吸附法。三组分分析法对各组分进行区别的性状见表 10-1。

石油沥青的主要组分特征和作用　　　　　　　　　　　　表 10-1

组分	碳氢比	性质与状态	分子量	含量	作用
油分	0.5～0.7	浅黄-红褐色液体,可溶于大部分溶剂,密度约 0.91～0.93	300～500	40%～60%	使沥青具有流动性
树脂	0.7～0.8	黄-黑色黏稠半固体,温度敏感性强,密度 1.0 以上	600～1000	15%～30%	使沥青具有黏性和塑性
地沥青质	0.8～1.0	深褐-黑色固体颗粒,加热不熔,不溶于溶剂,密度大于 1	>1000	10%～30%	决定沥青的稳定性

不同组分对石油沥青性能的影响不同。油分赋予沥青流动性；树脂使沥青具有良好的塑性和黏结性；地沥青质则决定沥青的稳定性（包括耐热性、黏性和脆性），其含量越多，软化点越高，黏性越大，越硬脆。

石油沥青三组分分析法的组分界限明确，不同组分间的相对含量可在一定程度上反映沥青的工程性能；但采用该方法分析石油沥青时分析流程复杂，所需时间长。对于石蜡基沥青和中间基沥青，在其油分中往往含有蜡，故在分析时还应提前进行油蜡分离。

2. 四组分分析法

四组分分析法是将石油沥青分离为沥青质（At）、饱和分（S）、芳香分（A）和胶质（R）四种组分，并分别研究不同组分的特性及其对沥青工程性质的影响，各组分性状见表 10-2。

石油沥青四组分分析法的各组分性状 表 10-2

组分	外观特征	平均相对密度	平均分子量	主要化学结构
饱和分	无色液体	0.89	625	烷烃、环烷烃
芳香分	黄色至红色液体	0.99	730	芳香烃、含 S 衍生物
胶质	棕色黏稠液体	1.09	970	多环结构含 S、O、N 衍生物
沥青质	深棕至黑色液体	1.15	3400	缩合环结构含 S、O、N 衍生物

在沥青四组分中，各组分相对含量的多少决定了沥青的性能。若饱和分适量，且芳香分含量较高时，沥青通常表现为较强的可塑性与稳定性；当饱和分含量较高时，沥青抵抗变形的能力就较差，虽然具有较高的可塑性，但在某些环境条件下稳定性较差；随着沥青中胶质和沥青质的增加，沥青的稳定性越来越好，但其施工时的可塑性却越来越差。

10.2.2 石油沥青的结构

在沥青中，油分与树脂互溶，树脂浸润地沥青质。因此，石油沥青的结构是以地沥青质为核心，周围吸附部分树脂和油分，构成胶团，无数胶团分散在油分中而形成胶体结构。

当地沥青质含量相对较少时，油分和树脂含量相对较高，胶团外膜较厚，胶团之间相对运动较自由，这时沥青形成的胶体结构叫溶胶结构。具有溶胶结构的石油沥青黏性小，流动性大；开裂后自行愈合能力较强，但对温度的敏感性强，温度过高时易发生流淌。大部分直馏沥青都属于溶胶型沥青。

当地沥青质含量较多而油分和树脂较少时，胶团外膜较薄，胶团靠近聚集，移动比较困难，这时沥青形成的胶体结构叫凝胶结构。具有凝胶结构的石油沥青弹性和黏结性较高，温度稳定性较好，但塑性较差。

当地沥青质含量适当，并有较多的树脂作为保护膜层时，胶团之间保持一定的吸引力，这时沥青形成的胶体结构叫溶胶-凝胶结构。溶胶-凝胶型石油沥青的性质介于溶胶型和凝胶型两者之间。

石油沥青胶体结构的三种类型示意图如图 10-1 所示。

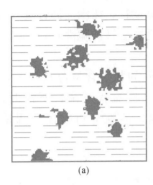 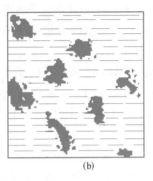 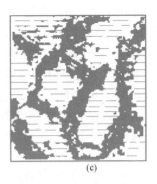

(a)　　　　　　　　　(b)　　　　　　　　　(c)

图 10-1　石油沥青胶体结构的类型示意图

(a) 溶胶型；(b) 溶胶-凝胶型；(c) 凝胶型

10.3　石油沥青的技术性质和技术标准

二维码 10-1
沥青软化点、
针入度试验

10.3.1　石油沥青的技术性质

1. 黏滞性（简称黏性）

石油沥青的黏滞性是反映沥青材料内部阻碍其相对流动的一种特性。也就是说，它反映了沥青软硬、稀稠的程度，是划分沥青牌号的主要技术性能依据。

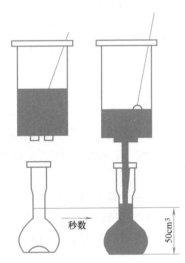

图 10-2　黏滞度测定示意图

工程上，液体石油沥青的黏滞性用标准黏度指标表示，它表征液体沥青在流动时的内部阻力；对于半固体或固体的石油沥青则用针入度指标表示，它反映石油沥青抵抗剪切变形的能力。

标准黏度是在规定温度 T（通常为 40℃或 60℃）下，规定直径 d（3mm、4mm、5mm、10mm）的孔流出 50mL 沥青所需的时间，以秒（s）计。用黏度计测定黏度应注明温度及流孔孔径，"$CT.d$" 表示（T 为试验温度，℃；d 为孔径，mm）。标准黏度测定示意图见图 10-2。

针入度是在规定温度（25℃）条件下，以规定重量（100g）的标准针，在规定时间 5s 内贯入试样中的深度（1/10mm 为 1 度）表示。针入度测定示意图见图 10-3。显然，针入度越大，表示沥青越软，黏度越小。

一般而言，地沥青质含量高，有适量的树脂和较少的油分时，石油沥青黏滞性大。温度升高，其黏性降低。

2. 塑性

塑性是指石油沥青在外力作用时产生变形而不破坏，除去外力后仍保持变形后的形状不变的性质。它是石油沥青的重要指标之一。

石油沥青的塑性用延度表示。沥青的延度是把沥青试样制成∞字形标准试样（中间最小截面积为 $1cm^2$），在规定的拉伸速度（5cm/min）和规定温度（15℃、25℃）下拉断时的伸长长度，以"cm"为单位。延度测试的示意图见图 10-4。延度值越大，表示沥青塑性越好。

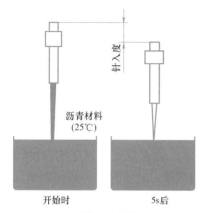

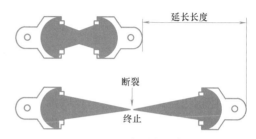

图 10-3　针入度测定示意图　　　　　图 10-4　延度测定示意图

一般来说，沥青中油分和地沥青质含量适当，树脂含量越多，延度越大，塑性越好。温度升高，沥青的塑性随之增大。

3. 温度敏感性

温度敏感性（温度稳定性）是指石油沥青的黏滞性和塑性随温度升降而变化的性能，是沥青的重要指标之一。

沥青是高分子非晶态热塑性物质的混合物，没有固定的熔点。当温度升高时，沥青由固态或半固态逐渐软化，使沥青分子之间发生相对滑动，像液体一样发生黏性流动，称为黏流态。当温度降低时，沥青又逐渐由黏流态转变为固态（或称高弹态），甚至变硬、变脆（像玻璃一样硬脆称作玻璃态）。因此，沥青随着温度的上升或下降，其黏滞性和塑性将发生相应的变化。在相同的温度变化间隔里，各种沥青黏滞性和塑性的变化幅度不同，土木工程要求沥青随着温度变化其黏滞性和塑性的变化要小，即温度敏感性较小。

评价沥青温度敏感性的指标很多，常用的是软化点和针入度指数。

1）软化点

沥青软化点是反映沥青温度敏感性的重要指标。沥青材料从固态转变至黏流态有一定的间隔，因此，规定其中某一状态作为从固态转到黏流态（或某一规定状态）的起点，相应的温度称为沥青软化点。

软化点的数值随采用的仪器不同而异，我国采用环球法测定（图 10-5）。这是把沥青试样装入规定尺寸（直径为 16mm，高为 6mm）铜环内。试样上放置一个标准钢球（直径 9.53mm，质量 3.5g），浸入水中或甘油中，以规定的升温速度（5℃/分钟）加热，使沥青软化下垂，当沥青下垂量达 25mm 时的温度（℃），即为沥青软化点。一般认为，软化点越高，沥青的耐热性越好，温度敏感性越小。已有研究表明：大部分沥青在软化点时的黏度约为 1200Pa·s，相当于针入度值 800（1/10mm）。因此，可以认为软化点是一种人为的"等黏温度"。

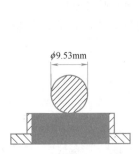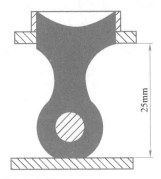

图 10-5 软化点测定示意图

2）针入度指数

软化点是沥青性能随着温度变化过程中重要的标志点，但它是人为确定的温度标志点，单凭软化点这一性质，来反映沥青性能随温度变化的规律，并不全面。目前用来反映沥青温度敏感性的常用指标为针入度指数（PI）。

针入度指数（PI）是基于以下基本事实的：根据大量试验结果，沥青针入度值的对数（$\lg P$）与温度（T）具有线性关系：

$$\lg P = A \cdot T + K \tag{10-1}$$

式中 A——直线斜率；

      K——直线截距（常数）。

直线斜率 A 表征沥青针入度（$\lg P$）随温度（T）的变化率，其数值越大，表明温度变化时，沥青的针入度变化得越大，沥青的温度敏感性越大。因此，可以用直线斜率 A 来表征沥青的温度敏感性，故称 A 为针入度温度敏感性系数。

为了计算 A 值，可以根据已知 25℃时的针入度值 $P_{(25℃,100g,5s)}$ 和软化点 $T_{R\&B}$，并假设软化点时的针入度值为 800，按下式计算针入度温度敏感性系数 A：

$$A = \frac{\lg 800 - \lg P_{(25℃,100g,5s)}}{T_{R\&B} - 25} \tag{10-2}$$

式中 $P_{(25℃,100g,5s)}$——在 25℃、100g、5s 的条件下测定的针入度值（0.1mm）；

      $T_{R\&B}$——环球法测定的软化点（℃）。

按式（10-2）计算得到的 A 值均为小数，为使用方便起见，改用针入度指数（PI）表示，按下式计算：

$$PI = \frac{30}{1+50A} - 10 = \frac{30}{1 + 50\left(\dfrac{\lg 800 - \lg P_{(25℃,100g,5s)}}{T_{R\&B} - 25}\right)} - 10 \tag{10-3}$$

由式（10-3）可知，沥青的针入度指数范围是−10～20；针入度指数是根据一定温度变化范围内，沥青性能的变化来计算出的。因此，利用针入度指数来反映沥青性能随温度的变化规律更为准确；针入度指数（PI）值越大，表示沥青的温度敏感性越低。以上针入度指数的计算公式是以沥青在软化点时的针入度为 800 为前提的。实际上，沥青在软化点时的针入度波动于 600～1000 之间，特别是含蜡量高的沥青，其波动范围更宽。因此，我国现行标准中规定，针入度指数是利用 15℃、25℃和30℃（5℃）的针入度回归得到的。

针入度指数不仅可以用来评价沥青的温度敏感性，同时也可以用来判断沥青的胶体结构。当 PI 小于－2 时，沥青属于溶胶结构，温度敏感性大；当 PI 大于 2 时，沥青属于凝胶结构，温度敏感性低；介于其间的属于溶胶-凝胶结构。

石油沥青温度敏感性与地沥青质含量和蜡含量密切相关。地沥青质增多，温度敏感性降低。工程上往往用加入滑石粉、石灰石粉或其他矿物填料的方法来减小沥青的温度敏感性。沥青中含蜡量多时，其温度敏感性大。

4. 沥青黏附性

黏附性是指石油沥青与其他材料（主要指集料、基层等）的界面黏性能或抗剥落性能。它直接影响沥青的使用质量和耐久性。黏附性不良的沥青与集料黏结不牢，很容易脱落而丧失使用性能，并使空气或水渗透到空隙中而加快其老化，对于路面沥青混合料用石油沥青应采用水煮法或水浸法检验其与集料的黏附性（《公路工程沥青及沥青混合料试验规程》JTGE 20—2011）。当用于路面沥青混合料的粗集料最大粒径大于 13.2mm 时，所用沥青的黏附性采用水煮法检验；当沥青混合料的粗集料最大粒径小于或等于 13.2mm 时，所用沥青的黏附性采用水浸法检验。水煮法是选取接近正方体的规则集料 5 个，经沥青充分裹覆后，在蒸馏水中沸煮 3min，再按沥青膜剥落情况分 5 个等级来评价沥青与集料的黏附性。水浸法是选取 9.5～13.2mm 集料 100g，与 5.5g 沥青在规定温度下拌合，配制成沥青-集料混合料，冷却后浸入 80℃蒸馏水中保持 30min，然后按剥落面积百分率评价其黏附性。

5. 大气稳定性

大气稳定性是指石油沥青在热、阳光、氧气和潮湿等因素长期综合作用下抵抗老化的性能。

在大气因素（热、阳光、氧气和水分）的综合作用下，沥青中的低分子量组分会向高分子量组分逐步转化，发生递变，即油分→树脂→地沥青质。由于树脂向地沥青质转化的速度远比油分变为树脂的速度快得多，因此，石油沥青会随着使用时间的延长，树脂显著减少，地沥青质显著增加。沥青的塑性降低，脆性增加，亦即"老化"。

石油沥青的大气稳定性以沥青试样在加热前后的质量、针入度、延度和软化点等性能的变化来评定。其方法是先测定沥青试样的质量、针入度、延度和软化点等性能，然后，根据沥青的品种和用途，将试样置于烘箱或薄膜加热烘箱或旋转薄膜烘箱中，在 163℃下加热蒸发一定时间（5h 或 85min），待冷却后再测定其质量、针入度、延度和软化点等性能，用蒸发损失百分率、蒸发后针入度比、蒸发后延度、蒸发后软化点增值、60℃黏度比等指标来评价沥青的耐老化性能。常用的是蒸发损失百分率和蒸发后针入度比：

$$蒸发损失百分率=\frac{蒸发前质量-蒸发后质量}{蒸发前质量}\times100\% \tag{10-4}$$

$$蒸发后针入度比=\frac{蒸发后针入度}{蒸发前针入度}\times100\% \tag{10-5}$$

蒸发损失百分率越小，蒸发后针入度比越大，则表示沥青大气稳定性越好，亦即耐老化性能越好，老化得越慢。

以上四项性质是石油沥青的主要性质，是鉴别土木工程中常用石油沥青品质的主要依据。

6. 溶解度、闪点和燃点

为了全面评定石油沥青的质量和保证安全，还需了解石油沥青的溶解度、闪点和燃点等性质。

溶解度是指石油沥青在三氯乙烯、四氯化碳和苯中溶解的百分率。用以限制有害的不溶物（如沥青碳或似碳物）含量。不溶物会降低沥青的黏结性。溶解度越高，沥青越纯，其值不能低于标准要求。

闪点或燃点的高低表明沥青引起火灾或爆炸的可能性的大小，它关系到运输、储存和加热使用等方面的安全。为此，沥青在使用前应检测闪点和燃点，以便指导施工。闪点也称闪火点，是指加热沥青产生的气体和空气的混合物，在规定的条件下与火焰接触，初次产生蓝色闪光时的沥青温度。若按规定继续加热至沥青试样表面发生燃烧火焰，并持续5s以上，此时的温度即为燃烧点（即燃点）。

10.3.2 石油沥青的技术标准与选用

石油沥青按用途不同分为道路石油沥青、建筑石油沥青和液体石油沥青，由于其应用范围和要求不同，分别制定了不同的技术标准，以利工程控制。

1. 建筑石油沥青的标准与选用

对建筑石油沥青，按沥青针入度值划分为40号、30号和10号三个标号。建筑石油沥青针入度较小、软化点较高，但延度较小。它们主要用于屋面及地下防水、沟槽防水与防腐、管道防腐蚀等工程，还可用于制作油毡、油纸、防水涂料和沥青玛蹄脂等建筑材料。建筑沥青在使用时制成的沥青胶膜较厚，增大了对温度的敏感性，同时沥青表面又是较强的吸热体，一般同一地区的沥青屋面的表面温度比当地最高气温高25～30℃。为避免夏季流淌，用于屋面的沥青材料的软化点应比本地区屋面最高温度高20℃以上。软化点偏低时，沥青在夏季高温易流淌；而软化点过高时，沥青在冬季低温易开裂。因此，石油沥青应根据气候条件、工程环境及技术要求选用。对于屋面防水工程，主要应考虑沥青的高温稳定性，选用软化点较低的沥青，如10号沥青或10号与30号的混合沥青。对于地下室防水工程，主要应考虑沥青的耐老化性，选用软化点较高的沥青，如40号沥青。建筑石油沥青的技术性能应符合国家标准《建筑石油沥青》GB 494—2010的规定，见表10-3。

建筑石油沥青技术标准（GB 494—2010） 表10-3

项 目	质量指标		
	10 号	30 号	40 号
针入度(25℃,100g,5s)(1/10mm)	10～25	26～35	36～50
针入度(0℃)(1/10mm)	≥3	≥6	≥6
延度(25℃,5cm/min)(cm)	≥1.5	≥2.5	≥3.5
软化点(环球法)(℃)	≥95	≥75	≥60
溶解度(三氯乙烷、三氯乙烯、四氯化碳或苯)(%)	≥99		
蒸发损失(163℃,5h)(%)	≤1		
蒸发后针入度比(%)	≥65		
闪点(开口)(℃)	≥260		

2. 道路石油沥青的标准与选用

道路石油沥青等级划分除了根据针入度的大小以外，还要以沥青路面使用的气候条件为依据，在同一气候分区内根据道路等级和交通特点再将沥青划分为 1～3 个不同的针入度等级；同时，按照技术指标将沥青分为三个等级：A、B、C，分别适用于不同范围工程，由 A 至 C，质量级别降低。各个沥青等级的适用范围应符合《公路沥青路面施工技术规范》JTGF 40—2004 的规定，参见表 10-4。道路石油沥青的质量应符合表 10-5 规定的技术要求。经建设单位同意，沥青的 PI 值、60℃动力黏度、10℃延度可作为选择性指标。

沥青路面采用的沥青标号，宜按照公路等级、气候条件、交通条件、路面类型及在结构层中的层位及受力特点、施工方法等，结合当地的使用经验，经技术论证后确定。

对高速公路、一级公路，夏季温度高、高温持续时间长、重载交通、山区及丘陵区上坡路段、服务区、停车场等行车速度慢的路段，尤其是汽车荷载剪应力大的层次，宜采用稠度大、60℃动力黏度大的沥青，也可提高高温气候分区的温度水平选用沥青等级；对冬季寒冷的地区或交通量小的公路、旅游公路宜选用稠度小、低温延度大的沥青；对日温差、年温差大的地区宜选用针入度指数大的沥青。当高温要求与低温要求发生矛盾时，应优先考虑满足高温性能的要求。

道路石油沥青的适用范围（JTGF 40—2004）　　表 10-4

沥青等级	适　用　范　围
A 级沥青	各个等级公路,适用于任何场合和层次
B 级沥青	1. 高速公路、一级公路沥青下面层及以下层次,二级及二级以下公路各个层次； 2. 用做改性沥青、乳化沥青、稀释沥青的基质沥青
C 级沥青	三级及三级以下公路的各个层次

道路石油沥青技术要求　　表 10-5

指标	单位	等级	160号(4)	130号(4)	110 号	90 号	70 号(3)	50 号(3)	30 号(4)	试验方法(1)
针入度(25℃,5s,100g)	0.1mm		140~200	120~140	100~120	80~100	60~80	40~60	20~40	T0604
适用的气候分区(6)			注(4)	注(4)	2-1 2-2 2-3	1-1 1-2 1-3 2-2 2-3	1-3 1-4 2-2 2-3 2-4	1-4	注(4)	附录A(6)
针入度指数 PI(2)		A	$-1.5\sim+1.0$							T0604
		B	$-1.8\sim+1.0$							
软化点(R&B)不小于	℃	A	38	40	43	45 / 44	46 / 45	49	55	T0606
		B	36	39	42	43 / 42	44 / 43	46	53	
		C	35	37	41	42	43	45	50	
60℃动力黏度(2)不小于	Pa·s	A	—	60	120	160 / 140	180 / 160	200	260	T0620

续表

指标	单位	等级	160号[4]	130号[4]	110号	90号					70号[3]					50号[3]	30号[4]	试验方法[1]
10℃延度(2) 不小于	cm	A	50	50	40	45	30	20	30	20	20	15	25	20	15	15	10	T0605
		B	30	30	30	30	20	15	20	15	15	10	20	15	10	10	8	
15℃延度 不小于	cm	A、B	100													80	50	
		C	80	80	60	50					40					30	20	
蜡含量（蒸馏法）不大于	%	A	2.2															T0615
		B	3.0															
		C	4.5															
闪点 不小于	℃				230		245					260							T0611
溶解度 不小于	%					99.5												T0607
密度（15℃）	g/cm³					实测记录												T0603
TFOT(或RTFOT)后(5)																		
质量变化 不大于	%					±0.8												T0610 或 T0609
残留针入度（25℃）不小于	%	A	48	54	55	57					61					63	65	T0604
		B	45	50	52	54					58					60	62	
		C	40	45	48	50					54					58	60	
残留延度（10℃）不小于	cm	A	12	12	10	8					6					4		T0605
		B	10	10	8	6					4					2		
残留延度（15℃）不小于	cm	C	40	35	30	20					15					10		T0605

注：(1) 试验方法按照现行《公路工程沥青及沥青混合料试验规程》JTGE 20—2011 规定的方法执行。用于仲裁试验求取 PI 时的 5 个温度的针入度关系的相关系数不得小于 0.997。

(2) 经建设单位同意，表中 PI 值、60℃动力黏度、10℃延度可作为选择性指标，也可不作为施工质量检验指标。

(3) 70 号沥青可根据需要要求供应商提供针入度范围为 60～70 或 70～80 的沥青，50 号沥青可要求 40～50 或 50～60 的沥青。

(4) 30 号沥青仅适用于沥青稳定基层。130 号和 160 号沥青除寒冷地区可直接在中低级公路上直接应用外，通常用作乳化沥青、稀释沥青、改性沥青的基质沥青。

(5) 老化试验以 TFOT 为准，也可以 RTFOT 代替。

(6) 气候分区见《公路沥青路面施工技术规范》JTGF 40—2004 中附录 A。

10.4　其他品种的沥青

10.4.1　煤沥青

煤沥青是由煤干馏得到煤焦油，再经加工而获得。根据煤干馏的温度不同可分为高温煤焦油（700℃以上）和低温煤焦油（450～700℃）两类。以高温煤焦油为原料，可获得数量较多且质量较佳的煤沥青；而低温煤焦油则相反，获得的煤沥青数量较少，且质量往往不稳定。

1. 化学组成和组分

煤沥青的组成主要是芳香族碳氢化合物及其氧、硫、碳的衍生物的混合物。煤沥青化学组分的分析方法与石油沥青的方法相似，也是采用选择性溶解将煤沥青分离为几个化学性质相近且与工程性能有一定联系的组。目前最常采用 E. J. 狄金松（Dickinson）法将煤沥青分离为：油分、树脂 A、树脂 B、游离碳 C_1 和游离碳 C_2 共 5 个组分。

游离碳，又称自由碳，固态，加热不熔，但高温分解。煤沥青的游离碳的质量分数增加，可提高黏度和温度稳定性，但同时也增大其低温脆性。

树脂分为硬树脂和软树脂两类。硬树脂类似石油沥青中的沥青质；软树脂为赤褐色黏-塑性物质，类似石油沥青中的树脂。

油分是液态碳氢化合物。与其他组分相比，为最简单结构的物质。但煤沥青的油分中还含有萘、蒽和酚等成分。奈和蒽能溶解于油分中，在质量分数较高或低温时能呈固态晶状析出，影响煤沥青的低温变形能力。常温下，奈易挥发、升华，加速煤沥青老化，且挥发的气体有毒。酚能溶于水，形成的酚水溶物有毒，污染环境，且酚易被氧化。煤沥青中酚、萘和水均为有害物质，对其质量分数必须加以限制。

2. 技术性质

煤沥青与石油沥青相比，在技术性质上有下列差异：

（1）温度稳定性较差。煤沥青是一种较粗的分散系，同时树脂的可溶性较高，所以表现为温度稳定性较差。夏季易软化，冬季易脆裂。

（2）气候稳定性较差。煤沥青化学组成中有较高质量分数的不饱和芳香烃，在空气中的氧、日光的温度和紫外线以及大气降水的作用下，易促进黏度增加、塑性降低，老化进程较快。

（3）与矿质集料的黏附性较好。在煤沥青组成中含有较多数量的极性物质，赋予煤沥青较高的表面活性，使其与矿质集料具有较好的黏附性。

（4）防腐能力强。因含酚、蒽等有毒物质。

（5）含有较多游离碳，塑性差，易开裂。

3. 工程应用

可配制防腐涂料、胶粘剂、防水涂料、油膏、油毡。

10.4.2 改性沥青

现代土木工程对石油沥青性能要求越来越高。无论是作为防水材料，还是路面胶结材料，都要求石油沥青必须具有更好的使用性能与耐久性。屋面防水工程的沥青材料不仅要求有较好的耐高温性，还要求有更好的抗老化性能与抗低温脆断能力。用作路面胶结材料的沥青不仅要求有较好的抗高温能力，还应有较高的抗变形能力（黏滞性）、抗低温开裂能力、抗老化能力和较强的黏附性。但仅靠现有石油沥青的性质已难以满足这些要求，因此只有对现有沥青的性能进行改进，才能满足现代土木工程的技术要求，这些经过性能改进的沥青称为改性沥青（Modified Asphalt）。

对石油沥青改性的方法通常是采用适当加工工艺，在石油沥青中掺入人工合成的有机或无机材料，使其熔融或分散于石油沥青之中，从而获得技术性能更好的石油沥青混合物，所添加的改性材料则称为改性剂。

1. 石油沥青常用改性剂

石油沥青改性剂主要有两类：一类是高分子聚合物，主要品种有热塑性橡胶类聚合物、橡胶类聚合物和热塑性树脂类聚合物，加入聚合物后，可以显著改善石油沥青的高温稳定性、低温抗裂性和抗疲劳性；另一类是各种辅助添加剂，如抗氧剂、抗剥落剂以及各种矿物料、纤维等，加入这些物质后也能改善沥青的某些物理力学性能。

聚合物改性石油沥青的作用机理主要是聚合物的掺入改变了沥青体系结构，分散于沥青体系之中的聚合物形成了三维网状结构，提高了体系的结构黏度和韧性，并在体系承受应力时对其进行再分配。当沥青材料因变形而产生开裂趋势时，高模量的聚合物三维网状结构就会表现出对开裂的阻碍作用，使材料具有较好的弹性及抗变形能力。

热塑性橡胶类改性剂是目前最常用的石油沥青改性剂，用得最多的是高分子共聚物苯乙烯-丁二烯-苯乙烯嵌段共聚物，简称 SBS。SBS 的最大特点是弹性高、耐久性好，高温下不软化，低温下不易脆断，且有良好的弹性恢复性能，因此，利用 SBS 改性后的沥青具有良好的综合性能，从而适用于各种气候条件，尤其适用于冬夏温差较大路面、屋面或地面材料。此外，它也可提高石油沥青与集料或基层的黏附能力。

橡胶类改性剂主要有丁苯橡胶及其乳液。丁苯橡胶简称 SBR，它是丁二烯-苯乙烯单体的共聚物。当 SBR 掺入沥青后，在沥青中会形成一种共轭结构，使其黏度提高，低温性能得到明显改善。因此，橡胶类改性石油沥青特别适合用作寒冷气候条件下的路面面层材料，也适合用于铺筑屋面、排水性路面基层的防水层、应力缓冲层等，具有较好的综合性能。

热塑性树脂类常用的改性剂有乙烯-醋酸乙烯共聚物（EVA）、聚乙烯（PE）、无规聚丙烯（APP）等。热塑性树脂类改性石油沥青的主要特点是其耐高温性能更好，可适于炎热气候使用。其中，EVA 树脂柔软、无毒、有弹性，且化学稳定性好，具有较强的抗老化性能，此外，它还有较宽的橡胶态温度区域，其弹性与橡胶相近，而其抗臭氧和抗高温性能优于橡胶。沥青中掺加 PE 树脂和 APP 树脂进行改性后可使沥青的软化点提高，高温稳定性和韧性有明显改善。

2. 改性石油沥青的应用

1）选用原则

对石油沥青进行改性的目的主要是为了改善其使用性能或延长其使用寿命，如提高其抗高温流淌、抗低温开裂、抗车辙变形、抗疲劳应力、抗老化性能等，但不同类别的改性剂对沥青的改性效果有较大差别。即使将多种改性剂同时掺加，也难以全面改善沥青的各种性能。因此，在应用改性剂对石油沥青进行改性时，应该以工程急需解决的主要问题为主攻目标，适当选择一种或几种改性剂，以获得较好的技术经济效果。此外，改性沥青的性能还取决于改性剂与沥青的混溶状态及体系的稳定性。选择改性剂时应考虑它们与石油沥青的相容性。所谓相容性是指两种或多种物质混合时的相互亲和性，即分子级的可混性。良好的相容性能够使其形成融溶混合体系。考虑相容性时，溶度参数是重要的参考数据，它可定量反映物质的极性。根据一般的规律，极性越接近时，两物质间的溶度参数差越小，则它们越容易互溶。也就是说，聚合物溶度参数与沥青的溶度参数越接近，则相容性越好。

聚合物的融溶行为与低分子的溶解有许多不同之处，除了化学组成外，结构形态、链的长短、链的柔性和结晶性等均对融溶性有显著影响。因此，一种改性剂并不一定对所有的沥青都合适；反之，一种沥青也并不一定适用于所有的改性剂，而关键在于两者之间的相容性。此外，同一种改性剂，可能有若干种品牌，不同的品牌可能具有不同的特性及适用范围，选择与使用时应了解各种品牌的性能，并明确其适应性要求。

2）选用步骤

为满足某一具体工程对沥青性能的要求，一般可参照以下步骤对石油沥青进行改性：根据当地的气候条件和使用条件，选择适当的基质沥青；根据对沥青进行改性目的和技术经济性能的要求，在改性剂的合理的范围内，选择一个初始剂量；按照改性沥青的加工工艺，采用适宜的方法制作改性沥青样品；测出改性沥青的 15℃、25℃、30℃针入度，计算相应的针入度指数，确定属于哪一等级；按照各类改性沥青对关键性技术指标的要求进行试验检验，以确定其各项性能，评定其是否合格；如果达不到要求的指标，或指标过高，可以适当调整改性剂的剂量，以符合标准要求；也可以在试配时就同时试验几个不同剂量配比的改性沥青，从中选择一个适宜剂量；在已经确定主要指标满足要求的前提下，通过试验检验其他指标是否符合要求。

10.4.3　乳化沥青

1. 乳化沥青概念和特性

乳化沥青（Emulsification Asphalt）是将黏稠沥青加热至流动态，经机械力的作用而形成微滴（粒径为 $2\sim5\mu m$）分散在有乳化剂-稳定剂的水中，由于乳化剂-稳定剂的作用而形成均匀稳定的乳状液，又称沥青乳液，简称乳液。

乳化沥青具有许多优越性，其主要优点如下：

1）冷态施工、节约能源

乳化沥青可以冷态施工，现场无须加热设备和能源消耗，扣除制备乳化沥青所消耗的能源后，仍然可以节约大量能源。

2）便利施工、节约沥青

乳化沥青黏度低，和易性好，施工方便，可节约劳力。此外，乳化沥青在集料表面形成的沥青膜较薄，不仅能提高沥青与集料的黏附性，而且可以节约沥青用量。

3）保护环境、保障健康

乳化沥青施工不需加热，不污染环境，避免操作人员受沥青挥发物的毒害。

2. 乳化沥青组成材料

乳化沥青主要是由沥青、乳化剂、稳定剂和水等组分所组成。

1）沥青

沥青是乳化沥青组成的主要材料，沥青的质量直接关系到乳化沥青的性能。在选择作为乳化沥青用的沥青时，首先要考虑它的易乳化性。沥青的易乳化性与其化学结构有密切关系。以工程适用为目的，可认为易乳化性与沥青中的沥青酸含量有关。通常认为沥青酸总量大于 1% 的沥青，采用通用乳化剂和一般工艺易于形成乳化沥青。一般说来，相同油源和工艺的沥青，针入度较大者易于形成乳液。但是针入度的选择，应根据乳化沥青在路面工程中的用途而决定。乳化沥青中沥青用量在 30%～70% 之间。

2）乳化剂

乳化剂是乳化沥青形成的关键材料。沥青乳化剂是表面活性剂的一种类型，从化学结构上考察，它是一种"两亲性"分子，分子的一部分具有亲水性质，而另一部分具有亲油性质。

亲油部分一般由碳氢原子团，特别是由长链烷基构成，结构差别较小。亲水部分原子团则种类繁多，结构差异较大。因此乳化剂的分类，是以亲水基的结构为依据。

沥青乳化剂按其亲水基在水中是否电离而分为离子型和非离子型两大类。离子型乳化剂按其离子电性，又衍生为阴（或负）离子型、阳（或正）离子型和两性离子型三类。阴离子型沥青乳化剂是在溶于水中时，能电离为离子或离子胶束，且与亲油基相连的亲水基团带有阴（负）电荷的乳化剂；带阳（正）电荷的乳化剂为阳离子型乳化剂；既带有阴电荷又带有阳电荷的乳化剂为两性离子型乳化剂。

随着近代乳化沥青的发展，为适应各种特殊的要求，还衍生出许多化学结构更为复杂的复合乳化剂。目前我国常用于乳化沥青的乳化剂见表 10-6。

常见乳化剂表　　　　　　　　　　　表 10-6

乳化剂类型	乳化剂名称
阴离子乳化剂	十二烷基磺酸钠
阳离子乳化剂	十八烷基三甲基氯化铵
	十六烷基三甲基溴化铵
	十八叔胺二甲基硝酸季铵盐
	十七烷基二甲基苄基氯化铵
	N-烷基丙撑二胺
两性离子乳化剂	氨基酸型两性乳化剂
	甜菜碱性两性乳化剂
非离子乳化剂	辛基酚聚氯乙烯醚

3）稳定剂

为使乳液具有良好的贮存稳定性以及在施工中喷洒或拌合的机械作用下的稳定性，必要时可加入适量的稳定剂。稳定剂可分为有机稳定剂和无机稳定剂两类。

（1）有机稳定剂

常用的有聚乙烯醇、聚丙烯酰胺、羧甲基纤维素钠、糊精、废液等，这类稳定剂可提高乳液的贮存稳定性和施工稳定性。

（2）无机稳定剂

常用的有氯化钙、氯化镁、氯化铵和氯化铬等，这类稳定剂可提高乳液的贮存稳定性。稳定剂对乳化剂的协同作用，与它们之间的性质有关，有的稳定剂可在生产乳液时同时加入乳化剂溶液中，但有的稳定剂会影响乳化剂的乳化作用，需后加入乳液中，因此必须通过试验来确定它们的匹配作用。

4）水

水是乳化沥青的主要组成部分，不可忽视水对乳化沥青性能的影响。水常含有各种矿物质或其他影响乳化沥青形成的物质。自然界获得的水，可溶融或悬浮各种物质，影响水的 pH 值，或者含有钙或镁的离子等，这些因素都可能影响某些乳化沥青的形成或引起乳化沥青的过早分裂。因此，生产乳化沥青的水应不含其他杂质。

3. 乳化沥青技术要求和用途

1）乳化沥青技术要求

乳化沥青技术要求见表 10-7。

道路用乳化沥青技术要求   表 10-7

项目		单位	品种及代号									
			阳离子型				阴离子型				非离子型	
			喷洒用			拌合用	喷洒用			拌合用	喷洒用	拌合用
			PC-1	PC-2	PC-3	BC-1	PA-1	PA-2	PA-3	BA-1	PN-2	BN-1
破乳速度			快裂	慢裂	快裂或慢裂	慢裂或快裂	快裂	慢裂	快裂或慢裂	慢裂或快裂	快裂	慢裂
黏度	恩格拉黏度计 E_{25}		2～10	1～6	1～6	2～30	2～10	1～6	1～6	2～30	1～6	2～30
	道路标准黏度计 C_{25}^3	s	10～25	8～20	8～20	10～60	10～25	8～20	8～20	10～60	8～20	10～60
蒸发残留物	残留分含量不小于	%	50	50	50	55	50	50	50	55	50	55
	溶解度不小于	%	97.5									
	针入度(25℃)	×0.1mm	50~200	50~300	45~150	45～150	50～200	50～300	45～150	45～150	50～300	60～300
	延度(15℃)不小于	cm	40									

2）乳化沥青用途

根据集料品种及使用条件选择乳化沥青类型，阳离子型乳化沥青可适用于各种集料品种，阴离子型乳化沥青适用于碱性石料。乳化沥青的破乳速度、黏度宜根据用途和施工方法选择。乳化沥青适用于沥青表面处置路面、沥青贯入式路面、冷拌沥青混合料路面、修补裂缝、喷洒透层、粘层与封层等。乳化沥青品种及适用范围见表 10-8。

乳化沥青品种及适用范围   表 10-8

分类	品种及代号	适用范围
阳离子乳化沥青	PC-1	表处、贯入式路面及下封层用
	PC-2	透油层及基层养护用
	PC-3	粘层油用
	BC-1	稀浆封层或冷拌沥青混合料用
阴离子乳化沥青	PA-1	表处、贯入式路面及下封层用
	PA-2	透油层及基层养护用
	PA-3	粘层油用
	BA-1	稀浆封层或冷拌沥青混合料用

分类	品种及代号	适用范围
非离子乳化沥青	PN-1	透油层用
	BN-2	与水泥稳定集料同时使用（基层路拌或再生）

10.5　沥青混合料的分类和组成材料

沥青混合料是指矿物集料与沥青拌合而成的混合料的总称，包括沥青混凝土混合料和沥青碎石混合料。沥青混凝土混合料（Asphalt concrete mixture），由粗集料、细集料、填料与沥青结合料拌合而成，以 AC（圆孔筛用 LH）表示。沥青碎石混合料（Asphalt macadam mixture），由粗集料、细集料、少量填料（或不加填料）与沥青拌合而成，压实后剩余空隙率在 10% 以上，以 AM（圆孔筛用 LS）表示。

沥青混合料作为路面材料具有良好的力学性质，有一定的高温稳定性和低温抗裂性，铺筑的路面平整无接缝，减振吸声，行车舒适；且具有一定的粗糙度，无强烈反光，利于行车安全。沥青路面的施工方便，速度快，不需养护，能及时开放交通；便于分期修建、改造和再生利用；具有温度敏感性和老化的特性。

10.5.1　沥青混合料的分类

热拌沥青混合料（HMA）适用于各种等级公路的沥青路面，其种类按集料公称粒径、矿料级配、空隙率划分，分类见表 10-9。

热拌沥青混合料种类　　　　表 10-9

混合料类型	密级配			开级配		半开级配	公称最大粒径（mm）	最大粒径（mm）
	连续级配		间断级配	间断级配		沥青碎石		
	沥青混凝土	沥青稳定碎石	沥青玛蹄脂碎石	排水式沥青磨耗层	排水式沥青碎石基层			
特粗式		ATB-40			ATPB-40		37.5	53
粗粒式		ATB-30			ATPB-30		31.5	37.5
	AC-25	ATB-25			ATPB-25		26.5	31.5
中粒式	AC-20		SMA-20			AM-20	19	26.5
	AC-16		SMA-16			AM-16	16	19
细粒式	AC-13		SMA-13			AM-13	13.2	16
	AC-10		SMA-10			AM-10	9.5	13.2
砂粒式	AC-5						4.75	9.5
设计空隙率（%）	3~5	3~6	3~4	>18	>18	6~12		

注：设计空隙率可按配合比设计要求适当调整。

10.5.2　沥青混合料的组成材料

1. 沥青

沥青材料的技术要求，随气候条件、交通性质、沥青混合料的类型和施工条件等因素而异。炎热的气候区、繁重的交通及细粒式或砂粒式的混合料，应采用稠度较高的沥青；反之，则采用稠度较低的沥青。在条件相同的情况下，较黏稠的沥青配制的混合料具有较高的力学强度和稳定性，但如稠度过高，则沥青混合料的低温变形能力较差，沥青路面容易产生裂缝。反之，采用稠度较低的沥青，虽然配制的混合料在低温时具有较好的变形能力，但在夏季高温时，往往稳定性不足，使路面产生推挤现象。

沥青路面的面层用的沥青标号，宜根据气候条件、施工季节、路面类型、施工方法和矿料类型等按现行规范选用。当沥青标号不符合使用要求时，可采用不同标号的沥青掺配，掺配后的技术指标应符合要求。

2. 粗集料

沥青混合料用粗集料，可以采用碎石、破碎砾石和慢冷矿渣等。沥青混合料用粗集料应该洁净、干燥、无风化、不含杂质。在力学性质方面，压碎值和洛杉矶磨耗率应符合相应道路等级的要求，如表 10-10 所示。

经检验属于酸性岩石的石料（如花岗岩、石英岩等），用于高速公路、一级公路、城市快速路、主干路时，宜使用针入度较小的沥青，并采取抗剥离措施，使其对沥青黏附性符合表 10-10 的要求。常用的抗剥离措施有用干燥的生石灰或消石灰粉、水泥作为矿粉掺入混合料中，在沥青中掺加抗剥离剂或将粗集料用石灰浆处理后使用。

此外，粗集料的规格应按国家标准规范《沥青路面施工及验收规范》GB 50092 1996 沥青面层用粗集料规格的规定选用，见表 10-11。如果不符合表 10-11 的规格，但确认与其他集料配合后的级配符合各类沥青混合料矿料级配要求时，可以使用。

沥青混合料用粗集料质量要求　　　　　　　　表 10-10

指　　标	单位	高速公路及一级公路		其他等级公路	试验方法
		表面层	其他层次		
石料压碎值，不大于	％	26	28	30	T0316
洛杉矶磨耗损失，不大于	％	28	30	35	T0317
表面相对密度，不小于		2.60	2.50	2.45	T0304
吸水率，不大于	％	2.0	3.0	3.0	T0304
坚固性，不大于	％	12	12		T0314
针片状颗粒含量(混合料)，不大于	％	15	18		T0312
其中粒径大于 9.5mm，不大于	％	12	15	20	
其中粒径小于 9.5mm，不大于	％	18	20		
水洗法小于 0.075mm 颗粒含量，不大于	％	1	1	1	T0310
软石含量，不大于	％	3	5	5	T0320

注：1. 坚固性试验可根据需要进行；
2. 用于高速公路、一级公路时，多孔玄武岩的视密度可放宽至 2.45t/m³，吸水率可放宽至 3％，但必须得到建设单位的批准，且不得用于 SMA 路面；
3. 对 S14 即 3～5 规格的粗集料，针片状颗粒含量不予要求，小于 0.075mm 含量可放宽到 3％。

3. 细集料

用于拌制沥青混合料的细集料是指粒径小于 2.36mm 的天然砂、人工砂或石屑。

沥青面层用粗集料规格与级配范围　　　　　　　　表 10-11

规格	公称粒径(mm)	通过下列筛孔(mm)的质量百分率(%)											
		106	75	63	53	37.5	31.5	26.5	19.0	13.2	9.5	4.75	2.36	0.6
S1	40~75	100	90~100	—	—	0~15	—	0~5						
S2	40~60		100	90~100	—	0~15	—	0~5						
S3	30~60		100	90~100	—	—	0~15	—	0~5					
S4	25~50			100	90~100	—	—	0~15	—	0~5				
S5	20~40				100	90~100	—	0~15	—	0~5				
S6	15~30					100	90~100	—	0~15	—	0~5			
S7	10~30					100	90~100	—	—	0~15	0~5			
S8	15~25						100	90~100	0~15	—	0~5			
S9	10~20							100	90~100	0~15	0~5			
S10	10~15								100	90~100	0~15	0~5		
S11	5~15								100	90~100	40~70	0~15	0~5	
S12	5~10									100	90~100	0~15	0~5	
S13	3~10									100	90~100	40~70	0~20	0~5
S14	3~5										100	90~100	0~15	0~3

细集料应洁净、干燥、无风化、不含杂质，并有适当的级配。对细集料质量的技术要求，见表 10-12，其级配要求与水泥混凝土用砂基本相同。

沥青面层用细集料质量技术要求　　　　　　　　表 10-12

项　　目	单位	高速公路及一级公路	其他等级公路	试验方法
表观相对密度，不小于	t/m³	2.50	2.45	T0328
坚固性(大于 0.3mm 部分)，不小于	%	12		T0340
含泥量(0.075mm 的含量)，不小于	%	3	5	T0333
砂当量，不小于	%	60	50	T0334
亚甲蓝值，不大于	g/kg	25		T0349
棱角性(流动时间)，不小于	s	30		T0345

注：坚固性试验可根据需要进行。

细集料应与沥青有良好的黏结能力，对于高速公路、一级公路、城市快速路和主干路的沥青面层，使用天然砂或用酸性岩石破碎的人工砂或石屑时，由于与沥青的黏结性差，应采用与粗集料相同的抗剥离措施。

4. 填料

沥青混合料的填料指粒径小于 0.075mm 的矿质粉末，宜采用石灰岩或岩浆岩中的强碱性岩石（憎水性石料）磨细的矿粉。矿粉要求干燥、洁净，其质量应符合表 10-13 的技术要求，当采用粉煤灰作填料时，其用量不宜超过填料总量的 50%，并要求其烧失量应小于 12%，与矿粉混合后塑性指数应小于 4%。

沥青面层用矿粉质量技术要求　　　　表 10-13

指标	单位	高速公路、一级公路	其他等级公路
视密度，不小于	kg/m³	2.50	2.45
含水量，不大于	%	1	1
粒度范围，<0.6mm	%	100	100
<0.15mm	%	90~100	90~100
<0.075mm	%	75~100	70~100
外观		无团粒结块	
亲水性系数		<1	
塑性指数	%	<4	
加热安定性		实测记录	

10.6　沥青混合料的结构和技术性质

10.6.1　沥青混合料的结构

沥青混合料是由粗细集料、矿粉和沥青等组成的，这些组成成分性质的差别或其相对比例的不同就决定了混合料的内部结构。沥青混合料是由矿质骨架和沥青胶结物所构成的、具有空间网络结构的一种多相分散体系。沥青混合料的力学强度，主要由矿质颗粒之间的内摩阻力和嵌挤力，以及沥青胶结料及其与矿料之间的黏结力所构成。按级配原则构成的沥青混合料，其结构通常可按下列三种方式组成。

1. 悬浮-密实结构

当沥青混合料采用连续型密级配矿质混合料时，矿质混合料中的大颗粒之间被次级及更小颗粒所隔开，大颗粒间不能相互靠拢而形成直接接触的骨架结构，实际上同一级较大颗粒都被较小一级颗粒挤开，大颗粒以悬浮状态处于较小颗粒之中。这些大颗粒犹如悬浮于细小集料、矿粉及沥青之间的分散相。尽管按此形式组成的沥青混合料可以获得较密实的结构，但是不能发挥大颗粒间相互嵌挤的骨架作用，其结构组成见图 10-6（a）。这种结构的沥青混合料，具有较高的黏聚力，但是其内摩擦角较低，受沥青材料的性质和物理状态的影响较大，故稳定性较差。

2. 骨架-空隙结构

当沥青混合料采用开级配沥青混合料时，其中粗集料所占的比例较高，细集料很少。

尽管组成的沥青混合料中粗集料可以互相靠拢形成骨架，但由于细料过少，使粗集料之间的空隙过多，需填充较多的沥青及粉料，其结构组成见图 10-6（b）。这种结构的沥青混合料具有较高的内摩擦角，但黏聚力较低，其结构强度受沥青的性质和物理状态的影响较小，因而温度稳定性较好。

3. 密实-骨架结构

沥青混合料采用间断型密级配矿质混合料时，由于这种矿质混合料中断了部分中间粒径的集料，使大颗粒间可以相互靠拢而形成直接接触骨架结构的同时，又有适量的细集料填满骨架的空隙，其结构组成见图 10-6（c）。这种结构综合以上两种方式组成的结构，混合料中既有一定数量的粗骨料形成骨架，又根据粗料空隙的多少加入细料，形成较高的密实度，间断级配即是按此原理构成，具有较高的黏聚力和较高的内摩擦角。

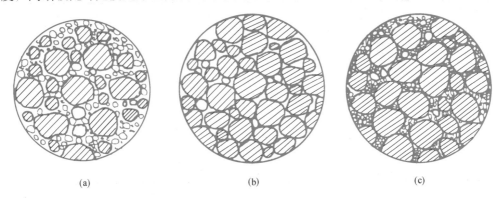

(a)　　　　　　　　(b)　　　　　　　　(c)

图 10-6　沥青混合料矿料骨架类型

（a）悬浮-密实结构；（b）骨架-空隙结构；（c）密实-骨架结构

10.6.2　沥青混合料的技术性质

沥青混合料作为沥青路面的面层材料，要承受车辆行驶反复荷载和气候因素的作用，而其胶凝材料——沥青具有黏弹塑性的特点，因此，沥青混合料应具有较好的强度、抗高温变形、抗低温脆裂、抗滑性、耐久性和施工和易性等技术性质，以保证沥青路面的施工质量和使用性能。

1. 强度及其影响因素

1）强度

沥青混合料在使用中可能遇到各种因素的破坏作用，例如，沥青混合料路面可能因车轮局部遭受过大的使用荷载作用而产生过大的竖向或水平方向的剪力，或在使用中遭受到较高的温度，从而使混合料内部结构的抗变形能力下降。当这些因素造成的材料内部剪力超过其抗剪能力时，就会导致过大的塑性变形，引起路面的推挤、车辙、壅包等现象。沥青混合料路面的强度就是在常温或较高温度下抵抗破坏的能力，一般认为就是其抵抗剪力荷载的能力，或称为抗剪强度。因此，目前对沥青混合料的主要要求指标之一就是在较高温度（通常指 60℃的环境）时所具有的抗剪强度。

在进行路面材料设计时，为了防止沥青路面产生高温剪切破坏，必须保证沥青的抵抗剪力荷载的能力，通常是对沥青路面材料进行抗剪强度验算，要求沥青混合料的容许剪应

力 τ_R 不得小于路面路层可能产生的剪应力 τ_0，即：

$$\tau_0 \leqslant \tau_R \tag{10-6}$$

沥青混合料的容许剪应力 τ_R 取决于其抗剪强度 τ 和结构强度系数 k，即：

$$\tau_R = \tau / k \tag{10-7}$$

沥青混合料的抗剪强度 τ 可通过三轴试验的方法测定，并利用库仑定律求得：

$$\tau = c + \sigma \tan\phi \tag{10-8}$$

式中　τ——沥青混合料的抗剪强度（MPa）；

　　　　σ——作用在路面上的正应力（MPa）；

　　　　c——沥青混合料的黏结力（MPa）；

　　　　ϕ——沥青混合料的内摩擦角（rad）。

所以，沥青混合料的抗剪强度主要取决于黏结力 c 和内摩擦角 ϕ 两个参数。

2）影响沥青混合料强度的因素

确定沥青混合料抗剪强度的直接参数就是其材料的黏结力和内摩擦角，凡是影响这两个参数的材料因素、结构因素或环境因素均可能影响抗剪强度。其中主要影响因素有以下几种。

（1）沥青性质的影响

沥青混合料是各种矿质集料分散在沥青中的分散系，作为连续介质的沥青对于阻滞其中分散相（矿质混合料）的相对位移或变形具有直接影响，具体来说主要是沥青黏度对混合料的抗变形能力有直接影响。在相同的矿料性质和组成条件下，随着沥青黏度的提高，沥青混合料黏结力有明显的提高，同时内摩擦角亦稍有提高。因此，沥青的黏度较大时，沥青混合料就可能具有较高的抗剪强度。

（2）沥青与矿料之间界面性质的影响

按照物理化学观点，沥青与矿料之间的相互作用过程是个比较复杂的、多种多样的吸附过程，它们包括沥青层被矿物表面的物理吸附过程、沥青-矿料接触面上进行的化学吸附过程以及沥青组分向矿料的选择性扩散过程。沥青与矿粉在界面处会产生交互作用，这种交互作用主要表现为沥青在矿粉表面发生化学组分的重新排列，并在矿粉表面形成一层厚度为 δ_0 的扩散溶剂化膜，见图 10-7。在此膜厚度以内的沥青与矿质材料黏结较牢固，相互约束能力较强，将其称为结构沥青；在结构沥青膜厚度以外的沥青对于矿质材料的约束能力较差，将其称为自由沥青。

在沥青混合料中，如果矿粉颗粒之间接触处是由结构沥青膜所联结，这样促成沥青具有更高的黏度和更大的扩散溶剂化膜的接触面积，阻滞相对位移的能力就可能较强，因而可以获得更大的黏结力；反之，如颗粒之间接触处是自由沥青所联结，则具有较小的黏结力。因此，使沥青混合料中颗粒间形成大量以扩散溶剂化膜结构沥青所联结的界面状态可以获得更大的黏结力。沥青与矿料相互作用不仅与沥青的化学性质有关，而且与矿粉的性质有关。当矿料表面与沥青容易产生相互渗透作用时，其结构沥青的厚度与面积就可能较大。通常，当矿质材料为表面粗糙的碱性石料时，其界面的结构沥青层较厚，面积也较大，从而使其结构的抗剪强度较高；而当矿质材料为表面光滑的酸性石料时，其界面的结构沥青层较薄，面积也较小，从而使其结构的抗剪强度较低。

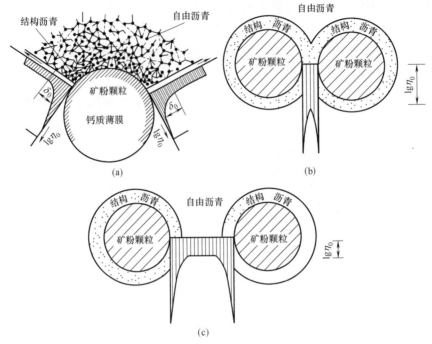

图 10-7　沥青与矿粉交互作用示意图

（3）矿料比表面积的影响

根据沥青与矿料间界面交互作用的原理，沥青混合料中结构沥青所占比例越高，则其结构稳定性就越好。在相同沥青用量的条件下，与沥青产生交互作用的矿料表面积越大，所形成的沥青膜越薄，结构沥青所占比例就越大，从而沥青混合料所表现的黏结力就越高。通常相同矿料的粒径较小时，其比表面积就较大，其单位质量集料的表面形成的结构沥青就较多，相应混合料的黏结力则较高。因此，为提高沥青混合料中结构沥青的比例，应要求矿质材料（尤其是矿粉）的细度不得过粗。通常为获得较高的黏结力，要求粒径小于 0.075mm 的含量不要太少，但粒径小于 0.005mm 部分的含量亦不宜过多，否则将使沥青混合料干涩、结成团块，不易施工。

（4）沥青用量的影响

沥青用量反映了混合料中沥青与矿料的相对比例，它也是影响沥青混合料抗剪强度的重要因素。当沥青用量较少时，沥青难以形成足够的结构沥青薄膜来黏结矿料颗粒，从而影响其内部黏结力。随着沥青用量的增加，结构沥青逐渐增多，混合料中沥青与矿料间总体黏结力增加，则表现为沥青混合料的抗剪强度相应增加。但是，当沥青用量过多时，颗粒间就会形成更多的自由沥青层，并使矿料颗粒被隔开，此时，沥青对矿质颗粒的黏结力也随之降低，过量的沥青还会使得混合料的内摩擦角减小。因此，沥青混合料中必然有一个产生最大抗剪强度的最佳沥青用量，当沥青用量超过此最佳用量后，抗剪强度就会下降。当沥青用量超过一定范围时，沥青所表现的黏结力主要取决于自由沥青的性能。此时，再增加沥青用量，抗剪强度几乎不变。

沥青在混合料中除起着胶粘剂的作用外，为满足工程的使用要求还应发挥足够的润滑作用，因此工程实际中沥青用量的确定还应考虑施工流动性的要求。其主要原则就是在选择适量的沥青保证混合料抗剪强度的前提下，适当考虑施工需要，从而确定满足综合性能要求的最佳沥青用量。

（5）矿质集料级配、粗细程度和表面状态的影响

沥青混合料的抗剪强度与矿质集料在沥青混合料中的分布情况有密切关系。级配还可决定矿料之间的嵌挤锁结作用，从而影响内摩擦角值。矿料的级配不同则其比表面积不同，沥青混合料的黏结力就会不同。沥青混合料中，矿质集料的粗度、形状和表面粗糙度对沥青混合料的抗剪强度都具有极为明显的影响。因为颗粒形状及其粗糙度，在很大程度上将决定混合料压实后颗粒间相互位置的特性和颗粒接触有效面积的大小。通常具有显著的面和棱角，各方向尺寸相差不大，近似正立方体以及具有明显细微凸出的粗糙表面的矿质集料，在碾压后能相互嵌挤锁结而具有很大的内摩擦角。在其他条件相同的情况下，这种矿料所组成的沥青混合料较之圆形而表面平滑的颗粒具有较高的抗剪强度。许多试验证明，要想获得具有较大内摩擦角的矿质混合料，必须采用粗大、均匀的颗粒；在其他条件下，矿质集料颗粒越粗，所配制成的沥青混合料越具有较高的内摩擦角。相同粒径组成的集料，卵石的内摩擦角较碎石为低。矿料颗粒越粗，所配制成的沥青混合料就具有越高的内摩擦角，而且可以使其中的结构沥青比例较高，从而获得较好的高温稳定性。

2. 高温稳定性

沥青混合料的高温稳定性是指在夏季高温条件下，承受多次重复荷载作用而不发生过大的永久变形的能力。沥青混合料受到外力作用时，将产生变形，这种变形包括弹性变形和塑性变形，其中，沥青混合料的塑性变形，会造成沥青路面产生车辙、波浪及壅包等现象。特别是在高温和受到荷载重复作用下，沥青混合料的塑性变形会显著增加。因此，在高温地区、交通量大、重车比例高和经常变速路段的沥青路面，易发生车辙、波浪及壅包等破坏现象。

对沥青混合料高温稳定性的试验研究表明：马歇尔试验方法简便，应用广泛，我国现行规范《公路沥青路面施工技术规范》JTGF 40—2004 规定了热拌沥青混合料马歇尔试验的技术指标和车辙试验的动稳定度指标。

1）马歇尔稳定度

马歇尔稳定度试验主要测定的指标有马歇尔稳定度（MS）、流值（FL）和马歇尔模数（T）三项指标。稳定度是指在规定温度和加荷速度下，标准尺寸试件的破坏荷载（kN）；流值是最大破坏荷载时，试件的垂直变形（以 0.1mm 计）；而马歇尔模数为稳定度除以流值的商，即：

$$T = \frac{MS \times 10}{FL} \tag{10-9}$$

式中 T——马歇尔模数（kN/mm）；

    MS——稳定度（kN）；

    FL——流值（0.1mm）。

2）车辙试验

车辙试验的方法是用标准成型方法，制成 300mm×300mm×50～100mm（厚度根据需要确定）的沥青混合料板块状试件，在 60℃ 的温度条件下，以一定荷载的轮子（轮压0.7MPa）在同一轨迹上作一定时间的反复行走，形成一定的车辙深度，然后计算试件变

形 1mm 所需试验车轮行走次数，即为动稳定度，并以"次/mm"表示。

$$DS = \frac{(t_1 - t_2) \cdot N}{d_2 - d_1} \cdot C_1 \cdot C_2 \tag{10-10}$$

式中　DS——沥青混合料动稳定度（次/mm）；

d_1、d_2——时间 t_1 和 t_2 的变形量（mm）；

N——往返碾压速度，通常为 42 次/min；

C_1、C_2——试验机或试样修正系数。

3. 低温抗裂性

沥青混合料的低温抗裂性是指在低温下抵抗断裂破坏的能力。沥青路面出现裂缝将造成路面的损坏，因此，应限制沥青路面的裂缝率。沥青路面产生裂缝的原因很复杂，一般有两种类型，一种是重复荷载下产生的疲劳开裂；另一种为温度裂缝，由于沥青混合料在高温时塑性变形能力较强，而低温时较硬脆，变形能力差，所以，裂缝多在低温条件下发生，特别是在气温骤降时，沥青面层受基层和周围材料的约束而不能自由收缩，因而产生很大的拉应力，超过了沥青混合料的允许应力值，就会产生开裂。因此，要求沥青混合料具有一定的低温抗裂性能。

关于沥青混合料的低温抗裂性指标，我国现行规范《公路沥青路面施工技术规范》JTGF 40—2004 规定密级配混合料应做低温弯曲试验（－10℃，加载速度为 50mm/min），破坏应变不得低于规定值。

4. 耐久性

沥青混合料的耐久性是指其抵抗长时间自然因素（风、日光、温度、水分等）和行车荷载反复作用，仍能基本保持原有性能的能力。

为保证沥青混合料的耐久性，应选择性能优良的沥青和坚固的集料；拌合过程中，应严格控制加热温度，并保证沥青混合料的密实度。从耐久性角度考虑，可选用细粒密级配的沥青混合料，并增加沥青用量，降低沥青混合料的空隙率，以防止水分的渗入和减少阳光对沥青材料的老化作用。但沥青混合料必须保持一定的空隙和适当的饱和度，以备夏季沥青材料受热膨胀时有一定的缓冲空间。因此，为保证混合料的耐久性，应控制空隙率和饱和度。

目前，评价沥青混合料耐久性的方法有浸水马歇尔试验和采用真空饱水马歇尔试验，此外，还有浸水劈裂试验、冻融劈裂试验、浸水车辙试验等其他方法，规定浸水马歇尔试验残留稳定度、冻融劈裂试验残留强度比不得低于规定值。

5. 沥青路面水稳定性

沥青混合料的水稳定性不足主要表现为沥青路面的水损害破坏，是沥青路面早期损坏的主要类型之一，其表现形式主要有网裂、唧浆、掉粒、松散及坑槽，它不仅导致了路表功能的降低，而且将直接影响到路面的耐久性和使用寿命。目前我国规范中评价沥青混合料抗水损害的试验方法，主要为沥青与集料黏附性试验、残留马歇尔试验、冻融劈裂强度比试验。除此之外，国内外还研究了其他一些试验方法。

减小沥青路面水害的技术措施有：路面结构隔水，加强路面排水设计；集料选用粗糙洁净的碱性集料；沥青选用较低标号的沥青，或选用黏度大、与集料黏附性好的改性沥青；掺加抗剥离剂；合理选用沥青混合料类型，优化沥青混合料配合比设计；加强施工质量控制，保证沥青混合料施工的均匀稳定，严格控制路面压实度，严禁雨天施工等。

6. 抗滑性

沥青混合料路面的抗滑性主要与其矿质集料的表面状态和耐磨性、混合料的级配组成、沥青用量和沥青含蜡量等有关。

为满足路面对混合料抗滑性的要求，我国现行规范《公路沥青路面施工技术规范》JTGF 40—2004对抗滑层集料提出了磨光值、磨耗值和冲击值等三项指标要求。沥青用量对抗滑性的影响非常敏感，即使沥青用量较最佳沥青用量只增加0.5%，也会使抗滑系数明显降低。因为沥青含蜡量对路面抗滑性有明显的影响，所以，应对沥青含蜡量严格控制，不同级别的沥青应符合表10-5的要求。

7. 施工和易性

沥青混合料应具备良好的施工和易性，使混合料易于拌合、摊铺和碾压。影响沥青混合料施工和易性的因素很多，诸如当地气温、施工条件及混合料性质等。

从混合料性质来看，影响沥青混合料施工和易性的是混合料的级配和沥青用量。粗细集料的颗粒大小相距过大，缺乏中间尺寸，混合料容易离析；细集料过少，沥青层不容易均匀地分布在粗颗粒表面；细集料过多，则使拌合困难。当沥青用量过少或矿粉用量过多时，混合料容易产生疏松不易压实。反之，如沥青用量过多或矿粉质量不好，则容易使混合料结成团块，不易摊铺。另外，沥青的黏度对混合料的和易性也有较大的影响，采用黏度过大的沥青（如一些改性沥青）将给拌合、摊铺和碾压造成困难，因此，应控制沥青在135℃的运动黏度值，并制定相应的施工操作规程。

沥青混合料的施工和易性应根据搅拌合运输条件、压实和摊铺机械、气候情况等确定。

我国现行规范《公路沥青路面施工技术规范》JTGF 40—2004规定采用马歇尔试验确定密级配沥青混凝土混合料配合比时应符合表10-14对热拌沥青混合料的技术要求。

密级配沥青混凝土混合料马歇尔试验技术标准

(本表适用于公称最大粒径≤26.5mm的密级配沥青混凝土混合料)　　　表10-14

试验指标		单位	高速公路、一级公路				其他等级公路	行人道路
			夏炎热区(1-1、1-2、1-3、1-4区)		夏热区及夏凉区(2-1、2-2、2-3、2-4、3-2区)			
			中轻交通	重载交通	中轻交通	重载交通		
击实次数(双)面		次	75				50	50
试件尺寸		mm	$\phi101.6mm\times63.5mm$					
空隙率 VV	深约90mm以内	%	3~5	4~6	2~4	3~5	3~6	2~4
	深约90mm以下	%	3~6		2~4	3~6	3~6	—
稳定度 MS，不小于		kN	8				5	3
流值 FL		mm	2~4	1.5~4	2~4.5	2~4	2~4.5	2~5
矿料间隙率 VMA (%) 不小于	设计空隙率(%)	相应于以下工程最大粒径(mm)的最小VMA及VFA技术要求						
		26.5	19	16	13.2	9.5	4.75
	2	10	11	11.5	12	13	15
	3	11	12	12.5	13	14	16
	4	12	13	13.5	14	15	17
	5	13	14	14.5	15	16	18
	6	14	15	15.5	16	17	19
沥青饱和度 VFA(%)			55~70		65~75			70~85

注：1. 对空隙率大于5%的夏炎热区重载交通路段，施工时应至少提高1%；

　　2. 当设计的空隙率不是整数时，由内插确定要求的VMA最小值；

　　3. 对改性沥青混合料，马歇尔试验的流值可适当放宽。

10.7 沥青混合料的配合比设计

沥青混合料配合比设计包括：目标配合比设计、生产配合比设计和生产配合比验证三个阶段。下面主要介绍目标配合比设计。

10.7.1 矿质混合料的组成设计

矿质混合料组成设计的目的，是选配一个具有足够密实度并且有较高内摩阻力的矿质混合料。通常是根据道路等级、路面类型、所处的结构层位，按表10-15选定沥青混合料的类型，然后，根据已确定的沥青混合料类型，查阅规范推荐的矿质混合料级配范围（密级配沥青混合料级配范围见表10-16）。采用规范推荐的矿质混合料级配作为设计级配范围；测定矿料的密度、吸水率、筛分情况和沥青的密度；采用图解法或数解法求出粗集料、细集料和填料的配合比例。

通常情况下，合成级配曲线宜尽量接近设计级配中限，尤其应使0.075mm、2.36mm、4.75mm（圆孔筛0.075mm、2.5mm、5mm）筛孔的通过量尽量接近设计级配范围的中限。对交通量大、轴载重的道路，宜偏向级配范围的下（粗）限。对中小交通量或人行道路等宜偏向级配范围的上（细）限。合成级配曲线应接近连续或合理的间断级配，不得有过多的犬牙交错。当经过再三调整仍有两个以上的筛孔超出级配范围时，必须对原材料进行调整或更换原材料重新设计。

沥青混合料类型 表 10-15

结构层次	高速公路、一级公路、城市快速路、主干路		其他等级公路		一般城市道路及其他道路工程	
	三层式沥青混凝土路面	两层式沥青混凝土路面	沥青混凝土路面	沥青碎石路面	沥青混凝土路面	沥青碎石路面
上面层	AC-13 AC-16 AC-20	AC-13 AC-16 AC-13	AC-16 AC-13	AC-5	AC-10 AC-13	AM-5 AM-10
中面层	AC-20 AC-25	—	—	—	—	—
下面层	AC-30 AC-25	AC-25 AC-25	AC-20 AC-25 AC-30	AC-20 AM-30 AC-30 AM-25 AM-30	AM-25 AM-25	AC-20 AM-30 AM-25 AM-30	AC-25 AM-40

10.7.2 确定沥青混合料的最佳沥青用量

沥青混合料的最佳沥青用量，可以采用马歇尔实验方法确定。该法确定沥青最佳用量步骤如下。

密级配沥青混凝土混合料矿料级配范围   表 10-16

级配类型	通过下列筛孔（方孔筛，mm）的质量分数（%）												
	31.5	26.5	19.0	16.0	13.2	9.5	4.75	2.36	1.18	0.6	0.3	0.15	0.075
粗 AC-25	100	90~100	75~90	65~83	57~76	45~65	24~52	16~42	12~33	8~24	5~17	4~13	3~7
中 AC-20		100	90~100	78~92	62~80	50~72	26~56	16~44	12~33	8~24	5~17	4~13	3~7
中 AC-16			100	90~100	76~92	60~80	34~62	20~48	13~36	9~26	7~18	5~14	4~8
细 AC-13				100	90~100	68~85	38~68	24~50	15~38	10~28	7~20	5~15	4~8
细 AC-10					100	90~100	45~75	30~58	20~44	13~32	9~23	6~16	4~8
砂 AC-5						100	90~100	55~75	35~55	20~40	12~28	7~18	5~10

1. 制备试样

1）按确定的矿质混合料的配合比，计算各种矿质材料的用量。

2）以预估的油石比为中值，按一定间隔（对密级配沥青混合料通常为 0.5%，对沥青碎石混合料可适当缩小间隔为 0.3%~0.4%），取 5 个或 5 个以上不同的油石比分别成型马歇尔试件。每一组试件的试样数按现行试验规程的要求确定，对粒径较大的沥青混合料，宜增加试件数量。

说明：5 个不同油石比不一定选整数，例如预估油石比 4.8%，可选 3.8%、4.3%、4.8%、5.3%、5.8% 等。

同时实测最大相对密度。

2. 测定物理、力学指标

用已成型的沥青混合料的试件，根据有关规定，采用水中重法、表干法、体积法或封蜡法等方法，测定沥青混合料的表观密度；采用马歇尔试验仪，测定马歇尔稳定度和流值，并计算空隙率、饱和度和矿料间隙率等物理指标。

热拌沥青混合料配合比设计方法：

1）按式（10-11）计算矿料的合成毛体积相对密度 γ_{sb}。

$$\gamma_{sb} = \frac{100}{\dfrac{P_1}{\gamma_1} + \dfrac{P_2}{\gamma_2} + \cdots + \dfrac{P_n}{\gamma_n}} \tag{10-11}$$

式中　P_1、P_2、$\cdots$、P_n——各种矿料成分的配合比，其和为 100；

　　　γ_1、γ_2、$\cdots$、γ_n——各种矿料相应的毛体积相对密度。

说明：沥青混合料配合比设计时，均采用毛体积相对密度（无量纲），不采用毛体积密度，故无须进行密度的水温修正。生产配合比设计时，当细料仓中的材料混杂各种材料而无法采用筛分替代法时，可将 0.075mm 部分筛除后以统货实测值计算。

2）按式（10-12）计算矿料的合成表观相对密度 γ_{sa}。

$$\gamma_{sa} = \frac{100}{\dfrac{P_1}{\gamma_1'} + \dfrac{P_2}{\gamma_2'} + \cdots + \dfrac{P_n}{\gamma_n'}} \tag{10-12}$$

式中　P_1、P_2、$\cdots$、P_n——各种矿料成分的配合比，其和为 100；

　　　γ_1'、γ_2'、$\cdots$、γ_n'——各种矿料按试验规程方法测定的表观相对密度。

3）按式（10-13）或式（10-14）预估沥青混合料的适宜的油石比 P_a 或沥青用量 P_b。

$$P_a = \frac{P_{a1} \times \gamma_{sb1}}{\gamma_{sb}} \tag{10-13}$$

$$P_b = \frac{P_a}{100 + P_a} \times 100 \tag{10-14}$$

式中　P_a——预估的最佳油石比（与矿料总量的百分比）（%）；

　　　P_b——预估的最佳沥青用量（占混合料总量的百分数）（%）；

　　　P_{a1}——已建类似工程沥青混合料的标准油石比（%）；

　　　γ_{sb}——矿料的合成毛体积相对密度；

　　　γ_{sb1}——已建类似工程集料的合成毛体积相对密度。

说明：作为预估最佳油石比的集料密度，原工程和新工程也可均采用有效相对密度。

4）确定矿料的有效相对密度。对非改性沥青混合料，宜以预估的最佳油石比拌合2组的混合料，采用真法实测最大相对密度，取平均值，然后由式（10-15）反算合成矿料的有效相对密度 γ_{se}。

$$\gamma_{se} = \frac{100 - P_b}{\dfrac{100}{\gamma_t} - \dfrac{P_b}{\gamma_b}} \times 100 \tag{10-15}$$

式中　γ_{se}——合成矿料的有效相对密度；

　　　P_b——试验采用的沥青用量（占混合料总量的百分数）（%）；

　　　γ_t——试验沥青用量条件下实测得到的最大相对密度（无量纲）；

　　　γ_b——沥青的相对密度（无量纲）。

5）测定压实沥青混合料试件的毛体积相对密度 γ_f 和吸水率，取平均值。测试方法应遵照以下规定执行：

（1）通常采用表干法测定毛体积相对密度；

（2）对吸水率大于2%的试件，宜改用蜡封法测定毛体积相对密度。

说明：对吸水率小于0.5%的特别致密的沥青混合料，在施工质量检验时，允许采用水中重法测定的表观相对密度作为标准密度，钻孔试件也采用相同方法，但配合比设计时不得采用水中重法。

6）确定沥青混合料的最大理论相对密度

对非改性的普通沥青混合料，在成型马歇尔试件的同时，按上述（5）的要求用真空法实测各组沥青混合料的最大理论相对密度 γ_{ti}。当只对其中一组油石比测定最大理论相对密度时，也可按式（10-16）或式（10-17）计算其他不同油石比时的最大理论相对密度 γ_{ti}。

$$\gamma_n = \frac{100 + P_{ai}}{\dfrac{100}{\gamma_{se}} + \dfrac{P_{ai}}{\gamma_b}} \tag{10-16}$$

$$\gamma_{ti} = \frac{100}{\dfrac{P_{si}}{\gamma_{se}} + \dfrac{P_{bi}}{\gamma_b}} \tag{10-17}$$

式中　γ_{ti}——相对于计算沥青用量 P_{bi} 时沥青混合料的最大理论相对密度（无量纲）；

　　　P_{ai}——所计算的沥青混合料中的油石比（%）；

P_{bi}——所计算的沥青混合料的沥青用量（%），$P_{bi}=P_{ai}/(1+P_{ai})$；

P_{si}——所计算的沥青混合料的矿料含量（%），$P_{si}=100-P_{bi}$；

γ_{se}——矿料的有效相对密度（无量纲），按式（10-15）计算；

γ_{b}——沥青的相对密度无量纲。

7）按式（10-18）、式（10-19）计算沥青混合料试件的空隙率 VV、矿料间隙率 VMA、有效沥青的饱和度 VFA 等体积指标，取1位小数，进行体积组成分析。

（1）沥青混合料的空隙率，按式（10-18）计算：

$$VV=\left(1-\frac{\gamma_f}{\gamma_t}\right)\times100 \tag{10-18}$$

（2）沥青混合料中的矿料间隙率，按式（10-19）计算：

$$VMA=VA+VV=\left(1-\frac{\gamma_f}{\gamma_{sb}}\times\frac{P_s}{100}\right)\times100 \tag{10-19}$$

（3）沥青饱和度。沥青混合料中，沥青体积占矿料间隙体积的百分率，称为沥青填隙率，又称沥青饱和度，按式（10-20）计算：

$$VFA=\frac{VMA-VV}{VMA}\times100 \tag{10-20}$$

式中　VV——试件的空隙率（%）；

　　VMA——试件的矿料间隙率（%）；

　　VFA——试件的有效沥青饱和度（有效沥青合量占 VMA 的体积比例）（%）；

　　γ_f——按5）测定的试件的毛体积相对密度（无量纲）；

　　γ_t——沥青混合料的最大理论相对密度，按6）的方法计算或实测得到（无量纲）；

　　P_s——各种矿料占沥青混合料总质量的百分率之和（%），即 $P_s=100-P_b$；

　　γ_{sb}——矿料的合成毛体积相对密度，按式（10-11）计算。

8）进行马歇尔试验，测定马歇尔稳定度及流值。

3. 马歇尔试验结果分析

1）绘制沥青用量与物理-力学指标关系图

以油石比或沥青用量为横坐标，以马歇尔试验的各项指标为纵坐标，将试验结果点入图中（图10-8），连成圆滑的曲线。确定均符合规范《公路沥青路面施工技术规范》JT-GF 40—2004 规定的沥青混合料技术标准的沥青用量范围 $OAC_{min}\sim OAC_{max}$。选择的沥青用量范围必须涵盖设计空隙率的全部范围，并尽可能涵盖沥青饱和度的要求范围，并使密度及稳定度曲线出现峰值。如果没有涵盖设计空隙率的全部范围，试验必须扩大沥青用量范围重新进行。

2）根据稳定度、密度和空隙率确定最佳沥青用量初始值（OAC_1）

从图10-8中求出相应于稳定度最大值的沥青用量 α_1，相应于表观密度最大值的沥青用量 α_2，相应于规定空隙率范围的中值的沥青用量 α_3，相应于规定饱和度范围的中值的沥青用量 α_4，求出四者的平均值作为最佳沥青用量的初始值 OAC_1。

$$OAC_l=(\alpha_1+\alpha_2+\alpha_3+\alpha_4)/4 \tag{10-21}$$

3）根据符合各项技术指标的沥青用量范围确定最佳沥青用量初始值（OAC_2）

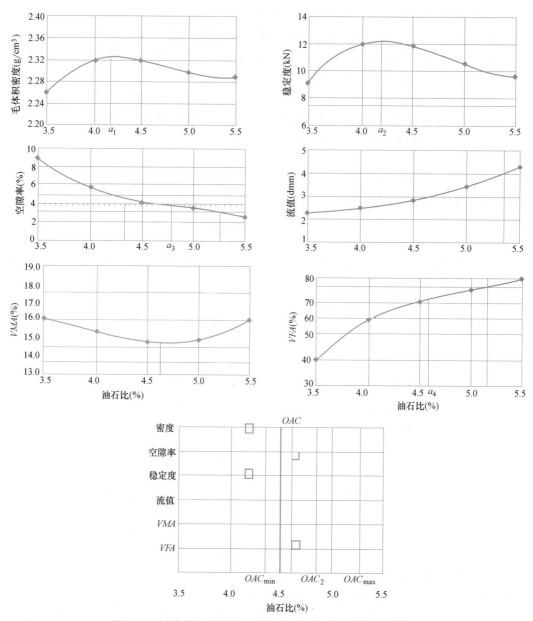

图 10-8　沥青用量与马歇尔稳定度试验物理-力学指标关系图

从图 10-8 求出各指标符合沥青混合料技术标准的沥青用量范围 $OAC_{min} \sim OAC_{max}$，其中值为 OAC_2。

$$OAC_2 = (OAC_{min} + OAC_{max})/2 \qquad (10\text{-}22)$$

4）根据 OAC_1 和 OAC_2 综合确定沥青最佳用量（OAC）

按最佳沥青用量的初始值 OAC_1，在图中求取相应的各项指标值，检查其是否符合表 10-14 规定的马歇尔试验技术指标，同时检验矿料间隙率是否符合要求，如能符合，由 OAC_1 及 OAC_2 综合决定最佳沥青用量 OAC。如不能符合，应调整级配，重新进行配合比设计和马歇尔试验，直至各项指标均能符合要求为止。

5) 根据实践经验和公路等级、气候条件、交通情况，调整确定最佳沥青用量 *OAC*

（1）调查当地各项条件相接近的工程的沥青用量及使用效果，论证适宜的最佳沥青用量。检查计算得到的最佳沥青用量是否相近，如相差甚远，应查明原因，必要时重新调整级配，进行配合比设计。

（2）对炎热地区公路以及高速公路、一级公路的重载交通路段，山区公路的长大坡度路段，预计有可能产生较大车辙时，宜在空隙率符合要求的范围内将计算的最佳沥青用量减小 0.1%～0.5% 作为设计沥青用量。此时，除空隙率外的其他指标可能会超出马歇尔试验配合比设计技术标准，配合比设计报告或设计文件必须予以说明。但配合比设计报告必须要求采用重型轮胎压路机和振动压路机组合等方式加强碾压，以使施工后路面的空隙率达到未调整前的原最佳沥青用量时的水平，且渗水系数符合要求。如果试验段试拌试铺达不到此要求时，宜调整所减小的沥青用量的幅度。

（3）对寒区公路、旅游公路、交通量很少的公路，最佳沥青用量可以在 *OAC* 的基础上增加 0.1%～0.3%，以适当减小设计空隙率，但不得降低压实度要求。

6) 按式（10-23）及式（10-24）计算沥青结合料被集料吸收的比例及有效沥青含量

$$P_{ba} = \frac{\gamma_{se} - \gamma_b}{\gamma_{se} \times \gamma_{sb}} \times \gamma_b \times 100 \tag{10-23}$$

$$P_{be} = P_b - \frac{P_{ba}}{100} \times P_s \tag{10-24}$$

式中 P_{ba}——沥青混合料中被集料吸收的沥青结合料比例（%）；

P_{be}——沥青混合料中的有效沥青用量（%）；

γ_{se}——矿料的有效相对密度（无量纲），按式（10-15）计算；

γ_{sb}——材料的合成毛体积相对密度（无量纲），按式（10-11）求取；

γ_b——沥青的相对密度（无量纲）；

P_b——沥青含量（%）；

P_s——各种矿料占沥青混合料总质量的百分率之和（%），即 $P_s = 100 - P_b$。

7) 检验最佳沥青用量时的粉胶比和有效沥青膜厚度

（1）按式（10-25）计算沥青混合料的粉胶比，宜符合 0.6～1.6 的要求。对常用的公称最大粒径为 13.2～19mm 的密级配沥青混合料，粉胶比宜控制在 0.8～1.2 范围内。

$$FB = \frac{P_{0.075}}{P_{be}} \tag{10-25}$$

式中 FB——粉胶比，沥青混合料的矿料中 0.075mm 通过率与有效沥青含量的比值（无量纲）；

$P_{0.075}$——矿料级配中 0.075mm 的通过率（水洗法）（%）；

P_{be}——有效沥青含量（%）。

（2）按式（10-26）的方法计算集料的比表面，按式（10-27）估算沥青混合料的沥青膜有效厚度。各种集料粒径的表面积系数按表 10-17 采用。

$$SA = \sum (P_i \times FA_i) \tag{10-26}$$

$$DA = \frac{P_{be}}{\gamma_b \times SA} \times 10 \tag{10-27}$$

式中　SA——集料的比表面积（m^2/kg）；

　　　P_i——各种粒径的通过百分率（%）；

　　　FA_i——相应于各种粒径的集料的表面积系数，如表10-17所列；

　　　DA——沥青膜有效厚度（μm）；

　　　P_{be}——有效沥青含量（%）；

　　　γ_b——沥青的相对密度（无量纲）。

注：各种公称最大粒径混合料中大于4.75mm尺寸集料的表面积系数均取0.0041，且只计算一次，4.75mm以下部分的FA_i如表10-17所示。该例的$SA=6.60m^2/kg$。若混合料的有效沥青含量为4.65%，沥青的相对密度1.03，则沥青膜厚度为$DA=4.65/(1.03\times6.60)\times10=6.83\mu m$。

集料的表面积系数计算示例

表 10-17

筛孔尺寸 （mm）	19.0	16.0	13.2	9.5	4.75	2.36	1.18	0.6	0.3	0.15	0.075	集料比 表面积 总和 SA （m^2/kg）	0.075
表面积 系数 FA_i	0.0041	—	—	—	0.0041	0.0082	0.0164	0.0287	0.0614	0.1229	0.3277		3～7
通过百分率 （%）	100	92	85	76	60	42	32	23	16	12	6		3～7
比表面 $F_{ai}/$ P_i（m^2/kg）	0.41	—	—	—	0.25	0.34	0.52	0.66	0.98	0.47	1.97	6.60	4～8

10.7.3　配合比设计检验

1. 对用于高速公路和一级公路的密级配沥青混合料，需在配合比设计的基础上按规范要求进行各种使用性能的检验，不符合要求的沥青混合料，必须更换材料或重新进行配合比设计，其他等级公路的沥青混合料可参照执行。

2. 配合比设计检验按计算确定的设计最佳沥青用量在标准条件下进行。如按照上述方法将计算的设计沥青用量调整后作为最佳沥青用量，或者改变试验条件时，各项技术要求均应适当调整，不宜照搬。

3. 高温稳定性检验。对公称最大粒径等于或小于19mm的混合料，按规定方法进行车辙试验，动稳定度应符合规范《公路沥青路面施工技术规范》JTGF 40—2004要求。

注：对公称最大粒径大于19mm的密级配沥青混凝土或沥青稳定碎石混合料，由于车辙试件尺寸不能适用，不宜按规范方法进行车辙试验和弯曲试验。如需要检验可加厚试件厚度或采用大型马歇尔试件。

4. 水稳定性检验。按规定的试验方法进行浸水马歇尔试验和冻融劈裂试验，残留稳定度及残留强度比均必须符合规范《公路沥青路面施工技术规范》JTGF 40—2004的规定。

注：调整沥青用量后，马歇尔试件成型可能达不到要求的空隙率条件。需要添加消石灰、水泥、抗剥落剂时，需重新确定最佳沥青用量后试验。

5. 低温抗裂性能检验。对公称最大粒径等于或小于19mm的混合料，按规定方法进行低温弯曲试验，其破坏应变宜符合规范《公路沥青路面施工技术规范》JTGF 40—2004要求。

6. 渗水系数检验。利用轮碾机成型的车辙试件进行渗水试验检验的渗水系数宜符合规范《公路沥青路面施工技术规范》JTGF 40—2004要求。

7. 钢渣活性检验。对使用钢渣的沥青混合料，应按规定的试验方法检验钢渣的活性及膨胀性试验，并符合规范《公路沥青路面施工技术规范》JTGF 40—2004 要求。

8. 根据需要，可以改变试验条件进行配合比设计检验，如按调整后的最佳沥青用量、变化最佳沥青用量 $OAC\pm0.3\%$、提高试验温度、加大试验荷载、采用现场压实密度进行车辙试验，在施工后的残余空隙率（如 $7\%\sim8\%$）的条件下进行水稳定性试验和渗水试验等，但不宜用规范规定的技术要求进行合格评定。

10.7.4 配合比设计报告

1. 配合比设计报告应包括工程设计级配范围选择说明、材料品种选择与原材料质量试验结果、矿料级配、最佳沥青用量，以及各项体积指标、配合比设计检验结果等。试验报告的矿料级配曲线应按规定的方法绘制。

2. 当按上述调整沥青用量作为最佳沥青用量时，宜报告不同沥青用量条件下的各项试验结果，并提出对施工压实工艺的技术要求。

10.7.5 沥青混合料配合比设计例题

例题 10-1 某高速公路的沥青混凝土路面,公路所处的地方为温和地区，公路修筑所用的原材料技术性能如下：

沥青采用 A-70，经检验技术性能均符合要求，主要技术指标如表 10-18。

A-70 技术指标 表 10-18

15℃时密度(g/cm³)	针入度(1/10mm)$P_{(25℃,100g,5s)}$	延度(cm)(5cm/min,15℃)	软化点(℃)
1.033	73.6	>100	46.2

粗集料：采用玄武岩 1 号料（19.0～13.2mm），表现密度 2.918g/cm³；2 号料（13.2～4.75mm），表观密度 2.864g/cm³；与沥青的黏附情况评定为 5 级。其他各项技术指标见表 10-19。

粗集料技术指标 表 10-19

压碎值(%)	磨耗值(%)(洛杉矶法)	针片状颗粒含量(%)	磨光值(PSV)	吸水率(%)
14.7	18.8	12.3	46.3	1.3

细集料：石屑采用玄武岩，其表观密度为 2.81g/cm³，砂子表观密度为 2.63g/cm³。
矿粉：表观密度为 2.66 g/cm³，含水量为 0.75%。
粗集料、细集料和矿粉的筛析结果如表 10-20。

矿质集料筛分结果 表 10-20

原材料	通过下列筛孔(方孔筛,mm)的质量(%)										
	19.0	16.0	13.2	9.5	4.75	2.38	1.18	0.6	0.3	0.15	0.075
1号碎石	100	87.2	43.6	3.4	0.4	0.3	0				
2号碎石	100	100	100	90.1	21.0	5.8	3.0	2.2	1.6	1.2	0
石屑	100	100	100	100	99.2	74.5	48.1	34.8	20.0	13.1	8.7
砂	100	100	100	100	98.3	91.2	74.5	55.8	18.3	5.8	0.5
矿粉	100	100	100	100	100	100	100	100	99.2	95.9	80.0

试用马歇尔法设计该高速公路路面上面层用沥青混合料的配合组成，即确定各种矿质集料的用量比例和确定最佳沥青用量。

解：1）矿质混合料级配组成的确定

由原始资料可知，沥青混合料用于高速公路三层式沥青混凝土上面层，故参照表 10-15 沥青混合料类型可选用 AC-16。按表 10-16 的要求，中粒式 AC-16 沥青混凝土的矿质混合料级配范围如表 10-21 所示。

矿质混合料要求级配范围　　　　　　　　　　　　　　　　表 10-21

级配类型	通过下列筛孔（方孔筛，mm）的质量（%）										
	19.0	16.0	13.2	9.5	4.75	2.36	1.18	0.6	0.3	0.15	0.075
中粒式 AC-16	100	90～100	76～92	60～80	34～62	20～48	13～36	9～26	7～18	5～14	4～8

用图解法或电算法求出矿质集料的比例关系，并进行调整，使合成级配尽量接近要求级配范围中值，调整后的矿料合成级配列于表 10-22。

矿质混合料合成级配计算表　　　　　　　　　　　　　　　　表 10-22

设计混合料配合比（%）	通过下列筛孔（mm）的质量（%）										
	19.0	16.0	13.2	9.5	4.75	2.36	1.18	0.6	0.3	0.15	0.075
1 号碎石 33	33	28.7	14.4	1.1	0.1	0.1	0				
2 号碎石 24	24	24	24	21.6	5	1.4	0.7	0.5	0.4	0.3	0
石屑 23	23	23	23	23	22.8	17.1	11.1	8	4.6	3.0	2.0
砂 14	14	14	14	14	13.8	12.8	10.4	7.8	2.6	0.8	0.1
矿粉 6	6	6	6	6	6	6	6	6	6	5.3	4.8
合成级配	100	95.7	81.4	65.7	47.7	37.4	28.2	22.3	13.6	10.3	6.9
要求级配	100	90～100	76～92	60～80	34～62	20～48	13～36	9～26	7～18	5～14	4～8
级配中值	100	95	84	70	48	34	29.5	17.5	12.5	9.5	6

由于高速公路交通量大、轴载重，为使沥青混合料具有较高的高温稳定性，合成级配应偏向级配曲线范围的下限，由表 10-21 可知，合成级配偏向要求的级配曲线范围的下限，故可不予调整。

2）沥青最佳用量的确定

（1）试件成型

按式（10-14）推荐的沥青用量范围，中粒式沥青混凝土（AC-16）的沥青用量为 4.0%～6.0%，采用 0.5% 的间隔变化，与计算的矿质混合料配合比按规定条件制备 5 组马歇尔试件。

（2）马歇尔试验

① 物理指标测定

将成型的试件，经 24h 后测定其表观密度、空隙率、沥青饱和度等物理指标。

② 力学指标测定

测定物理指标后的试件，在 60℃ 温度下测定其马歇尔稳定度和流值，并计算马歇尔模量。沥青混合料马歇尔试验结果汇总见表 10-23。

沥青混合料马歇尔试验结果汇总表　　　　　　　　表 10-23

组数编号	沥青用量 (%)	表观密度 (g/cm³)	空隙率 (%)	饱和度 (%)	稳定度 (kN)	流值 (dmm)	马歇尔模数(T) (kN/mm)
1	4.0	2.472	7.5	53.3	10.4	28.8	36.1
2	4.5	2.512	5.5	63.6	11.9	9.3	40.6
3	5.0	2.531	4.1	72.6	12.4	30.7	40.4
4	5.5	2.542	3.4	77.6	10.9	33.2	32.8
5	6.0	2.532	2.6	83.4	9.0	36.2	24.9
技术标准(GB 50092)要求	—	—	3～6	70～85	7.5	20～40	—

3）马歇尔试验结果分析

（1）绘制沥青用量与物理-力学指标关系图

根据上述马歇尔试验结果汇总表 10-23，分别绘制沥青用量与视密度、空隙率、饱和度、稳定性、流值的关系图，如图 10-9 所示。

（2）确定沥青用量初始值 OAC_1

从图 10-9 中求出相应于稳定度最大值的沥青用量 $\alpha_1 = 5.0\%$，相应于表观密度最大值的沥青用量 $\alpha_2 = 5.5\%$，相应于规定空隙率范围中值的沥青用量 $\alpha_3 = 4.7\%$，相应于规定饱和度范围的中值的沥青用量 $\alpha_4 = 5.3\%$，求出四者的平均值作为最佳沥青用量的初始值 OAC_1。即：

$$OAC_1 = (\alpha_1 + \alpha_2 + \alpha_3 + \alpha_4)/4 = (5.0\% + 5.5\% + 4.7\% + 5.3\%)/4 = 5.10\%$$

（3）确定沥青用量初始值 OAC_2

根据沥青混合料马歇尔试验技术标准（表 10-14）确定各关系曲线上沥青用量范围，取其共同部分可得：

$$OAC_{min} = 4.65\%, \; OAC_{max} = 5.55\%$$
$$OAC_2 = (OAC_{min} + OAC_{max})/2 = (4.65\% + 5.55\%)/2 = 5.10\%$$

（4）综合确定最佳沥青用量 OAC

按沥青最佳用量初始值 $OAC_1 = 5.10\%$ 检查各项指标均能符合要求，由 OAC_1 和 OAC_2 综合确定沥青最佳用量，取 $OAC = 5.10\%$。

由于当地气候条件属于温区，并考虑高速公路渠化交通，预计有可能出现车辙，则 OAC 的取值在 OAC_2 与 OAC_{min} 的范围内决定，故根据经验取 $OAC = 4.8\%$。

（5）检验最佳沥青用量时的粉胶比和有效沥青膜厚度（略）

（6）水稳定性检验

按沥青用量 4.8% 制作马歇尔试件，进行浸水马歇尔试验，测得的试验结果见表 10-24。

浸水马歇尔试验数据统计表　　　　　　　　表 10-24

沥青用量 (%)	表观密度 (g/cm³)	空隙率 (%)	饱和度 (%)	马歇尔稳定度 (kN)	浸水马歇尔稳定度(kN)	残留稳定度 (%)
4.8	2.537	3.7	74.9	12.4	9.8	79

由表 10-24 可见，残留稳定度大于 75%，符合规定要求。

（7）抗车辙能力校核

按沥青用量 4.8% 制作车辙试验试件，测定其动稳定度，其结果为 1520 次/mm，大

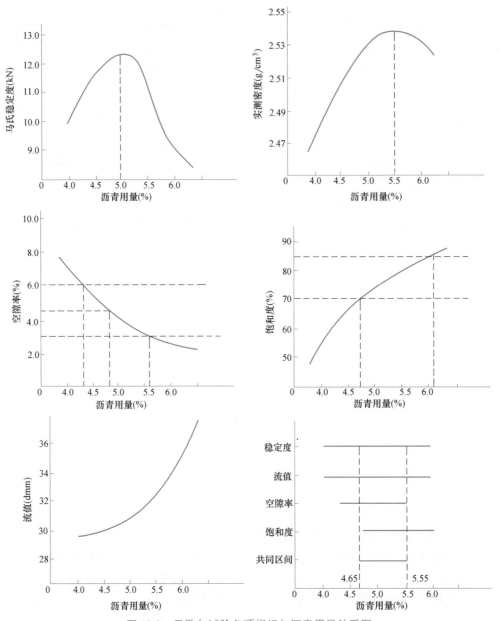

图 10-9　马歇尔试验各项指标与沥青用量关系图

于 800 次/mm，符合规定要求。

　　因此，通过以上试验和计算，可以确定最佳沥青用量为 4.8%。

10.8　其他品种的沥青混合料

10.8.1　常温沥青混合料

　　常温沥青混合料的结合料可以采用液体沥青和乳化沥青，与矿质混合料常温拌制而成。由于沥青和矿料均不需加热，因此亦称为冷铺沥青混合料。我国常以乳化沥青作为结合料，拌制乳化沥青混凝土混合料或乳化沥青碎石混合料。

常温沥青混合料的优点是施工方便、节约能源、保护环境。目前我国经常采用的常温沥青混合料，以乳化沥青碎石混合料为主。

1. 选择常温沥青碎石混合料的类型

结构层位决定，通常路面的面层采用双层式时，下面层采用粗粒式沥青碎石 AM-30，或特粗式沥青碎石 AM-40；上面层选用较密实的细粒式沥青碎石 AM-10、AM-13 或中粒式沥青碎石 AM-16。

2. 常温沥青碎石混合料的配合组成设计

1）矿质混合料级配组成

乳化沥青碎石混合料的矿质混合料级配的组成与热拌沥青碎石混合料相同。

2）沥青用量

乳化沥青碎石混合料的乳液用量参照热拌沥青碎石混合料的用量折算。实际的沥青用量通常可比同规格热拌沥青碎石混合料的沥青用量减少 15%～20%。确定沥青用量时，应根据当地实践经验以及交通量、气候、石料情况、沥青标号、施工机械等条件综合考虑确定。

3）常温沥青碎石混合料的应用

乳化沥青碎石混合料适用于一般道路的沥青路面面层、修补旧路坑槽，及作一般道路旧路改建的加铺层用。对于高速公路、一级公路、城市快速路和主干路等，常温沥青碎石混合料一般只适用于沥青路面的联结层或平整层。

10.8.2   沥青稀浆封层混合料

沥青稀浆封层混合料是由乳化沥青、石屑（或砂）、添加剂和水等拌制而成的一种具有流动性的沥青混合料，简称沥青稀浆混合料。

1. 沥青稀浆封层混合料的组成

沥青稀浆封层混合料的材料组成如下：

（1）结合料——乳化沥青，常用阳离子慢凝乳化沥青。

（2）集料——级配石屑（或砂）组成矿质混合料，最大粒径为 10mm、5mm 或 3mm。

（3）填料——提高集料的密实度，需掺加石粉和石灰（或粉煤灰）等填料。

（4）水——润湿集料，使稀浆混合料具有要求的流动度需掺加适量的水。

（5）添加剂——调节稀浆混合料的和易性和凝结时间需添加的各种助剂，如氯化铵、氯化钠、硫酸铝、水泥、热石灰等。

2. 沥青稀浆封层混合料的类型及应用

沥青稀浆封层混合料按其用途和适用性分为以下三种类型：

（1）ES-1 型：细粒式封层混合料，沥青用量较高（一般为 8%），具有较好的渗透性，有利于治愈裂缝，适用于大裂缝的封缝，或中轻交通的一般道路薄层处理。

（2）ES-2 型：中粒式封层混合料，是最常用的级配，可形成中等粗糙度，用于一般道路路面的磨耗层，也适用于旧高等级路面的修复罩面。

（3）ES-3 型：粗粒式封面混合料，表面粗糙，适用作抗滑层；亦可作二次抗滑处理，可用于高等级路面。

沥青稀浆封层混合料可以用于旧路面的养护维修，亦可作为路面加铺抗滑层、磨耗层。由于这种混合料施工方便，投资费用少，对路况有明显改观，所以得到广泛应用。

【工程实例分析】

大桥沥青路面施工后，在距护栏 50cm 位置呈现白色析出物

概况： 2016 年南方某市建造一座钢结构大桥，该钢结构大桥建造过程各项指标均符合设计要求，该钢结构桥在防水层做好之后进行桥面沥青混凝土面层铺筑，沥青混凝土面层共两层，在铺筑完成后因未进行验收，所以未开放通车，在此期间经历两次较大降雨，在距离两侧护栏 50cm 处出现两条白色析出物。

原因分析：

（1）施工准备过程中未严格控制细集料含泥量，雨水浸入造成粉料剥离析出；

（2）生产过程中，混合料拌合时间不足，造成集料拌合不充分，雨水浸入使未完全裹覆沥青的粉粒析出；

（3）在靠近护栏 50cm 内碾压遍数不足，造成雨水渗入，雨水未及时排出造成粉料颗粒析出；

（4）沥青和集料的黏附性不足，雨水浸入造成沥青剥离析出。

防治措施： 施工准备过程中要严格控制集料的含泥量，确保集料表面清洁干燥并分类存放，并且严格检测集料与沥青的黏附性，必要时加入水泥、石灰及剥落剂以确保沥青混凝土的水稳定性；在生产过程中严格控制拌合温度和拌合时间，使沥青充分裹覆集料，以保证混合料与桥面的黏结，在碾压过程中严格控制碾压速度，从低处向高处碾压过程中，严格控制边缘碾压遍数，对于不易压实的部位增加碾压遍数，确保混凝土碾压密实。

本章小结

1. 沥青是高分子碳氢化合物及其非金属（氧、氮、硫等）衍生物组成的极其复杂的混合物，在常温下呈黑色或黑褐色的固体，半固体或液体，能溶于多种有机溶剂，如汽油、柴油等。它具有不导电、不吸水、不透水、塑性大、耐酸、耐碱和耐腐蚀等特性。

2. 沥青按来源可分为地沥青和焦油沥青。地沥青包括天然沥青和石油沥青。焦油沥青有煤沥青和页岩沥青等。

3. 石油沥青（Petroleum Asphalt）是原油经减压蒸馏、溶剂脱沥青或氧化等过程得到的暗褐色或黑色的半固体物质，主要由烃类及其衍生物组成。石油沥青的生产方法大致有：蒸馏法、溶剂沉淀法、氧化法、调和法、乳化法及沥青的改性生产。

4. 石油沥青是由多种碳氢化合物及其非金属（氧、硫、氮）衍生物组成的混合物，主要组分为碳（占 80%～87%）、氢（占 10%～15%），其余为氧、硫、氮（约占 3% 以下）等非金属元素，此外还含有微量金属元素。依据石油沥青不同的组分特征，所采用的组分分析方法也不同，通常采用的是三组分分析法或四组分分析法。

5. 石油沥青的结构是以地沥青质为核心，周围吸附部分树脂和油分，构成胶团，无数胶团分散在油分中而形成胶体结构，分溶胶、溶胶-凝胶、凝胶型三种类型。

6. 石油沥青的技术性质包括：黏滞性、塑性、温度敏感性、黏附性、大气稳定性、溶解度、闪点和燃点等方面。石油沥青按用途不同分为道路石油沥青、建筑石油沥青和液体石油沥青，由于其应用范围和要求不同，分别制定了不同的技术标准，以利工程控制。

7. 煤沥青、改性沥青、乳化沥青等其他品种沥青分别具有各自的性质特点和工程应用。

8. 沥青混合料是指矿物集料与沥青拌合而成的混合料的总称，包括沥青混凝土混合料和沥青碎石混合料，组成材料包括：沥青、粗集料、细集料、填料。

9. 沥青混合料的力学强度，主要由矿质颗粒之间的内摩阻力和嵌挤力，以及沥青胶结料及其与矿料之间的黏结力所构成。按级配原则构成的沥青混合料，其结构通常可分为悬浮-密实结构、骨架-空隙结构、密实-骨架结构三种类型。

10. 沥青混合料应具有较好的强度、抗高温变形、抗低温脆裂、抗滑性、耐久性、沥青路面水稳定性、施工和易性等技术性质，以保证沥青路面的施工质量和使用性能。

11. 沥青混合料配合比设计包括：目标配合比设计、生产配合比设计和生产配合比验证三个阶段。目标配合比设计的内容包括：矿质混合料的组成设计、确定沥青混合料的最佳沥青用量、配合比设计检验、配合比设计报告等方面。

12. 其他品种的沥青混合料包括常温沥青混合料、沥青稀浆封层混合料等。不同的沥青混合料分别具有各自的性质特点及工程适用范围。

【思考与练习题】

10-1 从石油沥青的主要组分说明石油沥青三大指标与组分之间的相互关系？

10-2 试述石油沥青的胶体结构，并据此说明石油沥青各组分的相对比例的变化对其性能的影响。

10-3 石油沥青的牌号如何划分？牌号大小与沥青的性质有何关系？

10-4 石油沥青为什么会老化？如何延缓其老化？

10-5 何谓沥青混合料？沥青混凝土混合料与沥青碎石混合料有什么区别？

10-6 沥青混合料的组成结构有哪几种类型，它们的特点如何？

10-7 按我国现行沥青混凝土配合比设计方法，沥青最佳用量 OAC 是怎样确定的？

【创新思考题】

沥青混凝土道路施工技术是当今社会应用非常广泛的路面施工技术，也是具有科学性的先进路面施工技术。这项技术在原料的选择上主要选用沥青混凝土作为主要原料，通过对沥青混凝土的摊铺提高材料黏性，进而采用碾压设备使路面成型。在施工过程中，沥青混凝土技术的应用能显著提高工程施工质量和施工效率。为了能够保障道路有更长的使用寿命，沥青混凝土道路施工技术对材料性能的要求较高，简要分析在进行各种原材料的选择时需注意哪些方面的问题。

第 11 章 木 材

本章要点及学习目标

本章要点：

本章通过介绍木材的分类和构造，阐述了木材的性质及应用，同时介绍了木材在防腐、防虫、防火等方面的防护知识，最后介绍了木材绿色化的相关情况。

学习目标：

了解木材的分类和构造，掌握木材的主要技术性质及应用，熟悉木材防腐、防虫、防火等方面的防护知识，了解木材绿色化的相关情况。

木材是人类历史上最早使用的传统建筑材料之一。我国使用木材的历史非常悠久，木结构建筑在技术上也具有独到之处。目前现存的木结构建筑集中反映了我国古代建筑工程中木材应用的水平，如保存至今千年以上的山西五台山佛光寺大殿（图 11-1）、山西应县木塔（图 11-2）、天津蓟县观音阁等（图 11-3）。

图 11-1 山西五台山佛光寺大殿

（图源：https://www.sohu.com/a/272331453_651042）

图 11-2 山西应县木塔

（图源：http://www.takungpao.com.hk/mainland/text/2016/0929/27496.html）

图 11-3 天津蓟县观音阁

（图源：https://www.sohu.com/a/114576149_409326）

11.1 木材的分类和构造

11.1.1 木材的分类

生产木材的树种有很多，从树叶外形上可分为针叶、阔叶树木两大类。

针叶树大部分树干竖直高大，易取大材，木材纹理顺直，材质较为均匀，而且木质较软，易加工、变形小，也称软木材，建筑上被广泛用作结构承重构件或者装修材料，如杉木、松木等。

阔叶树大部分树干通直粗壮部分相对较短，木材密度较大、木质较硬、较难加工，而且胀缩变形较大，易翘曲开裂，但是纹理美观，所以不宜作为结构承重构件材料，一般多适用于室内装修和家具制作，如柞木、水曲柳、枫木等。

11.1.2 木材的构造

木材的构造分为宏观构造和微观构造两个层次。木材的宏观构造是指在肉眼或扩大镜下所能看到的构造，它与木材的颜色、气味、光泽、纹理等构成区别于其他材料的显著特征。显微构造是指用显微镜观察到的木材构造，而用电子显微镜观察到的木材构造称为超微构造。

1. 木材的宏观构造

木材是由无数不同形态、不同大小、不同排列方式细胞所组成。要全面地了解木材构造，必须在横切面、径切面和弦切面三个切面上进行观察，如图 11-4 所示。

（1）横切面是指与树干主轴或木纹相垂直的切面，可以观察到各种轴向分子的横断面和木射线的宽度。

（2）径切面是指顺着树干轴线、通过髓心与木射线平行的切面。在径切面上，可以观察到轴向细胞的长度和宽度以及木射线的高度和长度。年轮在径切面上呈互相平行的带状。

（3）弦切面是顺着木材纹理、不通过髓心而与年轮相切的切面。在弦切面上年轮呈"V"字形。

从木材三个不同切面观察木材的宏观构造，可以看出，树干由树皮、木质部、髓心组成。一般树的树皮覆盖在木质部外面，起保护树木的作用。髓心是树木最早形成的部分，贯穿整个树木的干和枝的中心，材性低劣，易于腐朽，不适宜作结构材。土木工程使用的木材均是树木的木质部分，木质部分的颜色不均，一般接近树干中心部分，含有色素、树脂、芳香油等，材色较深，水分较少，对菌类有毒害作用，称为心材。靠近树皮部分，材色较浅，水分较多，含有菌虫生活的养料，易受腐朽和虫蛀，称为边材。

每个生长周期所形成的木材，在横切面上所看到的，围绕着髓心构成的同心圆称为生长轮。温带和寒带地区的树木，一年只有一度生长，故生长轮又可称为年轮。但在有干湿季节之分的热带地区，一年中也只生一圆环。在同一年轮内，生长季节早期所形成的木材，胞壁较薄、形体较大、颜色较浅、材质较松软，称为早材（春材）。到秋季形成的木材，胞壁较厚、组织致密、颜色较深、材质较硬，称为晚材（秋材）。在热带地区，树木

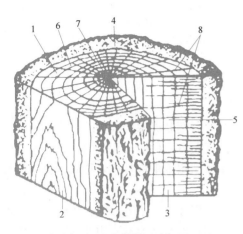

图 11-4　木材的三个切面

1-横切面；2-弦切面；3-径切面；4-树皮；
5-木质部；6-年轮；7-髓心；8-木射线

一年四季均可生长，故无早、晚材之别。相同树种，年轮越密而均匀，材质越好；晚材部分越多，木材强度越高。

2. 木材的显微构造

木材的微观构造是指借助光学显微镜观察的结构，各种木材的显微构造是各式各样的。针叶树显微构造（图 11-5）简单而规则，它主要由管胞、木薄壁组织、木射线、树脂道组成。管胞是组成针叶材的主要分子，占木材体积 90% 以上。木射线是以髓心呈辐射状排列的细胞，占木材体积 7% 左右，细胞壁很薄，质软，在木材干燥时最易沿木射线方向开裂而影响木材利用。木薄壁组织是一种纵行成串的砖形薄壁细胞，有的形成年轮的末缘，有的散布于年轮中。树脂道系木薄壁组织细胞所围成的孔道，树脂道降低木材的吸湿性，可增加木材的耐久性。

阔叶树材的显微构造（图 11-6）较复杂，其细胞主要有导管、阔叶树材管胞、木纤维、木射线、木薄壁组织、树胶道等。导管是由一连串的纵行细胞形成的无一定长度的管状组织，构成导管的单个细胞称为导管分子，导管分子在横切面上呈孔状，称为管孔。

木纤维是阔叶材的主要组成分子之一，占木材体积 50% 以上，主要起支持树体和承受机械力作用，与木材力学性质密切相关。木纤维在木材中含量越多，其密度和强度相应增加，胀缩也较大。

图 11-5　松木显微构造立体图

1-管胞；2-木射线；3-树脂道

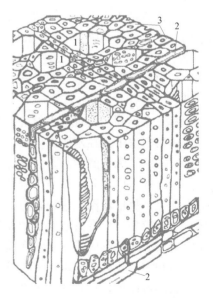

图 11-6　枫香显微构造立体图

1-导管；2-木射线；3-木纤维

阔叶树材组成的细胞种类比针叶树材较多，且比较进化。最显著的是针叶树材组成的主要分子——管胞既有疏导功能，又有对树体的支持机能；而阔叶树材则不然，导管起输导作用，木纤维则起支持树体的机能。针叶树材与阔叶树材的最大差异（除极少数树种例外），是前者无导管，而后者具有导管，有无导管是区分绝大多数阔叶材和针叶材的重要标志。此外，阔叶树材比针叶树材的木射线宽、列数也多，薄壁组织类型丰富且含量多。

11.2　木材的性质及应用

11.2.1　物理性质

1. 密度与表观密度

木材的密度是指构成木材细胞壁物质的密度。密度具有变异性，即从髓到树皮或早材与晚材及树根部到树梢的密度变化规律随木材种类不同有较大的不同，平均约为 1.50～1.56g/cm³，表观密度约为 0.37～0.82g/cm³。

2. 吸湿性与含水率

木材的含水率是木材中水分质量占干燥木材质量的百分比。木材中的水分按其与木材结合形式和存在的位置，可分为自由水、吸附水和化学结合水。

自由水是存在于木材细胞腔和细胞间隙中的水，它影响着木材的表观密度、抗腐蚀性、干燥性和燃烧性。吸附水是被吸附在细胞壁内纤维之间的水，吸附水的变化则影响木材强度和木材胀缩变形性能。化学结合水即为木材中的化合水，它在常温下不变化，故其对木材的性质无影响。

当木材中无自由水，而细胞壁内吸附水达到饱和时，这时的木材含水率称为纤维饱和点。木材中所含的水分是随着环境的温度和湿度的变化而改变的。当木材长时间处于一定温度和湿度的环境中时，木材中的含水量最后会达到与周围环境湿度相平衡，这时木材的含水率称为木材平衡含水率（图 11-7）。

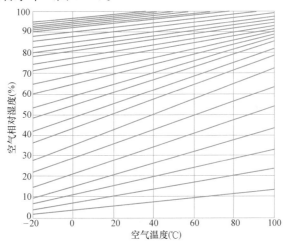

图 11-7　木材平衡含水率

3. 湿胀干缩性

木材具有显著的湿胀干缩性。木材含水率在纤维饱和点以下时，吸湿具有明显的膨胀变形现象，解吸时具有明显的收缩变形现象。

木材各个方向的干缩率不同。木材弦向干缩率最大，约 6%～12%，径向次之，约 3%～6%，纤维方向最小，约 0.1%～0.35%。髓心的干缩率较木质部大，易导致锯材翘曲。

木材在干燥的过程中会产生变形、翘曲和开裂等现象。木材的干缩湿胀变形还随树种不同而异。密度大的、晚材含量多的木材，其干缩率就较大，如图 11-8、图 11-9 所示。湿胀干缩性对木材的下料有较大影响。

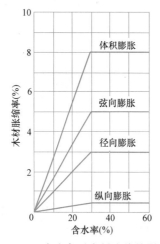

图 11-8　含水率对木材胀缩的影响

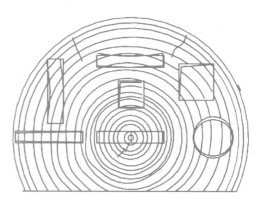

图 11-9　截面不同位置木材干燥引起的不同变化

11.2.2　力学性质

1. 强度

工程上常利用木材的以下几种强度：抗压、抗拉、抗弯和抗剪（图 11-10）。由于木材是一种非均质材料，具有各向异性，使木材的强度有很强的方向性。木材各强度大小的比值关系见表 11-1。

木材各项强度值的比较（以顺纹抗压强度为 1）　　　　　　　　**表 11-1**

顺纹抗压	横纹抗压	顺纹抗拉	横纹抗拉	抗弯	顺纹抗剪	横纹切断
1	1/10～1/3	2～3	1/20～1/3	3/2～2	1/7～1/3	1/2～1

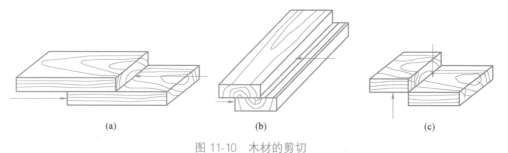

(a)   (b)   (c)

图 11-10　木材的剪切

（a）顺纹剪切；（b）横纹剪切；（c）横纹切断

2. 木材强度的影响因素

木材强度的影响因素主要有含水率、环境温度、负荷时间、表观密度和疵病等。

1）含水率的影响

木材的含水率在纤维饱和点以内变化时，含水量增加使细胞壁中的木纤维之间的联结力减弱、细胞壁软化，故强度降低；当水分减少使细胞壁比较紧密，故强度增高。含水率的变化对各强度的影响是不一样的，对顺纹抗压强度和抗弯强度的影响较大，对顺纹抗拉强度和顺纹抗剪强度影响较小（图 11-11）。

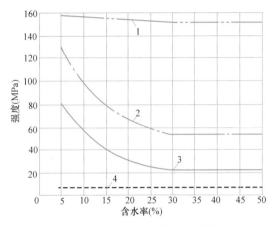

图 11-11　含水率对木材强度的影响

1-顺纹抗拉；2-抗弯；3-顺纹抗压；4-顺纹抗剪

为了便于比较，按国家标准《木材顺纹抗压强度试验方法》GB/T 1935—2009、《木材抗弯强度试验方法》GB/T 1936—2009、《木材顺纹抗剪强度试验方法》GB/T 1937—2009、《木材顺纹抗拉强度试验方法》GB/T 1938—2009、《木材横纹抗压强度试验方法》GB/T 1939—2009 规定，木材强度以含水率为 12％时的强度为标准值。含水率在 9％～15％范围内的强度，按下式换算。

$$\sigma_{12}=\sigma_{w}[1+\alpha(W-12)] \tag{11-1}$$

式中　σ_{12}——含水率 12％时的强度（MPa）；

　　　σ_{w}——含水率 W％时的强度（MPa）；

　　　W——含水率（％）；

　　　α——校正系数，随荷载种类和力的作用形式而异。

顺纹抗压强度：$\alpha=0.05$。

横纹抗压强度：$\alpha=0.045$。

顺纹抗拉强度：阔叶树材 $\alpha=0.015$，针叶树材 $\alpha=0.000$。

抗弯强度：$\alpha=0.04$。

顺纹抗剪强度：$\alpha=0.03$。

2）环境温度的影响

木材随环境温度升高强度会降低。当温度由 25℃升到 50℃时，针叶树抗拉强度降低10％～15％，抗压强度降低 20％～24％。当木材长期处于 60～100℃温度下时，会引起水分和所含挥发物的蒸发，而呈暗褐色，强度下降，变形增大。温度超过 140℃时，木材中的纤维素发生热裂解，色渐变黑，强度明显下降。因此，长期处于高温的建筑物，不宜采用木结构。

3）负荷时间的影响

木材的长期承载能力远低于暂时承载能力。这是因为在长期承载情况下，木材会发生纤维蠕滑，累积后产生较大变形而降低了承载能力的结果。

木材在长期荷载作用下不致引起破坏的最大强度，称为持久强度。木材的持久强度比其极限强度小得多，一般为极限强度的 $50\%\sim60\%$。一切木结构都处于某一种负荷的长期作用下，因此在设计木结构时，应考虑负荷时间对木材强度的影响。

4）木材的疵病

木材在生长、采伐及保存过程中，会产生内部和外部的缺陷，这些缺陷统称为疵病。木材的疵病主要有木节、斜纹、腐朽及虫害等，这些疵病将影响木材的力学性质，但同一疵病对木材不同强度的影响不尽相同。

木节分为活节、死节、松软节和腐朽节等几种，活节影响最小。木节使木材顺纹抗拉强度显著降低，对顺纹抗压影响最小。在木材受横纹抗压和剪切时，木节反而增加其强度。斜纹为木纤维与树轴成一定夹角，斜纹严重降低木材的顺纹抗拉强度，抗弯次之，对顺纹抗压强度影响较小。

裂纹、腐朽和虫害等疵病，会造成木材构造的不连续性或破坏其组织，因此严重影响木材的力学性质，有时甚至能使木材完全失去使用价值。

11.2.3　木材的应用

1. 常用木材

木材按供应形式可分为原条（图 11-12）、原木（图 11-13）、板材（图 11-14）和方材（图 11-15）。

图 11-12　原条

图 11-13　原木

原条是指已经除去皮、根、树梢的木料，但尚未按一定尺寸加工成规定木料。原木是原条按一定尺寸加工而成的规定直径和长度的木料，可直接在建筑中作木桩、搁栅、楼梯

图 11-14 板材

图 11-15 方材

和木柱等。板材和方材是原木经锯解加工而成的木材，宽度为厚度的三倍和三倍以上的为板材，宽度不足厚度的三倍者为方材。按用途可分为结构材料、装饰材料、隔热材料、电绝缘材料。

木材在土木工程中可被用作屋架、桁架、梁、柱、桩、门窗、地板、脚手架、混凝土模板以及其他一些装饰、装修等。

2. 木质材料制品

木质材料制品包括改性木材、木质人造材料和木质复合材料。

1）改性木材是木材经过各种物理、化学方法进行特殊处理的产品。改性木材克服或减少了木材的吸湿性、胀缩性、变形性、腐朽、易燃、低强度、不耐磨和构造的非匀质性，是木材改性后的特殊材料。在处理过程中不破坏木材原有的完整性，如化学药剂的浸注，在加热与压力下密实化，或浸注与热压的联合等。浸注的目的就是使药剂沉积在显微镜下可见的空隙结构中或细胞壁内，或者使药剂与细胞壁组分起反应而不破坏木材组织。提高木材的比强度，提高木材的耐腐性和阻燃性，只需将毒性药剂或阻燃药剂沉积在空隙结构内即可。当化学药剂沉积在细胞壁内或与胞壁组分起化学反应，能使木材具有持久的尺寸稳定性。

2）木质人造材料是用木材或木材废料为主要原料，经过机械加工和物理化学处理制成的一类再构成材料。按其几何形状可分类为木质人造方材、木质人造板材和木质模压制品等。木质人造方材是用薄木板或厚单板顺纹胶合压制成的一种结构材料。胶合木是用较厚的零碎木板胶合成大型木构件。胶合木可以使小材大用，短材长用，并可使优劣不等的木材放在要求不同的部位，也可克服木材缺陷的影响，用于承重结构。木质人造板材是用各种不同形状的结构单元、组坯或铺装成不同结构形式的板坯胶合而成的板状材料，如胶合板、刨花板和纤维板等。胶合板是将一组单板按相邻层木纹方向互相垂直组坯胶合而成的板材。刨花板是利用施加或未施加胶料的木质刨花或木质纤维材料（如木片、锯屑和亚麻等）压制的板材。

3）人造板材是木质材料中品种最多、用途最广的一类材料，具有结构的对称性、纵横强度的均齐性以及材质的均匀性，由于性能差异甚大，可分别作为结构材料、装饰材料和绝缘材料使用。各类人造板及其制品是室内装饰装修的最主要的材料之一。室内装饰装修用人造板大多数存在游离甲醛释放问题。游离甲醛是室内环境主要污染物，对人体危害很大，已引起全社会的关注。国家标准《室内装饰装修材料、人造板及其制品中甲醛释放限量》GB 18580—2017 规定了各类板材中甲醛释放限量值。木质模压制品也是用各种不同形状的结构单元、组坯或铺装成不同结构形式的板坯，用专门结构的模具压制成各种非平面状的制品。

4）木质复合材料是以木质材料为主，复合其他材料而构成具有微观结构和特殊性能的新型材料。它克服了木材和其他木质材料的许多缺点，发挥构成组分之长。由于材料协同作用和界面效应，使木质复合材料具有优良的综合性能，以满足现代社会对复合材料越来越高的要求。木质复合材料研究的深度、应用的广度及其生产发展的速度已成为衡量一个国家木材工业技术水平先进程度的重要标志之一。以木质材料为主的复合材料因其固有的优越性而得到了广泛的使用，却又因其本性上固有弱点极大地限制了它的应用范围。

3. 木材的综合利用

1）木地板

木材具有天然的花纹，良好的弹性，给人以淳朴、典雅的质感。用木材制成的木质地板作为室内地面装饰材料具有独特的功能和价值，得到了广泛的应用。

木地板是由软木树材（如松、杉等）和硬木树材（如水曲柳、榆木、柚木、橡木、枫木、樱桃木、柞木等）经加工处理而制成的木板拼铺而成。木地板可分为：条木地板、拼花木地板、漆木地板、复合木地板等。

（1）条木地板

条木地板是使用最普遍的木质地板。地板面层有单、双层之分，单层硬木地板是在木搁栅上直接钉企口板，称普通实木企口地板；双层硬木地板是在木搁栅上先钉一层毛板，再钉一层实木长条企口地板。木搁栅有空铺与实铺两种形式，但多用实铺法，即将木搁栅直接铺在水泥地坪上，然后在搁栅上铺毛板和地板。

普通条木地板（单层）的板材常选用松、杉等软木树材，硬木条板多选用水曲柳、柞木、枫木、柚木、榆木等硬质木材。材质要求采用不易腐朽、不易变形开裂的木板。条板宽度一般不大于 120mm，板厚 20～30mm。条木拼缝做成企口或错口，直接铺钉在木搁栅上，端头接缝要相互错开。条木地板铺设完工后，应经过一段时间，待木材变形稳定后再进行刨光、清扫及油漆。条木地板一般采用调合漆，当地板的木色和纹理较好时，可采用透明的清漆做涂层，使天然的纹理清晰可见，以增添室内装饰感。

条木地板自重轻、弹性好、脚感舒适，其导热性小、冬暖夏凉，且易于清洁。条木地板被公认为是良好的室内地面装饰材料，它适用于办公室、会议室、会客室、休息室、旅馆客房、住宅起居、卧室、幼儿园及实验室等场所。

（2）拼花木地板

拼花木地板是较普通的室内地面装修材料，安装分双层和单层两种。双层拼花木地板是将面层用暗钉钉在毛板上，单层拼花木地板是采用黏结材料，将木地板面层直接粘贴于找平后的混凝土基层上。

拼花木地板的木块尺寸一般为，长 250～300mm，宽 40～60mm，板厚 20～25mm，有平头接缝地板和企口拼接地板两种。

拼花木地板是由水曲柳、柞木、胡桃木、柚木、枫木、榆木、柳桉等优良木材，经干燥处理后，加工出的条状小木板。它具有纹理美观、弹性好、耐磨性强、坚硬、耐腐等特点，且拼花木地板一般均经过远红外线干燥，含水率恒定约 12%，因而变形稳定，易保持地面平整、光滑而不翘曲变形。

拼花木地板适用于高级楼宇、宾馆、别墅、会议室、展览室、体育馆和住宅等的地面装饰，可根据装修等级的要求，选择适合档次的木地板。

（3）漆木地板

漆木地板是国际上较流行的高级装饰材料。这种地板的基板选用珍贵树种，如北美洲的橡树、枫树、樱桃木、胡桃木、山毛榉，南美巴西的象牙木，东南亚、非洲地区的柚木、花梨木、紫檀木、柳桉木、孟格里斯、橡胶木、春茶木、波罗格、昆甸木，中国的榉木、红豆杉、水曲柳、香柏、金丝木等，经先进设备严格按规定进行锯割、干燥、定型、定湿等科学化处理，再进行精细加工成精密的企口地板基板，然后对企口基板表面进行封闭处理，并用树脂漆进行涂装的板材。漆木地板的宽度一般不大于 90mm，厚度在 15～20mm 之间，长度从 450～4000mm 不等。

漆木地板特别适合高档的住宅装修，容易与室内其他装饰产生和谐感，不论应用在客厅、餐厅、卧室，都能使人仿佛置身于大自然中。板宽一般根据装修部位的面积、格调决定，厚度根据使用功能选用，家庭中选用 15mm 较适宜，公共场所选用 18mm 以上为好。

（4）复合地板

随着木材加工技术和高分子材料应用的快速发展，复合地板作为一种新型的地面装饰材料得到了广泛地开发和应用。在我国木材资源（尤其是珍贵木材资源）相对缺乏的情况下，采用复合地板代替木质地板不失为节约天然资源的好方法。复合地板分为两类：实木复合地板和耐磨塑料贴面复合地板。

实木复合地板一般为三层结构，表层 4～7mm，选用珍贵树种如榉木、橡木、枫木、樱桃木、水曲柳等的锯切片；中间层 7～12mm，选用一般木材如松树、杨木等；底层（防潮层）2～4mm，选用各种木材旋切单板；也有以多层胶合板为基层的多层实木复合板。板厚通常为 12mm、15mm、18mm 三种，宽度大多为 303mm。该地板既可以直接铺设在平整的地坪上，又可以像实木长条企口地板一样，铺设在毛地板上。

耐磨塑料贴面复合地板简称复合地板。它是以防潮薄膜为平衡层，以硬质纤维板、中密度纤维板、刨花板为基层，木纹图案浸汁纸为装饰层，耐磨高分子材料面层复合而成的新型地面装饰材料。复合地板的装饰层是一种木纹图案浸汁纸，因此复合地板的品种花样很多，色彩丰富，几乎覆盖了所有珍贵树种，如榉木、栎木、樱桃木、橡木、枫木等。该地板避免了木材受气候变化而产生的变形、虫蛀，以及防潮和经常性保养等问题，而且耐磨、阻燃、防潮、防静电、防滑、耐压、易清理、花纹整齐、色泽均匀，但其弹性不如实木地板。复合地板适用于铺设实木地板的场所，还可以用于具有洁净要求的车间、实验室、健身房及医院等。但用在湿度较大的场所，应先作防潮处理。

2）木饰面板

用木材装饰室内墙面，按主要原料不同可分为两类：一类是薄木装饰板，此类板材主要由原木加工而成，经选材干燥处理后用于装饰工程中；另一类是人工合成木制品，它主要由木材加工工程中的下脚料或废料经过机械处理，生产出人造材料。

（1）胶合板

胶合板是用原木旋切成薄片，经干燥处理后，再用胶粘剂按奇数层数，以各层纤维互相垂直的方向，粘合热压而成的人造板材，一般为3～13层。工程中常用的是三合板和五合板。针叶树和阔叶树均可制作胶合板（图11-16）。

图11-16 胶合板

胶合板的特点是：材质均匀，强度高，无明显纤维饱和点存在，吸湿性小，不翘曲开裂，无疵病，幅面大，使用方便，装饰性好。

胶合板广泛用作建筑室内隔墙板、护壁板、天花板、门面板以及各种家具和装修。

普通胶合板的胶种、特性及适用范围见表11-2。

胶合板分类、特性及适用范围 表 11-2

种类	分类	名称	胶种	特性	适用范围
阔叶树材普通胶合板	I类	NQF（耐气候胶合板）	酚醛树脂胶或其他性能相当的胶	耐久、耐煮沸或蒸汽处理，耐干热、抗菌	室外工程
	II类	NS（耐水胶合板）	脲醛树脂胶或其他性能相当的胶	耐冷水浸泡及短时间热水浸泡，不耐煮沸	室外工程
	III类	NC（耐潮胶合板）	血胶、带有多量填料的脲醛树脂胶或其他性能相当的胶	耐短期冷水浸泡	室内工程一般常态下使用
	IV类	BNS（不耐潮胶合板）	豆胶或其他性能相当的胶	有一定胶合强度，但不耐水	室内工程一般常态下使用
松木普通胶合板	I类	I类胶合板	酚醛树脂胶或其他性能相当的合成树脂胶	耐久、耐热、抗真菌	室外长期使用工程
	II类	II类胶合板	脱水脲醛树脂胶、改性脲醛树脂胶或其他性能相当的合成树脂胶	耐水、抗真菌	潮湿环境下使用的工程
	III类	III类胶合板	血胶和加少量填料的脲醛树脂胶	耐湿	室内工程
	IV类	IV类胶合板	豆胶和加多量填料的脲醛树脂胶	不耐水、不耐湿	室内工程（干燥环境下使用）

（2）细木工板

细木工板属于特种胶合板的一种，芯板用木板拼接而成，两面胶粘一层或两层单板（图 11-17）。细木工板按结构不同，可分为芯板条不胶拼的和芯板条胶拼的两种；按表面加工状况可分为一面砂光、两面砂光和不砂光三种；按所使用的胶合剂不同，可分为Ⅰ类胶细木工板、Ⅱ类胶细木工板两种；按面板材质和加工工艺质量不同，可分为一、二、三共三个等级。细木工板具有质坚、吸声、绝热等特点，适用于家具和建筑物内装修等。

细木工板的尺寸规格和技术性能见表 11-3。

细木工板的尺寸规格、技术性能   表 11-3

长度（mm）						宽度（mm）	技术性能
915	1220	1520	1830	2135	2440		
915	—	—	1830	2135	—	915	含水率：10%±3%；横向静曲强度（MPa）：不小于 15；表面胶合强度（MPa）：不小于 0.60
—	1220	—	1830	2135	2440	1220	

（3）纤维板

纤维板是以植物纤维为主要原料，经破碎、浸泡、研磨成木浆，再加入一定的胶料，经热压成型、干燥等工序制成的一种人造板材（图 11-18）。

图 11-17 细木工板

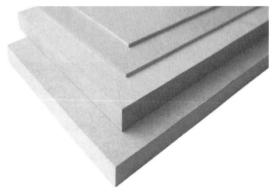
图 11-18 纤维板

纤维板的原料非常丰富。如木材采伐加工剩余物（板皮、刨花、树枝等）、稻草、麦秸、玉米秆、竹材等。

按纤维板的体积密度分为硬质纤维板（体积密度大于 800kg/m^3）、中密度纤维板（体积密度为 500～800kg/m^3）和软质纤维板（体积密度小于 500kg/m^3）三种；按表面分为一面光板和两面光板两种；按原料分为木材纤维板和非木材纤维板两种。

① 硬质纤维板。硬质纤维板的强度高、耐磨、不易变形，可用于墙壁、门板、地面、家具等。硬质纤维板的幅面尺寸有 610mm×1220mm、915mm×1830mm、1000mm×2000mm、915mm×2135mm、1220mm×1830mm、1200mm×2440mm，厚度为 2.50mm、3.00mm、3.20mm、4.00mm、5.00mm。硬质纤维板按其物理力学性能和外观质量分为特级、一级、二级、三级共四个等级。

② 中密度纤维板。中密度纤维板厚度不小于 1.5mm，名义密度范围在 0.65～0.80g/cm^3 之间，分为普通型、家具型和承重型。中密度纤维板的宽度为 1220mm、1830mm，

长度为 2440mm。按外观质量分为优等品和合格品，其中砂光板的外观质量和物理指标应满足表 11-4 的规定。

砂光板的外观质量和物理指标要求　　　　　　　　　　表 11-4

项目		优等品	合格品
外观质量	局部松软(单个面积,不大于 2000mm²)	不允许	3 个
	板边缺损(宽度,不大于 10mm)	不允许	允许
	分层、鼓泡、碳化	不允许	
物理指标	含水率(%)	3～13	
	板内密度偏差(%)	±10	

中密度纤维板表面光滑、材质细密、性能稳定、边缘牢固，且板材表面的再装饰性能好。中密度纤维板主要用于隔断、隔墙、地面、高档家具等。

③ 软质纤维板。软质纤维板的结构松软，故强度低，但吸音性和保温性好，主要用于吊顶等。

（4）刨花板、木丝板、木屑板

刨花板（图 11-19）、木丝板、木屑板是利用木材加工中产生的大量刨花、木丝、木屑为原料，经干燥，与胶结料拌合，热压而成的板材。所用胶结料有动植物胶（豆胶、血胶）、合成树脂胶（酚醛树脂、脲醛树脂等）、无机胶凝材料（水泥、菱苦土等）。

这类板材表观密度小，强度低，主要用作绝热和吸声材料。经饰面处理后，还可用作吊顶板材、隔断板材等。

图 11-19　刨花板

11.3　木材的防护

木材作为土木工程材料，最大缺点是容易腐蚀和燃烧，会大大地缩短了木材的使用寿命，并限制了它的应用范围。采取措施来提高木材的耐久性，对木材的合理使用具有十分重要的意义。

11.3.1　木材的腐朽与防腐防虫

1. 木材的腐朽与防腐

木材的腐朽是真菌和少量细菌在木材中寄生引起的。腐朽对木材材质的影响主要有：

（1）材色，木材腐朽常有材色变化。白腐材色变浅，褐腐变暗。腐朽初期就常可伴有木材自然材色的各种变化，或无材色变化。

（2）收缩，腐朽材在干燥中的收缩比健全材大。

（3）密度，由于真菌对木材物质的破坏，腐朽材比健全材密度低。

（4）吸水和含水性能，腐朽材比健全材吸水迅速。

（5）燃烧性能，干的腐朽材比健全材更易点燃。

（6）力学性质，腐朽材比健全材软、强度低；在腐朽后期，一碰就碎。

真菌和细菌在木材中繁殖生存必须同时具备四个条件：适宜温度、适当含水率、少量的空气、适当的养料。

真菌生长最适宜温度是 25～30℃，最适宜含水率为 35%～50%，即木材含水率在稍稍超过纤维饱和点时易产生腐朽。含水率低于 20% 时，真菌的活动受到抑制。含水率过大时，空气难于流通，真菌得不到足够的氧或排不出废气，腐朽也难以发生，谚语"干千年、湿千年、干干湿湿两三年"说的就是这个道理。破坏性真菌所需养分是构成细胞壁的木质素或纤维素。

木材防腐的基本方法有两种：一种是创造木材不适于真菌的寄生和繁殖条件；另一种是把木材变成有毒的物质，使其不能作真菌的养料。

原木贮存时有干存法和湿法两种。控制木材含水率，将木材保持在较低含水率，木材由于缺乏水分，真菌难以生存，这是干存法。或将木材保持在很高的含水率，木材由于缺乏空气，破坏了真菌生存所需的条件，从而达到防腐的目的，这是湿存法或水存法。但对成材贮存就只能用干存法。对木材构件表面应刷以油漆，使木材隔绝空气和水汽。

将化学防腐剂注入木材中，把木材变成对真菌有毒的物质，使真菌无法寄生。常用防腐剂的种类有油溶性防腐剂，能溶于油不溶于水，可用于室外，药效持久，如五氯酚林丹合剂；防腐油，不溶于水，药效持久，但有臭味，且呈暗色，不能油漆，主要用于室外和地下（枕木、坑木和拉木等），如煤焦油的蒸馏物等；水溶性防腐剂，能溶于水，应用方便，主要用于房屋内部，如硅氟酸钠、氯化锌、硫酸铜、硼铬合剂、硼酚合剂和氟砷铬合剂等。

2. 木材的防虫

木材除受真菌侵蚀而腐朽外，在木材在贮运和使用中，经常会受到昆虫的危害，因各种昆虫危害而造成的木材缺陷称为虫眼。它们是昆虫在木材内部蛀蚀形成的坑道，破坏木材结构，使木材丧失原有的性质和使用价值。浅的虫眼或小的虫眼对木材强度无影响，大而深的虫眼或深而密集的小虫眼，均破坏木材的完整性，并降低木材强度，同时是引起边材变色及边材真菌腐朽的重要通道。

影响木材害虫寄生的因素如下所示：

（1）含水率：木材害虫对木材含水率敏感，不同的含水率可能会遭受不同的虫害。根据受虫害木材的含水率，木材害虫可分三类：侵害衰弱立木的，是蛀干害虫；树木采伐后，以纤维饱和点为界限，通常把蛀入含水率高的原木中生产的害虫叫做湿原木害虫；蛀入含水率低的干燥木材内产生的害虫叫做干材害虫。常见的蛀干害虫和湿原木害虫有天牛、象鼻虫、小蠹虫和树蜂等。干材害虫有白蚁、扁蠹等。

（2）温度：一般 44℃ 为高温临界点，44～66℃ 为致死高温区，可短时间内造成死亡。

8℃为发育起点。-10～-40℃为低温致死区，因组织结冰而死亡。

（3）光：昆虫辨别不同波长光的能力与人的视觉不同，400～770nm 一般为人类可见光波；而昆虫偏于短光波，290～700nm 是昆虫的可见光。实验证明，许多害虫对紫外线最敏感，即对这些光波感觉最明亮。用黑光灯诱杀害虫就是根据这个道理设计的。

（4）营养物质：作为蛋白质来源的氮素是幼虫不可缺少的营养物质，那些以含氮量少，并已丧失生活细胞的木质部为食的木材害虫，与以营养价值大的韧皮部为食的昆虫不同，它们必须摄取大量食物。

虫害防治方法有以下几点：

（1）生态防治，根据蚀虫的生活特性，把需要保护的木材及其制品尽量避开害虫密集区，避开其生存、活动的最佳区域。从建筑上改善透光、通风和防潮条件，以创造出不利于害虫的环境条件。

（2）生物防治，就是保护害虫的天敌。

（3）物理防治，用灯光诱捕分飞的虫蛾或用水封杀。

（4）化学防治，用化学药物杀灭害虫，是当前木材防虫害的主要方法。

11.3.2　木材的燃烧与防火

1. 木材的燃烧及其条件

木材是由纤维素、半纤维素和木素组成的高分子材料，是可燃性建筑材料。木材燃烧经过以下四个阶段：

1）升温阶段

在热源的作用下，通过热辐射、空气对流、热传导或直接接触热源，使木材的温度开始升高。升温速度取决于热量供给速度、温度梯度、木材的比热、密度及含水率等。

2）热分解阶段

当木材被加热到175℃左右，木材的化学键开始断裂，随着温度增高，木材的热解反应加快。在缺少空气的条件下，木材被加热到100～200℃，产生不燃物，例如二氧化碳、微量的甲酸、乙酸和水蒸气。在200℃以上，碳水化合物分解，产生焦油和可燃性挥发气体；随着温度继续升高，木材热解加剧。

3）着火阶段

由于可燃气体的大量生成，在氧及氧化剂存在的条件下开始着火。木材自身燃烧，产生较大的热量，促使木材的温度进一步提高，木材由表及里逐渐分解，可燃性气体生成速度加快，木材产生激烈的有焰燃烧。

4）无焰燃烧阶段

木材激烈燃烧后，形成固体残渣，在木材表面形成一个保护层，阻碍热量向木材内部传导，使木材热分解减弱，燃烧速度减慢。热分解全部结束后，有焰燃烧停止，形成的炭化物经过长时间的无焰燃烧完全灰化。

综上所述，燃烧应具备以下条件，有焰燃烧：可燃物、氧气、热量供给及热解连锁反应；无焰燃烧：可燃物、热量供给和氧气。如果破坏其中的一个条件，燃烧状态将得到改变或停止。

2. 木材的防火

木材防火主要对木材及其制品的进行表面覆盖、涂抹、深层浸渍阻燃剂方法阻燃来实现防火的目的。阻燃机理有物理阻燃和化学阻燃两个方面。

1) 阻燃剂对木材燃烧的物理阻燃作用

(1) 阻燃剂含有的结晶水放出，吸收热量。

(2) 阻燃剂的融化和气化的吸热作用及热的散射作用使木材的温度降低，延迟热分解。

(3) 利用阻燃剂形成的熔融层覆盖在木材的表面，切断热及氧的供给，限制可燃性表面温度的提高，抑制热分解。

2) 化学阻燃作用

(1) 可燃物的生成速度减慢，扩散速度大于生成速度，降低可燃气体的浓度，直到热分解终了。

(2) 木材在阻燃剂的作用下（无机强酸盐），在着火温度以下的较低温度区域，促进可燃物的生成速度，在着火温度以下范围可燃物完全生成并扩散掉。但是，使用这种方法，如遇明火有立即产生燃烧的危险，应该特别注意。

(3) 将木材热分解的可燃气体进行转化，促进脱水炭化作用。抑制可燃性气体的生成对于纤维类材料的阻燃处理十分必要。由于脱水作用本身对燃烧有一定的抑制作用，热分解产物重新聚合或缩合，由低分子重新变成大分子。这一过程加速木材的炭化，对木材的继续热分解有一定的抑制作用。

常见方法有浸渍法、表面涂抹密封性油漆或涂料、用非燃烧性材料贴面处理等。

【工程实例分析】

现代工程木材在巴黎圣母院修复工程中的应用

概况：巴黎圣母院位于巴黎城中心，是古老巴黎的象征，是法国最著名的标志性建筑之一。该教堂以其哥特式的建筑风格，祭坛、回廊、门窗等处的雕刻和绘画艺术，以及所藏13～17世纪的大量艺术珍品而闻名于世。2019年4月15日晚，一场大火导致教堂尖塔倒塌及石质拱顶坍塌，用橡树原木（9世纪）制成的屋顶结构框架部分全部烧毁。火灾后，法国政府对其展开了重建修复工作。

原因分析：因传统木材在防火方面的局限性，木结构建筑在面对明火时非常脆弱，现代工程必须用科学技术手段来解决木结构建筑的防火问题。被烧毁的屋顶结构中由中世纪古老橡木制成的木质框架无法用原材料复原，也没有足够大的树木取材制作木梁，因此修复工程面临着对替代建筑材料的选择问题。

解决措施：采用现代胶合工程木材对原有木结构部分进行重建修复工作，在教堂的残余结构上，将木材和石材重新结合。通过表面涂饰防火材料等技术进行阻燃处理提高防火性能，现代工程木材的强度、耐久性、稳定性及经济性都大大优于传统实木。

本章小结

1. 木材是人类最早使用的建筑材料。由于其性能优异，在当代建筑工程中仍被广泛使用，与水泥、钢材并称为三大材。但由于木材生长周期长，大量砍伐对保持生态平衡不利，且因木材也存在易燃、易腐以及各向异性等缺点，所以在工程中应尽量以其他材料代替，以节省木材资源。

2. 木材的构造分为宏观构造和微观构造。木材的性质取决于木材的构造。木材因树种不同、取材位置不同而造成的材质不匀，以致使其各项性能相差悬殊。

3. 影响木材物理力学性能的因素有多种，含水量是其中之一，而纤维饱和点则是木材物理力学性质是否随含水率而发生变化的转折点。在同一木材中，不同方向的抗拉、抗压、抗剪强度也各不相同，这是由于木材的构造决定的。只有正确认识木材的这些特点，掌握木材的工程性能，方可在选材、制材和工程施工中扬长避短，做到物尽其用，杜绝浪费。

4. 木材使用或保管不当易引起腐朽或虫蛀，使用时应采取措施加以保护。

5. 木材是一种优良的绿色生态原料，除了直接使用木材制造构件和制品外，还应将采伐、制材和加工中的剩余物质或废弃物充分加以利用，发展人造板材，以提高木材综合利用率，减少资源消耗。

【思考与练习题】

11-1　从横截面上看，木材的构造与性质有何关系？

11-2　简述针叶树与阔叶树在构造、性能和用途上的差别。

11-3　什么是木材纤维饱和点、平衡含水率？各有何实际意义？

11-4　解释木材的湿胀干缩的原因及各向异性变形的特点。

11-5　影响木材强度的因素有哪些？

11-6　木材腐朽的条件有哪些？

【创新思考题】

木材是人类社会最早使用的材料，也是一直被广泛使用的一种优良的绿色生态原料。《绿色建筑评价标准》GB 50378—2019 指出，绿色建筑是在全寿命周期内，节约资源，保护环境减少污染，为人们提供健康、适用、高效的使用空间，最大限度地实现人与自然和谐共生的高质量建筑。简述木材性能的哪些特点及木结构建筑的哪些优势能使其适应绿色建筑的发展，具有良好的应用前景。另外，在木材的绿色化生产、制造、加工、使用的过程中需要注意什么问题？

第 12 章 功能材料及新型土木工程材料

本章要点及学习目标

本章要点：
本章介绍了热量的传递方式和绝热作用机理，阐述了绝热材料、吸声材料、隔声材料、防水材料、密封材料、装饰材料等功能材料的性能与应用等方面的基本知识。
学习目标：
要了解绝热材料的主要类型及性能特点，吸声隔声材料的主要类型及性能特点，装饰材料的主要类型及性能特点，重点要掌握防水材料的主要类型及性能特点。

12.1 绝热材料

在土木工程中，习惯上把用于控制室内热量外流的材料称为保温材料，把防止热量进入室内的材料叫做隔热材料，保温、隔热材料统称为绝热材料（thermal insulating materials）。绝热材料是指对热流具有显著阻抗性的材料或者材料复合体。建筑工程上使用绝热材料一般要求其热导率小于 $0.23W/(m \cdot K)$，表观密度小于 $600kg/m^3$，抗压强度大于 $0.3MPa$。

12.1.1 绝热材料的绝热机理

1. 热量传送方式

热量的传递有三种方式，即导热、对流及热辐射。导热是指由于物体各部分直接接触的物质质点（分子、原子、自由电子）作热运动而引起的热能传递过程，而组成物体的物质并不发生宏观的位移。对流是指较热的液体或气体因遇热膨胀密度减小从而上升，冷的液体或气体由此补充过来，从而形成分子的循环流动，造成热量从高温的地方通过分子的相对位移传向低温的地方。热辐射是一种靠电磁波来传递能量的过程，是物体由于具有温度而辐射电磁波的现象。一切温度高于绝对零度的物体都能产生热辐射，温度越高，辐射出的总能量就越大，短波成分也越多。热辐射的光谱是连续谱，一般的热辐射主要靠波长较长的可见光和红外线传播。

在每一实际的传热过程中，往往都同时存在着两种或三种传热方式。例如，通过实体结构本身的传热过程，主要是靠导热，但一般建筑材料内部都会存在些孔隙，在孔隙内除存在气体的导热外，同时还有对流和热辐射。

2. 不同种类的绝热材料绝热作用机理

1) 多孔型绝热材料的绝热作用机理

当热量从高温面向低温面传递时，在未碰到多孔型绝热材料的气孔之前，传递过程为固相中的导热，在碰到气孔后，传热线路可分为两条：一条路线仍然是通过固相传递，但其传热方向发生变化，总的传热路线大大增加，从而使传递速度减缓。另一条路线是通过气孔内气体的传热，其中包括高温固体表面气体的辐射与对流传热、气体自身的对流传热、气体的导热、热气体对低温固体表面的辐射及对流传热、热固体表面和冷固体表面之间的辐射传热。由于在常温下对流和辐射传热在总的传热中所占比例很小，故以气孔中气体的导热为主。但由于空气的导热系数很小，大大小于固体的导热系数，故热量通过气孔传递的阻力较大，从而传热速度大大减缓。

2）纤维型绝热材料的绝热机理

纤维型绝热材料的绝热机理基本上和通过多孔材料的情况相似。传热方向和纤维方向垂直时，由于纤维可对空气的对流起有效的阻止作用，因此绝热性能比传热方向和纤维方向平行时好。

3）反射型绝热材料的绝热机理

当外来的热辐射能量投射到物体上时，通常会将其中一部分能量反射掉，另一部分被吸收（一般建筑材料都不能穿透热射线，故透射部分可以忽略不计）。根据能量守恒原理，凡是反射能力强的材料，吸收热辐射的能力就小，反之，如果吸收能力强，则其反射率就越小。故利用某些材料对热辐射的反射作用（如铝箔的反射率为 0.95），在需要绝热的部位表面贴上这种材料，可以将绝大部分外来热辐射（如太阳光）反射掉，从而起到绝热的作用。

12.1.2　绝热材料的性质

1. 导热系数

材料的导热系数大小与其组成与结构、孔隙率、孔隙特征、温度、湿度、热流方向有关。材料的导热系数受自身物质的化学组成和分子结构的影响，化学组成和分子结构比较简单的物质比结构复杂的物质有较大的导热系数。

由于固体物质的导热系数比空气的导热系数大得多，故一般来说，材料的孔隙率越大，其导热系数越小。材料的导热系数不仅与孔隙率有关，而且还与孔隙的大小、分布、形状及连通状况有关。当孔隙率相同时，含封闭孔多的材料的导热系数就要小于含开口孔多的材料。

温度升高时，材料固体分子的热运动增强，同时材料孔隙中空气的导热和孔壁间的辐射作用也有所增加，因此，材料的导热系数是随温度的升高而增大的。

水和冰的导热系数都远远大于空气的导热系数，因此，一旦材料受潮吸水，其导热系数会增大，若吸收的水分结冰，其导热系数增加更多，绝热性能急剧降低。

对于纤维状材料，热流方向与纤维排列方向垂直时的导热系数要小于热流方向与纤维排列方向平行时的导热系数。

2. 温度稳定性

材料在受热作用下保持其原有性能不变的能力称为绝热材料的温度稳定性，通常用其不致丧失绝热能力的极限温度来表示。

3. 吸湿性

绝热材料从潮湿环境中吸收水分的能力称为吸湿性。一般其吸湿性越大，对绝热效果越不利。

4. 强度

由于绝热材料含有大量孔隙，故其强度一般不大，因此不宜将绝热材料用于承重部位。对于某些纤维材料，常用材料达到某一变形时的承载能力作为其强度代表值。由于大多数绝热材料都具有一定的吸水、吸湿能力，故在实际使用时，需在其表层加防水层或隔汽层。

12.1.3　常用绝热材料简介

绝热材料的品种很多，按材质可分为有机绝热材料、无机绝热材料和复合绝热材料，按绝热机理分为多孔型、纤维型和反射型，按形态有纤维状、多孔状、泡沫状、层状等。无机绝热材料主要以矿物质原料制成，产品的形式多为散粒状、纤维状，亦可制成板块状、片状、卷材、套管等各种制品。这类材料的表观密度变化范围较大，不易腐朽、不燃、有的能耐高温。有机绝热材料多是以天然或人工合成的有机材料为主要组分，常用品种有泡沫塑料、钙塑泡沫板、纤维板和软木制品等。这类材料的特点是质轻、多孔、导热系数小，但吸湿性大、不耐久、不耐高温。

1. 无机纤维状绝热材料

无机纤维状绝热材料是以矿棉、玻璃棉或石棉为主要原料的产品，由于不燃、吸声、耐久、价格便宜、施工简便而广泛用于住宅建筑和热工设备的表面。

1）矿棉及矿棉制品

矿棉是用岩石（玄武岩）或高炉矿渣的熔融体，以压缩空气或蒸汽喷成的玻璃质纤维材料。前者称为岩石棉，后者称为矿渣棉。它们的生产工艺和成品性能相近，所以统称为矿物棉或矿棉。

矿棉的表观密度与纤维直径有关，如一级品的矿渣棉在 19.6kPa 压力下表观密度在 $100kg/m^3$ 以下，导热系数小于 $0.044W/(m·K)$。岩石棉最高使用温度为 $700℃$，矿渣棉为 $600℃$。

矿棉使用时易被压实，多制成 8～10mm 的矿棉粒填充在坚固外壳（如空心墙或楼板）中。

矿棉毡是在熔融体形成纤维时，将熔融沥青喷射在纤维表面，再经加压而成。最高使用温度为 $250℃$，适用于墙体及屋面的保温。

用酚醛树脂为胶粘剂成型的矿棉板耐火性高，吸湿性小，常用来代替高级软木板用于冷库及建筑物的隔热。岩棉板见图 12-1。

2）玻璃棉

玻璃棉属于玻璃纤维中的一个类别，是一种人造无机纤维。采用石英砂、石灰石、白云石等天然矿石为主要原料，配合一些纯碱、硼砂等化工原料熔成玻璃。在融化状态下，借助外力吹制或甩成絮状细纤维，纤维和纤维之间为立体交叉，互相缠绕在一起，呈现出许多细小的间隙。这种间隙可看作孔隙，因此玻璃棉可视为多孔材料，具有良好的绝热、吸声性能。

玻璃棉（图 12-2）常用于围护结构的保温，含碱玻璃棉的最高使用温度为 $300℃$，无

图 12-1   岩棉板

碱玻璃棉的最高使用温度为 600℃。

图 12-2   玻璃棉

2. 无机粒状绝热材料

无机粒状绝热材料主要有膨胀蛭石和膨胀珍珠岩。

1）膨胀蛭石及其制品

蛭石是一种天然矿物，由云母类矿物经风化而成，在高温焙烧时，体积急剧膨胀，单个颗粒的体积能膨胀 5～20 倍，燃烧膨胀后为膨胀蛭石。膨胀蛭石的主要特性是：堆积密度 80～200kg/m³，导热系数 0.046～0.07W/(m·K)，使用温度可达 1000～1100℃，不易腐蚀，但吸水性较大。膨胀蛭石可以呈松散状，铺设于墙壁、楼板和屋面等夹层中，作为隔热、隔声之用。使用时应注意防潮，以免吸水后影响隔热效果。

膨胀蛭石（图 12-3）除可直接用于填充材料外，还可用胶结材料（如水泥、水玻璃、沥青等）将膨胀蛭石胶结在一起制成膨胀蛭石制品，水泥膨胀蛭石制品导热系数一般在 0.090～0.142W/(m·K) 之间。

2）膨胀珍珠岩及其制品（图 12-4）

珍珠岩是一种酸性岩浆喷出而形成的玻璃质熔岩。将珍珠岩破碎、预热后，通过煅烧后珍珠岩的体积膨胀约 20 倍，从而得到膨胀珍珠岩。膨胀珍珠岩具有表观密度小、导热系数低、低温绝热性好、吸声强、施工方便等特点。膨胀珍珠岩的堆积密度为 70～250kg/m³，导热系数 0.047～0.072W/(m·K)，最高使用温度可达 800℃，最低使用温度为零下 200℃，吸湿能力小。建筑上广泛用于围护结构、低温及超低温保冷设备、热工

图 12-3 膨胀蛭石

图 12-4 膨胀珍珠岩及制品

设备等处的保温绝热，也用于制作吸声材料。

膨胀珍珠岩除用作填充材料外，适当粒径的膨胀珍珠岩还可与水泥、水玻璃、沥青、黏土等其他胶凝材料按一定的配比组合，经过搅拌、成型、养护（干燥或焙烧）而制成的具有一定形状的板、块、管、壳等制品，膨胀珍珠岩制品的导热系数一般为 0.056～0.87W/(m•K)。一船来说，水泥膨胀珍珠岩制品主要用作吸声材料，沥青膨胀珍珠岩制品常用于低温条件下的吸声及保温结构，水玻璃膨胀珍珠岩制品既用于保温绝热，也可用于吸声，而磷酸盐膨胀珍珠岩制品则多用于高温条件下的保温绝热。

3. 无机微孔状绝热材料

无机微孔状绝热材料主要有硅藻土、加气混凝土、泡沫玻璃等，这里主要介绍一下泡沫玻璃。泡沫玻璃是在磨细的玻璃粉中加入碳酸钙等发泡剂和包括发泡促进剂经混合、装模、烧成、退火、切割加工后所得到的轻石状的材料。其特性是由玻璃的物化特性和它所具有的均匀的独立气泡组织所决定的，使用温度范围宽较宽，一般在－270～430℃之间，孔隙率为 94%～95%，导热系数为 0.052W/(m•K)，表观密度小，平均为 145kg/m^3，具有良好的机械强度和不透气、不吸水、不燃、不腐蚀、耐化学药品侵蚀等特点。

泡沫玻璃（图 12-5）的应用范围十分广泛，从石油化工设备到烟道、烟囱的内衬，从露天管路到地下设施，从高温环境到超低温环境，从一般建筑中的保温材料到冷库、空调方面的保冷材料均有使用。

图 12-5　泡沫玻璃

4. 有机绝热材料

1) 轻质钙塑板

轻质钙塑板（图 12-6）是以轻质碳酸钙、高压聚乙烯及适量添加剂加工而成的板材。其表观密度为 $100\sim150kg/m^3$，导热系数一般在 $0.046W/(m \cdot K)$ 左右，允许使用温度为 $80℃$，吸水率一般为 $3\%\sim9\%$。由于轻质钙塑板具有一定的绝热和防水性能，因此常用作室内装修材料。

图 12-6　轻质钙塑板

2) 纤维板

纤维板按成型时温度和压力的不同，可分为硬质、半硬质、软质三类，用作绝热材料的是软质纤维板。其表观密度一般小于 $350kg/m^3$，导热系数为于 $0.05W/(m \cdot K)$。软质纤维板不仅可用于墙面、屋顶的绝热，也可用作木制框架结构的夹衬板或其他复合板的芯层，并可直接用于顶棚板的装饰。此外，软质纤维板还是一种良好的吸声体，被大量用作建筑物的吸声材料。

3) 泡沫塑料

泡沫塑料是以各种树脂为基料，加入各种辅助材料经加热发泡制得的轻质保温材料。发泡的方法有机械发泡、物理发泡和化学发泡三类。泡沫塑料表观密度很小，隔热、隔声性能好，加工方便，广泛用作保温隔声材料。常用品种有聚苯乙烯泡沫塑料、聚氨酯泡沫塑料、聚氯乙烯泡沫塑料、酚醛泡沫塑料等。

（1）聚苯乙烯泡沫塑料。聚苯乙烯泡沫塑料含有大量微细封闭气化，孔隙率可达 98%，其表观密度约为 $20\sim50kg/m^3$，导热系数约 $0.038\sim0.047W/(m \cdot K)$，具有质轻、保温、吸声、防振、吸水性小、低温性能好等特点，并具有较强恢复变形能力，可用于屋面、墙面等的绝热，也可与其他材料制成夹心板使用。其缺点是可燃、高温下易软化变形，最高使用温度为不超过 $70℃$。

（2）聚氯乙烯泡沫塑料。聚氯乙烯泡沫塑料是用聚氯乙烯为原料，采用发泡剂分解法、溶剂分解法或气体混入法制得。其表现密度约 $12\sim72kg/m^3$，导热系数为 $0.035\sim0.042W/(m \cdot K)$，最高使用温度为 $70℃$。聚氯乙烯泡沫塑料高温下分解产生的气体不燃，是一种自熄性材料，适用于安全要求较高的设备保温上。此外，其吸水性、透水性很小，且低温性能良好，故可用于潮湿环境及低温保冷方面。

12.2　吸声隔声材料

12.2.1　吸声材料

1. 概述

建筑声学主要研究两个问题：一是室内音质，二是建筑物的隔声。不论是改善室内音响条件，提供良好音质，还是控制噪声对室内污染，都需要使用吸声隔声材料。

吸声材料是能在较大程度上吸收由空气传递的声波能量的建筑材料。描述吸声的指标是吸声系数 α，吸声系数（α）指的是材料吸收的声能与入射到材料上的总声能之比。当入射声能被完全反射时，$\alpha = 0$，表示无吸声作用；当入射声波完全没有被反射时，$\alpha = 1$，表示完全被吸收。一般材料或结构的吸声系数 α 在 0～1 之间，值越大，表示吸声性能越好，它是目前表征吸声性能最常用的参数。为全面反映材料的吸声频率特性，工程上通常对 125、250、500、1000、2000 和 4000 六个频率的平均吸声系数大于 0.2 的材料，才可称为吸声材料。

在音乐厅、影剧院、大会堂、播音室等内部的墙面、地面、顶棚等部位适当采用吸声材料，能改善声波在室内传播的质量，保持良好的音响效果。为达到较好的吸声效果，材料的气孔应是开放的，且应相互连通，气孔越多，吸声性能越好。

2. 吸声材料的类型及其结构形式

1）多孔性吸声材料

（1）吸声机理。多孔性吸声材料具有大量内外连通的微孔和连续的气泡，通气性良好。当声波入射到材料表面时，声波很快地顺着微孔进入到材料内部，引起孔隙内的空气振动，由于摩擦，空气黏滞阻力和材料内部的热传导作用，使相当一部分声能转化为热能而被吸收。多孔材料吸声的先决条件是声波易于进入微孔，不仅在材料内部，在材料表面上也应当是多孔的。多孔性吸声材料是比较常用的一种吸声材料，它具有良好的中高频吸声性能。

（2）影响材料吸声性能的主要因素。影响材料吸声性能的主要因素有材料表观密度和构造、材料厚度、材料背后空气层、材料表面特征等。多孔材料表观密度增加，意味着微孔减少，能使低频吸声效果有所提高，但高频吸声性能却下降。材料孔隙率高、孔隙细小，吸声性能较好；孔隙过大，效果较差。

多孔材料的低频吸声系数，一般随着厚度的增加而提高，但厚度对高频影响不显著。材料的厚度增加到一定程度后，吸声效果的变化就不明显，为提高材料吸声性能而无限制地增加厚度是不适宜的。

大部分吸声材料都是周边固定在龙骨上，安装在离墙面 5～15mm 处。材料背后空气层的作用相当于增加了材料的厚度，吸声效能一般随空气层厚度增加而提高。当材料离墙面的安装距离（即空气层厚度）等于 1/4 波长的奇数倍时，可获得最大的吸声系数。根据这个原理，借调整材料背后空气层厚度的办法，可达到提高吸声效果的目的。

吸声材料表面的空洞和开口孔隙对吸声是有利的，当材料吸湿或表面喷涂油漆、孔口充水或堵塞，会大大降低吸声材料的吸声效果。

（3）多孔吸声材料与绝热材料的异同

多孔吸声材料（图12-7）与绝热材料的相同点在于都是多孔性材料，但在材料孔隙特征要求上有着很大差别。绝热材料要求具有封闭的互不连通的气孔，这种气孔越多则保温绝热效果越好；吸声材料则要求具有开放和互相连通的气孔，这种气孔越多，则其吸声性能越好。

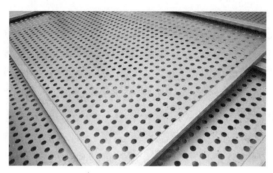

图 12-7　多孔吸声材料

2）薄板振动吸声结构

薄板振动吸声结构的特点是具有低频吸声特性，同时还有助声波的扩散，建筑中常用的产品有胶合板、薄木板、硬质纤维板、石膏板或金属板等，把它们固定在墙或顶棚的龙骨上，并在背后留有空气层，即成薄板振动吸声结构。

薄板振动吸声结构是在声波作用下发生振动，板振动时由于板内部和龙骨之间出现摩擦损耗，使声能转变为机械振动，而起吸声作用。由于低频声波比高频声波容易使薄板产生振动，所以具有低频吸声特性。建筑中常用的薄板振动吸声结构的共振频率约在 $80\sim300\mathrm{Hz}$ 之间，在此共振频率附近吸声系数最大，约为 $0.2\sim0.5$，而在其他频率附近的吸声系数就较低。

3）共振吸声结构

共振吸声结构具有封闭的空腔和较小的开口，很像个瓶子。当瓶腔内空气受到外力激荡，会按一定的频率振动，这就是共振吸声器。每个单独的共振器都有一个共振频率，在其共振频率附近，由于颈部空气分子在声波的作用下像活塞一样进行往复运动，因摩擦而消耗声能。若在空腔口部蒙一层细布或疏松的棉絮，可以加宽和提高共振率范围的吸声量。为了获得较宽频带的吸声性能，常采用组合共振吸声结构或穿孔板组合共振吸声结构。

4）穿孔板组合共振吸声结构

穿孔板组合共振吸声结构具有适合中频的吸声特性。其吸声结构与单独的共振吸声器相似，可看作是多个单独共振器并联而成。这种吸声结构在建筑中使用比较普遍，是将穿孔的胶合板、硬质纤维板、石膏板等板材固定在龙骨上，并在背后设置空气层而构成。穿孔板厚度、穿孔率、孔径、孔距、背后空气层厚度以及是否填充多孔吸声材料等，都直接影响吸声结构的吸声性能。

5）柔性吸声材料

柔性吸声材料是具有密闭气孔和一定弹性的材料，如聚氯乙烯泡沫塑料等。这种材料虽多孔，但因具有密闭气孔，声波引起的空气振动不易直接传递至材料内部，只能相应地产生振动，在振动过程中由于克服材料内部的摩擦而消耗了声能，引起声波衰减。这种材料的吸声特性是在一定的频率范围内出现一个或多个吸收频率。

6）悬挂空间吸声体

悬挂于空间的吸声体，由于声波与吸声材料的两个或两个以上的表面接触，增加了有效的吸声面积，产生边缘效应，加上声波的衍射作用，大大提高实际的吸声效果。空间吸声体有平板形、球形、圆锥形、棱锥形等多种形式。

7）帘幕吸声体

帘幕吸声体是用具有通气性能的纺织品安装在离墙面或窗洞一定距离处，背后设置空气层而构成的，具有中、高频吸声特性，其吸声效果与材料种类和皱褶有关。帘幕吸声体安装、拆卸方便，兼具装饰作用。

12.2.2 隔声材料

1. 概述

隔声材料是指把空气中传播的噪声隔绝、隔断、分离的一种材料，对于隔声材料，要减弱透射声能，阻挡声音的传播，就不能如同吸声材料那样多孔、疏松、透气，相反它的材质应该是重而密实的，如钢板、铅板、砖墙等一类材料。隔声材料材质的要求是密实无孔隙或缝隙，有较大的重量。由于这类隔声材料密实，难于吸收和透过声能而反射能强，所以它的吸声性能差。

隔声材料主要用建筑围护结构，即内墙、外墙、楼板、顶板，以及门窗等。

2. 常用建筑隔声材料及构件

20 世纪 80 年代以前我国建筑上常用的隔声材料及构件大多采用黏土砖，240mm 厚黏土砖墙的隔声量在 50dB 以上，隔声效果好。但当今的建筑隔墙已发生了根本性的变化：一方面，为了环保需要，建筑已禁止使用黏土砖，因为制作黏土砖会破坏耕地；另一方面，由于新型建筑体系以及高层建筑的发展，要求自重轻，使隔墙隔声结构趋向于轻薄。轻质墙体的隔声量普遍较低，单层墙一般都达不到 50dB，这就使得隔声效果与传统的黏土砖墙相比要差。

目前常用的隔墙材料和构件主要有 5 大类，它们的隔声状况大体如下：

1）混凝土墙

200mm 以上厚度的现浇实心钢筋混凝土墙的隔声量与 240mm 黏土砖墙的隔声量接近，150～180mm 厚混凝土墙的隔声量约为 47～48dB，但面密度 200kg/m^2 的钢筋混凝土多孔板，隔声量在 45dB 以下。

2）砌块墙

砌块品种较多，按功能划分有承重和非承重砌块，常用砌块主要有陶粒、粉煤灰、炉渣、砂石等混凝土空心和实心砌块。砌块墙的隔声量随着墙体的重量、厚度的不同而不同。面密度与黏土砖墙相近的承重砌块墙，其隔声性能与黏土砖墙也大体相接近；水泥砂浆抹灰轻质砌块填充隔墙的隔声性能，在很大程度上取决于墙体表面抹灰层的厚度，两面各抹 15～20mm 厚水泥砂浆后的隔声量约为 43～48dB，面密度小于 80kg/m^2 的轻质砌块墙的隔声量通常在 40dB 以下。

3）条板墙

砌筑隔墙的条板通常厚度为 60～120mm，面密度一般小于 80kg/m^2，具备质轻、施工方便等优点。条板墙可分为两个大类：一类是用无机胶凝材料与集料制成的实心或多孔条板，如（增强）轻骨料混凝土条板、蒸压加气混凝土条板、钢丝网陶粒混凝土条板、石膏条板等，这类单层轻质条板墙的隔声量通常在 32～40dB 之间；另一类是由密实面层材料与轻质芯材在生产厂预复合成的预制夹芯条板，如混凝土岩棉或聚苯夹芯条板、纤维水泥板轻质夹芯板等。预制夹芯条板墙的隔声量通常在 35～44dB 之间。

4）薄板复合墙

薄板复合墙是在施工现场将薄板固定在龙骨的两侧而构成的轻质墙体。薄板的厚度一般在 6～12mm，薄板用作墙体面层板，墙龙骨之间填充岩棉或玻璃棉。薄板品种有纸面石膏板、纤维石膏板、纤维水泥板、硅钙板、钙镁板等。薄板本身隔声量并不高，单层板的隔声量在 26～30dB 之间，而它们和轻钢龙骨、岩棉（或玻璃棉）组成的双层中空填棉复合墙体，却能获得较好的隔声效果，隔声量通常在 40～49dB 之间，增加薄板层数，墙的隔声量可大于 50dB。

5）现场喷水泥砂浆面层的芯材板墙

现场喷水泥砂浆面层的芯材板墙是在施工现场安装成品芯材板后，再在芯材板两面喷覆水泥砂浆面层。常用芯材板有钢丝网架聚苯板、钢丝网架岩棉板、塑料中空内模板。这类墙体的隔声量与芯材类型及水泥砂浆面层厚度有关，它们的隔声量通常在 35～42dB 之间。

3. 建筑隔声处理原则

1）隔声质量定律

墙体的隔声量服从建筑声学的"隔声质量定律"，即隔声量与材料构件单位面积的重量成正比，面密度每增加一倍，隔声量大约提高 4～5dB。声波投射于墙板时，重的墙比轻的墙不易激发振动，低的频率比高的频率容易激发振动，因此，重墙比轻墙隔声好。质量越大，对空气声的反射越大，透射越小，同时还有利于防止发生共振现象和出现低频吻合效应。因此，为了有效地隔绝空气声，应尽可能选用密实、沉重的材料。

2）设置空气层

采用双层墙构造，并在两层墙之间留一定空气层间隙，由于空气层的弹性层作用，可使总墙体的隔声量超过质量定律。

3）吸声材料的应用

在双层墙的空气层中放置吸声材料，将进一步提高双层墙的隔声量，并且吸声材料的厚度越大、吸声材料的吸声性能越好，隔声量的提高也就越显著。双层墙空气层中放置吸声材料，对于轻质双层墙来讲，其效果比重质的双层墙中更为显著。

4）应注意声桥的出现

双层墙的空气层之间应尽量避免固体的刚性连接——声桥，若有声桥存在，将破坏空气层的弹性层作用，使隔声量下降。

空心板隔墙或空心砌块隔墙的空心部分，虽然能减轻墙体重量，但对隔声不利，对空心板、空心砌块之类的建筑构件以及砌筑起来的空斗墙等，其内空腔不能误认为是能起隔声作用的空气层。因为这些空腔的周围是百分之百刚性连接的声桥，完全不起空气层的弹性作用。同材质的空心板与实心板相比，在面密度相同时，前者的隔声量将低于或近似等于后者的隔声量。

5）抹灰层可增加隔声量

孔洞与缝隙对隔声有极大的不利影响，墙体上细微的孔洞、缝隙会使高频隔声下降，随着孔洞或缝隙的加大，高频隔声量逐渐下降，且影响向中、低频扩展。一些轻骨料的空心砌块墙，由于砌块材料中存在大量相互贯通的小孔和细缝，砌块砌筑完毕后必须在墙体表面进行抹灰（密封）处理，否则隔声量很低。例如，190mm厚陶粒空心砌块砌筑的墙体，表面不抹灰时隔声量低于 20dB，抹灰层的厚度增加到 30mm 以后，墙体的隔声量达到 50dB。

6）不同材质的板可避免"吻合"现象

墙板被声波激发进行弯曲振动时，在一定频段会发生吻合效应，形成隔声低谷，吻合频率不仅与墙板刚度和面密度有关，而且随板厚增加，频率下移。双层薄板复合墙两面的墙板，选用两种不同厚度或不同材质的板，可防止两板同时发生吻合现象，使得两面板的吻合谷相互错开，从而改善墙体的隔声性能。

12.2.3 吸声与隔声材料的区别

吸声，对同一个空间，是改变室内声场的特性。吸声的主要作用是吸收混响声，对直达声不起作用，也就是说吸声可提高音质，但对降噪能力效果不好，吸声材料是以多孔、疏散为主的材质，隔声则是以密质为主的。隔声，是相对两个空间的，隔声的主要作用就是隔断声音从一个空间到另一个空间，防止噪声的干扰。隔声材料材质的具体要求是：密实无孔隙、有较大的重量。

但是一般在进行降噪处理时都是吸、隔声相结合来治理，即运用隔声隔断外来的噪声及室内噪声传于外面，再用吸声调解室内的混响声。建筑隔声材料是获得安静声环境的技术保证，室内低的环境噪声也是室内良好音质的基本条件。隔声就是降低从声源到目的地的声压级水平，从能动性角度看，隔声措施分为主动和被动两种，但常采用的是被动方法——使声能转化为另一种形式的能量消耗掉。

12.3 防水材料

防水材料是保证房屋建筑能够防止雨水、地下水及其他水分渗透的重要组成部分，是建筑工程上不可缺少的建筑材料之一。防水材料同时也用于其他工程，如公路桥梁、水利工程等。防水材料质量的优劣与建筑物的使用寿命是紧密联系的。国内外使用沥青为防水材料已有很久的历史，直至现在，仍然是以沥青基防水层为主。近年来，防水材料已向橡胶和树脂基防水材料及改性沥青系列发展，施工方法已由热熔法向冷粘贴法发展。

防水材料根据其特性可分为柔性和刚性两类。柔性防水材料是指具有一定柔韧性和较大延伸率的防水材料，如防水卷材、有机防水涂料，它们构成柔性防水层。刚性防水材料是指采用较高强度和无延伸能力的防水材料，如防水砂浆、防水混凝土等，它们构成刚性防水层。

防水材料品种繁多，其特点各不相同，根据材料的品种可分为防水卷材、防水涂料、密封材料、刚性防水材料四大类，此外还有瓦类和板类防水材料。

12.3.1　防水卷材

防水卷材是指可弯曲成卷状的柔性防水材料，它是我国使用量最大的防水材料，包括沥青防水卷材、改性沥青防水卷材和高分子防水卷材三个类别。

1. 沥青防水卷材

沥青防水卷材也称油毡，是以沥青为主要浸涂材料所制成的卷材，分有胎卷材和无胎卷材两类。有胎沥青防水卷材是以原纸、纤维毡、纤维布、金属箔、塑料膜等材料中的一种或数种复合为胎基，浸涂沥青，并用隔离材料覆盖其表面所制成的防水卷材，即含有增强材料的油毡。无胎沥青防水卷材是以橡胶或树脂、沥青、各种配合剂和填料为原料，经热熔混合后成型而制成的防水卷材，即不含有增强材料的油毡。

隔离材料是防止油毡包装时卷材各层彼此黏结而起隔离作用的材料，表面撒石粉作为隔离材料的油毡称为粉毡，撒云母片作为隔离材料的称为片毡，隔离材料在使用前应去掉。

普通沥青防水卷材包括石油沥青纸胎油毡、石油沥青玻璃纤维胎油毡、石油沥青玻璃布胎油毡、铝箔面油毡等品种。其中石油沥青纸胎油毡和沥青复合胎柔性防水卷材性能较差，耐久年限较低，是限制使用材料，一般只能用于多层防水，不得用于防水等级为Ⅰ、Ⅱ级的建筑屋面及各类地下防水工程。

石油沥青玻璃布油毡是采用石油沥青涂盖材料浸涂玻璃纤维织布的两面，再涂以隔离材料所制成的一种以无机材料为胎体的沥青防水卷材（图12-8）。该类卷材的抗拉强度高于500号纸胎石油沥青油毡，柔韧性较好，耐磨、耐腐蚀性较强，吸水率低，耐热性也要比纸胎石油沥青油毡提高一倍以上，适应于地下防水层、防腐层、屋面防水层及金属管道（热管道除外）的防腐保护等。

图 12-8　沥青防水卷材

2. 改性沥青防水卷材

改性沥青防水卷材是以改性沥青为涂覆层，纤维织物或纤维毡为胎体，粉状、片状、粒状或薄膜材料为覆盖层制成可卷曲的片状防水材料。

改性沥青防水卷材克服了普通沥青防水卷材温度稳定性差、延伸率小等缺点，具有高温不流淌、低温不脆裂、抗拉强度较高、延伸率较大等特点。

1) SBS改性沥青防水卷材

弹性体改性沥青防水卷材是以玻纤毡、聚酯毡等增强材料为胎体，以 SBS 改性石油沥青为浸渍涂盖层，面层以塑料薄膜为防粘隔离层，经过加工而成的一种柔性防水卷材（简称 SBS 卷材）。SBS 改性沥青油毡的弹性好，延伸率高达 150%，大大优于普通纸胎油毡，对结构变形有很高的适应性；耐高温、低温，有效使用范围广（−38～119℃）；耐疲劳性能优异，疲劳循环 1 万次以上仍无异常；价格低，施工方便，可以冷法粘贴，也可以热熔铺贴，具有较好的温度适应性和耐老化性能，是一种技术经济效果较好的中档新型防水材料。SBS 改性沥青油毡通常采用冷贴法施工。除用于一般工业与民用建筑防水外，尤其适用于高级、高层建筑物的屋面、地下室、卫生间等的防水防潮，以及桥梁、停车场、屋顶花园、游泳池、蓄水池、隧道等建筑的防水。由于该卷材具有良好的低温柔韧性和极高的弹性延伸性，更适合于北方寒冷地区及结构易变形的建筑物的防水。

2）APP改性沥青防水卷材

塑性体改性沥青防水卷材是以聚酯毡或玻纤毡为胎体、无规聚丙烯或聚烯烃类聚合物作改性剂，两面覆以隔离材料所制成的防水卷材（简称APP卷材）。该类卷材的特点是具有良好的弹塑性、耐热性和耐紫外老化性能，其软化点在150℃以上，温度适应范围为−15～130℃，耐腐蚀性好，自燃点较高（265℃）。与SBS改性沥青油毡相比，APP改性沥青防水卷材由于耐热度更好，且有着良好的耐紫外老化性能，除在一般的屋面、地下防水工程以及水池、隧道、水利工程中使用外，更加适用于高温或有太阳辐照地区的建筑物的防水，使用寿命在15年以上。

3. 合成高分子（高聚物）防水卷材

合成高分子是（高聚物）防水卷材以合成橡胶、合成树脂或此两者的共混体为基料，加入适量的化学助剂和填充料等，经不同工序加工而成可卷曲的片状防水材料；或把上述材料与合成纤维等复合形成两层或两层以上可卷曲的片状防水材料。

按合成高分子材料种类可分为三元乙烯橡胶防水卷材、氯丁橡胶卷材、氯丁橡胶乙烯防水卷材、氯化聚乙烯防水卷材、氯化聚乙烯橡胶共混卷材等。总体而言，合成高分子防水卷材的材性指标较高，如优异的弹性和抗拉强度，使卷材对基层变形的适应性增强；优异的耐候性能，使卷材在正常的维护条件下，使用年限更长，可减少维修、翻新的费用。

12.3.2 防水涂料

防水涂料是在常温下呈无定形的黏稠状液态高分子合成材料，经涂布后，通过溶剂的挥发、水分的蒸发或反应固化后在基体表面可形成坚韧的防水膜的材料的总称。

防水涂料按其成膜物质可分为沥青类、改性沥青类、合成高分子类、聚合物水泥类四大类；按其涂料状态与形式，大致可以分为溶剂型、反应型、乳液型三大类。

聚氨酯防水涂料便于在形状复杂的基层形成连续、弹性、无缝、整体的涂膜防水层，并具有拉伸强度较高，延伸率大和耐高、低温性能好，对基层伸缩或开裂变形的适应性能好等特点，适用于地下室和厕浴间等工程防水，也可用于非暴露型屋面工程防水。

聚合物水泥防水涂料是以丙烯酸酯等聚合物乳液和水泥为主要原料，加入其他外加剂制得的双组分水性建筑防水涂料，是一种水性涂料，生产、应用符合环保要求，能在潮湿基层面上施工、操作简便，适用于建筑非暴露型屋面、厕浴间及外墙面的防水、防渗和防潮工程。

防水涂料在施工固化前为无定型的黏稠状液体或浆膏状材料，不仅能在水平面施工，而且能在立面、阴角、阳角等复杂表面施工，并便于形成黏结牢固、封闭严密的整体涂膜防水层，防水工程质量比较可靠。防水涂料施工属于冷作业，既减少了环境污染，又便于施工操作，改善工作环境。

12.3.3 刚性防水材料

刚性防水材料是指以水泥、砂、石为原料或掺入少量外加剂、高分子聚合物等材料，通过调整配合比，抑制或减小孔隙率，改变孔隙特征，增加各原材料界面间的密实性等方法，配制成具有一定抗渗透能力的水泥砂浆、混凝土类防水材料。

刚性防水材料可通过下列方法实现：以硅酸盐水泥为基料，加入无机或有机外加剂配制而成的防水砂浆、防水混凝土；以膨胀水泥为主的特种水泥为基材配制的防水砂浆、防水混凝土；使用水泥基渗透结晶型防水材料，它与水作用后，材料中含有的活性化学物质通过载体向混凝土内部渗透，在混凝土中形成不溶于水的结晶体，填塞毛细孔道，从而使混凝土致密、防水，用于背水面防水。

12.3.4　密封材料

建筑防水密封材料一般用于填充物、构筑物的接缝、裂缝、施工缝、门窗框缝及管道接头等处，密封材料的主要功能是防水、防尘、隔气、隔声等。为保证防水密封的效果，建筑密封材料应具有水密性和气密性，良好的黏结性、耐高低温性和耐老化性能，一定的弹塑性和拉伸-压缩循环性能。

密封材料的选用，应首先考虑它的黏结性能和使用部位。密封材料与被黏基层的良好黏结，是保证密封的必要条件。因此，应根据被黏基层的材质、表面状态和性质来选择黏结性良好的密封材料。建筑物中不同部位的接缝，对密封材料的要求不同，如室外的接缝要求较高的耐候性，而伸缩缝则要求较好的弹塑性和拉伸-压缩循环性能。

1. 沥青嵌缝油膏

沥青嵌缝油膏是以石油沥青为基料，加入改性材料（废橡胶粉和硫化鱼油等）、稀释剂（松焦油、松节重油和机油等）及填充料（石棉绒和滑石粉等）混合制成的密封膏。沥青嵌缝油膏主要作为屋面、墙面、沟槽的防水嵌缝材料。

2. 聚氯乙烯接缝膏和塑料油膏

聚氯乙烯接缝膏是以煤焦油和聚氯乙烯（PVC）树脂粉为基料，按一定比例加入增塑剂（邻苯二甲酸二丁酯、邻苯二甲酸二辛酯）、稳定剂（三盐基硫酸铝、硬脂酸钙）及填充料（滑石粉、石英粉）等，在140℃温度下塑化而成的膏状密封材料，简称PVC接缝膏。塑料油膏是用废旧聚氯乙烯（PVC）塑料代替聚氯乙烯树脂粉，其他原材料和生产方法同聚氯乙烯接缝膏，塑料油膏成本较低。PVC接缝膏和塑料油膏有良好的黏结性、防水性、弹塑性，耐热、耐寒、耐腐蚀和抗老化性能。这种密封材料适用于各种屋面嵌缝或表面涂布作为防水层，也可用于水渠、管道等接缝，用于工业厂房自防水屋面嵌缝，大型墙板嵌缝等的效果也较好。

3. 丙烯酸酯密封膏

丙烯酸酯密封膏是在丙烯酸酯乳液中掺入表面活性剂、增塑剂、分散剂、填料等配制而成，通常为水乳型。它具有良好的黏结性能、弹性和低温柔性，无溶剂污染，无毒，具有优异的耐候性，适用于屋面、墙板、门窗嵌缝。

4. 聚氨酯密封膏

聚氨酯密封膏一般用双组分配制。使用时，将甲乙两组分按比例混合，经固化反应成弹性体。聚氨酯密封膏的弹性、黏结性及耐候性特别好，与混凝土的黏结性也很好。所以聚氨酯密封材料可作屋面、墙面的水平或垂直接缝，尤其适用于水池、公路及机场跑道的补缝、接缝，也可用于玻璃、金属材料的嵌缝。

5. 硅酮密封膏

硅酮密封膏是以聚硅氧烷为主要成分的单组分或双组分室温固化型的建筑密封材料。目前大多为单组分系统，它以硅氧烷聚合物为主体，加入硫化剂、硫化促进剂以及增强填料组成。硅酮密封膏具有优异的耐热、耐寒性和良好的耐候性，与各种材料都有较好的黏结性能，耐拉伸，压缩疲劳性强，耐水性好。硅酮建筑密封膏分为 F 类和 G 类两种类别。其中，F 类为建筑接缝用密封膏，适用于预制混凝土墙板、水泥板、大理石板的外墙接缝，混凝土和金属框架的黏结，卫生间和公路接缝的防水密封等；G 类为镶装玻璃用密封膏，主要用于镶嵌玻璃和建筑门窗的密封。

6. 定形密封材料

定形密封材料包括密封条带和止水带，如铝合金门窗的橡胶密封条、丁腈胶-PVC 门窗密封条、自黏性橡胶、水膨胀橡胶、橡胶止水带、塑料止水带等。定形密封材料按密封机理的不同可分为遇水非膨胀型和遇水膨胀型两类。

止水带也称为封缝带，是处理建筑物或地下构筑物接缝（伸缩缝、施工缝、变形缝等）用的一种定形防水密封材料。橡胶止水带是以天然橡胶或合成橡胶为主要原料，加入各种助剂及填料加工制成。它具有良好的弹性、耐磨性及抗撕裂性能，适应变形能力强，防水性能好，一般用于地下工程、小型水坝、贮水池、地下通道等工程的变形接缝部位的隔离防水以及水库、输水洞等处的闸门密封止水，不宜用于温度过高、受强烈氧化作用或受油类等有机溶剂侵蚀的环境中。

塑料止水带目前多为软质聚氯乙烯塑料止水带，是由聚氯乙烯树脂、增塑剂、稳定剂等原料加工制成。塑料止水带的优点是原料来源丰富、价格低廉、耐久性好，可用于地下室、隧道、涵洞、溢洪道、沟渠等水工构筑物的变形缝的防水。

12.4 建筑装饰材料

建筑装饰材料是指用于建筑物表面（如墙面、柱面、地面及顶棚等）起装饰作用的材料，一般是在建筑主体工程（结构工程和管线安装等）完成后，铺设、粘贴或涂刷在建筑物表面。装饰材料的使用目的除了对建筑物起装饰美化作用，满足人们的美感需求外，通常还起着保护建筑物主体结构和改善建筑物使用功能的作用，是房屋建筑中不可缺少的一类材料。

12.4.1 装饰材料的特征与选择

装饰材料的特征有装饰特征和视感特征，材料的装饰特征是指材料本身所固有的，能对装饰效果产生影响的属性，常用光泽、底色、纹样、质地、质感等描述；装饰材料的视感特征是指人们单独观察一种材料或在一定环境条件下考察某种材料时，材料通过视觉作用对人们的心理感受所产生影响的一些属性。

1. 材料的装饰特征

1）颜色

材料的颜色实质上是材料对光谱的反射，并非是材料本身固有的，它主要与光线的光谱组成有关，还与观看者的眼睛对光谱的敏感性有关。材料颜色选择合适、组合协调能创造出更加美好的工作、居住环境，因此，颜色对于建筑物的装饰效果就显得极为重要。

2）底色

底色是指材料本身固有的颜色。当某种材料经配色处理后，从内到外均匀的带有了某种色彩亦可视为材料的底色。从实际工作角度而言，应注意两点：一是改变材料的底色是较难的，且代价较高，故当需要改变某种材料色彩时，应尽可能去改变其表面颜色；二是当用具有半透明特征的材料进行表面着色时，被覆盖材料的底色会对表面颜色产生影响。

3）光泽

当外部光线照射到物体表面上时，由于不同物体表面特征的差异，致使反射光线在空间上做不同的分布，从而决定了人对物体表面的知觉，这种属性就称为材料的光泽。它是材料表面的一种特性，对于物体形象的清晰度起着决定性的作用。根据材料表面的光泽可将材料表面划分为：镜面、光面、亚光面、无光面。在评定材料的外观时，其重要性仅次于颜色。

4）透明性

材料的透明性也是与光线有关的一种性质，既能透光又能透视的物体，称为透明体；只能透光而不能透视的物体，称为半透明体；既不能透光又不能透视的物体，称为不透明体。如普通门窗玻璃大多是透明的，磨砂玻璃和压花玻璃是半透明的，釉面砖则是不透明的。

5）质地

质地是指材料表面的粗糙程度，不同类型的材料，其表面的粗糙度不同，同一类型不同品种的材料，表面粗糙程度亦不相同。例如，石材和玻璃的粗糙程度不同，粗磨石板和抛光石板的粗糙度亦不相同。

6）质感

对一定材料而言，质感是材料质地的感觉。质感不仅取决于饰面材料的性质，而且取决于施工方法。材料品种不同则其质感不同，同种材料不同的施工方法，也会产生不同的质地感觉。如对石材表面进行斩凿、刻划、打磨等不同的处理，可使天然石材在其自然材质本身的基础上平添一分由加工技法、工具、匠心独运的人工纹理所带来的趣味。从这个角度讲，无论何种材料，无论材料本身的装饰条件如何，在对材料质感的要求中，都应十分重视人工处理方法的影响。

虽然说我们可通过各种人工方法，将材料表面的颜色、光泽、纹理、质地等加以改变，从而使人们对某种材料的感觉发生变化，但这种材料本身所固有的质感，却仍然部分或全部的保持着，不可能完全被改变。正因如此，人工仿真材料与天然材料相比，在装饰性方面总是略显呆板、贫乏。

2. 装饰材料的视感特征

1）心理联想作用

与色彩相似，材料亦可能对人们的心理产生反映，同时引发人们各种各样的联想。如光滑、细腻的材料表面常给人一种冷漠、傲然的心理感觉，但也有优雅、精致的感情基调；金屑的质感使人产生坚硬、沉重的感觉，而毛皮、丝织品使人感到柔软、轻盈、温暖；石材使人感到稳重、坚实、雄厚、富有力度。在建筑设计和施工中，必须正确把握材料的性格特征，使材料的性格与整个建筑的装饰基调相吻合。

2）面积距离效应

在对材料的装饰效果考虑过程中，必须考虑到当人和材料表面距离不同、材料的面积大小不同时，同一种材料的视觉效果会产生不同的改变。

3）传统定式效应

在室内设计和施工过程中，应尊重那些已成为传统定式的习惯性形式和做法规律。

3. 装饰材料的选择

装饰材料的选择应结合建筑物的特点、环境条件、装饰性等方面来考虑，并要求材料能长期保持其特征，此外还要求材料具有多功能性，以满足使用中的种种要求。

不同环境、不同部位，对装饰材料的要求也不同，选用装饰材料时，主要考虑的是装饰效果，颜色、光泽、透明性等应与环境相协调。除此以外，材料还应具有某些物理、化学和力学方面的基本性能，如一定的强度、耐水性和耐腐蚀性等，以提高建筑物的耐久性，降低维修费用。

对于室外装饰材料，即外墙装饰材料，应兼顾建筑物的美观和对建筑物的保护作用。外墙除需要承担荷载外，还要根据生产、生活需要作为围护结构，达到遮风挡雨、保温隔热、隔声防水等目的。因所处环境较复杂，直接受到风吹、日晒、雨淋、冻害的侵袭，以及空气中腐蚀气体和微生物的作用，故应选用能耐大气侵蚀、不易褪色、不易污染、不泛霜的材料。

对于室内装饰材料，要妥善处理装饰效果和使用安全的矛盾。优先选用环保型材料和不燃烧或难燃烧等消防安全型材料，尽量避免选用在使用过程中会挥发有毒成分和在燃烧时会产生大量浓烟或有毒气体的材料，努力创造一个美观、整洁、安全、适用的生活和工作环境。随着人们生活水平的提高，人们对生活质量提出了更高的要求。环保和健康已成为目前建筑装饰中人们关注和议论的焦点。绿色环保是装饰材料生产和选材的主要考虑因素，绿色装饰材料具有无毒、无害、无污染，不会散发有害气体，不产生有害辐射，不发生霉变锈蚀，遇火不产生有害气体，对人体具有保健作用等特点。

12.4.2 常用建筑装饰材料

1. 天然石材

天然石材资源丰富，强度高，耐久性好，加工后具有很强的装饰效果，是一种重要的装饰材料，天然岩石种类很多，用作装饰的主要有花岗岩和大理石。

1）花岗岩

从岩石形成的地质条件看，花岗岩属深成岩，也就是地壳内部熔融的岩石浆上升至地壳某一深处冷凝而成的岩石。构成花岗岩的主要矿物是长石（结晶铝硅酸盐）、石英（结晶二氧化硅）和少量云母（片状含水铝硅酸盐）。从化学成分看，花岗岩主要含二氧化硅和三氧化二铝，氧化钙和氧化镁含量很少，属酸性结晶深成岩。

花岗岩的特点如下：

（1）色彩斑斓，呈斑点状晶粒花样。花岗岩的颜色由长石颜色和其他深色矿物颜色而定，一般呈灰色、黄色、蔷薇色、淡红色、黑色等，由于花岗岩形成时冷却缓慢且较均匀，同时覆盖层的压力又相当大，因而形成较明显的晶粒。按花岗岩晶粒大小分伟晶、粗晶、细晶三种。晶粒特别粗大的伟晶花岗岩，性质不均匀且易于风化。花岗岩花纹的特点是表面呈晶粒花样，并均匀分布着繁星般的云母亮点与闪闪发亮的石英结晶。

（2）硬度大，耐磨性好。花岗岩为深成岩，质地坚硬密实，非常耐磨。

（3）耐久性好。花岗岩孔隙率小，吸水率小，耐风化。

（4）耐酸性好。花岗岩具有很好的抗酸腐蚀性能，其化学组成主要为酸性的二氧化硅，因而耐酸。

（5）耐火性差。由于花岗岩中的石英在 573℃ 和 870℃ 会发生相变膨胀，引起岩石开裂破坏，故耐火性不高。

（6）可以打磨抛光。花岗岩质感坚实，抛光后光泽很好，具有华丽高贵的装饰效果，因此主要用作高级饰面材料，广泛用作室内和室外的高级地面材料和踏步。

2）大理石

大理石因盛产于云南大理而得名，从岩石的形成来看，它属于变质岩，即由石灰岩或白云岩变质而成，主要的矿物成分为方解石（结晶碳酸钙）或白云石（结晶碳酸钙镁复盐）。其化学成分主要是碳酸钙，酸性氧化物二氧化硅很少，是碱性结晶岩石。

大理石的性质如下：

（1）颜色绚丽、纹理多姿。纯大理石为白色，我国称之为汉白玉。一般大理石中含有氧化铁、二氧化硅、云母、石墨、蛇纹石等杂质，使大理石呈现出红、黄、黑、绿、灰、褐等各色斑斓纹理，磨光后极为美丽典雅。大理石结晶程度差，表面不是呈细小的晶粒花样，而是呈云状、枝条状或脉状的花纹。

（2）硬度中等、耐磨性次于花岗岩。

（3）耐酸蚀性差，酸性介质会使大理石表面受到腐蚀。

（4）容易打磨抛光。

（5）耐久性次于花岗岩。

大理石主要用做室内高级饰面材料，也可以用做室内地面或踏步，由于大理石为碱性岩石，不耐酸，因而不宜用于室外装饰。大气中的酸雨容易与岩石的碳酸钙作用，生成易溶于水的石膏，使表面很快失去光泽变得粗糙多孔，从而降低装饰效果。

2. 建筑陶瓷

凡以黏土、长石、石英为基本原料，经配料、制坯、干燥、焙烧而制得的成品，统称为陶瓷制品。用于建筑工程的陶瓷制品，则称为建筑陶瓷，主要包括釉面砖、外墙面砖、地面砖、陶瓷锦砖、卫生陶瓷等。但应用最为广泛的仍是陶瓷墙地砖，因此，本节主要介绍陶瓷墙地砖。

陶瓷墙地砖外形多样，花色繁多，有上釉的，也有不上釉的；有单色的，也有彩釉砖，还有图案砖、麻石砖等。经过精心设计，还可用陶瓷墙地砖制成陶瓷壁画，既可以镶嵌在高层建筑上，也可铺贴在候机室、大型会客室、候车室等公共建筑中，给人们以美的享受。

1）釉面内墙砖

釉面内墙砖是建筑物内墙面装饰用的薄板状精陶制品。按釉面的颜色分为单色、花色和图案砖，俗称瓷砖、瓷片。按形状分为正方形、长方形和配件砖。釉面内墙砖多用于卫生间、实验室、医院、厨房、精密仪器车间等处的室内墙面、墙裙、工作台的装修。由于釉面砖属于陶质制品，吸水率大，抗热振性不高，所以不得用于室外墙面、柱面等处，否则容易出现脱落、开裂等现象。

　　为了保证釉面内墙砖与基层黏结牢固，砖的背面留有浅的凹槽，以便和基层砂浆充分黏结。釉面内墙砖在镶贴前还应作浸水处理，以免干砖过多吸收灰浆中的水分而影响粘贴质量。

　　单色釉面砖有直缝（通缝）镶贴和错缝（骑马缝）镶贴两种方式，前者美观大方，拼缝清晰、异形块尺寸统一，便于裁切，缺点是对釉面内墙砖尺寸偏差及镶贴技术要求较高，否则难以做到表面平整，拼缝横平竖直。错缝镶贴的直观效果不及通缝镶贴，缝多线乱，不够美观，但对因砖的尺寸偏差造成的缺陷容易调整和掩盖。

　　带有图案的彩色釉面内墙砖的镶贴应十分注意整体效果，正确利用正方形砖的不同边角并严格保证整体图案的连贯和完整。

　　2）彩色釉面陶瓷墙地砖

　　外墙面砖及地砖多属于炻器，是介于陶器和瓷器之间的一类产品，有上釉或不上釉的，有单色或彩釉的，表面除光面外，还可制成仿石的、麻石的、带线条的等多种质感。大尺寸地砖有全瓷质玻化砖，焙烧后表面抛光呈镜面，车削四边。

　　外墙面砖及地砖有长方形、正方形多种规格，厚度一般在 12mm 以下。

　　3）陶瓷锦砖

　　陶瓷锦砖俗称马赛克，是以优质瓷土焙烧而成小块瓷质砖。按表面性质分为有釉和无釉两种。单块成品边长不大于 50mm，厚度多为 4～5mm，有正方、长方、六角、菱形、斜长方等多种外形，颜色有单色和拼花等多种，表面有凸面和平面。由于单块成品尺寸较小，不便于施工，更不便于在建筑物上构成符合建筑设计要求的装饰图案，因此出厂前必须经过铺贴工序，将不同形状、不同颜色的单块成品，按一定图案和尺寸铺贴在专用纸上，构成形似织锦、又名锦砖的"成品联"，然后装箱供施工单位使用。

　　成品联有正方形和长方形两种，每联面积为 300mm×300mm 左右。由于锦砖贴在纸上，也叫"纸皮石"。

　　锦砖在生产厂铺贴时所用胶粘剂能够保证锦砖与纸粘贴牢固并易干燥、不发霉变质；固化后的胶粘剂遇水易溶解，以保证联纸湿水后在较短时间内分离。

　　陶瓷锦砖结构致密，吸水率小，具有优良的抗冻性、耐酸、碱腐蚀性及耐磨性，且表面光洁，易清洗，为地面及外墙面装修的优良材料。陶瓷锦砖常用于卫生间、门厅、走廊、餐厅、浴室、化验室、医院等处的地面工程或外墙装修，也可用于内墙面的装修。

　　陶瓷砖目前执行的标准是《陶瓷砖》GB/T 4100—2015。

　　3. 建筑玻璃

　　玻璃是一种重要的建筑材料，它除了透光、透视、隔声和绝热外，还有艺术装饰作用，特种玻璃还具有防辐射、防弹、防爆等用途。此外，玻璃还可制成玻璃幕墙、玻璃空心砖以及泡沫玻璃等作为轻质建筑材料以满足隔声、绝热、保温等方面特殊要求。现代建筑物立面大面积采用玻璃制品，尤其是采用中空玻璃、镜面玻璃、热反射玻璃和夹层玻璃等，可减轻建筑物自重，改善采光效果，提高建筑的艺术观感。

　　1）普通平板玻璃

　　普通平板玻璃是平板玻璃中产量最大、用量最多的一种，也称为单光玻璃、普通窗玻璃，简称玻璃。引拉法生产的玻璃按厚度 2mm、3mm、4mm、5mm 分为四类；浮法玻璃按厚度 3mm、4mm、5mm、6mm、8mm、10mm、12mm 分为七类，并要求单片玻璃的厚度差不大于 0.3mm。平板玻璃的质量受到生产方法和生产过程控制的影响，常出现水波筋（水线）、气泡、线道、划伤、砂粒和疙瘩（结石）等外观缺陷，根据外观质量水平，划分普通平板玻璃的等级。由引拉法生产的平板玻璃分为特等品、一等品和二等品三个等级，浮法玻璃分为优等品、一级品与合格品三个等级。玻璃的弯曲度不能超过 0.3%。

普通平板玻璃大部分直接用于建筑上，一部分用作深加工玻璃的原片材料。建筑采光用的普通平板玻璃多为 3mm 厚；用作玻璃幕墙、栏、采光屋面、商店柜台、橱窗时，多采用 5mm 和 6mm 的钢化玻璃。公共建筑的大门玻璃，常用经钢化处理后的 8mm 以上的厚玻璃。制镜用玻璃、高级建筑用玻璃，以及某些深加工玻璃，可使用浮法玻璃。

2）毛玻璃

毛玻璃又称磨砂玻璃，系用机械喷砂、手工研磨或氢氟酸溶蚀等方法将平板玻璃表面处理成毛面。由于表面粗糙，使光线柔和且呈漫反射，只有逆光性而不能透视，不眩目，常用于不需透视的门窗，如卫生间、浴厕、走廊等，也可用作黑板的板面。

3）花纹玻璃

根据花纹加工方法的不同，可分为压花玻璃和喷花玻璃。压花玻璃又称滚花玻璃，是在玻璃硬化前，用刻有花纹图案的辊筒，在玻璃的一面或两面压出深浅不等的花纹。由于花纹图案凹凸不平而使光线漫射，失去透视性，也减低了透光度。改变辊筒表面的图案花纹，即可滚压出具有不同装饰效果的花纹玻璃。压花玻璃集透光不透视和装饰效果于一身，在宾馆、大厦、办公楼等现代建筑装修工程中有着广泛的应用。

喷花玻璃又称胶花玻璃，是在平板玻璃表面贴上花纹图案，抹以护面层，经喷砂处理而成，适用于门窗玻璃、家具玻璃装饰之用。

4）安全玻璃

安全玻璃包括钢化玻璃、夹层玻璃和夹丝玻璃。

（1）钢化玻璃。钢化玻璃是将平板玻璃加热到接近软化点温度，随后用冷空气喷吹，使表面迅速冷却，从而在玻璃中产生了均匀的预加压应力，有效地改善脆性，与普通玻璃相比较，抗弯强度提高 5～6 倍，韧性提高 5 倍，在温差为 120～130℃ 条件下不开裂。

由于内应力的存在，当钢化玻璃一旦破损时即会粉碎成圆钝的碎片，但不至于伤人，故称为安全玻璃。钢化玻璃不能切割磨削，边角不能碰击，使用时需选择现成的尺寸规格或提出具体的设计图纸。根据不同的用途还可制成磨光钢化玻璃和吸热钢化玻璃。它主要用于需要耐振、耐温度剧变或易受到冲击破坏的部位，如车船门窗、采光天棚、天窗、玻璃门、幕墙等。

（2）夹层玻璃。夹层玻璃是由两片或多片玻璃之间夹了一层或多层有机聚合物中间膜，经过特殊的高温预压（或抽真空）及高温高压工艺处理后，使玻璃和中间膜永久粘合为一体的复合玻璃产品。平板玻璃可以是普通玻璃，也可以是钢化玻璃等。

夹层玻璃即使碎裂，碎片也会被粘在薄膜上，破碎的玻璃表面仍保持整洁光滑。这就有效防止了碎片扎伤和穿透坠落事件的发生，确保了人身安全。在欧美，大部分建筑玻璃都采用夹层玻璃，这不仅为了避免伤害事故，还因为夹层玻璃有极好的抗入侵能力。中间膜能抵御锤子、劈柴刀等凶器的连续攻击，还能在相当长时间内抵御子弹穿透，其安全防范程度可谓极高。

（3）夹丝玻璃。夹丝玻璃是将预先编织成一定形状并经预热处理的钢丝网压入呈软化状态的红热玻璃中而制成的安全玻璃。钢丝网在夹丝玻璃中起增强作用，故抗弯强度、抗冲击强度较高，即使损坏时，也具有破而不缺、裂而不散的优点，从而避免了尖锐棱角玻璃碎片飞出伤人。当火灾蔓延夹丝玻璃受热炸裂时，由于裂而不散，保持了固定形状，起到隔绝火势、阻止蔓延的作用，故谓安全玻璃。

5）吸热玻璃

吸热玻璃是一种能吸收大量红外线辐射能而又保持良好可见光透过率的平板玻璃。在普通钠钙玻璃中引入着色作用的氧化物，如氧化铁、氧化镍、氧化钴以及硒等，或者在玻璃表面喷涂氧化铝、氧化锑、氧化铁、氧化铬等着色氧化物薄膜，均可制得吸热玻璃。引入着色氧化物不同，吸热玻璃的颜色不同，常见的有灰色、蓝色、古铜色、绿色等。吸热玻璃主要应用于炎热地区或装有空调的建筑物门窗、玻璃幕墙、采光天棚及汽车风挡等。

6）中空玻璃

双层中空玻璃是用两片玻璃原片与空心金属隔离框、密封胶加压制成的玻璃构件。玻璃原片可以是普通浮法玻璃、吸热玻璃、热反射玻璃、压花玻璃、夹丝玻璃、夹层玻璃、钢化玻璃等，厚度范围 3～18mm。空心金属隔离框和玻璃原片之间用两种不同的专用胶粘剂分次胶结密封。隔离框内装有高效干燥剂，干燥剂通过隔离框的开口与空腔中的空气相通，使空气始终保持极高的干燥度。两片玻璃原片之间的空腔厚度及隔离框厚度可根据需要设置，一般在 6～24mm 范围内。中空玻璃也可用 3～4 片玻璃原片分别构成 2～3 个空腔，总厚度为 12～42mm。

改变中空玻璃的原片种类、片数、厚度及空腔厚度，可以得到具有不同光学、热学、声学等性能的中空玻璃，以满足不同工程的需要。

4. 建筑装饰涂料

建筑涂料是指涂于建筑物表面，并能形成连续性涂膜，从而对建筑物起到保护、装饰或使其具有某些特殊功能的材料，属于涂料中的一类。建筑涂料的涂层不仅对建筑物起到装饰的作用，还具有保护建筑物和提高其耐久性的功能。

建筑涂料一般由成膜基料、分散介质、颜料和填料三种基本成分所组成。成膜基料主要由油料或树脂组成，是使涂料牢固附着于被涂物体表面后能与基体材料很好黏结并形成完整薄膜的主要物质，是构成涂料的基础，决定着涂料的基本性质。分散介质即挥发性有机溶剂或水，主要作用是使成膜基料分散而形成黏稠液体，它本身不构成涂层，但在涂料制造和施工过程中都不可缺少。颜料和填料本身不能单独成膜，主要用于着色和改善涂膜性能，增强涂膜的装饰和保护作用，亦可降低涂料成本。

涂料在施工过程中会散发出一定量挥发性有机化合物，水性涂料挥发的有害物质较少，溶剂型涂料含有大量的挥发性有机混合物，主要有芳香烃、直链烃、醛、醇、酯等，即使在涂料表面干燥后仍有少量残留气体缓慢释放。有机挥发物主要来源于溶剂中，其对环境、社会和人类自身都可以构成直接的危害。

甲醛来源于某些助剂或者涂料的生产原料，游离甲醛对眼睛、呼吸道及皮肤均有很强的刺激性，可造成某些人的过敏反应，并在使用过程中散发出来，对人体造成危害。重金属主要来源于着色颜料，包括铅、铬、汞等，在使用过程中会脱落和溶解而飘浮在空气中，被人体吸入沉积在体内造成危害。

为避免涂料化学毒性造成的危害，应尽量选择合成树脂乳液内墙涂料、水性内墙涂料、溶剂型外墙涂料、合成树脂复合涂层仿幕墙装饰系统等环保节能型材料。

12.5   新型土木工程材料

新型工程材料的重要特点是符合可持续发展战略，起到节约资源、保护环境和生态平衡的作用，主要包括新型化学建筑材料、新型墙体材料、新型保温隔热材料等。建筑新型材料的发展着重于环保与健康、舒适性、多功能、智能化等方面。

12.5.1   纳米材料

1. 抗菌防霉材料

纳米级抗菌剂的抗菌性能优越，由于纳米尺寸效应，其抗菌效果显著高于常规尺度的抗菌剂，所以，纳米无机抗菌剂的发展应用具有越来越大的优势。可以预计，抗菌防霉材料和建筑装饰材料的结合，在提高建筑健康水平方面将有巨大的发展空间和显著的经济、社会效益。

最适用于建筑装饰材料用途的无机抗菌剂主要包括有银、铜、锌氧化物，或这几种金属离子通过离子交换、吸附、包埋等方式负载在无机物上制成，如硅酸盐、陶瓷等载体，具有高的耐热性、长效抗菌性、无毒、无有机挥发物等特点。国内抗菌建材的开发速度很快，有抗菌管材、抗菌涂料、抗菌地板、瓷砖等。

2. 纳米漆、纳米涂料

纳米材料在高分子领域（如高分子复合材料、涂料、胶粘剂、密封胶酯等）的应用中数树脂漆和涂料量大面广。应用纳米材料的涂料可以达到其他涂料所不具备的光学性质，当纳米材料达到纳米级分散时，涂料透明，而且可以屏蔽紫外线。作为罩光漆使用，可在保光、保色和抗老化性能方面大大增强。

纳米材料的小体积效应使纳米二氧化钛用于树脂漆时，从不同角度观察漆具有不同的颜色，在家具漆、建筑装饰漆方面将有较广的应用前景。

3. 纳米碳酸钙复合 PVC 材料

全世界聚氯乙烯（PVC）的年产量和用量排在塑料各大品种的首位，特别是在建筑装饰材料中塑钢门窗异型材和室内装修的仿木材料，如楼梯扶手、墙围等占绝对优势。为提高 PVC 的韧性、刚性和强度，利用纳米碳酸钙应用研究获得兼具高强度、高韧性、高刚性的 PVC 型材，而且价位低的纳米碳酸钙在实现性能提高的同时，还可适当降低价格。

4. 其他功能型建筑纳米材料

1）阻燃高分子材料

高分子建材的使用越来越普及，但是由此带来的阻燃问题也越来越严重。纳米复合高分子材料不仅可提高所对应的高分子材料的力学性能，还具有使燃点升高、阻燃等作用。

2）保温结构材料

保温结构材料采用纳米技术可以在粉煤灰材料中形成纳米微孔，得到增强、多孔的保温材料。

3）自洁陶瓷

纳米材料应用于陶瓷可大大降低陶瓷烧结温度，降低陶瓷的表面粗糙度，制作自洁性陶瓷，提高陶瓷的韧性。

12.5.2 建筑智能材料

智能材料是 20 世纪 90 年代迅速发展起来的一类新型复合材料，是一种能感知外部刺激，判断并适当处理且本身可执行的新型功能材料。智能材料是继天然材料、合成高分子材料、人工设计材料之后的第四代材料，是现代高技术新材料发展的重要方向之一。它使传统意义下的功能材料和结构材料之间的界线逐渐消失，实现结构功能化、功能多样化。科学家预言，智能材料的研制和大规模应用将导致材料科学发展的重大革命。

1. 智能混凝土

随着现代材料科学的不断进步，作为最主要的建筑材料之一，混凝土已逐渐向高强、高性能、多功能和智能化发展，用它建造的混凝土结构也趋于大型化和复杂化。然而混凝土结构在使用过程中由于受环境荷载作用，疲劳效应、腐蚀效应和材料老化等不利因素的影响，结构将不可避免地产生损伤积累、抗力衰减，甚至导致突发事故。

为了有效地避免突发事故的发生，延长结构的使用寿命，必须对此类结构进行实时的"健康"监测，并及时进行修复。现有的无损检测方法，如声波检测、X 射线及磁粉检测等，只能定性检测，而不能定量、数据化处理，更主要的是不能实现实时监测。另外，传统的混凝土结构的维修方式主要是在损伤部位进行外部的加固，而对损伤的原结构进行维修比较困难，尤其是对结构内部的损伤修复更是非常困难。而智能混凝土是在混凝土原有组分基础复合智能型组分，使混凝土具有自感知和记忆、自适应、自修复特性的多功能材料。根据这些特性可以有效地预报混凝土材料内部的损伤，满足结构自我安全检测需要，防止混凝土结构潜在脆性破坏，并能根据检测结果自动进行修复，显著提高混凝土结构的安全性和耐久性。

2. 智能玻璃

智能玻璃主要有自清洁玻璃、智能调光玻璃、智能玻璃幕墙等。自清洁玻璃作为一种强效吸收剂，能智能清除顽固污渍，它可像海绵一样膨胀，能够容纳比自身重 8 倍的其他物质。自清洁玻璃可与汽油或其他持久性污染物相结合，但它不与水结合，因此，它就像一个"智能"海绵，能够从被污染的水里吸出污染物。

智能调光玻璃是一种智能型高档玻璃，采用独特的液晶支柱，通电透明，断电磨砂，源于调光膜的"电光效应"，可通过电源电压的调节来控制实现玻璃在透明和不透明之间的转换。

与传统玻璃幕墙相比，智能玻璃幕墙没有冷脆现象，能经受冰雹的冲击，光污染问题也得到了很好的解决，因此建筑物采用智能玻璃幕墙可以实现天窗的采光设计，并且不需要采光窗口上下的防护网，从而提高单位采光面积的透光系数，而折射却被大大降低，从而避免了大面积的光污染，也增加了美观性。在采光效果方面，由于智能玻璃幕墙有毛玻璃的效果，光线透过时，不易出现眩光和光斑，所以有利于采光。

12.5.3 新型工程材料的发展趋势

新型土木工程材料的发展着重于环保与健康、舒适性、多功能、智能化等方面。

1. 绿色建筑工程材料

绿色建筑，也称作环境敏感性建筑或可持续建筑，是建筑师和学者们多年来一直在讨论的话题。如今，绿色建筑已成为一种全球性的运动，正影响着全球不同国家的建筑风格，日益成为当今世界建筑发展的主流。对应于绿色建筑，也出现了绿色建材，绿色建材是生态环境材料在建筑材料领域的延伸，从广义上讲，绿色建材不是一种单独的建材产品，而是对建材"健康、环保、安全"等属性的一种要求，对原料加工、生产、施工、使用及废弃物处理等环节贯彻环保意识并实施环保技术，是保证社会经济的可持续发展的一种优质的建筑材料。绿色建材是指在原材料采取、产品制造、使用、再循环及废料处理等环节中对地球环境负荷最小和有利于人类健康的材料。绿色建材的发展一般遵循以下技术路径。

1）从源头入手对产品实施最优化设计，生产绿色建材

从建筑材料的组成、结构与性能研究着手，深入研究原材料的微观组成与结构，通过设计对产品的微观与宏观结构进行最优化构造，在资源、能源消耗最小的前提下研究材料的宏观制备方法，从而获取绿色高性能建材。

国家"973"计划"高性能水泥制备和应用的基础研究"，首先研究硅酸盐水泥的主要胶凝矿物 C_3S 晶体受到外来离子固溶诱导下的晶体结构变异，然后探讨这种变异对 C_3S（硅酸三钙）晶体胶凝活性的影响，最后通过宏观设计将这种变异在工业化过程中实现，从而获得性能优于传统硅酸盐水泥，且具有显著节约能源、资源的胶凝材料。

2）发展先进的绿色生产技术

建筑材料仍以高效、优质、清洁、节省资源的生产技术为总体发展趋势，国外在生产阶段所采取的绿色化技术措施是绿色建材研究和实践中最活跃的部分。长期以来，建筑材料的生产技术及装备的研究一直伴随着产业技术的进步而得到不断发展。水泥新型干法窑外分解技术、大吨位优质浮法玻璃生产技术、万吨级玻璃纤维池窑拉丝技术、卫生陶瓷高压注浆成型及建筑陶瓷低温烧成技术等，成为绿色建材生产的主导技术。

3）发展再生建筑材料，实现废弃物资源化

（1）工业废弃物资源化利用。工业废弃物包括煤矸石、粉煤灰、炉渣、磷石膏、脱硫石膏、赤泥、铬渣、铜渣、电石渣及低品位矿石、尾矿等。

（2）建筑固体废弃物利用。

（3）利用可燃性材料替代燃料，如工业溶剂、废油、动物骨粉、城市垃圾等。

（4）利用其他废料制造建筑材料，如废塑料（重新发泡）、生活垃圾（制砖）、污泥、废玻璃、旧轮胎等。

4）开发长寿命建筑材料，延长建筑物使用寿命

研究多因素协同作用下的混凝土破坏过程和失效机制，开展耐久性定量设计，开发提高混凝土耐久性的材料（外加剂和纤维）等。

5）开发满足环境及人身健康的新型功能建筑材料

利用纳米、光催化、功能薄膜、梯度复合、溶胶和胶凝与负离子技术等，研制生产具有杀菌、防霉、除臭、自洁、调温、调光等特性并促进人体健康的功能绿色材料。

2. 舒适性功能材料

舒适性功能材料指能够利用材料自身的性能自动调节室内温度和湿度来提高室内舒适

度的建筑材料。

室内温度是衡量舒适程度的指标之一，调温材料是利用相变材料在相变点附近低于相变点吸热，高于相变点放热的性质，将能量储存起来，达到节能调温的目的。湿度是衡量舒适程度的另一个重要指标，调湿材料的研究是舒适性功能材料研究的课题之一。在博物馆、历史资料馆、纪念馆、寺庙、图书馆、美术馆以及书库等建筑中，使用调湿材料对文物及重要资料的保护与保管起了很大的作用。近年来国内外研究的调湿材料主要分为三种：

（1）无机盐类。如氯化钙、氯化锌、溴化钾等，这类调湿材料的调湿作用完全由盐溶液所对应的饱和蒸汽压决定。

（2）高分子调湿材料。高分子调湿材料的吸湿性主要取决于其本身的化学结构和物理结构。理论上分子结构中含有羟基、氨基等亲水基团的高分子材料都可以作为调湿剂，亲水基团越多，吸湿量就越大。

（3）天然多孔矿物材料。此类材料的调湿能力主要依靠内部较多的孔道与极大的比表面积产生的水分子吸附、脱附作用。吸附现象发生，其作用力主要有物理吸附、化学吸附和离子交换吸附三类。物理吸附基于分子间力，即范德华力。吸附与否或吸附量的多少主要取决于极性的相似性。

3. 多功能建筑材料

多功能建筑材料是在满足主要功能要求的情况下，还具有其他的功能。例如装饰性和其他功能性的统一，具有装饰性的吸声材料、防火材料、保温材料等，再如同时具有保温性能和吸声性能的功能材料等。

4. 高性能土木工程材料

随着工程技术的不断进步，对材料性能的要求也越来越高，具有轻质、高强、高耐久性、高抗震性、高保温性、高吸声性、优异装饰性及优异防水性的高性能材料是近年来研究的热点之一。这些材料对提高建筑物的安全性、适用性、艺术性、经济性及使用寿命等有着非常重要的作用。目前，世界各国都在大力发展高性能材料，以适应土木工程发展的需要。

【工程实例分析】

某开发商建设的一高层住宅，竣工验收时墙体导热系数竟达不到节能标准。

工程概况： 江苏某开发商建设的一栋32层高商品住宅，施工验收时发现岩棉保温层不平整，出现细斑纹状的变形，保温板面层砂浆出现裂缝，造成墙体保温达不到节能标准。

原因分析： 由于保温层施工采取外包方式，施工方管理不善，所有保温板露天摆放，在日晒、风雨的作用下，很容易出现变形，影响墙面平整。进入施工现场的外墙保温板，没有做到自然养护陈化六周以上时间，在工程施工时，保温板局部收缩和温差应力不均，造成保温板的不平整和细斑纹状的变形。施工方保温层直接采用水泥砂浆作为抗裂防护层，由于其强度高、柔韧性不够，同时使用了质量不过关的玻纤网格布，其断裂强度比较低，保温板面层砂浆出现裂缝。

防治措施： 岩棉保温板进入施工现场之前要进行详细的质量检查及验收，仔细分析图纸对保温材料的要求，确保所使用的材料相互匹配。施工中所涉及的施工材料都应按照施工平面布置图规定的地点进行摆放，并使其整齐、一致、稳固，材料的堆放不能超过一定高度。同时，加强对施工技术的管理，严格按照技术操作指南仔细施工，加强对操作人员的培训，施工过程中应严格执行质量及工序的验收制度，做到施工班组有自检，项目部及监理部有专检。部位的验收、工序的验收要能够覆盖全部施工作业面。

本章小结

1. 热量的传递有三种方式，即导热、对流及热辐射。

2. 材料的导热系数大小与其组成与结构、孔隙率、孔隙特征、温度、湿度、热流方向有关。材料的导热系数受自身物质的化学组成和分子结构的影响，化学组成和分子结构比较简单的物质比结构复杂的物质有较大的导热系数。

3. 多孔吸声材料与绝热材料的相同点在于都是多孔性材料，但在材料孔隙特征要求上有着很大差别。绝热材料要求具有封闭的互不连通的气孔，这种气孔越多则保温绝热效果越好。吸声材料则要求具有开放和互相连通的气孔，这种气孔越多，则其吸声性能越好。

4. 防水材料品种繁多，其特点各不相同，根据材料的品种可分为防水卷材、防水涂料、密封材料、刚性防水材料四大类。

5. 装饰材料的特征有装饰特征和视感特征。

6. 新型工程材料的重要特点是符合可持续发展战略，起到节约资源、保护环境和生态平衡的作用，主要包括新型化学建筑材料、新型墙体材料、新型保温隔热材料等。建筑新型材料的发展着重于环保与健康、舒适性、多功能、智能化等方面。

【思考与练习题】

12-1　影响材料导热系数的因素有哪些？
12-2　选用绝热材料时应注意哪些问题？
12-3　试述防水材料的种类和特点。
12-4　建筑装饰材料主要有哪些种类？

【创新思考题】

在大型公共建筑或高层住宅建筑中，设备层一般都放置在地下室（如热交换站、空调机组等），为减少对外部环境的影响，应该如何选择吸声隔声材料呢？

附录　常用土木工程材料试验

附录Ⅰ　土木工程材料的基本性质试验

　　土木工程材料的基本性质试验项目主要有密度、表观密度、堆积密度与紧密密度等。考虑到"附录Ⅳ　普通混凝土试验"中要用到的原材料技术参数，在材料的选用上主要为水泥、普通混凝土中矿物掺合料、砂、碎石。通过本试验内容的学习，使学生掌握材料密度方面的基本概念和试验方法。

1　密度试验

1.1　试验目的

　　材料的密度是指材料在绝对密实状态下单位体积的质量。本试验选用水泥或普通混凝土中矿物掺合料作为试验材料，通过试验使学生掌握密度试验的基本方法，同时也为"附录Ⅳ 普通混凝土试验"提供基本技术参数。

二维码附录-1
水泥密度试验

1.2　试验依据

　　《水泥密度测定方法》GB/T 208—2014。

1.3　仪器及材料

　　（1）李氏瓶：由优质玻璃制成，透明无条纹，具有抗化学侵蚀性且热滞后性小，玻璃有足够的厚度以确保良好的耐裂性。李氏瓶横截面形状为圆形，外形尺寸如附图 1-1 所示。瓶颈刻度由 0～1mL 和 18～24mL 两段刻度组成，分度值为0.1mL，任何标明的容量误差都不大于0.05mL。

　　（2）恒温水槽：应有足够大的容积，使水温可以稳定控制在（20±1）℃。

　　（3）天平：量程不小于 100g，分度值不大于 0.01g。

　　（4）温度计：量程包含 0～50℃，分度值不大于 0.1℃。

　　（5）液体介质：无水煤油，且符合《煤油》GB 253—2008 要求；使用其他液体介质应不与水泥或拟试验的普通混凝土矿物掺合粉体物料发生反应。

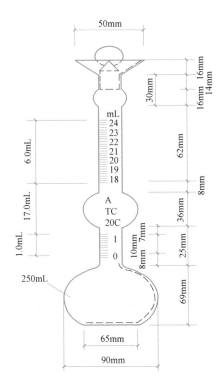

附图 1-1　李氏瓶示意图

1.4 试样准备

对于试样取样，有条件时应按《水泥取样方法》GB/T 12573—2008 或普通混凝土掺合物相关标准进行。要求取得试样应有代表性，且无受潮结块等现象。试验前试样要通过 0.90mm 方孔筛后充分混匀，一次或多次将样品缩分到约 150g，在（110±5）℃温度下烘干 1h，并在干燥器内冷却至室温，室温应控制在（20±1）℃。

1.5 试验步骤

（1）称取试样 60g，精准至 0.01g。在试验普通混凝土矿物掺合料时，可根据其掺合料品种及其相关规范增减称量材料质量，以便试样装入李氏瓶中后可读取瓶颈上的刻度值。

（2）将液体介质注入李氏瓶中至 0～1mL 之间刻度线后（选用磁力搅拌，此时应加入磁力棒），盖上瓶塞放入恒温水槽内，使刻度部分浸入水中，水温应控制在（20±1）℃，恒温至少 30min，记下液体介质的初始（第一次）读数（V_1）。

（3）从恒温水槽中取出李氏瓶，用滤纸将李氏瓶细长颈内没有液体介质的部分仔细擦干净。

（4）用小匙将样品一点点地装入李氏瓶中，反复摇动（亦可用超声波振动或磁力搅拌等），直至没有气泡排出，再次将李氏瓶静置于恒温水槽，使刻度部分浸入水中，恒温至少 30min，记下第二次读数（V_2）。

（5）第一次读数和第二次读数时，恒温水槽的温度差不大于 0.2℃。

1.6 结果计算及处理

水泥的密度按式（附 1-1）计算，结果精确至 0.01g/cm³。

$$\rho_c = \frac{m_c}{V_2 - V_1}$$ （附 1-1）

式中 ρ_c——水泥的密度（g/cm³）；

m_c——水泥的质量（g）；

V_2——李氏瓶第二次读数（mL）；

V_1——李氏瓶第一次读数（mL）。

试验结果取两次测定结果的算术平均值，两次测定结果之差不得超过 0.02g/cm³。

2 表观密度试验

2.1 试验目的

材料的表观密度是材料单位体积（包括内部封闭孔隙）的质量。本试验采用砂或碎石作为试验材料，通过试验使学生掌握表观密度试验的基本方法，同时也为"附录Ⅳ 普通混凝土试验"提供基本技术参数。

2.2 试验依据

《普通混凝土用砂、石质量及检验方法标准》JGJ 52—2006。

2.3 试样准备

2.3.1 取样

在料堆上取样时，应先将取样部位表层铲除，取样部位应均匀分布。然后由各部位抽取大致相等的砂 8 份共计不小于 2.6kg，碎石为 16 份共计不小于附表 1-1 规定的质量，组成各自一组样品；从皮带运输机、火车、汽车、货船等上取样时，应按《普通混凝土用砂、石质量及检验方法标准》JGJ 52—2006 标准执行。

碎石表观密度试验所需最少取样与试验质量　　　　　　附表 1-1

最大公称粒(mm)	10.0	16.0	20.0	25.0	31.5	40.0	63.0	80.0
取样质量(kg)	8	8	8	8	12	16	24	24
试验质量(kg)	2.0	2.0	2.0	2.0	3.0	4.0	6.0	6.0

2.3.2　缩分

砂在筛除公称粒径 10.0mm 以上颗粒后，可采用人工四分法缩分。缩分时将样品置于平板上，在潮湿状态下拌合均匀，并堆成厚度约 20mm 的"圆饼"状，然后沿互相垂直的两条直径把"圆饼"分成大致相等的四份，取其对角的两份重新拌匀，再堆成"圆饼"状。重复上述过程，直至把样品缩分后的质量略多于 650g 为止。也可采用分料器进行缩分。

碎石在筛除公称粒径 5.00mm 以下颗粒后，可采用人工四分法缩分。缩分时将样品置于平板上，在自然状态下拌均匀，并堆成锥体，然后沿互相垂直的两条直径把锥体分成大致相等的四份，取其对角的两份重新拌匀，再堆成锥体。重复上述过程，直至把样品缩分至略大于两倍附表 1-1 规定的试验质量，分成两份备用。也可采用分料器进行缩分。

2.4　砂的表观密度试验

2.4.1　仪器设备及工具

（1）天平：称量 1000g，感量 1g。

（2）容量瓶：容量为 500mL。

（3）烘箱：温度控制范围为（105±5）℃。

（4）其他：干燥器、浅盘、铝制料勺、温度计等。

2.4.2　试验步骤

（1）将经过缩分后不少于 650g 的样品装入浅盘，在温度为（105±5）℃的烘箱中烘干至恒重（恒重是指两次称量间隔时间不小于 3h 的情况下，其前后两次称量之差小于该项试验所要求的称量精度，下同），并在干燥器内冷却至室温。

（2）称取烘干的试样 300g（m_{s0}），装入盛有半瓶冷开水的容量瓶中。

（3）摇转容量瓶，使试样在水中充分搅动以排出气泡，塞紧瓶塞，静置 24h。

（4）用滴管加水至瓶颈刻度线平齐，再塞紧瓶塞，擦干容量瓶外壁的水分，称质量（m_{s1}）。

（5）倒出容量瓶中的水和试样，将瓶的外壁洗净，向瓶内加入与本试验 2.4.2 条第（2）款水温相差不超过 2℃的冷开水至瓶颈刻度线，塞紧瓶塞，擦干容量瓶外壁的水分，称质量（m_{s2}）。

（6）在砂的表观密度试验过程中应测量并控制水的温度，试验的各项称重可在 15～25℃的温度范围内进行，从试样加水静置的最后 2h 起直至实验结束，其温度相差不应超过 2℃。

2.4.3　结果计算及处理

砂的表观密度按式（附 1-2）计算，结果精确至 10kg/m³。

$$\rho_{sb} = \left(\frac{m_{s0}}{m_{s0} + m_{s2} - m_{s1}} - \alpha_t \right) \times 1000 \qquad \text{（附 1-2）}$$

式中　ρ_{sb}——砂的表观密度（kg/m³）；

　　　m_{s0}——试样的烘干质量（g）；

　　　m_{s1}——试样、水和容量瓶的总质量（g）；

　　　m_{s2}——水及容量瓶总质量（g）；

　　　α_t——水温对表观密度影响的修正系数，见附表 1-2。

以两次试验结果的算术平均值作为测定值，两次结果之差不大于 20kg/m³。

不同水温对砂、碎石表观密度影响的修正系数　　　　　　　附表 1-2

水温（℃）	15	16、17	18、19	20、21	22、23	24	25
α_t	0.002	0.003	0.004	0.005	0.006	0.007	0.008

2.5　碎石的表观密度试验

2.5.1　仪器设备及工具

（1）液体天平：称量 5kg，感量 5g，其型号及尺寸应能允许在臂上悬挂盛试样的吊篮，并在水中称重，如附图 1-2 所示。

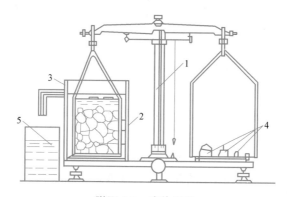

附图 1-2　液体天平

1-5kg 天平；2-吊篮；3-带有溢流孔的金属容器；4-砝码；5-容器

（2）吊篮：直径和高度均为 150mm，由孔径为 1～2mm 的筛网或钻有孔径为 2～3mm 孔洞的耐锈蚀金属板制成。

（3）盛水容器：有溢流孔。

（4）烘箱：温度控制范围为（105±5）℃。

（5）试验筛：筛孔公称直径为 5.00mm 的方孔筛一只。

（6）温度计：0～100℃。

（7）其他：带盖容器、浅盘、刷子和毛巾等。

2.5.2　试验步骤

（1）按附表 1-1 的规定称取试样。

（2）取试样一份装入吊篮，并浸入盛水的容器中，水面至少高出试样 50mm。

（3）浸水 24h 后，移放到称量用的盛水容器中，并用上下升降吊篮的方法排除气泡

（试样不得露出水面）。吊篮每升降一次约为 1s，升降高度为 30～50mm。

（4）测定水温（此时吊篮应全浸在水中），用天平称取吊篮及试样在水中的质量（m_{g2}），称量时盛水容器中水面的高度由容器的溢流孔控制。

（5）提起吊篮，将试样置于浅盘中，放入（105±5）℃的烘箱中烘干至恒重；然后取出放在带盖的容器中冷却至室温后，称重（m_{g0}）。

（6）称取吊篮在同样温度的水中质量（m_{g1}），称量时盛水容器的水面高度仍应由溢流口控制。

（7）试验的各项称重可以在 15～25℃ 的温度范围内进行，但从试样加水静置的最后 2h 起直至试验结束，其温度相差不应超过 2℃。

2.5.3　结果计算及处理

碎石的表观密度按式（附 1-3）计算，结果精确至 $10kg/m^3$。

$$\rho_{gb}=\left(\frac{m_{g0}}{m_{g0}+m_{g1}-m_{g2}}-\alpha_t\right)\times 1000 \qquad （附 1-3）$$

式中　ρ_{gb}——碎石的表观密度（kg/m^3）；

$\quad\quad m_{g0}$——试样的烘干质量（g）；

$\quad\quad m_{g1}$——吊篮在水中的质量（g）；

$\quad\quad m_{g2}$——吊篮及试样在水中的质量（g）；

$\quad\quad \alpha_t$——水温对表观密度的修正系数，见附表 1-2。

以两次试验结果的算术平均值作为测定值，两次结果之差不大于 $20kg/m^3$。对颗粒材质不均匀的试样，两次结果之差大于 $20kg/m^3$ 时，可取四次测定结果的算术平均值作为测定值。

3　堆积密度和紧密密度试验

3.1　试验目的

材料的堆积密度是材料自然堆积状态下单位体积的质量，而紧密密度是松散材料经颠实后的单位体积的质量。本试验采用砂或碎石作为试验材料，通过试验使学生掌握堆积密度和紧密密度试验的基本方法，同时也为"附录Ⅳ 普通混凝土试验"提供基本技术参数。

3.2　试验依据

《普通混凝土用砂、石质量及检验方法标准》JGJ 52—2006。

3.3　试样准备

取样按 2.3.1 条方法，其中砂取样质量不少于 5kg、碎石不少于附表 1-3 规定。缩分可按 2.3.2 条方法，也可不进行缩分而直接拌匀后试验。

碎石堆积密度和紧密密度试验所需最少取样质量　　　　附表 1-3

最大公称粒径(mm)	10.0	16.0	20.0	25.0	31.5	40.0	63.0	80.0
取样质量(kg)	40	40	40	40	80	80	120	120

3.4　碎石堆积密度和紧密密度试验

3.4.1　仪器设备及工具

（1）秤：称量 100kg，感量 100g。

（2）容量筒：金属制，其规格见附表 1-4。测定紧密密度时，对最大公称粒径为31.5mm、40.0mm 的骨料，可采用 10L 的容量筒，对最大公称粒径为 63.0mm、80.0mm 的骨料，可采用 20L 容量筒。

容量筒的规格要求　　　　　　　　　　附表 1-4

碎石的最大公称粒径（mm）	容量筒容积（L）	容量筒规格（mm）		筒壁厚度（mm）
		内径	净高	
10.0、16.0、20.0、25.0	10	208	294	2
31.5、40.0	20	294	294	3
63.0、80.0	30	360	294	4

（3）平头铁锹。

（4）烘箱：温度控制范围为（105±5）℃。

3.4.2　试验步骤

（1）按附表 1-3 称取试样，放入浅盘，在（105±5）℃的烘箱中烘干，也可摊在清洁的地面上风干，拌匀后分成两份备用。

（2）堆积密度：取试样一份，置于平整干净的地板（或铁板）上，用平头铁锹铲起试样，使石子自由落入容量筒内。此时，从铁锹的齐口至容量筒上口的距离应保持为 50mm左右。装满容量筒除去凸出筒口表面的颗粒，并以合适的颗粒填入凹陷部分，使表面稍凸起部分和凹陷部分的体积大致相等，称取试样和容量筒总质量。

（3）紧密密度：取试样一份，分三层装入容量筒。装完一层后，在筒底垫放一根直径为 25mm 的钢筋，将筒按住并左右交替颠击地面各 25 下，然后装入第二层。第二层装满后，用同样方法颠实（但筒底所垫钢筋的方向应与第一层放置方向垂直），然后再装入第三层，如法颠实。待三层试样装填完毕后，加料直到试样超出容量筒筒口，用钢筋沿筒口边缘滚转，刮下高出筒口的颗粒，用合适的颗粒填平凹处，使表面稍凸起部分和凹陷部分的体积大致相等。称取试样和容量筒总质量。

3.4.3　结果计算及处理

碎石的堆积密度与紧密密度按式（附 1-4）计算，精确至 10kg/m³。

$$\rho_{gl}(\rho_{gc})=\frac{m_{gd2}-m_{gd1}}{V_{gd}}\times1000 \qquad （附 1-4）$$

式中　ρ_{gl}——碎石的堆积密度（kg/m³）；

　　　ρ_{gc}——碎石的紧密密度（kg/m³）；

　　　m_{gd1}——容量筒的质量（kg）；

　　　m_{gd2}——容量筒和试样的总质量（kg）；

　　　V_{gd}——容量筒的容积（L）。

以两次试验结果的算术平均值作为测定值。

3.5　砂堆积密度和紧密密度试验

3.5.1　仪器设备及工具

（1）秤：称量 5kg，感量 5g。

（2）金属容量筒：圆柱形，内径 108mm，净高 109mm，筒壁厚 2mm，容积 1L，筒底厚度为 5mm。

（3）标准漏斗：如附图 1-3 所示。

（4）烘箱：温度控制范围为（105±5）℃。

（5）其他：直尺，浅盘，铝制料勺等。

3.5.2 试验步骤

（1）先用公称孔径 5.00mm 的筛子过筛，然后取经缩分后的样品不少于 3L，装入浅盘，在温度为（105±5）℃烘箱中烘干至恒重，取出并冷却至室温，分成大致相等的两份备用。试样烘干后若有结块，应在试验前先予捏碎。

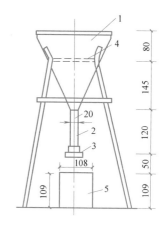

附图 1-3 标准漏斗（单位：mm）
1-漏斗；2-φ20mm 管子；
3-活动门；4-筛；5-金属容量筒

（2）堆积密度：取试样一份，用漏斗或铝制勺，将它徐徐装入容量筒（漏斗出料口或料勺距容量筒筒口不应超过 50mm）直至试样装满并超出容量筒筒口，然后用直尺将多余的试样沿筒口中心线向两个相反方向刮平，称其质量。

（3）紧密密度：取试样一份，分两层装入容量筒。装完一层后，在筒底垫放一根直径为 10mm 的钢筋，将筒按住，左右交替颠击地面各 25 下，然后再装入第二层；第二层装满后用同样方法颠实（但筒底所垫钢筋的方向应与装第一层放置的方向垂直），二层装完并颠实后，加料直至试样超出容量筒筒口，然后用直尺将多余的试样沿筒口中心线向两个相反方向刮平，称其质量。

3.5.3 结果计算及处理

砂的堆积密度与紧密密度按式（附 1-5）计算，精确至 10kg/m³。

$$\rho_{sl}(\rho_{sc}) = \frac{m_{sd2} - m_{sd1}}{V_{sd}} \times 1000 \qquad (附 1\text{-}5)$$

式中 ρ_{sl}——砂的堆积密度（kg/m³）；

ρ_{sc}——砂的紧密密度（kg/m³）；

m_{sd1}——容量筒的质量（kg）；

m_{sd2}——容量筒和试样的总质量（kg）；

V_{sd}——容量筒的容积（L）。

以两次试验结果的算术平均值作为测定值。

4 导热系数试验

4.1 试验目的

导热系数是指在稳定传热条件下，1m 厚的材料，两侧表面的温差为 1℃，在 1s 内，通过 1m² 面积传递的热量。当存在其他形式的热传递形式时，如辐射、对流和传质等多种传热形式时的复合传热关系，该性质通常被称为表观导热系数、显性导热系数或有效导热系数。此外，导热系数是针对均质材料而言的，实际情况下，还存在有多孔、多层、多结构、各向异性材料，此种材料获得的导热系数实际上是一种综合导热性能的表现，也称之为平均导热系数。本试验采用测定材料有效平均导热系数。

4.2　试验依据

《绝热材料稳态热阻及有关特性的测定 防护热板法》GB/T 10294—2008；《建筑保温砂浆》GB/T 20473—2006。

4.3　试样准备

试样可以为土木工程中所使用各种材料，如砂浆、混凝土、塑料、玻璃、纤维、泡沫、粉状料等。

对于保温砂浆应按"附录Ⅴ 建筑砂浆试验"中 1～3 条规定，测定稠度为（50±5）mm 时的水料比（也可以采用生产商推荐的水料比）进行拌制，制作成 200mm×200mm×（5～20)mm 薄板试件 2 个，再对要进行的测试面"收光"。根据试验计划要求条件养护，到需要的龄期后对要进行的测试面磨光或抛光处理，然后放入烘箱中烘干至恒重，取出放到密封干燥的容器或袋中备用。

4.4　保温砂浆导热系数试验

4.4.1　仪器设备

导热系数测试仪（DRH-Ⅲ型）：导热系数范围为 0.02～2W/(m·K)，测试精度不大于±3%；热面温度范围为室温～95℃，分辨率 0.01℃；冷面温度范围为室温～30℃，分辨率 0.01℃，采用半导体制冷；电源为 220V/50Hz；功率不大于 1kW；量热电源为电压 0～36V，分辨 0.01V；电流 0～3A，分辨率 0.01A。计算机自动测试，并实现数据打印输出，如附图 1-4 所示。

附图 1-4　导热系数测试仪（DRH-Ⅲ型）

4.4.2　试验步骤

（1）将试件放在导热系数测定仪的加热板上，然后转动手柄，使试件被冷板压紧，注意接触面应保持平整且结合紧密，并应打开水管进行水冷。

（2）打开电源开关和稳压电源。

（3）启动电脑程序，检查其通讯地址无误后，点击"确定"，进入操作的主界面，输入试样的厚度。

（4）护热板升温：根据材料导热系数的不同，设置好护热板的恒定温度，要求一般比冷板高 10℃以上。其方法是：在电脑界面内，点击"修改"，再在"温度设定"栏输入恒定的温度值。点击"确定"，最后再点击"加热启动"，护热板便按设定速度升到恒定的温度。

（5）量热板升温：在护热板升温后，点击"电源启动"，调节稳压电源的输出电压（一般在 5～15V 之间），启动量热板升温。量热板的温度一般要比护热板低 1～3℃，在护热板达到预先设定的数值且稳定后，再调节稳压电源的输出电压，同时使量热板升温至护热板的设定温度，当它们相等并且恒定一段时间后，点击"自动测试"。

4.4.3　结果计算及处理

在测试结束时，界面会自动显示出导热系数值。点击"保存""打印报告"，进入 EX-CEL 界面，可打印并保存计算结果。也可按式（附 1-6）计算，精确至 0.01W/(m·K)。

$$\lambda = \frac{\Phi \times d}{A \times (T_1 - T_2)} \qquad \text{(附 1-6)}$$

式中　λ——导热系数〔W/(m・K)〕；

Φ——加热单元计量部分的平均加热功率（W）；

d——试件平均厚度（m）；

A——计量面积（双试件装置需乘以 2）（m²）；

T_1——试件热面温度平均值（K）；

T_2——试件冷面温度平均值（K）。

附录Ⅱ　水泥试验

　　水泥试验选取了土木工程中常规的试验项目，主要有水泥的细度、标准稠度用水量、凝结时间、安定性、强度。通过试验使学生掌握水泥的试验方法，同时也为"附录Ⅳ 普通混凝土试验"提供基本技术参数。有条件时应按《水泥取样方法》GB/T 12573—2008标准进行取样，取得的试样应有代表性，且无受潮结块等现象。试验前试样要通过0.90mm 方孔筛后充分混匀，一次或多次将样品缩分到试验所需的质量。

1　细度试验

1.1　试验依据

　　《水泥细度检验方法　筛析法》GB/T 1345—2005。

1.2　水泥品种

　　该试验适用于矿渣硅酸盐水泥、火山灰质硅酸盐水泥、粉煤灰硅酸盐水泥、复合硅酸盐水泥的细度检测。

1.3　仪器设备

　　（1）负压筛：由圆形筛框和筛网组成，筛网符合《试验筛 金属丝编织网、穿孔板和电成型薄板　筛孔的基本尺寸》GB/T 6005—2008 R20/3 的 80μm 或 45μm 要求，负压筛的结构尺寸如附图 2-1 所示。负压筛应附有透明筛盖，筛盖与筛上口应有良好的密封性，筛网应紧绷在筛框上，筛网和筛框接触处应用防水胶密封，防止水泥嵌入；筛孔尺寸的检验方法按《试验筛　技术要

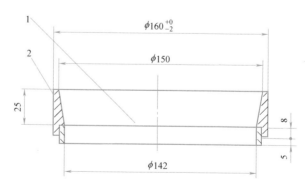

附图 2-1　负压筛（图中尺寸单位为毫米）

1-筛网；2-筛框

求和检验　第 1 部分：金属丝编织网试验筛》GB/T 6003.1—2012，进行；负压筛应保持清洁、干燥、筛孔通畅，使用 10 次后要进行清洗，金属框筛、铜丝网筛清洗时应用专门的清洗剂，不可用弱酸浸泡；由于物料会对筛网产生磨损，负压筛使用 100 次后需要重新标定，标定方法按《水泥细度检验方法　筛析法》GB/T 1345—2005 中附录 A 进行。

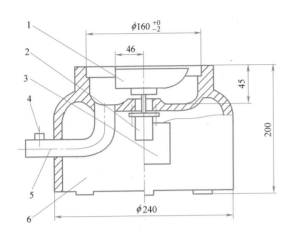

附图 2-2　负压筛析仪筛座示意图

(图中尺寸单位为毫米)

1-喷气嘴；2-微电机；3-控制板开口；

4-负压表接口；5-负压源及收尘器接口；6-壳体

(2) 负压筛析仪：负压筛析仪由筛座、负压筛、负压源及收尘器组成，其中筛座由转速为（30±2）r/min 的喷气嘴、负压表、控制板、微电机及壳体等构成，如附图 2-2 所示。筛析仪负压可调范围为 4000～6000Pa；喷气嘴上口平面与筛网之间距离为 2～8mm；喷气嘴的上口尺寸如附图 2-3 所示；负压源和收尘器由功率不小于 600W 的工业吸尘器和小型旋风收尘筒组成或用其他具有相当功能的设备。

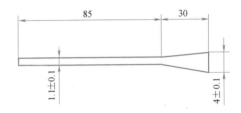

附图 2-3　喷气嘴上开口

(图中尺寸单位为毫米)

(3) 天平：最小分度值不大于 0.01g。

1.4　试验步骤

(1) 把负压筛放在筛座上，盖上筛盖，接通电源，检查控制系统，调节负压至 4000～6000Pa 范围内。

(2) 80μm 筛析试验称取试样 25g，45μm 筛析试验称取试样 10g，称取试样精度至 0.01g，置于负压筛中，接通电源，开动筛析仪连续筛析 2min，在此期间如有试样附着在筛盖上，可轻轻地敲击筛盖使试样落下。筛毕，用天平称量全部筛余物。

1.5　结果计算及处理

(1) 水泥试样筛余百分数按式（附 2-1）计算，结果计算至 0.1%。

$$F=\frac{R_t}{W}\times 100 \qquad\qquad (\text{附 2-1})$$

式中　F——水泥试样的筛余百分数（%）；

　　　R_t——水泥筛余物的质量（g）；

　　　W——水泥试样的质量（g）。

(2) 筛余结果的修正

试验筛的筛网会在试样中磨损，因此筛析结果应进行修正。修正的方法是将计算结果乘以该试验筛按《水泥细度检验方法　筛析法》GB/T 1345—2005 中附录 A 标定后得到的有效修正系数，即为最终结果。

(3) 试样结果

合格评定时，每个样品应称取二个试样分别筛析，取筛余平均值为筛析结果。若两次筛余结果绝对误差大于 0.5%时（筛余值大于 5.0%时可放宽至 1.0%），应再做一次试样，取两次相近结果的算术平均值作为最终结果。

2 标准稠度用水量、凝结时间、安定性试验

2.1 试验依据

《水泥标准稠度用水量、凝结时间、安定性检验方法》GB/T 1346—2011。

2.2 水泥品种

本方法适用于通用硅酸盐水泥。

2.3 仪器设备与材料

（1）水泥净浆搅拌机：符合《水泥净浆搅拌机》JC/T 729—2005 的要求。

（2）标准法维卡仪，如附图 2-4 所示。

二维码附录-2
水泥调度、
凝时试验

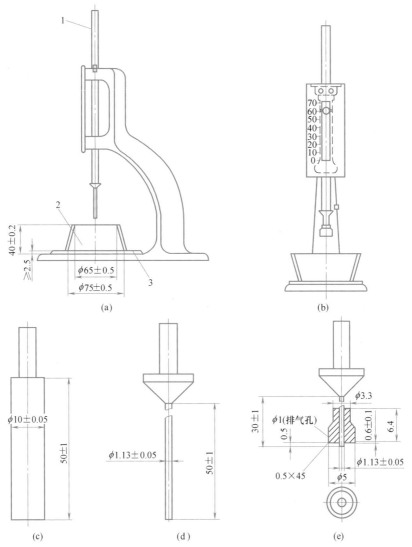

附图 2-4　测定水泥标准稠度和凝结时间用维卡仪及配件示意图（图中尺寸单位为毫米）

（a）初凝时间测定用立式试模的侧视图；（b）终凝时间测定用反转试模的前视图；

（c）标准稠度试杆；（d）初凝用试针；（e）终凝用试针

1-滑动杆；2-试模；3-玻璃板

标准稠度试杆有效长度为（50±1）mm、直径为（10±0.05）mm的圆柱形耐腐蚀金属制成。初凝用试针由钢制成，其有效长度初凝试针为（50±1）mm，终凝试针为（30±1）mm，直径为（1.13±0.05）mm。滑动部分的总质量为（300±1）g。与试杆、试针联结的滑动杆表面应光滑，能靠重力自由下落，不得有紧涩和旷动的现象。

盛装水泥净浆的试模由耐腐蚀的、有足够硬度的金属制成。试模为深（40±0.2）mm、顶内径（65±0.5）mm、底内径（75±0.5）mm的截顶圆锥体。每个试模应配备一个边长或直径100mm、厚度（4～5）mm的平板玻璃底板或金属板。

（3）雷氏夹：由铜质材料制成，其结构如附图2-5所示。

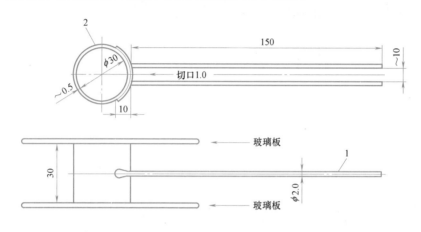

附图2-5　雷氏夹（图中尺寸单位为毫米）

1-指针；2-环模

当一根指针的根部先悬挂在一根金属丝或尼龙丝上，另一根指针的根部再挂上300g质量的砝码时，两根指针针尖的距离增加应在（17.5±2.5）mm范围内，如附图2-6所示，即$2x=(17.5±2.5)$mm，当去掉砝码后针尖的距离能恢复至挂砝码前的状态。

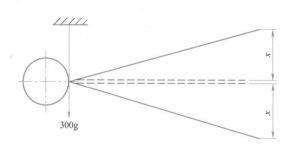

附图2-6　雷氏夹受力示意图

（4）煮沸箱：符合《水泥安定性试验用沸煮箱》JC/T 955—2005的要求。

（5）雷氏夹膨胀测定仪：如附图2-7所示，标尺最小刻度为0.5mm。

（6）量筒或滴定管：精度±0.5mL。

（7）天平：最大称量不小于1000g，分度值不大于1g。

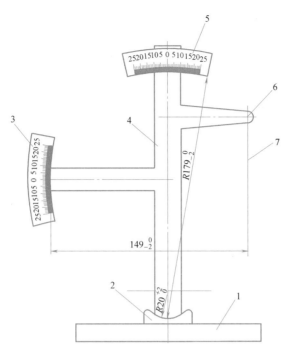

附图 2-7　雷氏夹膨胀测定仪（图中尺寸单位为毫米）

1-底座；2-模子座；3-测弹性标尺；

4-立柱；5-测膨胀值标尺；6-悬臂；7-悬丝

（8）材料：试验用水应是洁净的饮用水，如有争议时应以蒸馏水为准。

2.4　试验条件

试验室温度为（20±2）℃，相对湿度应不低于50%；水泥试样、拌合水、仪器和用具的温度应与实验室一致；湿气养护箱的温度为（20±1）℃，相对湿度应不低于90%。

2.5　标准稠度用水量测定

2.5.1　准备工作

维卡仪的滑动杆能自由滑动。试模和玻璃底板用湿布擦拭，将试模放在底板上。调整至试杆接触玻璃板时指针对准零点。搅拌机运行正常。

2.5.2　操作步骤

（1）用水泥净浆搅拌机搅拌，搅拌锅和搅拌叶片先用湿布擦过，将拌合水倒入搅拌锅内，然后在5～10s内小心将称好的500g水泥加入水中，防止水和水泥溅出；拌合时，先将锅放在搅拌机的锅座上，升至搅拌位置，启动搅拌机，低速搅拌120s，停15s，同时将叶片和锅壁上的水泥浆刮入锅中间，接着高速搅拌120s停机。

（2）拌合结束后，立即取适量水泥净浆一次性将其装入已置于玻璃底板上的试模中，浆体超过试模上端，用宽约25mm的直边刀轻轻拍打超出试模部分的浆体5次以排除浆体中的孔隙，然后在试模上表面约1/3处，略倾斜于试模分别向外轻轻锯掉多余净浆，再从试模边沿轻抹顶部一次，使净浆表面光滑。在锯掉多余净浆和抹平的操作过程中，注意不要压实净浆；抹平后迅速将试模和底板移到维卡仪上，并将其中心定在试杆下，降低试杆直至与水泥净浆表面接触,拧紧螺栓 1～2s 后,突然放松,使试杆垂直自由地沉入水泥净浆中。试杆停止沉入或释放试杆 30s 时,记录试杆距底板之间的距离,升起试杆后,立即擦净;整个操作应在搅拌后 1.5min 内完成。

2.5.3　结果评定

以试杆沉入净浆并距底板 (6±1)mm 的水泥净浆为标准稠度净浆。其拌合水量为该水泥的标准稠度用水量 (P),按水泥质量的百分比计。

2.6　凝结时间的测定

2.6.1　准备工作

调整凝结时间测定仪的试针接触玻璃板时指针对准零点,以标准稠度用水量制成标准稠度净浆装模和刮平后,立即放入湿气养护箱中,记录水泥全部加入水中的时间作为凝结时间的起始时间。

2.6.2　初凝时间的测定

(1) 试件在湿气养护箱中养护至加水后 30min 时进行第一次测定。测定时,从湿气养护箱中取出试模放到试针下,降低试针与水泥净浆表面接触。拧紧螺丝 1～2s 后,突然放松,试针垂直自由地沉入水泥净浆。观察试针停止下沉或释放试针 30s 时指针的读数。临近初凝时间时每隔 5min (或更短时间) 测定一次。

(2) 当试针沉至距底板 (4±1) mm 时,为水泥达到初凝状态;由水泥全部加入水中至初凝状态的时间为水泥的初凝时间,用"min"表示。

2.6.3　终凝时间的测定

(1) 为了准确观测试针沉入的状况,在终凝针上安装了一个环形附件。在完成初凝时间测定后,立即将试模连同浆体以平移的方式从玻璃板取下,翻转 180°,直径大端向上、小端向下放在玻璃板上,再放入湿气养护箱中继续养护。临近终凝时间时每隔 15min (或更短时间) 测定一次。

(2) 当试针沉入试体 0.5mm 时,即环形附件开始不能在试体上留下痕迹时,为水泥达到终凝状态。由水泥全部加入水中至终凝状态的时间为水泥的终凝时间,用"min"表示。

2.6.4　注意事项

在最初测定的操作时应轻轻扶持金属柱,使其徐徐下降,以防试针撞弯,但结果以自由下落为准;在整个测试过程中试针沉入的位置至少要距试模内壁 10mm。临近初凝时,每隔 5min (或更短时间) 测定一次,临近终凝时每隔 15min (或更短时间) 测定一次,到达初凝时应立即重复测一次,当两次结论相同时才能确定到达初凝状态;到达终凝时,需要在试体另外两个不同点测试,确认结论相同才能确定到达终凝状态。每次测定不能让试针落入原针孔,每次测试完毕须将试针擦净并将试模放回湿气养护箱内,整个测试过程要防止试模受振。

2.7　安定性测定

2.7.1　准备工作

每个试样需成型两个试件,每个雷氏夹需配备两个边长或直径约 80mm、厚度 4～5mm 的玻璃板,凡与水泥净浆接触的玻璃板和雷氏夹内都要稍稍涂上一层油,考虑到有些油会影响凝结时间,建议采用矿物油。

2.7.2 操作步骤

（1）雷氏夹试件的成型：将预先准备好的雷氏夹放在已稍擦油的玻璃板上，把立即将已制好的标准稠度净浆一次装满雷氏夹，装浆时一只手轻轻扶持雷氏夹，另一只手用宽约 25mm 的直边刀在浆体表面轻轻插捣 3 次，然后抹平，盖上稍涂油的玻璃板，接着立即将试件移至湿气养护箱内养护（24±2）h。

（2）沸煮：调整好煮沸箱内的水位，使能保证在整个沸煮过程中都超过试件，不需中途添补试验用水，同时又能保证在（30±5）min 内升至沸腾。脱去玻璃板取下试件，先测量雷氏夹指针尖端间的距离（A），精确到 0.5mm，接着将试件放入沸煮箱水中的试件架上，指针朝上，然后在（30±5)min 内加热至沸并恒沸（180±5)min。

2.7.3 结果评定

沸煮结束后，立即放掉箱中的热水，打开箱盖，待箱体冷却至室温，取出试件进行判别。测定雷氏夹指针尖端的距离（C），准确到 0.5mm，当两个试件煮后指针尖端增加的距离（CA）的平均值不大于 5.0mm 时，即认为该水泥安定性合格。当两个试件煮后增加距离（CA）的平均值差大于 5.0mm 时，应用同一样品立即重做一次试验，以复检结果为准。

3 胶砂强度试验

3.1 试验依据

《水泥胶砂强度检验方法（ISO 法）》GB/T 17671—2020。

二维码附录-3
水泥胶砂强度试验

3.2 水泥品种

本方法适用于通用硅酸盐水泥的抗折与抗压强度检验。

3.3 仪器设备与材料

1）搅拌机：搅拌机，如附图 2-8 所示，属行星式，应符合《行星式水泥胶砂搅拌机》JC/T 681—2005 要求。

用多台搅拌机工作时，搅拌锅和搅拌叶片应保持配对使用。叶片与锅之间的间隙，是指叶片与锅壁最近的距离，应每月检查一次。

2）试模：试模由三个水平的模槽组成，如附图 2-9 所示。试模可同时成型三条截面为 40mm × 40mm，长160mm 的棱形试体，其材质和制造尺寸应符合《水泥胶砂试模》JC/T 726—2005 要求。当试模的任何一个公差超

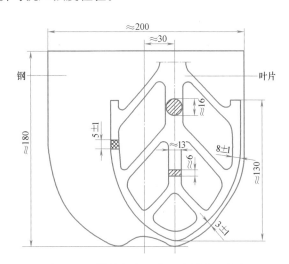

附图 2-8 搅拌机（图中尺寸单位为毫米）

过规定的要求时，就应更换。在组装备用的干净模型时，应用黄干油等密封材料涂覆模型的外接缝。试模的内表面应涂上一薄层模型油或机油。

3）试模套：成型操作时，应在试模上面加有一个壁高 20mm 的金属模套，当从上往下看时，模套壁与模型内壁应该重叠，超出内壁不应大于 1mm。

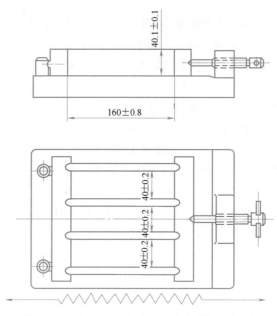

附图2-9　典型的试模（图中尺寸单位为毫米）

4）专用工具：为了控制料层厚度和刮平胶砂，应备有附图2-10所示的两个播料器和一把金属刮平直尺。

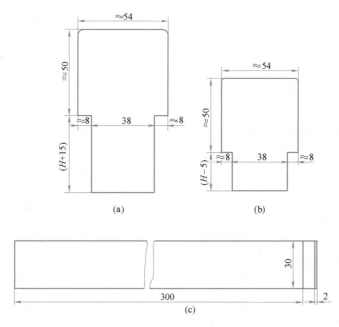

附图2-10　典型的播料器和刮平尺（图中尺寸单位为毫米）

（a）大播料器；（b）小播料器；（c）金属刮平尺

5）振实台：如附图2-11所示，应符合《水泥胶砂试体成型振实台》JC/T 682—2005要求。振实台应安装在高度约400mm的混凝土基座上。混凝土体积约为0.25m³，重约

600kg。需防外部振动影响振实效果时，可在整个混凝土基座下放一层厚约 5mm 天然橡胶弹性衬垫。将仪器用地脚螺栓固定在基座上，安装后设备成水平状态，仪器底座与基座之间要铺一层砂浆以保证它们的完全接触。

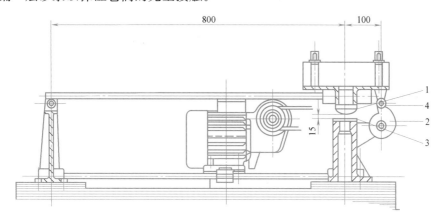

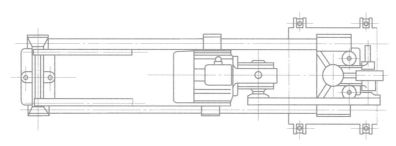

附图 2-11　典型的振实台（图中尺寸单位为毫米）

1-突头；2-凸轮；3-止动器；4-随动轮

　　6）抗折强度试验机：应符合《水泥胶砂电动抗折试验机》JC/T 724—2005 的要求。试件在夹具中受力状态如附图 2-12 所示。

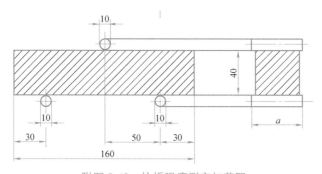

附图 2-12　抗折强度测定加荷图

　　通过三根圆柱轴的三个竖向平面应该平行，并在试验时继续保持平行和等距离垂直试体的方向，其中一根支撑圆柱和加荷圆柱能轻微地倾斜使圆柱与试体完全接触，以便荷载沿试体宽度方向均匀分布，同时不产生任何扭转应力。抗折强度也可用抗压强度试验机来测定，此时应使用符合上述规定的夹具。

7）抗压强度试验机：最大荷载以 200～300kN 为佳，可以有两个以上的荷载范围，其中最低荷载范围的最高值大致为最高范围里的最大值的五分之一。在较大的五分之四量程范围内使用时记录的荷载应有±1％精度，并具有按（2400±200）N/s 速率的加荷能力，应有一个能指示试件破坏时荷载并把它保持到试验机卸荷以后的指示器，可以用表盘里的峰值指针或显示器来达到。人工操纵的试验机应配有一个速度动态装置以便于控制荷载增加。

压力机的活塞竖向轴应与压力机的竖向轴重合，在加荷时也不例外，而且活塞作用的合力要通过试件中心。压力机的下压板表面应与该机的轴线垂直并在加荷过程中一直保持不变。

压力机上压板球座中心应在该机竖向轴线与上压板下表面相交点上，其公差为±1mm。上压板在与试体接触时能自动调整，可以润滑球座以便使其与试件接触更好，但在加荷期间不致因此而发生压板的位移。在高压下有效的润滑剂不适宜使用，以免导致压板的移动。

试验机压板应由维氏硬度不低于 HV600 硬质钢制成，最好为碳化钨，厚度不小于10mm，宽为（40±0.1）mm，长不小于 40mm。压板和试件接触的表面平面度公差应为0.01mm，表面粗糙度（Ra）应在 0.1～0.8 之间。

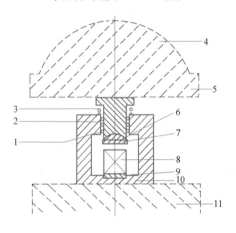

附图 2-13　典型的抗压强度试验夹具
1-滚珠轴承；2-滑块；3-复位弹簧；4-压力机球座；
5-压力机上压板；6-夹具球座；7-夹具上压板；
8-试体，9-底板；10-夹具下垫板；11-压力机下压板

当试验机没有球座，或球座已不灵活或直径大于 120mm 时，应采用水泥抗压专用夹具。

8）水泥抗压专用夹具：应把它放在压力机的上下压板之间并与压力机处于同一轴线，以便将压力机的荷载传递至胶砂试件表面。夹具应符合《40mm×40mm 水泥抗压夹具》JC/T 683—2005 的要求，受压面积为 40mm×40mm。夹具在压力机上位置如附图 2-13，夹具要保持清洁，球座应能转动以使其上压板能从一开始就适应试体的形状并在试验中保持不变，可以润滑夹具的球座，但在加荷期间不会使压板发生位移。不能用高压下有效的润滑剂。试件破坏后，滑块能自动回复到原来的位置。

9）标准砂：各国生产的 ISO 标准砂都可以用来按本标准测定水泥强度，中国 ISO 标准砂符合 ISO 679 中 5.1.3 要求。

（1）ISO 基准砂：ISO 基准砂（reference sand）是 SiO_2 含量不低于 98％的天然的圆形硅质砂组成，其颗粒分布在附表 2-1 规定的范围内。

砂的筛析试验应用有代表性的样品来进行，每个筛子的筛析试验应进行至每分钟通过量小于 0.5g 为止。砂的湿含量是在 105～110℃下用代表性砂样烘 2h 的质量损失来测定，以干基的质量百分数表示。

ISO基准砂颗粒分布 附表 2-1

方孔边长(mm)	累计筛余(%)
2.0	0
1.6	7±5
1.0	33±5
0.5	67±5
0.16	87±5
0.08	99±1

（2）中国ISO标准砂：中国ISO标准砂完全符合上述ISO基准砂颗粒分布和湿含量的规定。生产期间这种测定每天应至少进行一次，这些要求不足以保证标准砂与基准砂等同，这种等效性是通过标准砂和基准砂比对检验程序来保持的。中国ISO标准砂以各级预配合以（1350±5）g量的塑料袋混合包装，但所用塑料袋材料不得影响强度试验结果，且每袋标准砂应符合表2-1规定的颗粒分布。使用前应小心存放，避免破损或污染、特别是受潮。

10）水泥：当试验水泥从取样至试验要保持24h以上时，应把它贮存在基本装满和密封的容器里，这个容器应不与水泥起反应。试验前，水泥样品应经过机械或其他方式混合均匀。

11）水：验收试验或其他重要试验用蒸馏水或去离子水，其他试验可用饮用水。

3.4 试验条件

（1）试体成型试验室的温度应保持在（20±2）℃，相对湿度应不低于50%。

（2）试体带模养护的养护箱或雾室温度保持在（20±1）℃，相对湿度不低于90%。

（3）试体养护池水温度应在（20±1）℃范围内。

（4）试验室空气温度和相对湿度及养护池水温在工作期间每天至少记录一次。

（5）养护箱或雾室的温度与相对湿度至少每4h记录一次，在自动控制的情况下记录次数可以酌减至一天记录二次。在温度给定范围内，控制所设定的温度应为此范围中值。

3.5 试体准备

（1）配料：水泥、标准砂、水和试验用具的温度与试验室试体成型温度相同时，分别称量质量配合比为：水泥（450±2）g，标准砂（1350±5）g，水（225±1）mL，称量用的天平精度应为±1g。当用自动滴管加225mL水时，滴管精度应达到±1mL；对于火山灰质硅酸盐水泥、粉煤灰硅酸盐水泥、复合硅酸盐水泥和掺火山灰质混合料的普通硅酸盐水泥在进行胶砂强度检验时，其用水量还要满足胶砂流动度不小于180mm，当流动度小于180mm时，应以0.01的整数倍数递增的方法将水灰比调整至胶砂流动度不小于180mm。

（2）搅拌：把水加入锅里，再加入水泥，把锅放在固定架上，上升至固定位置。然后立即开动机器，低速搅拌30s后，在第二个30s开始的同时均匀地将砂子加入。当各级砂是分装时，从最粗粒级开始，依次将所需的每级砂量加完，把机器转至高速再拌30s。停拌90s，在第1个15s内用一胶皮刮具将叶片和锅壁上的胶砂刮入锅中间。在高速下继续搅拌60s，各个搅拌阶段，时间误差应在±1s以内。

（3）试件制备：胶砂制备后立即进行成型。将空试模和模套固定在振实台上，用一个适当勺子直接从搅拌锅里将胶砂分两层装入试模。装第一层时，每个槽里约放300g胶砂，用大播料器（附图 2-10a）垂直架在模套顶部沿每个模槽来回一次将料层播平，接着振实 60 次。再装入第二层胶砂，用小播料器（附图 2-10b）播平，再振实 60 次。移走模套，从振实台上取下试模，用一金属直尺（附图 2-10c）以近似 90°的角度但向刮平方向稍斜架在试模模顶的一端，然后沿试模长度方向以横向锯割动作慢慢向另一端移动，一次将超过试模部分的胶砂刮去，并用同一直尺以近乎水平的情况下将试体表面抹平。锯割动作的多少与直尺角度的大小取决于胶砂的稠度，较干的胶砂需要多次锯割，直尺尽量水平，但抹平的次数要尽量减少。在试模上作标记或加字条标明试件编号。

（4）温湿养护：擦除试模周边的胶砂。在试模上盖一块 210mm×185mm×6mm 的玻璃板，也可用相似尺寸的钢板或不渗水的、和水泥没有反应的材料制成的板。盖板不应与水泥砂浆接触。立即将做好标记的试模放入雾室或湿箱的水平架子上养护，湿空气应能与试模各边接触。养护时不应将试模放在其他试模上，一直养护到规定的脱模时间时取出脱模。脱模前，用防水墨汁或颜料笔对试体进行编号和做其他标记。两个龄期以上的试体，在编号时应将同一试模中的三条试体分在两个以上龄期内。

（5）脱模：脱模应非常小心，脱模时可用橡皮锤或脱模器。对于 24h 龄期的，应在破型试验前 20min 内脱模。对于 24h 以上龄期的，应在成型后 20～24h 之间脱模。如经 24h 养护，会因脱模对强度造成损害时，可以延迟至 24h 以后脱模，但在试验报告中应予说明。已确定作为 24h 龄期试验（或其他不下水直接做试验）的已脱模试体，应用湿布覆盖至做试验时为止。

（6）水中养护：将做好标记的试件立即水平或竖直放在（20±1）℃水中养护，水平放置时刮平面应朝上。试件放在不易腐烂的篦子上（如木篦子），并彼此间保持一定间距，以让水与试件的六个面接触。养护期间试件之间间隔或试体上表面的水深不得小于 5mm。每个养护池只养护同类型的水泥试件。最初用自来水装满养护池（或容器），随后随时加水保持适当的恒定水位，养护期间，可以更换不超过 50%的水。除 24h 龄期或延迟至 48h 脱模的试体外，任何到龄期的试体应在试验（破型）前 15min 从水中取出。揩去试体表面沉积物，并用湿布覆盖至试验为止。

（7）试体龄期：是从水泥加水搅拌开始试验时算起。不同龄期强度试验在下列时间里进行：24h±15min，48h±30min，72h±45min，7d±2h，大于 28d±8h。

3.6　强度试验

3.6.1　抗折强度

（1）操作：将试体一个侧面放在试验机（附图 2-12）支撑圆柱上，试体长轴垂直于支撑圆柱，通过加荷圆柱以（50±10）N/s 的速率均匀地将荷载垂直地加在棱柱体相对侧面上，直至折断，保持两个半截棱柱体处于潮湿状态直至抗压试验。

（2）计算：按式（附 2-2）进行计算。

$$R_f = \frac{1.5 F_f L}{b^3} \qquad \text{（附 2-2）}$$

式中　R_f——抗折强度，精确至 0.1MPa；

　　　　F_f——折断时施加于棱柱体中部的荷载（N）；

　　　　L——支撑圆柱之间的距离（mm）；

　　　　b——棱柱体正方形截面的边长（mm）。

3.6.2 抗压强度

（1）操作：在抗折试验后的半截棱柱体的侧面上进行。半截棱柱体中心与压力机压板受压中心差应在±0.5mm内，棱柱体露在压板外的部分约有10mm。在整个加荷过程中以（2400±200）N/s的速率均匀地加荷直至破坏。

（2）计算：按式（附2-3）进行计算。

$$R_c = \frac{F_c}{A} \tag{附 2-3}$$

式中　R_c——抗压强度，精确至0.1MPa；

　　　　F_c——破坏时的最大荷载（N）；

　　　　A——受压部分面积（mm^2），即40mm×40mm=1600mm^2。

3.6.3 结果评定

（1）抗折强度：以一组三个棱柱体抗折结果的平均值作为试验结果，精确至0.1MPa。当三个强度值中有一个超出平均值±10%时，应剔除后再取平均值作为抗折强度试验结果；当三个强度值中有两个超出平均值±10%时，则以剩余的一个作为抗折强度试验结果。

（2）抗压强度：以一组三个棱柱体上得到的六个抗压强度测定值的算术平均值为试验结果，精确至0.1MPa。如六个测定值中有一个超出六个平均值的±10%，剔除这个结果，而以剩下五个的平均数为结果。如果五个测定值中再有超过它们平均数±10%的，则此组结果作废。

附录Ⅲ　建筑用砂石骨料试验

本试验依据《普通混凝土用砂、石质量及检验方法标准》JGJ 52—2006，从中选取了建设工程中常规试验项目：筛分析、含水率、含泥量、泥块含量、压碎值，可为"附录Ⅳ普通混凝土试验"提供必要的砂石原材料性能参数，也为学生今后在实际工程中接触到的砂石原材料常规试验打好必要的基础。

1　筛分析试验

1.1　试样准备

取样与缩分方法同"附录Ⅰ　土木工程材料的基本性质试验"中2.3.1与2.3.2条，其中砂取样质量不少于4.4kg且缩分至不少于550g两份；碎石取样与缩分不少于附表3-1规定。

二维码附录-4
砂筛分析试验

碎石筛分析试验所需最少取样与试样质量　　　　　　　附表3-1

最大公称粒径（mm）	10.0	16.0	20.0	25.0	31.5	40.0	63.0	80.0
取样质量(kg)	8	15	16	20	25	32	50	64
试样质量(kg)	2.0	3.2	4.0	5.0	6.3	8.0	12.6	16.0

1.2　砂的筛分析试验

1.2.1　仪器设备

（1）试验筛：公称直径分别10.0mm、5.00mm、2.50mm、1.25mm、630μm、

315μm、160μm 的方孔筛各一只，筛的底盘和盖各一只，筛框直径为 300mm 或 200mm。其产品质量要求应符合《试验筛　技术要求和检验　第 1 部分：金属丝编织网试验筛》GB/T 6003.1—2012 和《试验筛　技术要求和检验　第 2 部分：金属穿孔板试验筛》GB/T 6003.2—2012 的要求。

(2) 天平：称量 1000g，感量 1g。

(3) 摇筛机。

(4) 烘箱：温度控制范围为 (105±5)℃。

(5) 浅盘、硬、软毛刷等。

1.2.2　试样准备

试样试验前应通过公称直径 10.0mm 的方孔筛，称取经筛分后样品不少于 550g 两份，分别装入两个浅盘，在 (105±5)℃ 的温度下烘干到恒重，冷却至室温备用。恒重是指在相邻两次称量间隔时间不小于 3h 的情况下，前后两次称量之差小于该项试验所要求的称量精度。

1.2.3　试验步骤

(1) 准确称取烘干试样 500g（特细砂可称 250g），置于按筛孔大小顺序排列（大孔在上、小孔在下）的套筛的最上一只筛（公称直径为 5.00mm 的方孔筛）里；将套筛装入摇筛机内固紧，筛分 10min；然后取出套筛，再按筛孔由大到小的顺序，在清洁的浅盘上逐一进行手筛，直至每分钟的筛出量不超过试样总量的 0.1% 时为止；通过的颗粒并入下一只筛子，并和下一只筛子中的试样一起进行手筛。这样顺序依次进行，直至所有的筛子全部筛完为止。当试样含泥量超过 5% 时，应先将试样水洗，然后烘干至恒重，再进行筛分；无摇筛机时，可改用手筛。

(2) 试样在各只筛子上的筛余量均不得超过按式（附 3-1）计算得出的剩余量，否则应将该筛的筛余试样分成两份或数份，再次进行筛分，并以其筛余量之和作为该筛的筛余量。

$$m = \frac{A\sqrt{d}}{300} \qquad\qquad (附\ 3\text{-}1)$$

式中　m——某一筛上的剩留量（g）；

$\quad\ \ d$——筛孔边长（mm）；

$\quad\ \ A$——筛的面积（mm^2）。

(3) 称取各筛筛余试样的质量（精确至 1g），所有各筛的分计筛余量和底盘中的剩余量之和与筛分前的试样总质量相比，相差不得超过 1%。

1.2.4　结果计算及处理

(1) 计算分计筛余（各筛上的筛余量除以试样总量的百分率），精确至 0.1%。

(2) 计算累计筛余（该筛的分计筛余与筛孔大于该筛的各筛的分计筛余之和），精确至 0.1%。

(3) 根据各筛两次试验累计筛余的平均值，评定该试样的颗粒级配分布情况，精确至 1%。

(4) 砂的细度模数应按式（附 3-2）计算，精确至 0.01。

$$\mu_{\text{f}} = \frac{(\beta_2 + \beta_3 + \beta_4 + \beta_5 + \beta_6) - 5\beta_1}{100 - \beta_1}$$ (附 3-2)

式中　　　　　　μ_{f}——砂的细度模数；

β_1、β_2、β_3、β_4、β_5、β_6——分别为公称直径 5.00mm、2.50mm、1.25mm、630μm、315μm、160μm 的方孔筛上的累计筛余。

（5）以两次试验结果的算术平均值作为测定值，精确至 0.1。当两次试验所得的细度模数之差大于 0.20 时，应重新取试样进行试验。

1.3　碎石的筛分析试验

1.3.1　仪器设备

（1）试验筛：筛孔公称直径为 100.0mm、80.0mm、63.0mm、50.0mm、40.0mm、31.5mm、25.0mm、20.0mm、16.0mm、10.0mm、5.00mm 和 2.50mm 的方孔筛以及筛的底盘和盖各一只，其规格和质量要求应符合《试验筛 技术要求和检验 第 2 部分：金属穿孔板试验筛》GB/T 6003.2—2012 的要求，筛框直径为 300mm。

（2）天平和秤：天平的称量 5kg，感量 5g；秤的称量 20kg，感量 20g。

（3）烘箱：温度控制范围为（105±5）℃。

（4）浅盘。

1.3.2　试验步骤

（1）按附表 3-1 的规定称取试样。

（2）将试样按筛孔大小顺序过筛，当每只筛上的筛余层厚度大于试样的最大粒径值时，应将该筛上的筛余试样分成两份，再次进行筛分，直至各筛每分钟的通过量不超过试样总量的 0.1%。当筛余试样的颗粒直径比公称直径大 20mm 以上时，在筛分过程中，允许用手拨动颗粒。

（3）称取各筛筛余的质量，精确至试样总质量的 0.1%，各筛的分计筛余量和筛底剩余量的总和与筛分前测定的试样总量相比，其相差不得超过 1%。

1.3.3　结果计算及处理

（1）计算分计筛余（各筛上筛余量除以试样的百分率），精确至 0.1%。

（2）计算累计筛余（该筛的分计筛余与筛孔大于该筛的各筛的分计筛余百分率的总和），精确至 0.1%。

（3）根据各筛的累计筛余，评定该试样的颗粒级配。

2　含水率试验

2.1　试样准备

取样与缩分方法同"附录 Ⅰ　土木工程材料的基本性质试验"中 2.3.1 与 2.3.2 条，其中砂取样质量不少于 1.0kg 且缩分至不少于 500g 两份；碎石取样不少于附表 3-2 规定，或砂、碎石直接按取样的质量分两份待用。

碎石含水率试验所需最少取样质量　　　　　　附表 3-2

最大公称粒径（mm）	10.0	16.0	20.0	25.0	31.5	40.0	63.0	80.0
取样质量(kg)	2	2	2	2	3	3	4	6

2.2　砂的含水率试验

2.2.1　仪器设备

(1) 烘箱：温度控制范围为（105±5)℃。

(2) 天平：称量1000g，感量1g。

(3) 容器：如浅盘等。

2.2.2　试验步骤

由密封的样品中取各重500g的试样两份，分别放入已知质量的干燥容器（m_1）中称重，记下每盘试样与容器的总重（m_2），将容器连同试样放入温度为（105±5)℃的烘箱中烘干至恒重，称量烘干后的试样与容器的总质量（m_3）。

2.2.3　结果计算及处理

$$w_{WC} = \frac{m_2 - m_3}{m_3 - m_1} \times 100\%$$ 　　　　　　（附3-3）

式中　w_{WC}——砂的含水率，精确至0.1%；

　　　m_1——容器质量（g）；

　　　m_2——未烘干的试样与容器的总质量（g）；

　　　m_3——烘干后的试样与容器的总质量（g）。

以两次试验结果的算术平均值作为测定值。

2.3　碎石的含水率试验

2.3.1　仪器设备

(1) 烘箱：温度控制范围为（105±5)℃。

(2) 秤：称重20kg，感量20g。

(3) 容器：如浅盘等。

2.3.2　试验步骤

(1) 按附表3-2的要求取称试样，分成两份备用。

(2) 将试样置于干净的容器中，称取试样和容器的总质量（m_1），并在（105±5)℃的烘箱中烘干至恒重。

(3) 取出试样，冷却后称取试样与容器的总质量（m_2），并称取容器的质量（m_3）。

2.3.3　结果计算及处理

$$w_{w,g} = \frac{m_1 - m_2}{m_2 - m_3} \times 100\%$$ 　　　　　　（附3-4）

式中　$w_{w,g}$——含水率，精确至0.1%；

　　　m_1——烘干前试样与容器的总质量（g）；

　　　m_2——烘干后的试样与容器的总质量（g）；

　　　m_3——容器质量（g）。

以两次试验结果的算术平均值作为测定值。

3　砂的含泥量试验

3.1　试样准备

取样与缩分方法同"附录Ⅰ　土木工程材料的基本性质试验"中2.3.1与2.3.2条，

其取样质量不少于 4.4kg，缩分至不少于 1100g。

3.2　仪器设备

（1）天平：称量 1000g，感量 1g。

（2）烘箱：温度控制范围为（105±5）℃。

（3）试验筛：筛孔公称直径为 80μm 及 1.25mm 的方孔筛各一个。

（4）容器：洗砂用的容器及烘干用的浅盘等。

3.3　试验步骤

（1）样品置于温度为（105±5）℃的烘箱中烘干至恒重，冷却至室温后，称取各为 400g（m_0）的试样两份备用。

（2）取烘干的试样一份置于容器中，并注入饮用水，使水面高出砂面约 150mm，充分拌匀后，浸泡 2h，然后用手在水中淘洗试样，使尘屑、淤泥和黏土与砂粒分离，并使之悬浮或溶于水中。缓缓地将浑浊液倒入公称直径为 1.25mm、80μm 的方孔套筛（1.25mm 筛放置于上面）上，滤去小于 80μm 的颗粒。试验前筛子的两面应先用水润湿，在整个试验过程中应避免砂粒丢失。

（3）再次加水于容器中，重复上述过程，直到筒内洗出的水清澈为止。

（4）用水淋洗剩留在筛上的细粒，并将 80μm 筛放在水中（使水面高出筛中砂粒的上表面）来回摇动，以充分洗除小于 80μm 的颗粒。然后将两只筛上剩留的颗粒和容器中已经洗净的试样一并装入浅盘，置于温度为（105±5）℃的烘箱中烘干至恒重。取出来冷却至室温后，称试样的质量（m_1）。

3.4　结果计算及处理

$$w_c = \frac{m_0 - m_1}{m_0} \times 100\% \qquad\qquad (附 3-5)$$

式中　w_c——砂中含泥量，精确至 0.1%；

　　　m_0——试验前的烘干试样质量（g）；

　　　m_1——试验后的烘干试样质量（g）。

以两个试样试验结果的算术平均值作为测定值。两次结果之差大于 0.5% 时，应重新取样进行试验。

4　砂的泥块含量试验

4.1　试样准备

取样与缩分方法同"附录 Ⅰ　土木工程材料的基本性质试验"中 2.3.1 与 2.3.2 条，其取样质量不少于 20kg，缩分至不少于 5000g。

4.2　仪器设备

（1）天平：称量 1000g，感量 1g；称量 5000g，感量 5g。

（2）烘箱：温度控制范围为（105±5）℃。

（3）试验筛：筛孔公称直径为 630μm 及 1.25mm 的方孔筛各一只。

（4）容器：洗砂用的容器及烘干用的浅盘等。

4.3　试验步骤

（1）将 5000g 试样置于温度为（105±5）℃的烘箱中烘干至恒重，冷却至室温后，用公称直径 1.25mm 的方孔筛筛分，取筛上的砂不少于 400g 分为两份备用。特细砂按实际筛分量。

（2）称取试样约 200g（m_1）置于容器中，并注入饮用水，使水面高出砂面 150mm，充分拌匀后，浸泡 24h，然后用手在水中碾碎泥块，再把试样放在公称直径 630μm 的方孔筛上，用水淘洗，直至水清澈为止。

（3）保留下来的试样应小心地从筛里取出，装入水平浅盘后，置于温度为（105±5）℃烘箱中烘干至恒重，冷却后称重（m_2）。

4.4   结果计算及处理

$$w_{c,L}=\frac{m_1-m_2}{m_1}\times100\%$$ （附 3-6）

式中 $w_{c,L}$——砂中泥块含量，精确至 0.1%；

　　　　m_1——试验前的烘干试样质量（g）；

　　　　m_2——试验后的烘干试样质量（g）。

以两次试样试验结果的算术平均值作为测定值。

5   碎石的压碎值试验

5.1   试样准备

（1）标准试样一律采用公称粒级为 10.0～20.0mm 的颗粒，并在风干状态下进行试验。

（2）将缩分后的样品先筛除试样中公称粒径 10.0mm 以下及 20.0mm 以上的颗粒，再用针状和片状规准仪剔除针状和片状颗粒，然后称取每份 3kg 的试样 3 份备用。

5.2   仪器设备

（1）压力试验机：荷载 300kN。

（2）压碎值指标测定仪：如附图 3-1 所示。

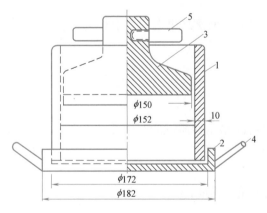

附图 3-1   压碎值指标测定仪（图中尺寸单位为毫米）

1-圆筒；2-底盘；3-加压头；4-手把；5-把手

（3）秤：称量 5kg，感量 5g。

（4）试验筛：筛孔公称直径为 10.0mm 和 20.0mm 的方孔筛各一只。

5.3   试验步骤

（1）置圆筒于底盘上，取试样一份，分两层装入圆筒。每装完一层试样后，在底盘下面垫放一直径为 10mm 的圆钢筋，将筒按住，左右交替颠击地面各 25 下。第二层颠实后，试样表面距底盘的高度应控制为 100mm 左右。

（2）整平筒内试样表面，把加压头装好，注意应使加压头保持平正，放到试验机上在 160～300s 内均匀地加荷到 200kN，稳定 5s，然后卸荷，取出测定筒。倒出筒中的试样并称其质量（m_0），用公称直径为 2.50mm 的方孔筛筛除被压碎的细粒，称量剩留在筛上的试样质量（m_1）。

5.4　结果计算及处理

$$\delta_a = \frac{m_0 - m_1}{m_0} \times 100\%$$

（附 3-7）

式中　δ_a——压碎值指标，精确至 0.1%；

m_0——试样的质量（g）；

m_1——压碎试验后筛余的试样质量（g）。

以三次试验结果的算术平均值作为压碎指标测定值。

附录Ⅳ　普通混凝土试验

二维码附录-5
混凝土调度、
强度试验

本试验依据《普通混凝土配合比设计规程》JGJ 55—2011、《普通混凝土拌合物性能试验方法标准》GB/T 50080—2016、《混凝土物理力学性能试验方法标准》GB/T 50081—2019，通过测定普通混凝土拌合物稠度、表观密度、立方体抗压强度，使学生掌握普通混凝土配合比试验中常规的性能检验。

1　拌合物稠度（和易性）试验

1.1　试验目的

熟悉普通混凝土拌合物稠度（和易性）试验方法，验证配合比设计值是否满足施工技术要求。

1.2　环境与材料

1.2.1　试验室温度

保持在（20±5）℃，所用材料的温度应与试验室温度保持一致。若需要模拟施工条件下所用的混凝土时，所用原材料的温度宜与施工现场保持一致。

1.2.2　原材料

应满足按《普通混凝土配合比设计规程》JGJ 55—2011 进行初步配合比设计的各项技术要求，其中细骨料含水率应小于 0.5%，粗骨料含水率应小于 0.2%。骨料最大粒径不大于 40mm。称量精度：骨料为±0.5%，水、水泥、掺合料、外加剂均为±0.2%。

1.3　配合比设计

结合实验室现有仪器设备和原材料情况自行拟定设计强度与施工坍落度（或扩展度或维勃稠度）普通混凝土，设计按《普通混凝土配合比设计规程》JGJ 55—2011进行。

1.4　拌合物拌制

1.4.1　搅制量

混凝土试配的最小搅拌量应符合附表 4-1 要求，并不应小于搅拌机公称容量的 1/4 且不应大于搅拌机公称容量。

混凝土试配的最小搅拌量　　　　　　　　　　　　附表 4-1

粗骨料最大公称粒径(mm)	拌合物数量(L)
≤31.5	20
40.0	25

1.4.2　称量仪器

　　磅秤、台秤、天平等应符合相关标准技术要求，且满足试验称量要求的量程和精度。

1.4.3　机械拌制方法

　　1）搅拌机：应采用强制式搅拌机进行搅拌，搅拌机应符合《混凝土试验用搅拌机》JG 244—2009 中有关技术要求的规定（附图 4-1），考虑到每次出料后搅拌筒与搅拌叶会吸附部分砂浆，故在使用前要用一定量与混凝土设计配合比相同的水胶比砂浆预搅拌一次。

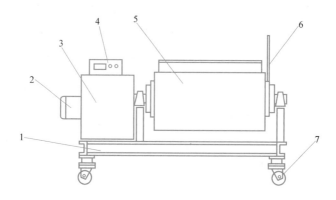

附图 4-1　单卧轴强制式搅拌机
1-底座支架；2-电机；3-减速箱；
4-控制器；5-搅拌筒；6-卸料手柄；7-万向轮

　　2）投料方法：应通过试验确定投料顺序、数量及分段搅拌的时间等工艺参数，或采用搅拌机说明书或以往经验方法，一般采用一次投料或二次投料法。

　　（1）一次投料法：将原材料（水泥、砂、石、矿物掺合料）一起同时投入搅拌机内进行搅拌。为了减少水泥飞扬和粘壁现象，对自落式搅拌机采用先倒砂（或石子），再倒水泥，然后倒石子（或砂），将水泥夹在砂石中间，最后加水搅拌。

　　（2）二次投料法。预拌水泥砂浆法：先将水泥、细骨料和水加入搅拌筒内进行充分搅拌，成为均匀的水泥砂浆后，再加入粗骨料搅拌成均匀的混凝土。此法比一次投料法搅拌的混凝土强度可提高约 15%，若混凝土强度相同，可节约水泥 15%～20%。水泥裹砂投料法：先加一定量的水，将砂表面调节到某一规定的数值，将石子倒入，与湿砂搅拌均匀，然后倒入全部水泥与湿润的砂、石拌合，则水泥在砂、石表面形成一层低水灰比的水泥浆壳，最后将剩余的水分和外加剂倒入，拌制成混凝土。这种方法搅拌出来的混凝土，强度比一次投料法提高 20%～30%，且混凝土不易产生离析现象、泌水少、工作性好。

　　（3）掺合料宜与水泥同步投料，液体外加剂宜滞后于水和水泥投料，粉状外加剂宜溶解后再投料。

（4）混凝土搅拌时间可根据搅拌机说明书或经验采用，一般每投料一次可搅拌 20～40s，当能保证搅拌均匀时可适当缩短搅拌时间，全部搅拌时间不超过 3min。搅拌强度等级 C60 及以上的混凝土、掺有外加剂与矿物掺合料、采用自落式搅拌机时，搅拌时间应适当延长 30～60s。

（5）从试样制备完毕到开始做各项性能试验不宜超过 5min。

1.4.4　人工拌制方法

不推荐人工拌制法。若要采用一般按两干一湿的拌合次序，首先把细骨料与水泥混合搅拌均匀，然后加入粗骨料再搅拌均匀，最后把料堆中心扒成槽形，加入设计量一半的水拌匀后，再加入另一半水直到全部搅拌均匀。

1.5　坍落度与坍落扩展度测定（用于测定坍落度不小于 10mm）

1.5.1　试验仪器

坍落度仪：符合《混凝土坍落度仪》JG/T 248—2009 中有关技术要求的规定（附图 4-2），坍落度筒顶部内径 $d=(100\pm1)$mm、底部内径 $D=(200\pm1)$mm、高度 $h=(300\pm1)$mm，捣棒由圆钢制成的直径 $\phi=(16\pm0.2)$mm、长度 $L=(600\pm5)$mm、表面光滑、端部呈半球形。

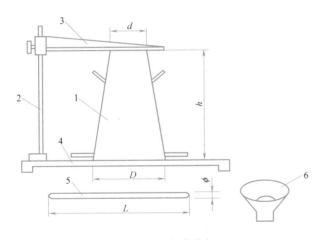

附图 4-2　坍落度仪

1-坍落度筒；2-测量标尺；3-平尺；4-底板；5-捣棒；6-漏斗

1.5.2　试验步骤与测定

（1）湿润坍落度筒及底板，在坍落度筒内壁和底板上应无明水。底板应放置在坚实水平面上，并把筒放在底板中心，然后用脚踩住两边的脚踏板，坍落度筒在装料时应保持固定的位置。

（2）把按要求取得的混凝土试样用小铲分三层均匀地装入筒内，使捣实后每层高度为筒高的三分之一左右。每层用捣棒插捣 25 次。插捣应沿螺旋方向由外向中心进行，各次插捣应在截面上均匀分布。插捣筒边混凝土时，捣棒可以稍稍倾斜。插捣底层时，捣棒应贯穿整个深度，插捣第二层和顶层时，捣棒应插透本层至下一层的表面。浇灌顶层时，混凝土应灌到高出筒口。插捣过程中，如混凝土沉落到低于筒口，则应随时添加。顶层插捣完后，刮去多余的混凝土，并用抹刀抹平。

（3）清除筒边底板上的混凝土后，垂直平稳地提起坍落度筒。坍落度筒的提离过程应在 3～7s 内完成，从开始装料到提坍落度筒的整个过程应不间断地进行，并应在 150s 内完成。

（4）提起坍落度筒后，测量筒高与坍落后混凝土试体最高点之间的高度差，即为该混凝土拌合物的坍落度值；坍落度筒提离后，如混凝土发生崩坍或一边剪坏现象，则应重新取样另行测定；如第二次试验仍出现上述现象，则表示该混凝土和易性不好。

（5）观察坍落后混凝土试体的黏聚性及保水性。黏聚性的检查方法是用捣棒在已坍落的混凝土锥体侧面轻轻敲打，此时如果锥体逐渐下沉，则表示黏聚性良好，如果锥体倒塌、部分崩裂或出现离析现象，则表示黏聚性不好。保水性以混凝土拌合物稀浆析出的程度来评定，坍落度筒提起后如有较多的稀浆从底部析出，锥体部分的混凝土也因失浆而骨料外露，则表明此混凝土拌合物的保水性能不好；如坍落度筒提起后无稀浆或仅有少量稀浆自底部析出，则表示此混凝土拌合物保水性良好。

（6）当混凝土拌合物的坍落度大于 220mm 时，用钢尺测量混凝土扩展后最终的最大直径和最小直径，在这两个直径之差小于 50mm 的条件下，用其算术平均值作为坍落扩展度值；否则，此次试验无效。如果发现粗骨料在中央集堆或边缘有水泥浆析出，表示此混凝土拌合物抗离析性不好。

（7）混凝土拌合物坍落度和坍落扩展度值以毫米为单位，测量精确至 1mm，结果表达修约至 5mm。

2　拌合物表观密度试验

2.1　试验目的

测定混凝土拌合物捣实后的单位体积质量（即表观密度），为设计配合比调整提供依据。

2.2　试验仪器

1）容量筒

（1）金属制成的圆筒，两旁装有提手。对骨料最大粒径不大于 40mm 的拌合物采用容积为 5L 的容量筒，其内径与内高均为（186±2）mm，筒壁厚为 3mm；骨料最大粒径大于 40mm 时，容量筒的内径与内高均应大于骨料最大粒径的 4 倍。容量筒上缘及内壁应光滑平整，顶面与底面应平行并与圆柱体的轴垂直。

（2）容量筒容积应予以标定，标定方法可采用一块能覆盖住容量筒顶面的玻璃板，先称出玻璃板和空桶的质量，然后向容量筒中灌入清水，当水接近上口时，一边不断加水，一边把玻璃板沿筒口徐徐推入盖严，应注意使玻璃板下不带入任何气泡；然后擦净玻璃板面及筒壁外的水分，将容量筒连同玻璃板放在台秤上称其质量；两次质量之差（kg）即为容量筒的容积（L）。

2）台秤：称量 50kg，感量 50g。

3）振动台：符合《混凝土试验用振动台》JG/T 245—2009 中有关技术要求的规定（附图 4-3），台面尺寸为 600mm×300mm 或 800mm×600mm 或 1000mm×1000mm，振动频率（50±2）Hz，空载条件下振动台面中心点垂直振幅（0.5±0.02）mm。

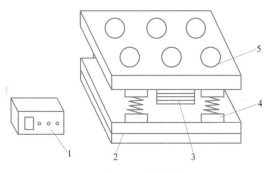

附图4-3 振动台

1-控制系统；2-支架；3-悬挂式单轴激振器；4-弹簧；5-台面

　　4）捣棒：符合本章1.5.1条的规定。

2.3 试验步骤

　　1）用湿布把容量筒内外擦干净，称出容量筒质量，精确至50g。

　　2）混凝土的装料及捣实方法应根据拌合物的稠度而定。坍落度不大于70mm的混凝土，用振动台振实为宜；大于70mm的用捣棒捣实为宜。

　　（1）采用捣棒捣实时，应根据容量筒的大小决定分层与插捣次数：用5L容量筒时，混凝土拌合物应分两层装入，每层的插捣次数应为25次；用大于5L的容量筒时，每层混凝土的高度不应大于100mm，每层插捣次数应按每1万mm^2截面不小于12次计算。各次插捣应由边缘向中心均匀地插捣，插捣底层时捣棒应贯穿整个深度，插捣第二层时，捣棒应插透本层至下一层的表面；每一层捣完后用橡皮锤轻轻沿容器外壁敲打（5～10）次，进行振实，直至拌合物表面插捣孔消失并不见大气泡为止。

　　（2）采用振动台振动时，应一次将混凝土拌合物灌到高出容量筒口。装料时可用捣棒稍加插捣，振动过程中如混凝土低于筒口，应随时加混凝土，振动直至表面出浆为止。

　　3）用刮尺将筒口多余的混凝土拌合物刮去，表面如有凹陷应填平；将容量筒外壁擦净，称出混凝土试样与容量筒总质量，精确至50g。

2.4 结果计算及处理

　　按式（附4-1）计算混凝土拌合物表观密度γ_h：

$$\gamma_h = \frac{W_2 - W_1}{V} \times 1000 \qquad \text{（附4-1）}$$

式中　γ_h——表观密度（kg/m^3）；

　　　W_1——容量筒质量（kg）；

　　　W_2——容量筒和试样总质量（kg）；

　　　V——容量筒容积（L）。

　　试验结果的计算精确至$10kg/m^3$。

3 立方体抗压强度试验

3.1 试验目的

　　为了熟悉普通混凝土力学性能试验方法，验证配合比理论设计值是否能达到设计要求,以及检测混凝土工程质量,均应进行强度试验。

3.2　试验仪器

(1) 试模:符合《混凝土试模》JG 237—2008 中立方体试模技术要求的规定。

(2) 振动台:符合本章 2.2 条的规定。

(3) 捣棒:符合本章 1.5.1 条的规定。

(4) 试验机:除应符合《试验机通用技术要求》GB/T 2611—2007 及《拉力、压力和万能试验机检定规程》JJG 139—2014 中技术要求外,还应符合国家或行业的其他相关要求,其测量精度为±1%,试件破坏荷载应大于压力机全量程的 20% 且小于压力机全量程的 80%,应具有加荷速度指示装置或加荷速度控制装置,并应能均匀、连续地加荷。推荐采用微机控制电液伺服系统的压力试验机,且有防崩裂网罩。

(5) 量尺:量程大于 600mm、分度值为 1mm 的钢板尺;量程大于 200mm、分度值为 0.02mm 的卡尺;量程大于 90°、分度值为 0.1°的角度尺。

3.3　试件制作

1) 拌制的混凝土应在拌制后尽量短的时间内成型,一般不宜超过 15min。

2) 试模选取按附表 4-2 规定。

立方体试模边长选用表　　　　　　　　　　　　　　　　附表 4-2

试模边长(mm)	类　型	骨料最大粒径(mm)	备　　注
100	非标试模	31.5	骨料最大粒径为符合《普通混凝土用砂、石质量及检验方法标准》JGJ 52—2006 中规定的圆孔筛的孔径
150	标准试模	40	
200	非标试模	63	

3) 每组混凝土拌合物选取三个试模,在试模内表面涂一薄层矿物油或其他不与混凝土发生反应的脱模剂,且拧紧拼装螺丝。

4) 做完稠度混凝土拌合物应至少用铁锹再来回拌合三次,根据混凝土拌合物的稠度确定混凝土成型方法。坍落度不大于 70mm 的混凝土宜用振动振实,大于 70mm 的宜用捣棒人工捣实。

(1) 用振动台振实制作试件按下述方法进行:将混凝土拌合物一次装入试模,装料时应用抹刀沿各试模壁插捣,并使混凝土拌合物高出试模口;试模应附着或固定在振动台上,振动时试模不得有任何跳动,振动应持续到表面出浆为止,不得过振。

(2) 用人工插捣制作试件按下述方法进行:混凝土拌合物分两层装入模内,每层的装料厚度大致相等;插捣应按螺旋方向从边缘向中心均匀进行,在插捣底层混凝土时,捣棒应达到试模底部,插捣上层时,捣棒应贯穿上层后插入下层 20~30mm,插捣时捣棒应保持垂直,不得倾斜,然后应用抹刀沿试模内壁插拔数次;每层插捣次数按在 1 万 mm^2 截面积内不得少于 12 次;插捣后应用橡皮锤轻轻敲击试模四周,直至插捣棒留下的空洞消失为止。

(3) 用插入式振捣棒振实制作试件按下述方法进行:将混凝土拌合物一次装入试模,装料时应用抹刀沿各试模壁插捣,并使混凝土拌合物高出试模口;宜用直径为 $\phi 25mm$ 的插入式振捣棒,插入试模振捣时,振捣棒距试模底板 10~20mm 且不得触及试模底板,振动应持续到表面出浆为止,且应避免过振,以防止混凝土离析,一般振捣时间为 20s,振捣棒拔出时要缓慢,拔出后不得留有孔洞。

　5）刮除试模上口多余的混凝土，待混凝土临近初凝时，用抹刀抹平。

3.4　试件养护

　（1）试件成型后应立即用不透水的薄膜覆盖表面。

　（2）采用标准养护的试件应在温度为（20±5）℃的环境中静置一昼夜至两昼夜，然后编号、拆模。拆模后应立即放入温度为（20±2）℃、相对湿度为95％以上的标准养护室中养护或在温度为（20±2）℃的不流动的Ca(OH)$_2$饱和溶液中养护。标准养护室内的试件应放在支架上，彼此间隔，试件表面应保持潮湿，并不得被水直接冲淋。

　（3）同条件养护试件的拆模时间可与实际构件的拆模时间相同，拆模后试件仍需保持同条件养护；标准养护龄期为28d（从搅拌加水开始计时）。

3.5　强度试验

　（1）试件从养护地点取出后应及时进行试验，将试件表面与上下承压板面擦干净。

　（2）检查试件规格，试件承压面的平面度公差不得超过0.0005d（d为边长）；试件的相邻面间的夹角应为90°，其公差不得超过0.5°；试件各边长、直径和高的尺寸的公差不得超过1mm。

　（3）将试件安放在试验机的下压板或垫板上，试件的承压面应与成型时的顶面垂直。试件的中心应与试验机下压板中心对准，开动试验机，当上压板与试件接近时，调整球座，使接触均衡。

　（4）在试验过程中应连续均匀地加荷，混凝土强度等级小于C30时，加荷速度取每秒钟0.3～0.5MPa/s；混凝土强度等级不小于C30且小于C60时，取每秒钟0.5～0.8MPa/s，混凝土强度等级不小于C60时，取每秒钟0.8～1.0MPa/s。

　（5）当试件接近破坏开始急剧变形时，应停止调整试验机油门，直至破坏。然后记录破坏荷载。

3.6　结果计算及处理

　1）混凝土立方体抗压强度应按式（附4-2）计算：

$$f_{cc}=\frac{F}{A} \qquad\qquad (附4\text{-}2)$$

式中　　f_{cc}——混凝土立方体试件抗压强度（MPa）；

　　　　F——试件破坏荷载（N）；

　　　　A——试件承压面积（mm^2）。

　混凝土立方体抗压强度计算应精确至0.1MPa。

　2）强度值的确定应符合下列规定：

　（1）三个试件测值的算术平均值作为该组试件的强度值（精确至0.1MPa）。

　（2）三个测值中的最大值或最小值中如有一个与中间值的差值超过中间值的15％时，则把最大及最小值一并舍去，取中间值作为该组试件的抗压强度值。

　（3）如最大值和最小值与中间值的差均超过中间值的15％，则该组试件的试验结果无效。

　3）混凝土强度等级小于C60时，用非标准试件测得的强度值均应乘以尺寸换算系数，其值为对200mm×200mm×200mm试件为1.05，对100mm×100mm×100mm试件为0.95。当混凝土强度等级不小于C60时，宜采用标准试件；使用非标准试件时，尺寸换算系数应由试验确定。

附录Ⅴ　建筑砂浆试验

二维码附录-6
砂浆调度、强度试验

本试验依据《建筑砂浆基本性能试验方法标准》JGJ/T 70—2009，选取了建筑砂浆的常规试验项目：稠度、分层度及强度，使学生更好地掌握建筑砂浆的最基本性能。

1　取样

取样量不应少于试验所需量的 4 倍，试验前应人工搅拌均匀，从取样完毕到开始进行各项性能试验，不宜超过 15min。

2　试验条件

（1）在试验室制备砂浆试样时，所用材料应提前 24h 运入室内。拌合时，试验室的温度应保持在（20±5）℃。当需要模拟施工条件下所用的砂浆时，所用原材料的温度宜与施工现场保持一致。

（2）试验所用原材料应与现场使用材料一致。砂应通过 4.75mm 筛。

（3）试验室拌制砂浆时，材料用量应以质量计。水泥、外加剂、掺合料等的称量精度应为±0.5%，细骨料的称量精度应为±1%。

（4）在试验室搅拌砂浆时应采用机械搅拌，搅拌机应符合现行行业标准《试验用砂浆搅拌机》JG/T 3033—1996 的规定，搅拌的用量宜为搅拌机容量的 30%～70%，搅拌时间不应少于 120s。掺有掺合料和外加剂的砂浆，其搅拌时间不应少于 180s。

3　稠度试验

3.1　试验仪器

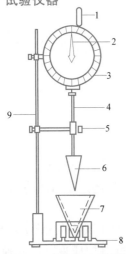

附图 5-1　砂浆稠度测定仪
1-齿条测杆；2-指针；3-刻度盘；
4-滑杆；5-制动螺丝；6-试锥；
7-盛浆容器；8-底座；9-支架

（1）砂浆稠度仪：如附图 5-1 所示，由试锥、容器和支座三部分组成。试锥由钢材或铜材制成，试锥高度为 145mm，锥底直径为 75mm，试锥连同滑杆的重量应为（300±2）g；盛浆容器应由钢板制成，筒高应为 180mm，锥底内径为 150mm；支座应包括底座、支架及刻度显示三个部分，应由铸铁、钢及其他金属制成。

（2）钢制捣棒：直径为 10mm，长度为 350mm，端部磨圆。

（3）秒表等。

3.2　试验步骤

（1）应先采用少量润滑油轻擦滑杆，再将滑杆上多余的油用吸油纸擦净，使滑杆能自由滑动。

（2）应先采用湿布擦净盛浆容器和试锥表面，再将砂浆拌合物一次装入容器；砂浆表面宜低于容器口 10mm。用捣棒自容器中心向边缘均匀地插捣 25 次，然后轻轻地将容器摇动或敲击5~6下，使砂浆表面平整，随后将容器置于稠度测定仪的底座上。

（3）拧开制动螺栓，向下移动滑杆，当试锥尖端与砂浆表面刚接触时，应拧紧制动螺栓，使齿条测杆下端刚接触滑杆上端，并将指针对准零点。

（4）拧开制动螺栓，同时计时间，10s时立即拧紧螺栓，将齿条测杆下端接触滑杆上端，从刻度盘上读出下沉深度（精确至1mm），即为砂浆的稠度值。

（5）盛装容器内的砂浆，只允许测定一次稠度，重复测定时，应重新取样测定。

3.3　结果评定

（1）应取两次试验结果的算术平均值作为测定值，精确至1mm。

（2）当两次试验值之差大于10mm时，应重新取样测定。

4　分层度试验

4.1　试验仪器

（1）砂浆分层度筒：如附图5-2所示，应由钢板制成，内径为150mm，上节高度为200mm，下节带底净高为100mm，两节的连接处应加宽3~5mm，并设有橡胶垫圈。

（2）振动台：振幅应为（0.5±0.05）mm，频率应为（50±3）Hz。

（3）砂浆稠度仪、木锤等。

4.2　试验步骤

（1）首先将砂浆拌合物按本附录第3节稠度试验方法测定稠度。

（2）应将砂浆拌合物一次装入分层度筒内，待装满后，用木锤在分层度筒周围距离大致相等的四个不同部位轻轻敲击1~2下；当砂浆沉落到低于筒口时，应随时添加，然后刮去多余的砂浆并用抹刀抹平。

（3）静置30min后，去掉上节200mm砂浆，然后将剩余的100mm砂浆倒在拌合锅内拌2min，再按稠度试验方法测其稠度。前后测得的稠度之差即为该砂浆的分层度值（mm）。

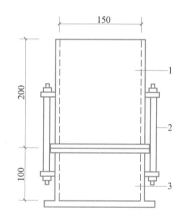

附图5-2　砂浆分层度测定仪
1-无底圆筒；2-连接螺栓；3-有底圆筒

4.3　结果评定

（1）应取两次试验结果的算术平均值作为该砂浆的分层度值，精确至1mm。

（2）当两次分层度试验值之差如大于10mm时，应重新取样测定。

5　立方体抗压强度试验

5.1　仪器设备

（1）试模：应为70.7mm×70.7mm×70.7mm的带底试模，工艺质量应符合现行行业标准《混凝土试模》JG 237—2008的规定，应具有足够的刚度并拆装方便。试模的内表面应机械加工，其不平度应为每100mm不超过0.05mm，组装后各相邻面的不垂直度不应超过±0.5°。

（2）钢制捣棒：直径为10mm，长度为350mm，端部磨圆。

（3）压力试验机：精度应为 1%，试件破坏荷载应不小于压力机量程的 20%，且不应大于全量程的 80%。

（4）垫板：试验机上、下压板及试件之间可垫以钢垫板，垫板的尺寸应大于试件的承压面，其不平度应为每 100mm 不超过 0.02mm。

（5）振动台：空载中台面的垂直振幅应为（0.5±0.05）mm，空载频率应为（50±3）Hz，空载台面振幅均匀度不应大于 10%，一次试验应至少能固定 3 个试模。

5.2　试样制备

1）应采用立方体试件，每组试件应为 3 个。

2）应采用黄油等密封材料涂抹试模的外接缝，试模内应涂刷薄层机油或隔离剂。应将拌制好的砂浆一次性装满砂浆试模，成型方法应根据稠度而确定。当稠度大于 50mm 时，宜采用人工插捣成型；当稠度不大于 50mm 时，宜采用振动台振实成型。

（1）人工插捣：应采用捣棒均匀地由边缘向中心按螺旋方式插捣 25 次，插捣过程中当砂浆沉落低于试模口时，应随时添加砂浆，可用油灰刀插捣数次，并用手将试模一边抬高 5~10mm 各振动 5 次，砂浆应高出试模顶面 6~8mm。

（2）机械振动：将砂浆一次装满试模，放置到振动台上，振动时试模不得跳动，振动 5~10s 或持续到表面泛浆为止，不得过振。

3）应待表面水分稍干后，再将高出试模部分的砂浆沿试模顶面刮去并抹平。

4）试件制作后应在温度为（20±5）℃的环境下静置（24±2）h，对试件进行编号、拆模。当气温较低时，或者凝结时间大于 24h 的砂浆，可适当延长时间，但不应超过 2d。试件拆模后应立即放入温度为（20±2）℃、相对湿度为 90% 以上的标准养护室中养护。养护期间，试件彼此间隔不得小于 10mm，混合砂浆、湿拌砂浆试件上面应覆盖，防止有水滴在试件上。

5）从搅拌加水开始计时，标准养护龄期应为 28d，也可根据相关标准要求增加 7d 或 14d。

5.3　试验步骤

（1）试件从养护地点取出后应及时进行试验。试验前应将试件表面擦拭干净，测量尺寸，并检查其外观，并应计算试件的承压面积。当实测尺寸与公称尺寸之差不超过 1mm 时，可按照公称尺寸进行计算。

（2）将试件安放在试验机的下压板或下垫板上，试件的承压面应与成型时的顶面垂直，试件中心应与试验机下压板或下垫板中心对准。开动试验机，当上压板与试件或上垫板接近时，调整球座，使接触面均衡受压。承压试验应连续而均匀地加荷，加荷速度应为 0.25~1.5kN/s，砂浆强度不大于 2.5MPa 时，宜取下限。当试件接近破坏而开始迅速变形时，停止调整试验机油门，直至试件破坏，然后记录破坏荷载。

5.4　结果计算及处理

（1）砂浆立方体抗压强度应按下式计算：

$$f_{m,cu} = K \frac{N_u}{A} \qquad （附 5-1）$$

式中　$f_{m,cu}$——砂浆立方体抗压强度（MPa），应精确至 0.1MPa；

K——换算系数，取 1.35；

N_u——试件破坏时的荷载（N）；

A——试件承压面积（mm^2）。

（2）应以三个试件测值的算术平均值作为该组试件的砂浆立方体抗压强度平均值（f_2），精确至 0.1MPa。

（3）当三个测值的最大值或最小值中有一个与中间值的差值超过中间值的 15％时，应把最大值及最小值一并舍去，取中间值作为该组试件的抗压强度值。

（4）当两个测值与中间值的差值均超过中间值的 15％时，该组试验结果应为无效。

附录Ⅵ 墙体材料试验

本试验依据《砌墙砖试验方法》GB/T 2542—2012，使学生学会砌筑用砖的尺寸测量、外观质量检查、强度试验的一般方法，对于砌块、墙板等墙体材料及新型墙体材料的试验应按相关规范执行。

1 尺寸测量

1.1 量具

砖用卡尺（附图 6-1）：分度值为 0.5mm。

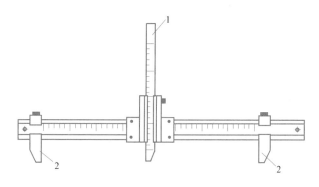

附图 6-1 砖用卡尺
1-垂直尺；2-支脚

1.2 测量方法

长度应在砖的两个大面的中间处分别测量两个尺寸；宽度应在砖的两个大面的中间处分别测量两个尺寸；高度应在两个条面的中间处分别测量两个尺寸，如附图 6-2 所示。当被测处有缺损或凸出时，可在其旁边测量，但应选择不利的一侧。精确至 0.5mm。

1.3 结果表示

每一方向尺寸以两个测量值的算术平均值表示。

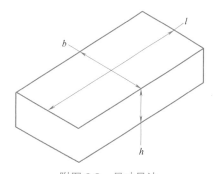

附图 6-2 尺寸量法
l-长度（mm）；b-宽度（mm）；h-高度（mm）

2　外观质量检查

2.1　量具

（1）砖用卡尺（附图 6-1）：分度值为 0.5mm。

（2）钢直尺：分度值不应大于 1mm。

2.2　测量方法

2.2.1　缺损

（1）缺棱掉角在砖上造成的破损程度，以破损部分对长、宽、高三个棱边的投影尺寸来度量，称为破坏尺寸，如附图 6-3 所示。

（2）缺损造成的破坏面，是指缺损部分对条、顶面（空心砖为条、大面）的投影面积，如附图 6-4 所示。空心砖内壁残缺及肋残缺尺寸，以长度方向的投影尺寸来度量。

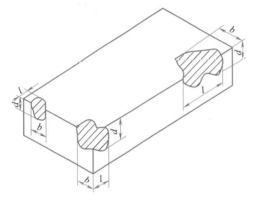

附图 6-3　缺棱掉角破坏尺寸量法

l-长度方向的投影尺寸（mm）；*b*-宽度方向的投影尺寸（mm）；
d-高度方向的投影尺寸（mm）

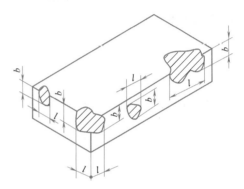

图 6-4　缺损在条、顶面上造成破坏面量法

l-长度方向的投影尺寸；*b*-宽度方向的投影尺寸

2.2.2　裂纹

（1）裂纹分为长度方向、宽度方向和水平方向三种，以被测方向的投影长度表示。如果裂纹从一个面延伸至其他面上时，则累计其延伸的投影长，如附图 6-5 所示。

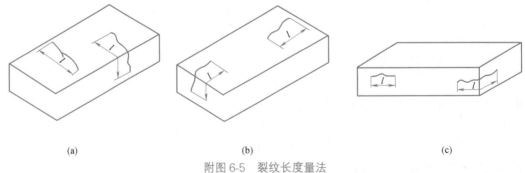

(a)　　　　　　　　　　(b)　　　　　　　　　　(c)

附图 6-5　裂纹长度量法

（a）宽度方向裂纹长度量法；（b）长度方向裂纹长度量法；（c）水平方向裂纹长度量法

（2）多孔砖的孔洞与裂纹相通时，则将孔洞包括在裂纹内一并测量，如附图 6-6 所示。

（3）裂纹长度以在三个方向上分别测得的最长裂纹作为测量结果。

2.2.3 弯曲

（1）弯曲分别在大面和条面上测量，测量时将砖用卡尺的两只脚沿棱边两端放置，择其弯曲最大处将垂直尺推至砖面，如附图 6-7 所示，但不应将因杂质或碰伤造成的凹处计算在内。

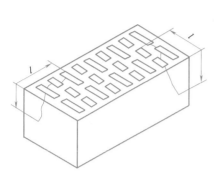

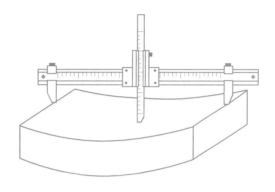

图 6-6 多孔砖裂纹通过孔洞时长度量法

l-裂纹总长度

附图 6-7 弯曲量法

（2）以弯曲中测得的较大者作为测量结果。

2.2.4 杂质凸出高度

杂质在砖面上造成的凸出高度，以杂质距砖面的最大距离表示。测量将砖用卡尺的两只脚置于凸出两边的砖平面上，以垂直尺测量，如附图 6-8 所示。

2.2.5 色差

装饰面朝上随机分两排并列，在自然光下距离砖样 2m 处目测。

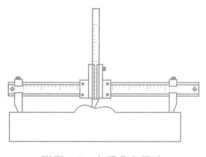

附图 6-8 杂质凸出量法

2.3 结果处理

外观测量结果以"mm"为单位，不足 1mm 者，按 1mm 计。

3 抗折强度试验

3.1 仪器设备

（1）材料试验机：试验机的示值相对误差不大于±1%，其下加压板应为球铰支座，预期最大破坏荷载应在量程的 20%～80% 之间。

（2）抗折夹具：抗折试验的加荷形式为三点加荷，其上压辊和下支辊的曲率半径为 15mm，下支辊应有一个为铰接固定。

（3）钢直尺：分度值不应大于 1mm。

3.2 试样准备

试样数量为 10 块。试样应放在温度为（20±5）℃的水中浸泡 24h 后取出，用湿布拭去其表面水分进行抗折强度试验。

3.3　试验步骤

（1）按 2.2 条的规定测量试样的宽度和高度尺寸各 2 个，分别取算术平均值，精确至 1mm。

（2）调整抗折夹具下支辊的跨距为砖规格长度减去 40mm。但规格长度为 190mm 的砖，其跨距为 160mm。

（3）将试样大面平放在下支辊上，试样两端面与下支辊的距离应相同，当试样有裂缝或凹陷时，应使有裂缝或凹陷的大面朝下，以 50～150N/s 的速度均匀加荷，直至试样断裂，记录最大破坏荷载 P。

3.4　结果计算及处理

每块试样的抗折强度（R_C）按式（附 6-1）计算：

$$R_C = \frac{3PL}{2BH^2} \tag{附 6-1}$$

式中　R_C——抗折强度（MPa）；

　　　P——最大破坏荷载（N）；

　　　L——跨距（mm）；

　　　B——试样宽度（mm）；

　　　H——试样高度（mm）。

试验结果以试样抗折强度的算术平均值和单块最小值表示。

4　抗压强度试验

4.1　仪器设备

（1）材料试验机：试验机的示值相对误差不超过 ±1%，其上、下加压板至少应有一个球铰支座，预期最大破坏荷载应在量程的 20%～80% 之间。

（2）钢直尺：分度值不应大于 1mm。

（3）振动台、制样模具、搅拌机：应符合《砌墙砖抗压强度试样制备设备通用要求》GB/T 25044—2010 的要求。

（4）切割设备。

（5）抗压强度试验用净浆材料：应符合《砌墙砖抗压强度试验用净浆材料》GB/T 25183—2010 的要求。

4.2　试样准备

4.2.1　试样数量

试样数量为 10 块。

4.2.2　试样制备

1）一次成型制样

（1）一次成型制样适用于采用样品中间部位切割，交错叠加灌浆制成强度试验试样的方式。

（2）将试样锯成两个半截砖，两个半截砖用于叠合部分的长度不得小于 100mm，如附图 6-9 所示。如果不足 100mm，应另取备用试样补足。

（3）将已切割开的半截砖放入室温的净水中浸 20～30min 后取出，在铁丝网架上滴水 20～30min，以断口相反方向装入制样模具中。用插板控制两个半砖间距不应大于 5mm，砖大面与模具间距不应大于 3mm，砖断面、顶面与模具间垫以橡胶垫或其他密封材料，模具内表面涂油或脱膜剂。制样模具及插板如附图 6-10 所示。

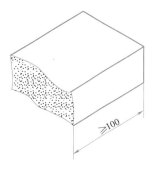

附图 6-9　半截砖长度示意图

（4）将净浆材料按照配制要求，置于搅拌机中搅拌均匀。

（5）将装好试样的模具置于振动台上，加入适量搅拌均匀的净浆材料，振动时间为 0.5～1min，停止振动，静置至净浆材料达到初凝时间约 15～19min 后拆模。

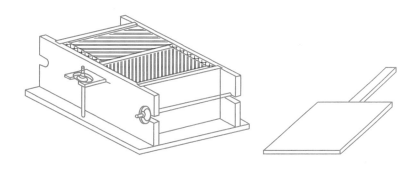

附图 6-10　一次成型制样模具及插板

2）二次成型制样

（1）二次成型制样适用于采用整块样品上下表面灌浆制成强度试验试样的方式。

（2）将整块试样放入室温的净水中浸 20～30min 后取出，在铁丝网架上滴水 20～30min。

（3）按照净浆材料配制要求，置于搅拌机中搅拌均匀。

（4）模具内表面涂油或脱膜剂，加入适量搅拌均匀的净浆材料，将整块试样一个承压面与净浆接触，装入制样模具中，承压面找平层厚度不应大于 3mm。接通振动台电源，振动 0.5～1min，停止振动，静置至净浆材料初凝（大约 15～19min）后拆模。按同样方法完成整块试样另一承压面的找平。二次成型制样模具如附图 6-11 所示。

3）非成型制样

（1）非成型制样适用于试样无须进行表面找平处理制样的方式。

（2）将试样锯成两个半截砖，两个半截砖用于叠合部分的长度不得小于 100mm。如果不足 100mm，应另取备用试样补足。

（3）两半截砖切断口相反叠放，叠合部分不得小于 100mm，如附图 6-12 所示，即为抗压强度试样。

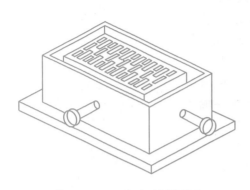

附图 6-11　二次成型制样模具

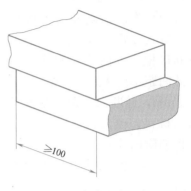

附图 6-12　半砖叠合示意图

4.3　试样养护

一次成型制样、二次成型制样在不低于 10℃ 的不通风室内养护 4h。非成型制样不需养护，试样气干状态直接进行试验。

4.4　试验步骤

（1）测量每个试样连接面或受压面的长、宽尺寸各两个，分别取其平均值，精确至 1mm。

（2）将试样平放在加压板的中央，垂直于受压面加荷，应均匀平稳，不得发生冲击或振动。加荷速度以 2～6kN/s 为宜，直至试样破坏为止，记录最大破坏荷载 P。

4.5　结果计算及处理

每块试样的抗压强度（R_p）按式（附 6-2）计算：

$$R_P = \frac{P}{L \times B} \qquad\qquad (附\ 6\text{-}2)$$

式中　R_p——抗压强度（MPa）；

　　　　P——最大破坏荷载（N）；

　　　　L——受压面（连接面）的长度（mm）；

　　　　B——受压面（连接面）的宽度（mm）。

试验结果以试样抗压强度的算术平均值和标准值或单块最小值表示。

附录Ⅶ　建筑钢材试验

本试验依据《钢及钢产品　力学性能试验取样位置及试样制备》GB/T 2975—2018、《金属材料　拉伸试验　第 1 部分：室温试验方法》GB/T 228.1—2010、《金属材料　弯曲试验方法》GB/T 232—2010 与《钢筋混凝土用钢材试验方法》GB/T 28900—2012，进行钢筋混凝土用热轧光圆或带肋钢筋的下屈服强度（R_{el}）、抗拉强度（R_m）、断后伸长率（A）或最大力总延伸率（A_{gt}）力学性能以及弯曲工艺性能试验，目的是使学生加深对钢筋受拉和弯曲性能的认识，掌握钢筋力学与弯曲试验方法，进而评定钢筋强度等级。

1 试样选取、制取与矫直

1.1 试样选取

所选钢筋应符合产品标准的外观质量、尺寸、重量等技术要求。样品整体要求无影响其性能的明显表面缺陷,如毛刺、非圆滑过渡、形状公差过大等,对于按盘卷交货的钢筋应将头尾有害缺陷部分切除。试样可用钢丝刷清理,清理后的重量、表面质量和尺寸要能满足材料标准要求。锈皮、表面不平整或氧化铁皮不作为不合格外表,若有其他缺陷且拉伸或弯曲性能不符合要求时,则认为这些缺陷是有害的。

1.2 试样制取

试样应从符合交货状态的钢筋产品上制取。对于拉伸、弯曲试样应任选两根钢筋上各切取两根,不允许车削加工。应避免由于加工使钢筋表面产生硬化及过热而改变其力学性能。用烧割法切取样坯时,从样坯切割线至试样边缘必须留有足够的加工余量,一般不小于钢筋的直径,但最小不得少于 20mm;冷剪样坯留有的加工余量按附表 7-1 选取。

冷剪样坯的加工余量选择 附表 7-1

钢筋直径(mm)	加工余量(mm)
>6~10	直径
>10~20	10
>20~35	15
>35	20

1.3 试样矫直

对于从盘卷上制取的试样,在任何试验前应进行简单的手工或机械弯曲矫直,并确保最小的塑性变形。

2 试验环境

试验应在 10~35℃ 的温度范围内进行。对温度要求严格的试验,试验温度应为 (23±5)℃。

3 拉伸试验

3.1 仪器设备

(1)试验机:测力系统应根据《静力单轴试验机的检验 第 1 部分:拉力和(或)压力试验机测力系统的检验与校准》GB/T 16825.1—2008 来校验和校准,准确度至少达到 1 级。对于计算机控制的拉伸功能应满足《静力单轴试验机用计算机数据采集系统的评定》GB/T 22066—2008 要求。

二维码附录-7
钢筋拉伸试验

(2)钢筋划线机。

(3)游标卡尺:精度为 0.02mm。

(4)引伸计:准确度级别应符合《金属材料 单轴试验用引伸计系统的标定》GB/T 12160—2019 的要求。优选引伸计精度为 1 级,测定 R_m、A、A_g 或 A_{gt} 时,可使用 2 级精度引伸计,且应至少有 100mm 的标距长度。

3.2　拉伸试样

3.2.1　公称直径（d）确定

游标卡尺应垂直钢筋纵向轴线量取钢筋直径，宜在平行长度范围内中心区域以足够的点数量取原始直径（d_o）（准确至$\pm 0.5\%$，精确至 0.1mm），对于带肋钢筋应量取内径。对公称直径（d）的确定要以量取的直径对照公称直径（光圆钢筋）、公称尺寸（带肋钢筋）的允许偏差选取。

3.2.2　公称截面面积（S_n）确定

公称横截面积（S_n）按公称直径计算，保留四位有效数字。

3.2.3　试样标距的确定

（1）不用引伸计时标距。采用原始标距（L_o），按式（附 7-1）选取：

$$L_0 = k\sqrt{S_o} \qquad\qquad (附7\text{-}1)$$

式中　S_o——原始横截面积（实测的直径计算的平均横截面积，对于该试验的钢筋直径偏差符合某公称直径要求的，可以公称直径计算原始横截面积）；

　　　　k——比例系数，取 5.65（对于光圆、带肋钢筋不可使用 $k=11.3$），$5.65\sqrt{S_o} = \dfrac{5.65\sqrt{\pi}}{2}d$，对于圆形试样取 $L_o=5d$。

应用小标记、细划线或细墨线标记原始标距，但不得用易引起过早断裂的缺口作标记。如果原标距的计算值与其标记值之差小于 $0.1L_o$，可将原始标记的计算值按 GB/T 8170 修约至最接近 5mm 的倍数。原始标距的标记应准确到$\pm 1\%$。如平行长度 L_c 比原始标距长许多，可以标记一系列套叠原始标距。

（2）用引伸计时标距。采用引伸计标距（L_e），测定断后伸长率时，L_e 应等于 L_o。对于测定屈服强度或规定强度性能时，建议 L_e 尽可能跨越试样平行长度，理想的 L_e 应大于 $L_o/2$，但小于约定的 $0.9L_c$，这将保证引伸计检测到发生在试样上的全部屈服。测最大力时或最大力之后性能时，推荐 L_e 等于 L_o 或近似等于 L_o。故，推荐 $L_e=L_o$。

3.2.4　平行长度（L_c）确定

平行长度（L_c）是试样平行缩减部分的长度，对于钢筋是两夹头之间的距离。两夹头间的自由长度应足够，以使试样原始标距的标记与最近夹头间的距离不小于$\sqrt{S_o}$，对于公称直径 6～25mm 圆截面比例试样可采用 $L_c \geqslant L_o+d/2$，验收试验 $L_c=L_o+2d$。对于要测最大力总延伸率（A_{gt}），L_c 还应满足附表 7-2 要求。

试样夹具之间的最小自由长度

附表 7-2

钢筋公称直径（mm）	试样夹具之间的最小自由长度（mm）
$d \leqslant 25$	350
$25 < d \leqslant 32$	400
$32 < d \leqslant 50$	500

3.2.5　总长度（L_t）确定

试样总长度取决于夹持方法，对于钢筋，原则上 $L_t > L_c+4d$。

3.3　拉伸准备

3.3.1　安装引伸计

引伸计从盒中取出，将其 USB 接口插入相应端口，引伸计在试样上居中安装，用橡

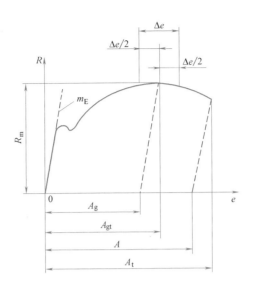

附图 7-1 延伸的定义

A-断后伸长率（从引伸计的信号测得的或者直接从试样上测得这一性能）；
A_g-最大力塑性延伸率；A_{gt}-最大力总延伸率；A_t-断裂总延伸率；e-延伸率；
m_E-应力—延伸率曲线弹性部分的斜率；R-应力；R_m-抗拉强度；Δe-平台范围

皮筋缠紧固定，拔出引伸计插销。安装完成后，打开微机控制万能试验机的控制箱和电脑，进入软件程序界面，对位移传感器、引伸计变形传感器清零，检查各部件是否到位，试验是否存在干涉。延伸的定义见附图 7-2。

3.3.2 试验力零点设定

在试样两端被夹持之前，应设定力测量系统的零点，在试验期间力测量系统不能再发生变化，这主要是为了确保夹持系统重量在测力时得到补偿，另一方面是为了保持夹持过程中产生的力不影响力值的测量。

3.3.3 试样夹持

应使用例如楔形夹头、螺纹夹头、平推夹头、套环夹具等合适的夹具夹持试样。应尽最大努力确保夹持的试样受轴向拉力作用，尽量减少弯曲，这对试验脆性材料或测定规定塑性延伸强度、规定总延伸强度、规定残值余延伸强度或屈服强度时尤为重要。为了得到直的试样和确保试样与夹头对中，可以施加不超过规定强度或预期屈服强度的 5% 相应的预拉力，且对预拉力的延伸影响进行修正。

3.3.4 试验速率

（1）应变速率控制的试验速率（方法 A——推荐使用）

该控制方法是为了减小测定应变速率敏感参数（性能）时的试验速率的变化和减小试验结果的测量不确定度。若测上屈服强度等级时应变速率（$\dot{e}_{Le}$）取 $0.00025 \sim 0.0025 \text{s}^{-1}$，可从引伸计的反馈得到。对于不连续屈服材料不可能用装在试样上的引伸计来控制应变速率，应用横梁位移速率来控制，采用平行长度估计的应变速率 $\dot{e}_{Lc}$，即通过控制平行长度与需要的应变速率相乘得到的横梁位移速率来实现。$V_c = L_c \times \dot{e}_{Lc}$，推荐以

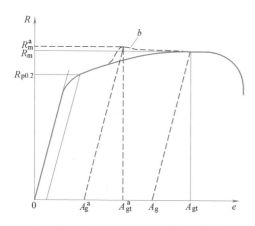

附图 7-2　在应力-应变曲线上不允许
的不连续性示例

a-非真实值，产生了突然的应变速率增加；
b-应变速率突然增加时的应力-应变行力；
e-延伸率；*R*-应力

$\dot{e}_{Lc}=0.00025s^{-1}$，相对误差±20%来控制。

屈服后，可用 $\dot{e}_{Le}$ 或 $\dot{e}_{Lc}$。为了避免由于缩颈发生在引伸计标距以外控制出现问题，推荐使用 $\dot{e}_{Lc}=0.0067s^{-1}$ 速率，相对误差±20%来控制。注意在进行应变速率或控制模式转换时，不应在应力-延伸率曲线上引入不连续性，而歪曲 R_m、A_g 或 A_{gt} 的值，如附图 7-2 所示，这种不连续效应可以通过降低转换速率得以减轻。

（2）应力速率控制的试验速率（方法 B）

该方法为：在应力达到规定屈服强度的一半之前，可以采用任意的试验速度。超过这个点以后在弹性范围和直至上屈服强度，对于热轧钢筋取 6～60MPa/s，且速率尽可能保持恒定，可测上屈服强度。如仅测下屈服强度，在试样平行长度的屈服期间，以 $\dot{e}_{Lc}=0.00025～0.0025s^{-1}$ 应变速率来控制，且速率尽可能保持恒定。如不可能调到这一速率，应通过调节屈服即将开始前的应力速率来调整横梁位移速率，在屈服完成之前不再调节试验机的控制。测定屈服强度后，试验速率可以增加到不大于 $0.008s^{-1}$ 的应变速率（或等效的横梁分离速率）。如果只测抗拉强度，在整个试验过程中可以选取不超过 $0.008s^{-1}$ 的单一试验速率。

3.4　试样拉伸

3.4.1　屈服强度测定

（1）上屈服强度测定：上屈服强度定义为力首次下降前的最大力值对应的应力。可以从力-延伸曲线图或峰值力显示器上测得，可按式（附 7-2）计算：

$$R_{eh}=\frac{F_{eh}}{S_n} \qquad （附 7-2）$$

式中　R_{eh}——上屈服强度（MPa）；

　　　F_{eh}——上屈服力（N）；

　　　S_n——钢筋公称面积（mm^2）。

（2）下屈服强度测定：下屈服强度定义为不计初始瞬时效应的屈服阶段中最小力所对应的应力。可以从力-延伸曲线图或峰值力显示器上测得，可按式（附 7-3）计算：

$$R_{el}=\frac{F_{el}}{S_n} \qquad （附 7-3）$$

式中　R_{el}——下屈服强度（MPa）；

　　　F_{el}——下屈服力（N）；

　　　S_n——钢筋公称面积（mm^2）。

屈服点过后若不再使用引伸计，可点击"引伸计切换"，然后松开橡皮筋取下引伸计并重新插入插销，该操作过程应尽量减少对试样的影响。

3.4.2　最大力下总延伸率（A_{gt}）测定

（1）手工法（标准法）：应等分格在试样的平行长度上全做标记，等分格标记间的距离应为 10mm（根据需要也可采用 5mm 或 20mm）。断口位置应符合附图 7-3 的要求，即断口距标记点距离 r_2 至少为 50mm 或 $2d$（选择较大者），且该段上夹持与最近的标记点之间距离 r_1 要小于 20mm 或 d（选择较大者），量取原 100mm 标记段断后长度（b），按式（附 7-4）和式（附 7-5）分别计算最大力塑性延伸率（A_g）和总延伸率（A_{gt}）。若不符合上述要求，不得进行延伸率的计算。

$$A_g = \frac{b - 100}{100} \times 100 \tag{附 7-4}$$

式中　A_g——最大力塑性延伸率（%）；

　　　b——原 100mm 标记段断后长度（mm）。

$$A_{gt} = A_g + R_m/2000 \tag{附 7-5}$$

式中　A_{gt}——最大力总延伸率（%）；

　　　A_g——最大力塑性延伸率（%）；

　　　R_m——抗拉强度（MPa）。

有些材料在最大力时呈现一平台，应取平台中点的最大力对应的总延伸率。

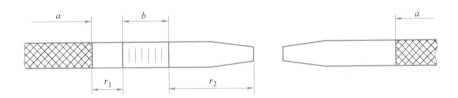

附图 7-3　用手工方法测量 A_{gt}

a-夹持长度；b-标距长度

（2）引伸计法：当使用引伸计来测定最大力总延伸率时，应使用 2 级以上引伸计且标距约为 100mm，在测出的力-延伸曲线图上得出最大力时的总延引（ΔL_m），按式（附 7-6）计算最大力总延伸率。

$$A_{gt} = \frac{\Delta L_m}{L_e} \times 100 \tag{附 7-6}$$

式中　A_{gt}——最大力总延伸率（%）；

　　　L_e——引伸计原始标距（取 L_e 等于或近似等于 L_o）；

　　　ΔL_m——最大力总延伸。

有些材料在最大力时呈现一平台，应取平台中点的最大力对应的总延伸率。

3.4.3　断后伸长率测定

1）用引伸计测量：当使用引伸计来测定断后伸长率时，应使用 2 级以上引伸计，在测出的力-延伸曲线图上得出断裂总延伸，按式（附 7-7）算出断裂总延伸率，再以断裂总延伸率扣除弹性变形率部分，按式（附 7-8）算出断后伸长率。

$$A_t = \frac{\Delta L_f}{L_e} \times 100 \tag{附 7-7}$$

式中 A_t——断裂总延伸率（%）；

ΔL_f——断裂总延伸；

L_e——引伸计原始标距（取 L_e 等于 L_o）。

$$A = A_t - R_f/2000 \tag{附 7-8}$$

式中 A——断后伸长率；

A_t——断裂总延伸率（%）；

R_f——断裂总延伸强度（MPa）。

该方法对引伸计有额外要求（如引伸计要有较高的动态响应和频带宽度等，且要符合 GB/T 228.1—2010 A.3.2 相关规定）。原则上断裂发生在引伸计标距以内方为有效，但断后伸长率等于大于规定值，不管断裂位置处于何处，可认为有效。

2）不用引伸计测量：将试样断裂的部分仔细地配接在一起，使其轴线处于同一直线上，并采取特别措施确保试样断裂部分适当接触紧密，测量试样的断后标距（L_u），按式（附 7-9）计算断后伸长率。

$$A = \frac{L_u - L_o}{L_o} \times 100 \tag{附 7-9}$$

式中 L_o——室温施力前的试样原始标距；

$L_u - L_o$——断后标距的残余伸长，准确到 $\pm 0.25 \text{mm}$。

（1）原则上只有断裂处与最接近的标距标记不小于原始标距的三分之一情况为有效，若大于可采用移位法测定断后伸长率。但 $L_u - L_o$ 实测计算的 A 大于等于规定值，不管断裂位置在何处，也可认为有效。

（2）移位法：试验前将试样原始标距细分为 5mm（推荐）到 10mm 的 N 等份。试验后，以符号 X 表示断裂后试样短段的标距标记，以符号 Y 表示断裂试样长段的等分标记，此标记与断裂处的距离最接近于断裂处至标距标记 X 的距离。如 X 与 Y 之间的分格数为 n，按如下测定断后伸长率。

如 $N - n$ 为偶数（附图 7-4a），测量 X 与 Y 之间的距离 l_{xy} 和测量从 Y 至距离为 $(N-n)/2$ 个分格的 Z 标记之间距离 l_{yz}。按式（附 7-10）计算断后伸长率。

$$A = \frac{l_{xy} + 2 \times l_{yz} - L_o}{L_o} \times 100 \tag{附 7-10}$$

如 $N - n$ 为奇数（附图 7-4b），测量 X 与 Y 之间的距离，以及从 Y 至距离分别为 $(N-n-1)/2$ 和 $(N-n+1)/2$ 个分格的 Z' 和 Z'' 标记之间的距离 l_{yz}' 和 l_{yz}''。按式（附 7-11）计算断后伸长率。

$$A = \frac{l_{xy} + l_{yz}' + l_{yz}'' - L_o}{L_o} \times 100 \tag{附 7-11}$$

3.4.4 结果评定

（1）在拉伸的弹性阶段，当直线段的斜率与弹性模量理论值之间的差值大于 10% 时，该次试验应被视作无效；不用引伸计时，当断裂发生在夹持部位上或距夹持部位的距离小于 20mm 或 d 时（选择较大者），该次试验应被视作无效。

（2）所有测量结果的数值修约与判定应符合《冶金技术标准的数值修约与检测数值的判定》YB/T 081—2013。测试值的修约方法：当修约精确至尾数 1 时，按四舍六入五单

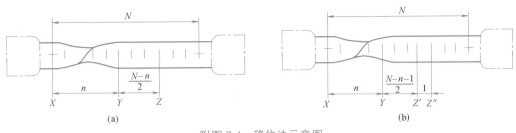

附图 7-4 移位法示意图

(a) N-n 为偶数；(b) N-n 为奇数

双方法修约，当修约精确至尾数为 5 时，按二五进位法修约（即精确至 5 时，不大于 2.5 时尾数取 0；大于 2.5 且小于 7.5 时尾数取 5；不小于 7.5 时尾数取 0 并向左进 1）。本次使用的热轧钢筋数据修约为：强度修约到 5MPa，断后伸长率修约到 1%，最大力塑性延伸率、最大力总延伸率修约到 0.5%。

4 弯曲试验

4.1 弯曲装置

应采用附图 7-5 所示的试验原理，该图显示了弯芯和支辊旋转、传送辊固定的结构，同样可能存在传送辊旋转和支辊固定的情况。

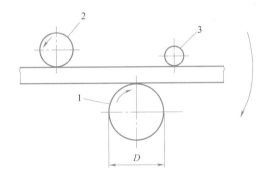

附图 7-5 弯曲试验原理

1-弯芯；2-支辊；3-传送辊

弯曲试验也可使用通过两个支辊和一个弯芯（《金属材料 弯曲试验方法》GB/T 232—2010）的装置。试样应在弯芯上弯曲，弯曲角度（r）和弯芯直径（D）应符合相关产品标准要求（对热轧钢筋原材 $r=180°$，圆钢 $D=d$，带肋钢筋 $D=3d \sim 8d$），支辊和弯曲压头应具有足够的硬度。除非另有规定，支辊间距离 L 应按照式（附 7-12）确定。试验过程中应采取足够的安全措施和防护装置。

$$L=(D+3d)\pm\frac{d}{2} \tag{附 7-12}$$

式中 L——支辊间距离；

D——弯芯直径；

d——钢筋原材公称直径。

4.2 钢筋长度

钢筋长度应根据直径和所使用的试验设备确定，钢筋不宜伸出支辊外太长，以免被试验设备上部机构阻碍。

4.3 操作步骤

（1）将钢筋试样放于两支辊上，试样轴线应与弯曲压头轴线垂直，弯曲压头在两支座之间的中点处对试样连续施加力使其弯曲，直至达到规定的弯曲角度。

（2）应当缓慢地施加弯曲力，以使钢筋试样能够自由地进行塑性变形。当出现争议时，试验速率应为（1±0.2）mm/s。

4.4 结果评定

对于热轧钢筋原材在符合弯芯直径的弯曲180°后，钢筋受弯曲部位表面无目视（不使用放大镜）可见的裂纹，则判定该试样为合格。

附录Ⅷ　石油沥青试验

本试验依据《公路工程沥青及沥青混合料试验规程》JTG E20—2011，从取样规则、试样准备及测定沥青试验中常用的三大指标：针入度、延度、软化点，使学生对沥青的主要性质有一定了解。

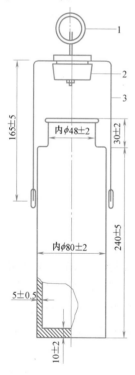

附图 8-1　沥青取样器（尺寸单位：mm）
1-吊环；2-聚四氟乙烯塞；3-手柄

1 取样规则

1.1 取样数量

黏稠沥青或固体沥青不少于 4.0kg；液体沥青不少于 1L；沥青乳液不少于 4L。

1.2 仪具要求

（1）盛样器：根据沥青的品种选择。液体或黏稠沥青采用广口、密封带盖的金属容器（如锅、桶等）；乳化沥青也可使用广口、带盖的聚氯乙烯塑料桶；固体沥青可用塑料袋，但需有外包装，以便携运。

（2）沥青取样器：金属制、带塞、塞上有金属长柄提手，形状如附图 8-1 所示。

1.3 取样方法

1.3.1 准备工作

检查取样和盛样器是否干净、干燥，盖子是否配合严密。使用过的取样器或金属桶等盛样容器必须洗净、干燥后才可使用。

1.3.2 取样步骤

1）从储油罐中取样

（1）从无搅拌设备的储罐中取样：液体沥青或经加热已经变成流体的黏稠沥青取样时，应先关闭进油阀和出油阀，然后取样。用取样器按液面上、中、下位置（液面高各为

1/3 等分处），但距罐底不得低于总液面高度的 1/6 各取（1～4）L 样品。每层取样后，取样器应尽可能倒净。当储罐过深时，亦可在流出口按不同流出深度分 3 次取样。对静态存取的沥青，不得仅从罐顶用小桶取样，也不得仅从罐底阀门流出少量沥青取样。将取出的 3 个样品充分混合后取 4kg 样品作为试样，样品也可分别进行试验。

（2）从有搅拌设备的储罐中取样：将液体沥青或经加热已经变成流体的黏稠沥青充分搅拌后，用取样器从沥青层的中部取规定数量试样。

2）从槽车、罐车、沥青洒布车中取样：设有取样阀时，可旋开取样阀，待流出至少 4kg 或 4L 后再取样，取样阀如附图 8-2 所示。

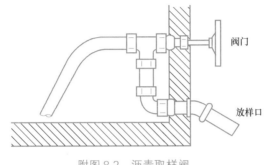

附图 8-2　沥青取样阀

仅有放料阀时，待放出全部沥青的 1/2 时取样。从顶盖处取样时，可用取样器从中部取样。

3）在装料或卸料过程中取样：要按时间间隔均匀地取至少 3 个规定数量样品，然后将这些样品充分混合后取规定数量样品作为试样，样品也可分别进行试验。

4）从沥青储存池中取样：沥青储存池中的沥青应待加热熔化后，经管道或沥青泵流至沥青加热锅之后取样。分间隔每锅至少取 3 个样品，然后将这些样品充分混匀后再取 4.0kg 作为试样，样品也可分别进行试验。

5）从沥青运输船中取样：沥青运输船到港后，应分别从每个沥青舱取样，每个舱从不同的部位取 3 个 4kg 的样品，混合在一起，将这些样品充分混合后再从中取出 4kg，作为一个舱的沥青样品供试验用。在卸油过程中取样时，应根据卸油量，大体均匀地分间隔 3 次从卸油口或管道途中的取样口取样，然后混合作为一个样品供试验用。

6）从沥青桶中取样：当能确认是同一批生产的产品时，可随机取样。当不能确认是同一批生产的产品时，应根据桶数按照附表 8-1 规定或按总桶数的立方根数随机选取沥青桶数。

选取沥青样品桶数　　　　　　　　　　　　　　附表 8-1

沥青桶总数	选取桶数	沥青桶总数	选取桶数
2～8	2	217～343	7
9～27	3	344～512	8
28～64	4	513～729	9
65～125	5	730～1000	10
126～216	6	1001～1331	11

　　将沥青桶加热使桶中沥青全部熔化成流体后，按罐车取样方法取样。每个样品的数量以充分混合后能满足供试验用样品的规定数量不少于 4.0kg 要求为限。当沥青桶不便加热熔化沥青时，可在桶高的中部将桶凿开取样，但样品应在距桶壁 5cm 以上的内部凿取，并采取措施防止样品散落地面沾有尘土。

　　7）固体沥青取样：从桶、袋、箱装或散装整块中取样时，应在表面以下及容器侧面以内至少 5cm 处采取。如沥青能够打碎，可用一个干净的工具将沥青打碎后取中间部分试样；若沥青是软塑的，则用一个干净的热工具切割取样。当能确认是同一批生产的样品时，应随机取出一件按本条的规定取 4kg 供试验用。

1.4　样品的保护与存放

　　（1）除液体沥青、乳化沥青外，所有需加热的沥青试样必须存放在密封带盖的金属容器中，严禁灌入纸袋、塑料袋中存放。试样应存放在阴凉干净处，注意防止试样污染。装有试样的盛样器加盖、密封好并擦拭干净后，应在盛样器上（不得在盖上）标出识别标记，如试样来源、品种、取样日期、地点及取样人等。

　　（2）冬季乳化沥青试样应注意采取妥善防冻措施。

　　（3）除试样的一部分用于当时试验外，其余试样应妥善保存备用。

　　（4）试样需加热采取时，应一次取够一批试验所需的数量装入另一盛样器，其余试样密封保存，应尽量减少重复加热取样。

2　试样准备

2.1　仪具要求

　　（1）烘箱：200℃，装有温度控制调节器。

　　（2）加热炉具：电炉或燃气炉（丙烷石油气、天然气）。

　　（3）石棉垫：不小于炉具上面积。

　　（4）滤筛：筛孔孔径 0.6mm。

　　（5）沥青盛样器皿：金属锅或瓷坩埚。

　　（6）烧杯：1000mL。

　　（7）温度计：量程 0～100℃ 及 0～200℃，分度值 0.1℃。

　　（8）天平：称量 2000g，感量不大于 1g；称量 100g，感量不大于 0.1g。

　　（9）其他：玻璃棒、溶剂、棉纱等。

2.2　试样准备数量与方法

2.2.1　试样准备数量

　　一般进行常规试验的试样不宜少于 600g，也可根据实际需要准备。

2.2.2　热沥青试样制备

　　（1）将装有试样的盛样器带盖放入恒温烘箱中，当石油沥青试样中含有水分时，烘箱温度 80℃ 左右，加热至沥青全部熔化后供脱水用。当石油沥青中无水分时，烘箱温度宜为软化点温度以上 90℃，通常为 135℃ 左右。对取来的沥青试样不得直接采用电炉或燃气炉明火加热。

　　（2）当石油沥青试样中含有水分时，将盛样器皿放在可控温的砂浴、油浴、电热套上加热脱水，不得采用电炉、燃气炉。加热脱水时必须加放石棉垫。加热时间不超过

30min，并用玻璃棒轻轻搅拌，防止局部过热。在沥青温度不超过100℃的条件下，仔细脱水至无泡沫为止，最后的加热温度不宜超过软化点以上100℃（石油沥青）或50℃（煤沥青）。

（3）将盛样器中的沥青通过0.6mm的滤筛过滤，不等冷却立即一次灌入各项试验的模具中。当温度下降太多时，宜适当加热再灌模。根据需要也可将试样分装入擦拭干净并干燥的一个或数个沥青盛样器皿中，数量应满足一批试验参数所需的沥青样品。

（4）在沥青灌模过程中，如温度下降可放入烘箱中适当加热，试样冷却后反复加热的次数不得超过两次，以防沥青老化影响试验结果。为避免混进气泡，在沥青灌模时不得反复搅动沥青。

（5）灌模剩余的沥青应立即清洗干净，不得重复使用。

2.2.3 乳化沥青试样制备

1）把存有乳化沥青的盛样器适当晃动，使试样上下均匀。试样数量较少时，宜将盛样器上下倒置数次，使上下均匀。

2）将试样倒出要求数量，装入盛样器皿或烧杯中，供试验使用。

3）当乳化沥青在试验室自行配制时，可按上述方法准备热沥青试样。根据所需制备的沥青乳液质量及沥青、乳化剂、水的比例计算各种材料的数量。

（1）沥青用量：

$$m_b = m_E \times P_b \tag{附8-1}$$

式中　m_b——所需的沥青质量（g）；

　　　m_E——乳液总质量（g）；

　　　P_b——乳液中沥青含量（%）。

（2）乳化剂用量：

$$m_e = m_E \times P_E / P_e \tag{附8-2}$$

式中　m_e——乳化剂用量（g）；

　　　P_E——乳液中乳化剂的含量（%）；

　　　P_e——乳化剂浓度（乳化剂中有效成分含量，%）。

（3）水的用量：

$$m_w = m_E - m_E \times P_b \tag{附8-3}$$

式中　m_w——配制乳液所需水的质量（g）。

4）称取所需质量的乳化剂放入1000mL烧杯中。向盛有乳化剂的烧杯中加入所需的水（扣除乳化剂中所含水的质量）。将烧杯放到电炉上加热并不断搅拌，直到乳化剂完全溶解，当需调节pH值时可加入适量的外加剂，将溶液加热到40~60℃。在容器中称取准备好的沥青并加热到120~150℃。开动乳化机，用热水先把乳化机预热几分钟，然后把热水排净。将预热的乳化剂倒入乳化机中，随即将预热的沥青徐徐倒入，待全部沥青乳液在机中循环1min后放出，进行各项试验或密封保存。注意：在倒入乳化沥青过程中，需随时观察乳化情况。如出现异常，应立即停止倒入乳化沥青，并把乳化机中的沥青乳化剂混合液放出。

3　针入度试验

3.1　目的与适用范围

测定道路石油沥青、聚合物改性沥青针入度以及液体石油沥青蒸馏或乳化沥青蒸发后残留物的针入度，以 0.1mm 计。其标准试验条件为 25℃。荷重 100g，贯入时间 5s。针入度指数 PI 用以描述沥青的温度敏感性，宜在 15℃、25℃、30℃等 3 个或 3 个以上温度条件下测定针入度后按规定的方法计算得到，若 30℃时的针入度值过大，可采用 5℃代替。当量软化点 T_{800} 是相当于沥青针入度为 800 时的温度，用以评价沥青的高温稳定性。当量脆点 $T_{1.2}$ 是相当于沥青针入度为 1.2 时的温度，用以评价沥青的低温抗裂性能。

3.2　仪具与材料

（1）针入度仪：为提高测试精度，针入度试验宜采用能够自动计时的针入度仪进行测定（附图 8-3），要求针和针连杆必须在无明显摩擦下垂直运动，针的贯入深度必须准确至 0.1mm。针和针连杆组合件总质量为（50±0.05）g，另附（50±0.05）g 砝码一只，试验时总质量为（100±0.05）g。仪器应有放置平底玻璃保温皿的平台，并有调节水平的装置，针连杆应与平台相垂直。应有针连杆制动按钮，使针连杆可自由下落。针连杆应易于装拆，以便检查其质量。仪器还设有可自由转动与调节距离的悬臂，其端部有一面小镜或聚光灯泡，借以观察针尖与试样表面接触情况，且应对装置的准确性经常校验。

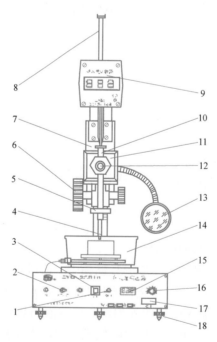

附图 8-3　沥青针入度示意图

1-加热控制；2-时控选择按钮；3-启动开关；4-标准针；
5-砝码；6-微调手轮；7-升降支架；8-测杆；9-针入度显示器；
10-针连杆；11-电磁铁；12-手动释杆按钮；13-反光镜；14-恒温浴；
15-温度显示；16-温度调节；17-电源开关；18-水平调节螺钉

（2）标准针：由硬化回火的不锈钢制成，洛氏硬度 $HRC54\sim60$，表面粗糙度 $Ra0.2\sim$ $0.3\mu m$，针及针杆总质量（2.5 ± 0.05）g。针杆上应打印有号码标志。针应设有固定用装置盒（筒），以免碰撞针尖，每根针必须附有计量部门的检验单，并定期进行检验。其尺寸形状如附图 8-4 所示。

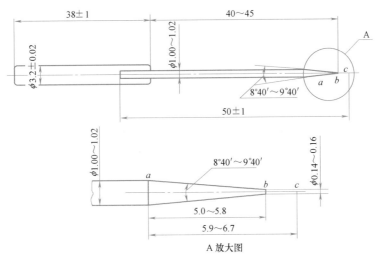

附图 8-4　针入度标准针（尺寸单位：mm）

（3）盛样皿：金属制，圆柱形平底。小盛样皿内径 55mm，深 35mm（适用于针入度小于 200 的试样）；大盛样皿内径 70mm，深 45mm（适用于针入度为 200～350 的试样）；对针入度大于 350 的试样需使用特殊盛样皿，其深度不小于 60mm，容积不少于 125mL。

（4）恒温水槽：容量不少于 10L，控温的准确度为 0.1℃。水槽中应设有一带孔的搁架，位于水面下不得少于 100mm，距水槽底不得少于 50 mm 处。

（5）平底玻璃皿：容量不小于 1L，深度不小于 80mm。内设有一不锈钢三脚支架，能使盛样皿稳定。

（6）温度计或温度传感器：精度为 0.1℃。

（7）计时器：精度为 0.1s。

（8）位移计或位移传感器：精度为 0.1mm。

（9）盛样皿盖：平板玻璃，直径不小于盛样皿开口尺寸。

（10）溶剂：三氯乙烯等。

（11）其他：电炉或砂浴、石棉网、金属锅或瓷把坩埚等。

3.3　方法与步骤

3.3.1　准备工作

按试验要求将恒温水槽调节到要求的试验温度 25℃或 15℃、30℃（5℃），保持稳定。将试样注入盛样皿中，试样高度应超过预计针入度值 10mm，并盖上盛样皿，以防落入灰尘。盛有试样的盛样皿在 15～30℃室温中冷却不少于 1.5h（小盛样皿）、2h（大盛样皿）或 3h（特殊盛样皿）后，应移入保持规定试验温度±0.1℃的恒温水槽中，并应保温不少于 1.5h（小盛样皿）、2h（大盛样皿）或 2.5h（特殊盛样皿）。调整针入度仪使之水平。

检查针连杆和导轨，以确认无水和其他外来物，无明显摩擦。用三氯乙烯或其他溶剂清洗标准针，并擦干。将标准针插入针连杆，用螺钉固紧。按试验条件，加上附加砝码。

3.3.2　试验步骤

（1）取出达到恒温的盛样皿，并移入水温控制在试验温度±0.1℃（可用恒温水槽中的水）的平底玻璃皿中的三脚支架上，试样表面以上的水层深度不小于 10mm。

（2）将盛有试样的平底玻璃皿置于针入度仪的平台上。慢慢放下针连杆，用适当位置的反光镜或灯光反射观察，使针尖恰好与试样表面接触，将位移计或刻度盘指针复位为零。

（3）开始试验，按下释放键，这时计时与标准针落下贯入试样同时开始，至 5s 时自动停止。

（4）读取位移计或刻度盘指针的读数，准确至 0.1mm。

（5）同一试样平行试验至少 3 次，各测试点之间及与盛样皿边缘的距离不应小于 10mm。每次试验后应将盛有盛样皿的平底玻璃皿放入恒温水槽，使平底玻璃皿中水温保持试验温度。每次试验应换一根干净标准针或将标准针取下，用蘸有三氯乙烯溶剂的棉花或布揩净，再用干棉花或布擦干。

（6）测定针入度大于 200 的沥青试样时，至少用 3 支标准针，每次试验后将针留在试样中，直至 3 次平行试验完成后，才能将标准针取出。

（7）测定针入度指数 PI 时，按同样的方法在 15℃、25℃、30℃（或 5℃）3 个或 3 个以上（必要时增加 10℃、20℃等）温度条件下分别测定沥青的针入度。

3.4　公式法结果计算

（1）将 3 个或 3 个以上不同温度条件下测试的针入度值取对数，令 $y=\lg P$，$x=T$，按式（附 8-4）的针入度对数与温度的直线关系，进行 $y=a+bx$ 一元一次方程的直线回归，求取针入度温度指数 $A_{\lg Pen}$。

$$\lg P = K + A_{\lg Pen} \times T \qquad \text{（附 8-4）}$$

式中　$\lg P$——不同温度条件下测得的针入度值的对数；

　　　T——试验温度（℃）；

　　　K——回归方程的常数项 a；

　$A_{\lg Pen}$——回归方程的系数 b。

按式（附 8-4）回归时必须进行相关性检验，直线回归相关系数 R 不得小于 0.997（置信度 95%），否则，试验无效。

（2）按式（附 8-5）确定沥青的针入度指数，并记为 PI。

$$PI = \frac{20 - 500 A_{\lg Pen}}{1 + 50 A_{\lg Pen}} \qquad \text{（附 8-5）}$$

（3）按式（附 8-6）确定沥青的当量软化点 T_{800}。

$$T_{800} = \frac{\lg 800 - K}{A_{\lg Pen}} = \frac{2.9031 - K}{A_{\lg Pen}} \qquad \text{（附 8-6）}$$

（4）按式（附 8-7）确定沥青的当量脆点 $T_{1.2}$。

$$T_{1.2} = \frac{\lg 1.2 - K}{A_{\lg Pen}} = \frac{0.0792 - K}{A_{\lg Pen}} \qquad \text{（附 8-7）}$$

（5）按式（附 8-8）计算沥青的塑性温度范围 ΔT。

$$\Delta T = T_{800} - T_{1.2} = \frac{2.8239}{A_{\lg Pen}} \qquad （附 8-8）$$

3.5 结果评定

1）应报告标准温度（25℃）时的针入度以及其他试验温度 T 所对应的针入度，及由此求取针入度指数 PI、当量软化点 T_{800}、当量脆点 $T_{1.2}$ 的方法和结果；同报告回归直线相关系数 R。

2）同一试样 3 次平行试验结果的最大值和最小值之差在下列允许误差范围内时，计算 3 次试验结果的平均值，取整数作为针入度试验结果，以 0.1mm 计。

针入度（0.1mm）	允许误差（0.1mm）
0～49	2
50～149	4
150～249	12
250～500	20

当试验值不符合此要求时，应重新进行试验。

3）允许误差

（1）当试验结果小于 50（0.1mm）时，重复性试验的允许误差为 2（0.1mm），再现性试验的允许误差为 4（0.1mm）。

（2）当试验结果大于或等于 50（0.1mm）时，重复性试验的允许误差为平均值的 4%，再现性试验的允许误差为平均值的 8%。

4 延度试验

4.1 目的与适用范围

测定道路石油沥青、聚合物改性沥青、液体石油沥青蒸馏残留物和乳化沥青蒸发残留物等材料的延度。沥青延度的试验温度与拉伸速率可根据要求采用，通常采用的试验温度为 25℃、15℃、10℃或 5℃，拉伸速度为（5±0.25）cm/min。当低温采用（1±0.5）cm/min 拉伸速度时，应在报告中注明。

4.2 仪具与材料

（1）延度仪：延度仪的测量长度不宜大于 150cm，仪器应有自动控温、控速系统，应满足试件浸没于水中，能保持规定的试验温度及规定的拉伸速度拉伸试件，且试验时应无明显振动。该仪器的形状及组成如附图 8-5 所示。

（2）试模：黄铜制，由两个端模和两个侧模组成，试模内侧表面粗糙度 $Ra0.2\mu m$，其形状及尺寸如附图 8-6 所示。

（3）试模底板：玻璃板或磨光的铜板、不锈钢板（表面粗糙度 $Ra0.2\mu m$）。

（4）恒温水槽：容量不少于 10L，控制温度的准确度为 0.1℃。水槽中应设有带孔搁架，搁架距水槽底不得少于 50mm。试件浸入水中深度不小于 100mm。

（5）温度计：量程 0～50℃，分度值 0.1℃。

（6）砂浴或其他加热炉具。

（7）甘油滑石粉隔离剂（甘油与滑石粉的质量比 2∶1）。

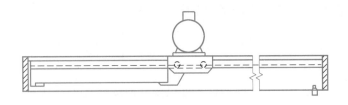

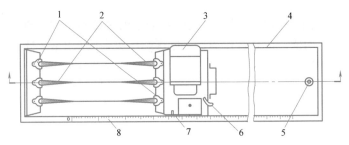

附图 8-5 沥青延度仪

1-试模；2-试样；3-电机；4-水槽；5-泄水孔；6-开关柄；7-指针；8-标尺

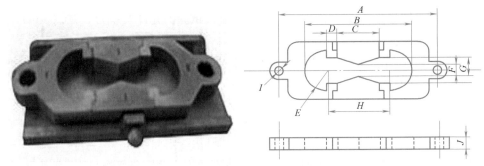

附图 8-6 沥青延度试模

A-两端模环中心点距离 111.5～113.5mm；B-试件总长 74.5～75.5mm；

C-端模间距 29.7～30.3mm；D-肩长 6.8～7.2mm；

E-半径 15.75～16.25mm；F-最小横断面宽 9.9～10.1mm；

G-端模口宽 19.8～20.2mm；H-两半圆心间距离 42.9～43.1mm；

I-端模孔直径 6.5～6.7mm；J-厚度 9.9～10.1mm

（8）其他：平刮刀、石棉网、酒精、食盐等。

4.3 方法与步骤

4.3.1 准备工作

将隔离剂拌合均匀，涂于清洁干燥的试模底板和两个侧模的内侧表面，并将试模在试模底板上装妥；按 2.2 条准备试样；然后将试样仔细自试模的一端至另一端往返数次缓缓注入模中，最后略高出试模；灌模时不得使气泡混入，如附图 8-7 所示。

试件在室温中冷却不少于 1.5h，然后用热刮刀刮除高出试模的沥青，使沥青面与试模面齐平。沥青的刮法应自试模的中间刮向两端，且表面应刮得平滑。将试模连同底板再放入规定试验温度的水槽中保温 1.5h。检查延度仪延伸速度是否符合规定要求，然后移动滑板使其指针正对标尺的零点。将延度仪注水，并保温达到试验温度±0.1℃。

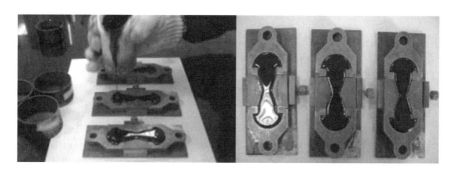

附图8-7　沥青注入模具中

4.3.2 试验步骤

（1）将保温后的试件连同底板移入延度仪的水槽中，然后将盛有试样的试模自玻璃板或不锈钢板上取下，将试模两端的孔分别套在滑板及槽端固定板的金属柱上，并取下侧模。水面距试件表面应不小于25mm。

（2）开动延度仪，并注意观察试样的延伸情况，如附图8-8所示。此时应注意，在试验过程中，水温应始终保持在试验温度规定范围内，且仪器不得有振动，水面不得有晃动，当水槽采用循环水时，应暂时中断循环，停止水流。在试验中，当发现沥青细丝浮于

附图8-8　沥青延度试验

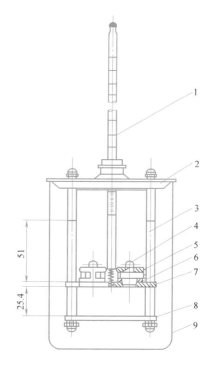

附图8-9　沥青软化点试验仪

1-温度计；2-上盖板；3-立杆；4-钢球；

5-钢球定位环；6-金属环；7-中层板；8-下底板；9-烧杯

水面或沉入槽底时，应在水中加入酒精或食盐，调整水的密度至与试样相近后，重新试验。

（3）试件拉断时，读取指针所指标尺上的读数，以"cm"计。在正常情况下，试件延伸时应成锥尖状，拉断时实际断面接近于零。如不能得到这种结果，则应在报告中注明。

4.4   结果评定

（1）同一样品，每次平行试验不少于 3 个。如 3 个测定结果均大于 100cm，试验结果记作"＞100cm"；特殊需要也可分别记录实测值。3 个测定结果中，当有一个以上的测定值小于 100cm 时，若最大值或最小值与平均值之差满足重复性试验要求，则取 3 个测定结果的平均值的整数作为延度试验结果，若平均值大于 100cm，记作"＞100cm"；若最大值或最小值与平均值之差不符合重复性试验要求时，试验应重新进行。

（2）当试验结果小于 100cm 时，重复性试验的允许误差为平均值的 20%，再现性试验的允许误差为平均值的 30%。

5   环球法软化点试验

5.1   目的与适用范围

测定道路石油沥青、聚合物改性沥青的软化点，也适用于测定液体石油沥青、煤沥青蒸馏残留物或乳化沥青蒸发残留物的软化点。

5.2   仪具与材料

（1）软化点试验仪：如附图 8-9 所示，由下列部件组成。

钢球：直径 9.53mm，质量（3.5±0.05)g。

试样环：形状和尺寸如附图 8-10 所示，由黄铜或不锈钢等制成。

钢球定位环：形状和尺寸如附图 8-11 所示，由黄铜或不锈钢制成。

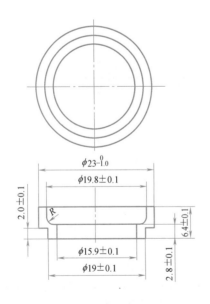

附图 8-10   试样环（mm）

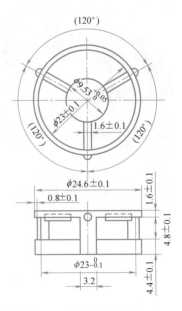

附图 8-11   钢球定位环（mm）

金属支架：由两个主杆和三层平行的金属板组成。上层为一圆盘，直径略大于烧杯直径，中间有一圆孔，用以插放温度计。中层板形状和尺寸如附图 8-12 所示，板上有两个孔，各放置金属环，中间有一小孔可支持温度计的测温端部。

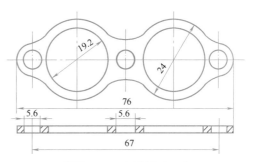

附图 8-12　中层板（mm）

一侧立杆距环上面 51mm 处刻有水高标记。环下面距下层底板为 25.4mm，而下底板距烧杯底不小于 12.7mm，也不得大于 19mm。三层金属板和两个主杆由两螺母固定在一起。耐热玻璃烧杯：容量 800～1000mL，直径不小于 86mm，高不小于 120mm。温度计：量程 0～100℃，分度值 0.5℃。

（2）装有温度调节器的电炉或其他加热炉具（液化石油气、天然气等）。应采用带有振荡搅拌器的加热电炉，振荡子置于烧杯底部。

（3）当采用自动软化点仪时，如附图 8-13 所示，各项要求应与前二条款相同，温度采用温度传感器测定，并能自动显示或记录，且应对自动装置的准确性经常校验。

（4）试样底板：金属板（表面粗糙度应达 $Ra0.8\mu m$）或玻璃板。

（5）恒温水槽：控温的准确度为 ±0.5℃。

（6）平直刮刀。

（7）甘油、滑石粉隔离剂（甘油与滑石粉的质量比为 2：1）。

附图 8-13　自动软化点仪

1-控制器；2-电热管；3-下底板；4-钢球定位环；
5-温度传感器；6-电热管插头；7-测量装置支架；8-烧杯

（8）蒸馏水或纯净水。

（9）其他：石棉网。

5.3　方法与步骤

5.3.1　准备工作

将试样环置于涂有甘油滑石粉隔离剂的试样底板上。按 2.2 条准备试样。将准备好的沥青试样徐徐注入试样环内至略高出环面为止。如估计试样软化点高于 120℃，则试样环和试样底板（不用玻璃板）均应预热至 80～100℃。试样在室温冷却 30min 后，用热刮刀刮除环面上的试样，应使其与环面齐平。

5.3.2　试验步骤

（1）试样软化点在 80℃ 以下者：将装有试样的试样环连同试样底板置于装有（5±0.5)℃水的恒温水槽中至少 15min；同时将金属支架、钢球、钢球定位环等亦置于相同水槽中。烧杯内注入新煮沸并冷却至 5℃ 的蒸馏水或纯净水，水面略低于立杆上的深度标记。从恒温水槽中取出盛有试样的试样环放置在支架中层板的圆孔中，套上定位环；然后将整个环架放入烧杯中，调整水面至深度标记，并保持水温为（5±0.5）℃。环架上任何部分不得附有气泡。将 0～100℃ 的温度计由上层板中心孔垂直插入，使端部测温头底部与试样环下面齐平。将盛有水和环架的烧杯移至放有石棉网的加热炉具上，然后将钢球放在定位环中间的试样中央，立即开动电磁振荡搅拌器，使水微微振荡，并开始加热，使杯中水温在 3min 内调节至维持每分钟上升（5±0.5）℃。在加热过程中，应记录每分钟上升的温度值，如温度上升速度超出此范围，则试验应重做。试样受热软化逐渐下坠，至与下层底板表面接触时，立即读取温度，准确至 0.5℃。

（2）试样软化点在 80℃ 以上者：将装有试样的试样环连同试样底板置于装有（32±1）℃ 甘油的恒温槽中至少 15min；同时将金属支架、钢球、钢球定位环等亦置于甘油中。在烧杯内注入预先加热至 32℃ 的甘油，其液面略低于立杆上的深度标记。从恒温槽中取出装有试样的试样环，按上述方法进行测定，准确至 1℃。

5.4　结果评定

（1）同一试样平行试验两次，当两次测定值的差值符合重复性试验允许误差要求时，取其平均值作为软化点试验结果，准确至 0.5℃。

（2）当试样软化点小于 80℃ 时，重复性试验的允许误差为 1℃，再现性试验的允许误差 4℃。

（3）当试样软化点大于或等于 80℃ 时，重复性试验的允许误差为 2℃，再现性试验的允许误差 8℃。

附录Ⅸ　公路工程集料筛分试验

本试验依据《公路工程集料试验规程》JTG E42—2005 行业标准，通过对粗集料及集料混合料的取样方法学习与筛分试验，使学生对公路工程集料筛分试验有初步认识。

1　粗集料取样

1.1　取样方法

1）通过皮带运输机的材料，如采石场的生产线、沥青拌合楼的冷料输送带、无机结合料稳定集料、级配碎石混合料等，应从皮带运输机上采集样品。取样时，可在皮带运输机骤停的状态下取其中一截的全部材料，如附图 9-1 所示，或在皮带运输机的端部连续接一定时间的料得到，将间隔 3 次以上所取的试样组成一组试样，作为代表性试样。

2）在材料场同批来料的料堆上取样时，应先铲除堆脚等处无代表性的部分，再在料堆的顶部、中部和底部各由均匀分布的几个不同部位，取得大致相等的若干份组成一组试样，务必使所取试样能代表本批来料的情况和品质。

3）从火车、汽车、货船上取样时，应从各不同部位和深度处，抽取大致相等的试样若干份，组成一组试样。抽取的具体份数，应视能够组成本批来料代表样的需要而定。

（1）如经观察，认为各节车皮、汽车或货船的碎石或砾石的品质差异不大时，允许只抽取一节车皮、一部汽车、一艘货船的试样（即一组试样），作为该批集料的代表样品。

附图 9-1 在皮带运输机上取样方法

（2）如经观察，认为该批碎石或砾石的品质相差甚远时，则应对品质有怀疑的该批集料分别取样和验收。

4）从沥青拌合楼的热料仓取样时，应在放料口的全断面上取样，通常宜将一开始按正式生产的配比投料拌合的几锅（至少 5 锅以上）废弃，然后分别将每个热料仓放出至装载机上，倒在水泥地上，适当拌合，从 3 处以上的位置取样，拌合均匀，取要求数量的试样。

1.2 取样数量

对单一筛分试验，每组试样的取样数量宜不少于附表 9-1 所规定的最少取样量。

筛分试验项目所需粗集料的最小取样质量 附表 9-1

公称最大粒径(mm)	4.75	9.5	13.2	16	19	26.5	31.5	37.5	53	63	75
最小取样数量(kg)	8	10	12.5	15	20	20	30	40	50	60	80

1.3 试样缩分

（1）分料器法：如附图 9-2 所示，将试样拌匀后，通过分料器分为大致相等的两份，再取其中的一份分成两份，缩分至需要的数量为止。

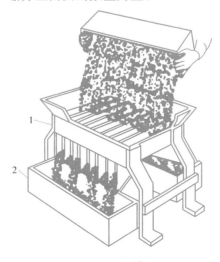

附图 9-2 分料器
1-分料漏斗；2-接料斗

（2）四分法：如附图 9-3 所示，将所取试样置于平板上，在自然状态下拌合均匀，大致摊平，然后沿互相垂直的两个方向，把试样由中向边摊开，分成大致相等的四份，取其对角的两份重新拌匀，重复上述过程，直至缩分后的材料量略多于进行试验所必需的量。

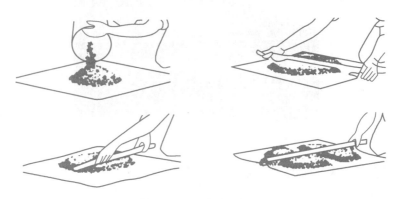

附图 9-3　四分法示意图

1.4　试样的包装

每组试样应采用能避免细料散失及防止污染的容器包装，并附卡片标明试样编号、取样时间、产地、规格、试样代表数量、试样品质及取样方法等。

2　粗集料及集料混合料的筛分试验

2.1　目的与适用范围

测定粗集料（碎石、砾石、矿渣等）的颗粒组成，也可测含有粗集料、细集料、矿粉的集料混合料的颗粒组成。对水泥混凝土用粗集料可采用干筛法筛分，对沥青混合料及基层用粗集料必须采用水洗法试验。

2.2　仪器与工具

（1）试验筛，标准筛筛孔（mm）：75.0、63.0、53.0、37.5、31.5、26.5、19.0、16.0、13.2、9.5、4.75。

（2）摇筛机。

（3）天平或台秤：感量不大于试样质量的 0.1%。

（4）其他：盘子、铲子、毛刷等。

2.3　试验准备

按规定将来料按 1.3 条的方法用分料器或四分法缩分至附表 9-2 要求的试样所需量，风干后备用。根据需要可按要求的集料最大粒径的筛孔尺寸过筛，除去超粒径部分颗粒后，再进行筛分。

筛分用的试样质量　　　　　　　　　　　　　　　附表 9-2

公称最大粒径(mm)	75	63	37.5	31.5	26.5	19	16	9.5	4.75
试样质量不小于(kg)	10	8	5	4	2.5	2	1	1	0.5

2.4　试验步骤

2.4.1　水泥混凝土用粗集料干筛法试验步骤

（1）取试样一份置（105±5）℃烘箱中烘干至恒重，称取干燥集料试样的总质量

（m_0），准确至 0.1％。

（2）用搪瓷盘作筛分容器，按筛孔大小排列顺序逐个将集料过筛。人工筛分时，需使集料在筛面上同时有水平方向及上下方向的不停顿的运动，使小于筛孔的集料通过筛孔，直至 1min 内通过筛孔的质量小于筛上残余量的 0.1％为止；当采用摇筛机筛分时，应在摇筛机筛分后再逐个由人工补筛。将筛出通过的颗粒并入下一号筛，和下一号筛中的试样一起过筛，顺序进行，直至各号筛全部筛完为止。应确认 1min 内通过筛孔的质量确实小于筛上残余量的 0.1％。由于 0.075mm 筛干筛几乎总能把沾在粗集料表面的小于 0.075mm 部分的石粉筛过去，而且对水泥混凝土用粗集料而言，0.075mm 通过率的意义不大，所以也可以不筛，且把通过 0.15mm 筛的筛下部分全部作为 0.075mm 的分计筛余，将粗集料的 0.075mm 通过率假设为 0。

（3）如果某个筛上的集料过多，影响筛分作业时，可以分两次筛分，当筛余颗粒的粒径大于 19mm 时，筛分过程中允许用手指轻轻拨动颗粒，但不得逐颗塞过筛孔。

（4）称取每个筛上的筛余量，准确至总质量的 0.1％。各筛分计筛余量及筛底存量的总和与筛分前试样的干燥总质量 m_0 相比，相差不得超过 m_0 的 0.5％。

2.4.2　沥青混合料及基层用粗集料水洗法试验步骤

（1）取一份试样，将试样置（105±5）℃烘箱中烘干至恒重，称取干燥集料试样的总质量（m_3），准确至 0.1％。恒重系指相邻两次称取间隔时间大于 3h（通常不少于 6h）的情况下，前后两次称量之差小于该项试验所要求的称量精密度。

（2）将试样置一洁净容器中，加入足够数量的洁净水，将集料全部淹没，但不得使用任何洗涤剂、分散剂或表面活性剂。

（3）用搅棒充分搅动集料，使集料表面洗涤干净，使细粉悬浮在水中，但不得破碎集料或有集料从水中溅出。

（4）根据集料粒径大小选择组成一组套筛，其底部为 0.075mm 标准筛，上部为 2.36mm 或 4.75mm 筛。仔细将容器中混有细粉的悬浮液倒出，经过套筛流入另一容器中，尽量不将粗集料倒出，以免损坏标准筛筛面。无需将容器中的全部集料都倒出，只倒出悬浮液，且不可直接倒至 0.075mm 筛上，以免集料掉出损坏筛面。

（5）重复（2）～（4）步骤，直至倒出的水洁净为止，必要时可采用水流缓慢冲洗。

（6）将套筛每个筛子上的集料及容器中的集料全部回收在一个搪瓷盘中，容器上不得有粘附集料颗粒。对于粘在 0.075mm 筛面上的细粉很难回收扣入搪瓷盘中，此时需将筛子倒扣在搪瓷盘上，用少量的水并助以毛刷将细粉刷落入搪瓷盘中，并注意不要散失。

（7）在确保细粉不散失的前提下，小心泌去搪瓷盘中的积水，将搪瓷盘连同集料一起置（105±5）℃烘箱中烘干至恒重，称取干燥集料试样的总质量（m_4），准确至 0.1％。以 m_3 与 m_4 之差作为 0.075mm 的筛下部分。

（8）将回收的干燥集料按干筛方法筛分出 0.075mm 筛以上各筛的筛余量，此时 0.075mm 筛下部分应为 0，如果尚能筛出，则应将其并入水洗得到的 0.075mm 的筛下部分，且表示水洗得不干净。

2.5　计算

1）干筛法筛分结果的计算

（1）计算各筛分计筛余量及筛底存量的总和与筛分前试样的干燥总质量 m_0 之差，作为筛分时的损耗，并计算损耗率，记入附表 9-3 第 1 栏，若损耗率大于 0.3%，应重新进行试验。

$$m_5 = m_0 - (\sum m_i + m_底)　　　　　　（附 9-1）$$

式中　m_5——由于筛分造成的损耗（g）；

　　　　m_0——用于干筛的干燥集料总质量（g）；

　　　　m_i——各号筛上的分计筛余（g）；

　　　　i——依次为 0.075mm、0.15mm……至集料最大粒径的排序；

　　　　$m_底$——筛底（0.075mm 以下部分）集料总质量（g）。

（2）干筛分计筛余百分率。干筛后各号筛上的分计筛余百分率按式（附 9-2）计算，记入附表 9-3 第 2 栏，精确至 0.1%。

$$p_i' = \frac{m_i}{m_0 - m_5} \times 100　　　　　　（附 9-2）$$

式中　p_i'——各号筛上的分计筛余百分率（%）；

　　　　m_5——由于筛分造成的损耗（g）；

　　　　m_0——用于干筛的干燥集料总质量（g）；

　　　　m_i——各号筛上的分计筛余（g）；

　　　　i——依次为 0.075mm、0.15mm……至集料最大粒径的排序。

（3）干筛累计筛余百分率。各号筛的累计筛余百分率为该号筛以上各号筛的分计筛余百分率之和，记入附表 9-3 第 3 栏，精确至 0.1%。

（4）干筛各号筛的质量通过百分率。各号筛的质量通过百分率 P_i 等于 100 减去该号筛累计筛余百分率，记入附表 9-3 第 4 栏，精确至 0.1%。

（5）由筛底存量除以扣除损耗后的干燥集料总质量计算 0.075mm 筛的通过率。

（6）试验结果以两次试验的平均值表示，记入附表 9-3 第 5 栏，精确至 0.1%。当两次试验结果 $P_{0.075}$ 的差值超过 1% 时，试验应重新进行。

粗集料干筛法筛分记录示例　　　　　　　　　　附表 9-3

干燥试样总量 m_0(g)	第 1 组				第 2 组				平均
	3000				3000				
筛孔尺寸（mm）	筛上重 m_i(g)	分计筛余（%）	累计筛余（%）	通过百分率（%）	筛上重 m_i(g)	分计筛余（%）	累计筛余（%）	通过百分率（%）	通过百分率（%）
	(1)	(2)	(3)	(4)	(1)	(2)	(3)	(4)	(5)
19	0	0	0	100	0	0	0	100	100
16	696.3	23.2	23.2	76.8	699.4	23.3	23.3	76.7	76.7
13.2	431.9	14.4	37.6	62.4	434.6	14.5	37.8	62.2	62.3
9.5	801.0	26.7	64.4	35.6	802.3	26.8	64.6	35.4	35.5
4.75	989.8	33.0	97.4	2.6	985.3	32.9	97.4	2.6	2.6
2.36	70.1	2.3	99.7	0.3	68.5	2.3	99.7	0.3	0.3
1.18	8.2	0.3	100.0	0.0	7.9	0.3	100.0	0.0	0.0

续表

干燥试样 总量 m_0(g)	第1组				第2组				平均
	3000				3000				
筛孔尺寸 （mm）	筛上重 m_i(g)	分计筛 余（%）	累计筛 余（%）	通过百分 率（%）	筛上 重 m_i(g)	分计筛 余（%）	累计筛 余（%）	通过百分 率（%）	通过百分 率（%）
	(1)	(2)	(3)	(4)	(1)	(2)	(3)	(4)	(5)
0.6	0.5	0.0	100.0	0.0	0.2	0.0	100.0	0.0	0.0
0.3	0.0	0.0	100.0	0.0	0.0	0.0	100.0	0.0	0.0
0.15	0.0	0.0	100.0	0.0	0.0	0.0	100.0	0.0	0.0
0.075	0.0	0.0	100.0	0.0	0.0	0.0	100.0	0.0	0.0
筛底 $m_底$	0.0	0.0	100.0		0.0	0.0	100.0		
筛分后总量 $\sum m_i$(g)	2997.8	100.0			2998.2	100.0			
损耗 m_5(g)	2.2				1.8				
损耗率（%）	0.07				0.06				

2）水筛法筛分结果的计算

（1）按式（附9-3）、式（附9-4）计算粗集料中 0.075mm 筛下部分质量 $m_{0.075}$ 和含量 $P_{0.075}$，记入附表 9-4 中，精确至 0.1%。当两次试验结果 $P_{0.075}$ 的差值超过 1% 时，试验应重新进行。

$$m_{0.075} = m_3 - m_4 \qquad\qquad (附9-3)$$

$$P_{0.075} = \frac{m_{0.075}}{m_3} = \frac{m_3 - m_4}{m_3} \times 100 \qquad\qquad (附9-4)$$

式中 $P_{0.075}$——粗集料中小于 0.075mm 的含量（通过率）（%）；

$\qquad m_{0.075}$——粗集料中水洗得到的小于 0.075mm 部分的质量（g）；

$\qquad m_3$——用于水洗的干燥粗集料总质量（g）；

$\qquad m_4$——水洗后的干燥粗集料总质量（g）。

（2）计算各筛分计筛余量及筛底存量的总和与筛分前试样的干燥总质量 m_4 之差，作为筛分时的损耗，并计算损耗率记入附表 9-4 之第（1）栏，若损耗率大于 0.3%，应重新进行试验。

$$m_5 = m_3 - (\sum m_i + m_{0.075}) \qquad\qquad (附9-5)$$

式中 m_5——由于筛分造成的损耗（g）；

$\qquad m_3$——用于水筛筛分的干燥集料总质量（g）；

$\qquad m_i$——各号筛上的分计筛余（g）；

$\qquad i$——依次为 0.075mm、0.15mm……至集料最大粒径的排序；

$\qquad m_{0.075}$——水洗后得到的 0.075mm 以下部分质量（g），即（$m_3 - m_4$）。

（3）计算其他各筛的分计筛余百分率、累计筛余百分率、质量通过百分率，计算方法与 2.4 干筛法相同。当干筛时筛分有损耗时，应按 2.4 的方法从总质量中扣除损耗部分

（见报告示例），将计算结果分别记入附表9-4第2、3、4栏。

（4）试验结果以两次试验的平均值表示，记入附表9-4第5栏。

粗集料水筛法筛分记录示例
附表 9-4

干燥试样总量 m_3(g)		第1组				第2组				
		3000				3000				平均
水洗后筛上总量 m_4(g)		2879				2868				
水洗后 0.075mm 筛下量 $m_{0.075}$(g)		121				132				
0.075mm 通过率 $P_{0.075}$(%)		4.0				4.4				4.2
筛孔尺寸 (mm)		筛上重 m_i(g)	分计筛余(%)	累计筛余(%)	通过百分率(%)	筛上重 m_i(g)	分计筛余(%)	累计筛余(%)	通过百分率(%)	通过百分率(%)
		(1)	(2)	(3)	(4)	(1)	(2)	(3)	(4)	(5)
水洗后干筛法筛分	19	5.0	0.2	0.2	99.8	0.0	0.0	0.0	100.0	99.9
	16	696.3	23.2	23.4	76.6	680.3	22.7	22.7	77.3	76.9
	13.2	882.3	29.4	52.8	47.2	839.2	28.0	50.7	49.3	48.2
	9.5	713.2	23.8	76.6	23.4	778.5	26.0	76.7	23.3	23.4
	4.75	343.4	11.5	88.1	11.9	348.7	11.6	88.3	11.7	11.8
	2.36	70.1	2.3	90.4	9.6	68.3	2.3	90.6	9.4	9.5
	1.18	87.5	2.9	93.3	6.7	79.1	2.6	93.2	6.8	6.7
	0.6	67.8	2.3	95.6	4.4	59.3	2.0	95.2	4.6	4.6
	0.3	4.6	0.2	95.7	4.3	4.3	0.1	95.3	4.7	4.5
	0.15	5.6	0.2	95.9	4.1	3.8	0.1	95.5	4.5	4.3
	0.075	2.3	0.1	96.0	4.0	4.0	0.1	95.6	4.4	4.2
	筛底 $m_底$	0				0				
	干筛后总量 $\sum m_i$(g)	2878.1	96.0			2865.5	95.6			
损耗 m_5(g)		0.9				2.5				
损耗率(%)		0.03				0.09				
扣除损耗后总量(g)		2999.1				2997.5				

注：如筛底 $m_底$ 的值不是0，应将其并入 $m_{0.075}$ 中重新计算 $P_{0.075}$。

2.6　实验报告

（1）筛分结果以各筛孔的质量通过百分率表示，宜记录为附表9-3或附表9-4的格式。

（2）对用于沥青混合料、基层材料配合比设计用的集料，宜绘制集料筛分曲线，其横坐标为筛孔尺寸的0.45次方（附表9-5），纵坐标为普通坐标，如附图9-4所示。

级配曲线的横坐标计算示例（按 $X = d_i^{0.45}$ 计算）   附表 9-5

筛孔 d_i (mm)	0.075	0.15	0.3	0.6	1.18	2.36	4.75
横坐标 x	0.312	0.426	0.582	0.795	1.077	1.472	2.016
筛孔 d_i (mm)	9.5	13.2	16	19	26.5	31.5	37.5
横坐标 x	2.745	3.193	3.482	3.762	4.370	4.723	5.109

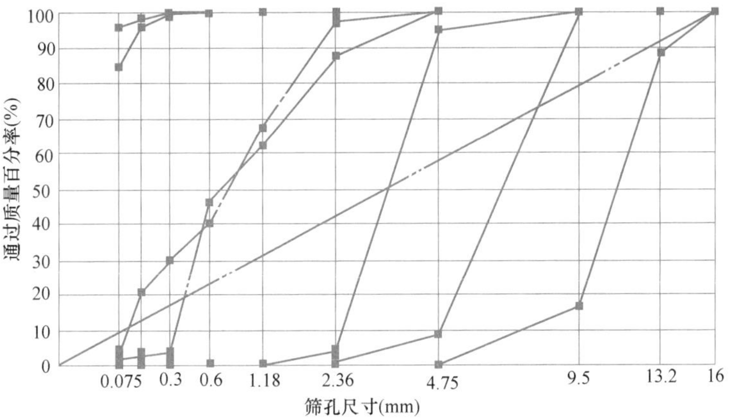

附图 9-4 集料筛分曲线与矿料级配设计曲线

（3）同一种集料至少取两个试样平行试验两次，取平均值作为每号筛上筛余量的试验结果，报告集料级配组成通过百分率及级配曲线。

附录 X   沥青混合料试验

本试验依据《公路工程沥青及沥青混合料试验规程》JTG E20—2011。通过马歇尔稳定度试验测得沥青混合料马歇尔稳定度和流值，计算马歇尔模数、浸水残留稳定度（或真空饱水残留稳定度）；另再通过车辙试验测得沥青混合料动稳定度，以检验沥青混合料的高温稳定性，使学生加深对沥青混合料的主要性能认识，更好地掌握沥青混合料的配合比设计。

1   马歇尔稳定度试验

1.1   击实法试件制作方法

1.1.1   适用范围

（1）标准击实法适用于标准马歇尔试验，集料公称最大粒径小于或等于 26.5mm，成型 ϕ101.6mm×63.5mm 圆柱体试件，一组试件的数量不少于 4 个。

（2）大型击实法适用于大型马歇尔试验，集料公称最大粒径大于 26.5mm，成型 ϕ152.4mm×95.3mm 大型圆柱体试件，一组试件数量不少于 6 个。

1.1.2   仪器设备及工具

1）自动击实仪：击实仪应具有自动记数、控制仪表、按钮设置、复位及暂停等功能，按用途分为以下两种。

（1）标准击实仪：如附图 10-1 所示。由击实锤（4536±9）g、ϕ（98.5±0.5)mm 平圆形压实头、带手柄的导向棒及试模组成。用机械将压实锤提升，至（457.2±1.5)mm 高度沿导向棒自由落下连续击实。试模的内径为（101.6±0.2)mm，圆柱形金属筒高 87mm，底座直径约 120.6mm，套筒内径 104.8mm、高 70mm。

（2）大型击实仪：由击实锤（10210±10)g、ϕ（149.4±0.1)mm 平圆形压实头、带手柄的导向棒及试模组成。用机械将压实锤提升，至（457.2±2.5)mm 高度沿导向棒自由落下击实。如附图 10-2 所示，试模的套筒外径 165.1mm，内径（155.6±0.3）mm，总高 83mm；试模内径（152.4±0.2）mm，总高 115mm，底座板厚 12.7mm，直径 172mm。

附图 10-1　马歇尔电动击实仪

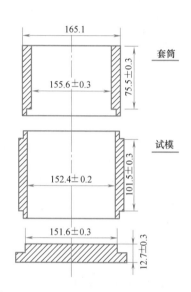

附图 10-2　大型圆柱体试件的试模与套筒

2）试验室用沥青混合料拌合机：如附图 10-3 所示。能保证拌合温度并充分拌合均匀，可控制拌合时间，容量不小于 10L，搅拌叶自转速度 70～80r/min，公转速度 40～50r/min。

3）脱模器：电动或手动，应能无破损地推出圆柱体试件，备有标准试件及大型试件尺寸的推出环。

4）烘箱：大、中型各 1 台，应有温度调节器。

5）天平或电子秤：用于称量沥青的，感量不大于 0.1g；用于称量矿料的，感量不大于 0.5g。

6）插刀或大螺丝刀。

7）温度计：分度值 1℃。宜采用有金属插杆的插入式数显温度计，金属插杆的长度不小于 150mm，量程 0～300℃。

8）其他：电炉或煤气炉、沥青熔化锅、拌合铲、标准筛、滤纸（或普通纸）、胶布、卡尺、秒表、粉笔、棉纱等。

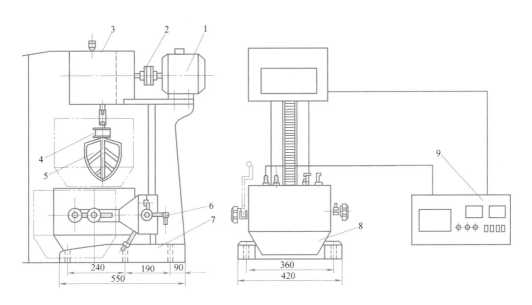

附图 10-3 沥青混合料拌合机

1-电机；2-联轴器；3-变速箱；4-弹簧；5-拌合叶片；

6-升降手柄；7-底座；8-加热拌合锅；9-温度时间控制仪

1.1.3 准备工作

1）拌合温度与压实温度的确定。试件的拌合与压实温度可按附表 10-1 选用，并根据沥青品种和标号作适当调整：针入度小、稠度大的沥青取高限；针入度大、稠度小的沥青取低限；一般取中值。对于改性沥青，应根据实践经验、改性剂的品种和用量，适当提高混合料的拌合与压实温度；对大部分聚合物改性沥青，通常在普通沥青的基础上提高 10～20℃；掺加纤维时，尚需再提高 10℃左右。常温沥青混合料的拌合及压实在常温下进行。

沥青混合料拌合与压实温度参考表 附表 10-1

沥青结合料种类	拌合温度（℃）	压实温度（℃）
石油沥青	140～160	120～150
改性沥青	160～175	140～170

2）材料准备

（1）将各种规格的矿料置于（105±5）℃的烘箱中烘干至恒重（一般不少于 4～6h）。

（2）将烘干分级的粗、细集料，按每个试件设计级配要求称其质量，在一金属盘中混合均匀，矿粉单独放入小盆里；然后置烘箱中加热至沥青拌合温度以上约 15℃（采用石油沥青时通常为 163℃；采用改性沥青时通常需 180℃）备用。一般按一组试件（每组 4～6 个）备料，但进行配合比设计时宜对每个试件分别备料。常温沥青混合料的矿料不应加热。

（3）将按附录Ⅷ石油沥青试验中第 1.3 条"取样方法"采取的沥青试样用烘箱加热至规定的沥青混合料拌合温度，但不得超过 175℃。当不得已采用燃气炉或电炉直接加热进行脱水时，必须使用石棉垫隔开。

1.1.4　沥青混合料的拌制

（1）黏稠石油沥青混合料。用蘸有少许黄油的棉纱擦净试模、套筒及击实座等，置于100℃左右烘箱中加热1h备用。常温沥青混合料用试模不加热。将沥青混合料拌合机提前预热至拌合温度10℃左右。将加热的粗细集料置于拌合机中，用小铲子适当混合；然后加入需要数量的沥青（如沥青已称量在一专用容器内时，可在倒掉沥青后用一部分热矿粉将粘在容器壁上的沥青擦拭掉并一起倒入拌合锅中），开动拌合机一边搅拌一边使拌合叶片插入混合料中拌合1～1.5min；暂停拌合，加入加热的矿粉，继续拌合至均匀为止，并使沥青混合料保持在要求的拌合温度范围内。标准的总拌合时间为3min。

（2）液体石油沥青混合料。将每组（或每个）试件的矿料置已加热至55～100℃的沥青混合料拌合机中，注入要求数量的液体沥青，并将混合料边加热边拌合，使液体沥青中的溶剂挥发至50%以下。拌合时间应事先试拌决定。

（3）乳化沥青混合料。将每个试件的粗细集料置于沥青混合料拌合机（不加热，也可用人工炒拌）中；注入计算的用水量（阴离子乳化沥青不加水）后，拌合均匀并使矿料表面完全湿润；再注入设计的沥青乳液用量，在1min内使混合料拌匀；然后加入矿粉后迅速拌合，使混合料拌成褐色为止。

1.1.5　沥青混合料的成型

（1）将拌好的沥青混合料，用小铲适当拌合均匀，称取一个试件所需的用量（标准马歇尔试件约1200g，大型马歇尔试件约4050g）。当已知沥青混合料的密度时，可根据试件的标准尺寸计算并乘以1.03得到要求的混合料数量。当一次拌合几个试件时，宜将其倒入经预热的金属盘中，用小铲适当拌合均匀分成几份，分别取用。在试件制作过程中，为防止混合料温度下降，应连盘放在烘箱中保温。

（2）从烘箱中取出预热的试模及套筒，用蘸有少许黄油的棉纱擦拭套筒、底座及击实锤底面。将试模装在底座上，放一张圆形的吸油性小的纸，用小铲将混合料铲入试模中，用插刀或大螺丝刀沿周边插捣15次，中间捣10次。插捣后将沥青混合料表面整平。对大型击实法的试件，混合料分两次加入，每次插捣次数同上。

（3）插入温度计至混合料中心附近，检查混合料温度。

（4）待混合料温度符合要求的压实温度后，将试模连同底座一起放在击实台上固定。在装好的混合料上面垫一张吸油性小的圆纸，再将装有击实锤及导向棒的压实头放入试模中。开启电机，使击实锤从457mm的高度自由落下到击实规定的次数（75次或50次）。对大型试件，击实次数为75次（相应于标准击实的50次）或112次（相应于标准击实75次）。

（5）试件击实一面后，取下套筒，将试模翻面，装上套筒；然后以同样的方法和次数击实另一面。乳化沥青混合料试件在两面击实后，将一组试件在室温下横向放置24h；另一组试件置温度为（105±5）℃的烘箱中养生24h。将养生试件取出后再立即两面锤击各25次。

（6）试件击实结束后，立即用镊子取掉上下面的纸，量测试件的直径及高度：用卡尺测量试件中部的直径，准确至0.1mm，标准马歇尔试件直径为（101.6±0.2）mm，大型马歇尔试件直径为（152.4±0.2）mm；用马歇尔试件高度测定器或用卡尺在十字对称的4个方向量测离试件边缘10mm处的高度，准确至0.1mm，并以其平均值作为试件的高度。

如试件高度不符合标准马歇尔试件高（63.5±1.3)mm 或大型马歇尔试件高（95.3±2.5)mm 要求或两侧高度差大于 2mm，此试件应作废，并按式（附 10-1）调整试件的混合料质量。

$$调整后混合料质量 = \frac{要求试件高度 \times 原用混合料质量}{所得试件的高度} \qquad (附 10\text{-}1)$$

（7）卸去套筒和底座，将装有试件的试模横向放置冷却至室温后（不少于 12h），置脱模机上脱出试件。

（8）将试件仔细置于干燥洁净的平面上，供试验用。

1.2　马歇尔稳定度试验方法

1.2.1　目的与适用范围

为测定马歇尔稳定度或浸水马歇尔稳定度，以进行沥青混合料的配合比设计。浸水马歇尔稳定度试验（根据需要，也可进行真空饱水马歇尔试验）供检验沥青混合料受水损害时抵抗剥落的能力时使用，通过测试其水稳定性检验配合比设计的可行性。

本试验适用于上述 1.1 条的"击实法试件制作方法"制作的试件。

1.2.2　仪器设备及工具

1. 沥青混合料马歇尔试验仪

分为自动式和手动式。

（1）自动马歇尔试验仪（附图 10-4）应具备控制装置、记录荷载-位移曲线、自动测定荷载与试件的垂直变形，能自动显示和存储或打印试验结果等功能。

（2）手动式由人工操作，试验数据通过操作者目测后读取数据。对用于高速公路和一级公路的沥青混合料宜采用自动马歇尔试验仪。

2. 试件

1）当集料公称最大粒径小于或等于 26.5mm 时，宜采用 ϕ101.6mm×63.5mm 的标准马歇尔试件，试验仪最大荷载不得小于 25kN，读数准确至 0.1kN，加载速率应能保持（50±5 ）mm/min，钢球直径（16 ± 0.05）mm，上下压头曲率半径为（50.8±0.08)mm。

附图 10-4　电脑数控马歇尔稳定度测定仪

2）当集料公称最大粒径大于 26.5mm 时，宜采用 ϕ152.4mm×95.3mm 大型马歇尔试件，试验仪最大荷载不得小于 50kN，读数准确至 0.1kN，上下压头的曲率内径为（152.4 ±0.2)mm，上下压头间距（19.05±0.1）mm，如附图 10-5 所示。

（1）恒温水槽：控温准确至 1℃，深度不小于 150mm。

（2）真空饱水容器：包括真空泵及真空干燥器。

（3）烘箱。

（4）天平：感量不大于 0.1g。

（5）温度计：分度值 1℃。

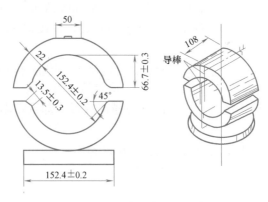

附图 10-5　大型马歇尔试验的压头（mm）

（6）卡尺。

（7）其他：棉纱、黄油。

1.2.3　标准马歇尔试验方法

（1）将恒温水槽调节至要求的试验温度，对黏稠石油沥青或烘箱养生过的乳化沥青混合料为（60±1）℃，对煤沥青混合料为（33.8±1）℃，对空气养生的乳化沥青或液体沥青混合料为（25±1）℃；保温时间对标准马歇尔试件需 30～40min，对大型马歇尔试件需 45～60min，试件之间应有间隔，底下应垫起，距水槽底部不小于 5cm。

（2）将马歇尔试验仪的上下压头放入水槽或烘箱中达到同样温度。将上下压头从水槽或烘箱中取出擦拭干净内面。为使上下压头滑动自如，可在下压头的导棒上涂少量黄油。再将试件取出置于下压头上，盖上上压头，然后装在加载设备上。

（3）在上压头的球座上放妥钢球，并对准荷载测定装置的压头。

（4）当采用自动马歇尔试验仪时，将自动马歇尔试验仪的压力传感器、位移传感器与计算机或 X-Y 记录仪正确连接，调整好适宜的放大比例，压力和位移传感器调零。

（5）当采用压力环和流值计时，将流值计安装在导棒上，使导向套管轻轻地压住上压头，同时将流值计读数调零。调整压力环中百分表，对零。

（6）启动加载设备，使试件承受荷载，加载速度为（50±5)mm/min。计算机或 X-Y 记录仪自动记录传感器压力和试件变形曲线并将数据自动存入计算机。

（7）当试验荷载达到最大值的瞬间，取下流值计，同时读取压力环中百分表读数及流值计的流值读数。

（8）从恒温水槽中取出试件至测出最大荷载值的时间，不得超过 30s。

1.2.4　浸水马歇尔试验方法

浸水马歇尔试验方法与标准马歇尔试验方法的不同之处在于，试件在已达规定温度恒温水槽中的保温时间为 48h，其余步骤均与标准马歇尔试验方法相同。

1.2.5　真空饱水马歇尔试验方法

试件先放入真空干燥器中，关闭进水胶管，开动真空泵，使干燥器的真空度达到 97.3kPa（730mmHg）以上，维持 15min；然后打开进水胶管，靠负压进入冷水流使试件全部浸入水中，浸水 15min 后恢复常压，取出试件再放入已达规定温度的恒温水槽中保温 48h。其余均与标准马歇尔试验方法相同。

1.2.6 结果计算

1. 试件的稳定度及流值

（1）当采用自动马歇尔试验仪时，将计算机采集的数据绘制成压力和试件变形曲线，或由 X-Y 记录仪自动记录的荷载-变形曲线，按附图 10-6 所示的方法在切线方向延长曲线与横坐标相交于 O_1，将 O_1 作为修正原点，从 O_1 起量取相应于荷载最大值时的变形作为流值（FL），准确至 0.1mm。最大荷载即为稳定度（MS），准确至 0.01kN。

（2）采用压力环和流值计测定时，根据压力环标定曲线，将压力环中百分表的读数换算为荷载值，或者由荷载测定装置读取的最大值即为试样的稳定度（MS），准确至

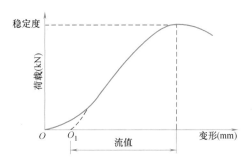

附图 10-6　马歇尔试验结果的修正方法

0.01kN。由流值计及位移传感器测定装置读取的试件垂直变形，即为试件的流值（FL），准确至 0.1mm。

2. 试件的马歇尔模数

$$T=\frac{MS}{FL} \tag{附 10-2}$$

式中　T——试件的马歇尔模数（kN/mm）；

MS——试件的稳定度（kN）；

FL——试件的流值（mm）。

3. 试件的浸水残留稳定度

$$MS_0=\frac{MS_1}{MS}\times100 \tag{附 10-3}$$

式中　MS_0——试件的浸水残留稳定度（%）；

MS_1——试件浸水 48h 后的稳定度（kN）。

4. 试件的真空饱水残留稳定度

$$MS_0'=\frac{MS_2}{MS}\times100 \tag{附 10-4}$$

式中　MS_0'——试件的真空饱水残留稳定度（%）；

MS_2——试件真空饱水后浸水 48h 后的稳定度（kN）。

1.2.7 试验报告

（1）当一组测定值中某个测定值与平均值之差大于标准差的 k 倍时，该测定值应予舍弃，并以其余测定值的平均值作为试验结果。当试件数目 n 为 3、4、5、6 个时，k 值分别为 1.15、1.46、1.67、1.82。

（2）报告中需列出马歇尔稳定度、流值、马歇尔模数，以及试件尺寸等各项物理指标。当采用自动马歇尔试验时，试验结果应附上荷载-变形曲线原件或自动打印结果。

2　车辙试验

2.1　车辙试件制作方法

2.1.1　适用范围

（1）适用于长300mm×宽300mm×厚50～100mm板块状试件的成型，密度应符合马歇尔标准击实试样密度（100±1）%的要求。

（2）对于集料公称最大粒径小于或等于19mm的沥青混合料，宜采用长300mm×宽300mm×厚50mm的板块试模成型；对于集料公称最大粒径大于或等于26.5mm的沥青混合料，宜采用长300mm×宽300mm×厚80～100mm的板块试模成型。

2.1.2　仪器设备及工具

（1）轮碾成型机：如附图10-7所示，具有与钢筒式压路机相似的圆弧形碾压轮，轮宽300mm，压实线荷载为300N/cm，碾压行程等于试件长度，经碾压后的板块状试件可达到马歇尔标准击实试样密度的（100±1）%。

（2）试验室用沥青混合料拌合机：能保证拌合温度并充分拌合均匀，可控制拌合时间，宜采用容量大于30L的大型沥青混合料拌合机，也可采用容量大于10L的小型拌合机。

（3）试模：由高碳钢或工具钢制成，试模尺寸应保证成型后符合要求试件尺寸的规定。如附图10-8所示，内部平面尺寸为长300mm×宽300mm×厚50～100mm。

附图 10-7　轮碾成型机

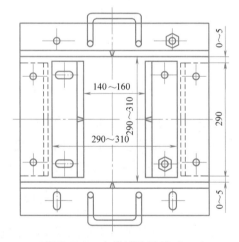

附图 10-8　车辙试验试模（mm）

（4）烘箱：大、中型各1台，装有温度调节器。

（5）台秤、天平或电子秤：称量5kg以上的，感量不大于1g；称量5kg以下的，用于称量矿料的感量不大于0.5g，用于称量沥青的感量不大于0.1g。

（6）小型击实锤：钢制端部断面（80×80）mm，厚10mm，带手柄，总质量0.5kg左右。

（7）温度计：分度值1℃。宜采用有金属插杆的插入式数显温度计，金属插杆的长度不小于150mm，量程0～300℃。

（8）其他：电炉或煤气炉、沥青熔化锅、拌合铲、标准筛、滤纸、胶布、卡尺、秒表、粉笔、垫木、棉纱等。

2.1.3　准备工作

按上述 1.1 条"击实法试件制作方法"的 1.1.3 条"准备工作"确定拌合温度与压实温度及进行矿料、沥青准备。将金属试模及小型击实锤等置 100℃ 左右烘箱中加热 1h 备用。常温沥青混合料用试模不加热。

2.1.4　沥青混合料的拌制

按上述 1.1 条"击实法试件制作方法"的 1.1.4 条"沥青混合料的拌制"方法拌制沥青混合料。当采用大容量沥青混合料拌合机时，宜一次拌合；当采用小型混合料拌合机时，可分两次拌合。混合料质量及各种材料数量由试件的体积按马歇尔标准密度乘以 1.03 的系数求得。

2.1.5　沥青混合料的成型

（1）试件尺寸可为长 300mm× 宽 300mm×厚 50～100mm。试件的厚度可根据集料粒径大小选择，同时根据需要厚度也可采用其他尺寸，但混合料一层碾压的厚度不得超过 100mm。

（2）将预热的试模从烘箱中取出，装上试模框架；在试模中铺一张裁好的普通纸（可用报纸），使底面及侧面均被纸隔离；将拌合好的全部沥青混合料（注意不得散失，分两次拌合应倒在一起），用小铲稍加拌合后均匀地沿试模由边至中按顺序转圈装入试模，中部要略高于四周。

（3）取下试模框架，用预热的小型击实锤由边至中转圈夯实一遍，整平成凸圆弧形。

（4）插入温度计，待混合料达到规定的压实温度（为使冷却均匀，试模底下可用垫木支起）时，在表面铺一张裁好尺寸的普通纸。

（5）成型前将碾压轮预热至 100℃ 左右；然后将盛有沥青混合料的试模置于轮碾机的平台上，轻轻放下碾压轮，调整总荷载为 9kN（线荷载 300N/cm）。

（6）启动轮碾机，先在一个方向碾压 2 个往返（4 次）；卸荷；再抬起碾压轮，将试件调转方向；再加相同荷载碾压至马歇尔标准密实度（100±1）％为止。试件正式压实前，应经试压，测定密度后，确定试件的碾压次数。对普通沥青混合料，一般 12 个往返（24次）左右可达要求（试件厚为 50mm）。

（7）压实成型后，揭去表面的纸，用粉笔在试件表面标明碾压方向。

（8）盛有压实试件的试模，置室温下冷却，至少 12h；对聚合物改性沥青混合料，放置的时间以 48h 为宜，使聚合物改性沥青充分固化后方可进行车辙试验，室温放置时间不得长于一周。

2.2　车辙试验方法

2.2.1　目的与适用范围

（1）测定沥青混合料的高温抗车辙能力，供沥青混合料配合比设计时的高温稳定性检验使用。

（2）车辙试验的温度与轮压（试验轮与试件的接触压强）可根据有关规定和需要选用，非经注明，试验温度为 60℃，轮压为 0.7MPa。根据需要，如在寒冷地区也可采用 45℃，在高温条件下试验温度可采用 70℃ 等，对重载交通的轮压可增加至 1.4MPa，但应在报告中注明。计算动稳定度的时间原则上为试验开始后 45～60min 之间。

（3）本方法适用于用轮碾成型机碾压成型的长 300mm、宽 300mm、厚 50～100mm 的板块状试件。根据工程需要也可采用其他尺寸的试件。

2.2.2　仪器设备及工具

1）车辙试验机：如附图 10-9 所示。它主要由下列部分组成：

（1）试件台：可牢固地安装两种宽度（300mm 及 150mm）规定尺寸试件的试模。

（2）试验轮：橡胶制的实心轮胎，外径 200mm，轮宽 50mm，橡胶层厚 15mm。橡胶硬度（国际标准硬度）20℃时为 84±4，60℃时为 78±2。试验轮行走距离为（230±10)mm，往返碾压速度为（42±1）次/min（21 次往返/min）。采用曲柄连杆驱动加载轮往返运行方式。轮胎橡胶硬度应注意检验，不符合要求者应及时更换。

（3）加载装置：通常情况下试验轮与试件的接触压强在 60℃ 时为（0.7±0.05）MPa，施加的总荷载为 780N 左右，根据需要可以调整接触压强大小。

（4）试模：钢板制成，由底板及侧板组成，试模内侧尺寸宜采用长为 300mm、宽为 300mm、厚为 50～100mm，也可根据需要对厚度进行调整。

（5）试件变形测量装置：自动采集车辙变形并记录曲线的装置，通常用位移传感器 LVDT 或非接触位移计。位移测量范围 0～130mm，精度±0.01mm。

（6）温度检测装置：自动检测并记录试件表面及恒温室内温度的温度传感器，精度±0.5℃。温度应能自动连续记录。

附图 10-9　车辙试验机

2）恒温室：恒温室应具有足够的空间。车辙试验机必须整机安放在恒温室内，装有加热器、气流循环装置及装有自动温度控制设备，同时恒温室还应有至少能保温 3 块试件并进行试验的条件。保持恒温室温度（60±1)℃，试件内部温度（60±0.5)℃，根据需要也可采用其他试验温度。

3）台秤：称量 15kg，感量不大于 5g。

2.2.3　方法与步骤

1. 准备工作

试验轮接地压强测定：测定在 60℃ 时进行，在试验台上放置一块 50mm 厚的钢板，其上铺一张毫米方格纸，上铺一张新的复写纸，以规定的 700N 荷载后试验轮静压复写纸，即可在方格纸上得出轮压面积，并由此求得接地压强。当压强不符合（0.7±0.05)MPa 时，荷载应予适当调整。

2. 试验步骤

（1）将试件连同试模一起，置于已达到试验温度（60±1）℃的恒温室中，保温不少于5h，也不得超过12h。在试件的试验轮不行走的部位上，粘贴一个热电偶温度计（也可在试件制作时预先将热电偶导线埋入试件一角），控制试件温度稳定在（60±0.5）℃。

（2）将试件连同试模移置于车辙试验机的试验台上，试验轮在试件的中央部位，其行走方向须与试件碾压或行车方向一致。开动车辙变形自动记录仪，然后启动试验机，使试验轮往返行走，时间约1h，或最大变形达到25mm时为止。试验时，记录仪自动记录变形曲线及试件温度，如附图10-10所示。对试验变形较小的试件，也可对一块试件在两侧1/3位置上进行两次试验，然后取平均值。

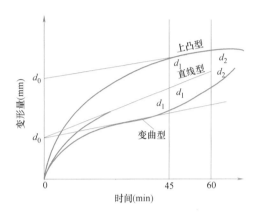

附图 10-10　车辙试验自动记录的变形曲线

2.2.4 结果计算

（1）从附图10-10上读取45min（t_1）及60min（t_2）时的车辙变形d_1及d_2，准确至0.01mm；当变形过大，在未到60min变形已达25mm时，则以达到25mm（d_2）的时间为t_2，将其前15min为t_1，此时的变形量为d_1。

（2）沥青混合料试件的动稳定度按式（附10-5）计算。

$$DS = \frac{(t_2 - t_1) \times N}{d_2 - d_1} \times C_1 \times C_2 \qquad （附 10\text{-}5）$$

式中　DS——沥青混合料的动稳定度（次/mm）；

d_1——对应于时间t_1的变形量（mm）；

d_2——对应于时间t_2的变形量（mm）；

C_1——试验机类型系数，曲柄连杆驱动加载轮往返运行方式为1.0；

C_2——试件系数，试验室制备宽300mm的试件为1.0；

N——试验轮往返碾压速度，通常为42次/min。

2.2.5 报告

（1）同一沥青混合料至少平行试验3个试件。当3个试件动稳定度变异系数不大于20%时，取其平均值作为试验结果；变异系数大于20%时应分析原因，并追加试验。如计算动稳定度值大于6000次/mm，记作：>6000次/mm。

（2）试验报告应注明试验温度、试验轮接地压强及试件制作方法等。

参 考 文 献

[1] 李书进. 土木工程材料 [M]. 重庆：重庆大学出版社，2013.

[2] 张志国，曾光廷. 土木工程材料 [M]. 武汉：武汉大学出版社，2013.

[3] 叶青，丁铸. 土木工程材料 [M]. 北京：中国计量出版社，2010.

[4] 倪修全，殷和平，陈德鹏. 土木工程材料 [M]. 武汉：武汉大学出版社，2014.

[5] 彭小芹. 土木工程材料（第 3 版）[M]. 重庆：重庆大学出版社，2013.

[6] 湖南大学，天津大学，同济大学，东南大学. 土木工程材料（第 2 版）[M]. 北京：中国建筑工业出版社，2013.

[7] 付明琴，龙奕珍. 建筑材料 [M]. 杭州：浙江大学出版社，2015.

[8] 西安建筑科技大学，华南理工大学，重庆大学，合肥工业大学. 建筑材料（第 4 版）[M]. 北京：中国建筑工业出版社，2012.

[9] 李崇智，周文娟，王林. 建筑材料 [M]. 北京：清华大学出版社，2014.

[10] 王培铭. 无机非金属材料学 [M]. 上海：同济大学出版社，1999.

[11] 严家伋. 道路建筑材料 [M]. 北京：人民交通出版社，1999.

[12] 肖争鸣，李坚利. 水泥工艺技术 [M]. 北京：化学工业出版社，2006.

[13] 高晓明，赵永利，高英. 土木工程材料 [M]. 南京：东南大学出版社，2007.

[14] 苏达根. 土木工程材料 [M]. 北京：高等教育出版社，2003.

[15] 陈宝璠. 土木工程材料 [M]. 北京：中国建材工业出版社，2008.

[16] 杨静. 建筑材料 [M]. 北京：中国水利水电出版社，2004.

[17] 叶列平. 土木工程科学前沿 [M]. 北京：清华大学出版社，2006.

[18] 赵方冉. 土木工程材料 [M]. 上海：同济大学出版社，2004.

[19] 余丽武. 建筑材料（第 2 版）[M]. 南京：东南大学出版社，2020.

[20] 柳俊哲，宋少民，赵志曼. 土木工程材料 [M]. 北京：科学出版社，2011.

[21] 张志国，曾光廷. 土木工程材料 [M]. 武汉：武汉大学出版社，2013.

[22] 董荣珍，马保国，朱洪波，许永和. 新型装饰砂浆（HPCH）的研制及工程应用研究 [A]. 首届全国商品砂浆学术会议论文集 [C]. 北京：中国建材工业出版社，2005.

[23] 夏燕. 土木工程材料 [M]. 武汉：武汉大学出版社，2009.

[24] 陈志源，李启令. 土木工程材料 [M]. 武汉：武汉工业大学出版社，2000.

[25] 王福川. 土木工程材料 [M]. 北京：中国建材工业出版社，2001.

[26] 黄政宇. 土木工程材料 [M]. 北京：高等教育出版社，2002.

[27] 吴芳. 土木工程材料 [M]. 北京：中国建材工业出版社，2007.

[28] 廖国胜，曾三海. 土木工程材料. 北京：冶金工业出版社，2011.

[29] 刘祥顺. 土木工程材料 [M]. 北京：中国建材工业出版社，2001.

[30] 钱晓倩. 土木工程材料 [M]. 杭州：浙江大学出版社，2003.

[31] 霍曼琳，周茗如，张志军. 建筑材料学 [M]. 重庆：重庆大学出版社，2009.

[32] 方海林，张良，邓育新. 高分子材料合成与加工用助剂 [M]. 北京：化学工业出版社，2015.

[33] 钟世云，李岩. 建筑塑料 [M]. 北京：中国石化出版社，2007.

[34] 张正雄，姚佳良. 土木工程材料 [M]. 北京：人民交通出版社，2008.

[35] 苏达根. 土木工程材料（第 2 版）[M]. 北京：高等教育出版社，2008.

[36] 柯国军. 土木工程材料 [M]. 北京：北京大学出版社，2006.

[37] 邓德华. 土木工程材料.（第 2 版）[M]. 北京：中国铁道出版社，2010.

[38] 郑德明，钱红萍. 土木工程材料 [M]. 北京：机械工业出版社，2009.

[39] 魏小胜，严捍东，张长清. 工程材料 [M]. 武汉：武汉理工大学出版社，2008.

［40］ 梁松，程从密，王绍怀，秦怀泉. 土木工程材料 ［M］. 广州：华南理工大学出版社，2007.

［41］ 沈春林，苏立荣. 建筑防水密封材料 ［M］. 北京：化学工业出版社，2003.

［42］ 工程材料实用手册编辑委员会. 工程材料实用手册 ［M］. 北京：中国标准出版社，2002.

［43］ 国家新材料产业发展战略咨询委员会. 中国新材料技术发展蓝皮书 ［M］. 北京：化学工业出版社，2019.

［44］ 施惠生. 材料概论 ［M］. 上海：同济大学出版社，2009.

［45］ 伍强，徐兰英，王晓军. 工程材料 ［M］. 北京：化学工业出版社，2011.

［46］ 朱敏. 工程材料 ［M］. 北京：冶金工业出版社，2018.